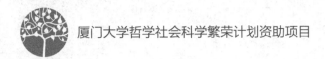 厦门大学哲学社会科学繁荣计划资助项目

BIG DATA
Statistical Theory,
Methods and Applications

大数据

统计理论、方法与应用

朱建平　谢邦昌　马双鸽　张德富　方匡南　潘璠 / 著

U0195460

北京大学出版社
PEKING UNIVERSITY PRESS

图书在版编目(CIP)数据

大数据：统计理论、方法与应用/朱建平等著.—北京:北京大学出版社,2019.9
ISBN 978-7-301-30710-6

Ⅰ.①大… Ⅱ.①朱… Ⅲ.①数据处理 Ⅳ.①TP274

中国版本图书馆 CIP 数据核字(2019)第 181073 号

书　　名	大数据：统计理论、方法与应用
	DASHUJU: TONGJILILUN、FANGFA YU YINGYONG
著作责任者	朱建平　谢邦昌　马双鸽　张德富　方匡南　潘　璠　著
责任编辑	潘丽娜
标准书号	ISBN 978-7-301-30710-6
出版发行	北京大学出版社
地　　址	北京市海淀区成府路 205 号　100871
网　　址	http://www.pup.cn
电子信箱	zpup@pup.cn
新浪微博	@北京大学出版社
电　　话	邮购部 010-62752015　发行部 010-62750672　编辑部 010-62752021
印刷者	涿州市星河印刷有限公司
经销者	新华书店
	787 毫米×1092 毫米　16 开本　25.5 印张　450 千字
	2019 年 9 月第 1 版　2019 年 9 月第 1 次印刷
定　　价	98.00 元

内 容 简 介

从统计学科与计算机科学的性质认知,大数据是指那些超过传统数据系统处理能力、超越经典统计思想研究范围、不借用网络无法用主流软件工具及技术进行单机分析的复杂数据的集合。对于这一数据集合,在一定的条件下和合理的时间内,我们可以通过现代计算机技术和创新的统计方法,有目的地进行设计、获取、管理、分析,揭示隐藏在其中的有价值的模式和知识。

本书共分五章,其内容包括大数据下的统计理论体系、大数据下的数据集整合分析、大数据下的高维变量选择方法、大数据下的统计方法并行计算和大数据下的统计方法应用——网络舆情分析。

本书内容新颖,取材国内外最新资料,同时认真总结了作者近年来的科研成果,重点反映统计学对大数据发展的影响,突出五大特点:

(1)充分体现学科融合;

(2)拓展统计研究对象;

(3)丰富统计计算规范;

(4)改进统计研究方式;

(5)扩展统计应用范围。

本书对从事大数据挖掘、机器学习、人工智能和数据分析的科技人员具有重要的参考价值,可以用作统计学、计算机技术、人工智能和大数据管理等专业或研究方向博士生、硕士生的教材。

作者简介

朱建平，南开大学理学博士。现为厦门大学管理学院教授、博士生导师，厦门大学健康医疗大数据国家研究院副院长，厦门大学数据挖掘研究中心主任，国家社科基金重大项目首席专家，浙江工商大学现代商贸研究中心首席专家，教育部新世纪优秀人才，福建省哲学社会科学领军人才。担任教育部高等学校统计学类专业教学指导委员会副主任委员、中国统计教育学会副会长、中国商业统计学会副会长、全国工业统计学教学研究会副会长等。主要研究方向为数理统计、数据挖掘、健康医疗大数据、数据科学与商业智能等。

谢邦昌，台湾大学生物统计学博士。现为台北医学大学教授、博士生导师，台北医学大学管理学院院长、台北医学大学大资料研究中心主任。担任厦门大学数据挖掘研究中心联合主任、厦门大学讲座教授、中国人民大学客座教授等。主要研究方向为数理统计、生物统计、统计调查研究、大数据挖掘、医学统计等。

马双鸽，美国威斯康星大学统计学博士、华盛顿大学生物统计学博士后。现为美国耶鲁大学生物统计系教授。美国统计学会会士、国际统计学会当选会员。主要研究方向为高维数据分析、生存分析、卫生经济、癌症等。目前担任 *AISM*，*JASA*，*Methods of Information in Medicine* 等杂志副主编，NIH 等多个基金项目的评审。

张德富，华中科技大学工学博士、厦门东南融通系统工程有限公司博士后。现为厦门大学信息学院教授、博士生导师，厦门大学大数据与计算智能团队带头人。厦门"双百计划"领军型创业人才、闽江科学传播学者、厦门市科技经济促进会高级顾问、中国大数据学术创新百人、公益慈善中国行活动专家。主要研究方向为大数据、计算智能、数据挖掘、大规模优化算法、知识图谱等。

方匡南，厦门大学统计学博士、美国耶鲁大学博士后。现为厦门大学经济学院统计系教授、博士生导师，厦门大学数据挖掘研究中心副主任。担任国际统计学会推选会士、全国工业统计教育研究会常务理事、数据科学与商业智能学会常务理事等。入选国家"万人计划"青年拔尖人才、福建省特殊支持"双百计划"青年拔尖人才、福建省高校杰出青年科研人才培育计划、福建省高校新世纪优秀人才支持计划。主要研究方向为数据挖掘、机器学习、应用统计、金融大数据、医疗大数据等。

潘璠，华中科技大学经济学博士，高级统计师，国家统计局统计科学研究所原所长。主持或参与多项科研课题，在《人民日报》《经济日报》《光明日报》《第一财经时报》等多家媒体发表经济、统计类论文、研究报告、评论、随笔千余篇，出版专业文集两部，在《中国信息报》开有《潘璠视点》专栏。

前　　言

我国设计和规划大数据及大数据产业的发展进程有三大节点。2015 年 3 月 5 日,"互联网＋"行动计划的提出是第一个节点,在此之前人们都在谈论大数据的概念、发展历史、发展特征等,在此之后观念转变到探讨大数据"产业"如何发展。2015 年 8 月 31 日,国务院发布了《促进大数据发展行动纲要》,这是第二个节点,将大数据产业发展上升至国家"战略"来实施。2017 年 7 月 8 日,国务院发布了《新一代人工智能发展规划》,这是第三个节点,也是我国认知和发展大数据产业"理念"的一个重要提升。它抓住了人工智能发展的重大战略机遇,构筑了我国人工智能发展的先发优势,促进了创新型国家和世界科技强国建设。

我国对大数据及大数据产业发展的脉络规划得很清楚,并且形成了具有"共建、共享、共治"特色的发展格局。在这样的背景下,我们承担的国家社科基金重大项目"大数据与统计学理论的发展研究"(项目批准号:13&ZD48),于 2017 年 12 月 27 日顺利结项。在此基础上,我们整合了近年来在大数据理论和应用研究方面的核心成果,形成了系统的知识体系,完成了本书。

在大数据时代,统计学的发展被赋予新的内涵,机会与挑战并存,这就给本书的撰写提出了更高的要求。为了反映统计学对大数据发展的影响,本书注重与其他学科结合,并将突出五大特点:(1)充分体现学科融合;(2)拓展统计研究对象;(3)丰富统计计算规范;(4)改进统计研究方式;(5)扩展统计应用范围。本书主要体现统计理论技术方法的创新和在应用领域的拓展,其内容包括大数据下的统计理论体系、数据集综合分析、高维变量选择方法、统计并行计算方法和统计方法应用等。

本书第一章介绍大数据下的统计理论体系。大数据是统计学的自然发展和拓展,在大数据背景下,应该将统计学与计算机结合,延伸和完善统计学科体系,统计分析的内容需要进行相应的改革和调整。该章基于统计学的视角进行剖析:

第一,分别从大数据下的统计理论体系研究、大数据下的数据集综合分析、大数据下的高维变量选择方法、大数据下的统计并行计算方法等四个方面着重剖析和评述了相关研究。

第二,辨析了大数据的概念,澄清了大数据的认知误区。大数据从狭义的角度来讲,不仅是指数据规模巨大,还指数据结构复杂;从广义角度来讲,还指处理大规

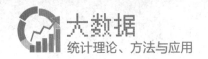
模复杂数据的技术。

第三，对统计工作者而言，这种改变不仅意味着拓宽了统计研究的范畴、丰富了统计研究的内容、增强了统计学的生命力，还意味着统计工作及统计研究的四个转变，即转变统计研究过程、转变统计研究方法、转变统计研究目的和转变统计研究工作思想。

第四，大数据的统计研究涉及面广，应从新的视角结合现代统计技术、计算机技术和数据挖掘技术发现数据隐藏的模式和知识，进行更加全面深入的研究，更好地服务于政府决策和社会各方面的需求。

本书第二章介绍大数据下的数据集整合分析。在信息爆炸的时代，大数据通常由来源、主体或格式不同的数据合并而成，且以几何级数增长，了解不同子样本间的异质性和同质性是大数据分析的两个重要目标。整合分析方法同时兼顾这两方面，从统计角度考虑数据的异质性和同质性，避免因地域、时间等因素造成的样本差异而引起模型不稳定，是研究大数据差异性的有效方法。该章围绕整合分析展开研究：

第一，对惩罚整合分析方法的原理、算法和研究现状进行了系统的研究和梳理，同时通过惩罚函数对系数组进行压缩，研究变量间的关联性并实现降维。

第二，提出了异构性模型的整合分析，在 AFT 模型下建立了 SGMCP 惩罚，实现了异构性模型的双层选择，既能剔除对所有数据集都不显著的解释变量，又能得到显著的变量只对哪些数据显著。

第三，连接多种类型的组学数据和癌症结果变量，在多种机制调控基因表达的方针的引导下，考虑基因表达中的组关系，提出一种基于整合分析的正则化的标示选择和估计方法，同时有针对性地进行标记选择，或对与疾病或亚型有关的标记进行识别。

第四，研究了整合分析和惩罚标记选择的异构性模型和同构性模型。本章根据数据的特点来论证方法，以确保方法应用范围更广。

本书第三章介绍大数据下的高维变量选择方法。高维数据广泛出现在自然科学、人类学和工程学等领域，其主要特点是解释变量维度很高、样本量比较小，且噪声多，存在着许多与因变量无关的解释变量。由于高维回归模型中系数存在稀疏性，因此必须通过变量选择技术筛选出最优子集，提高模型解释能力和估计精度。该章主要研究基于惩罚因子的高维变量选择方法：

第一，基于组结构的变量选择方法，概括了线性模型框架下三类群组变量选择方法，着重比较了它们的统计性质和优缺点。总结了群组变量选择方法的应用情况，归纳了最新发展方向和所面临的挑战，提出了 adaptive sparse group Lasso 方法进行双层变量选择。

第二,基于网络结构的变量选择方法,在充分考虑变量间网络结构关系的基础上,提出网络结构 Logistic 模型,通过惩罚方法同时实现变量选择和参数估计,并将该方法应用到我国企业信用风险预警中,构建更加适合我国国情的企业信用风险预警方法,同时提出了通过惩罚来识别比例结构的方法,且证明了该方法的统计性质,并将该方法用在 CHNS 医疗费用数据分析和 RCHS 健康保险费用数据分析中。

第三,综合分析的组变量选择方法,从同构数据整合分析、异构数据整合分析以及考虑网络结构的整合分析三方面梳理了惩罚整合分析方法的原理、算法和研究现状。

第四,将整合分析用于研究具有来源差异性的新农合家庭医疗支出,以及具有超高维、小样本等大数据典型特征的数据——癌症基因数据,得到了一些有效的结论。

本书第四章介绍大数据下的统计方法并行计算。在大数据统计分析中的高维数据特征选择、组合分类等问题,都需要高效的大数据处理算法。目前,依托于云计算的分布式处理和分布式集群等技术,有强大的计算能力,给传统的数据挖掘算法注入新的血液,能够对海量数据进行有效的挖掘。该章主要研究以下方面:

第一,将常用的数据挖掘算法进行 Map-Reduce 化。支持向量机、带噪声空间数据的基于密度的聚类算法,分类和回归树,贝叶斯网络,频繁模式增长算法等是应用较广泛的数据挖掘算法,对很多领域来说,将这些算法 Map-Reduce 化会产生重要价值,尤其对于存在大量数据的传统领域和新兴领域。

第二,SVM,DBSCAN,CART,BN 和 FP-Growth 等五类经典算法可以实现数据的分类、聚类、回归和关联分析,该章将类似的算法改进思想应用到其他数据挖掘算法上。

第三,SVM,DBSCAN 和 BN 等三类算法是基于迭代的,CART 和 FP-Growth 算法是基于递归的,对这些算法进行并行化处理比较困难,该章将这五类算法的并行化研究,应用到 Map-Reduce 这一新的分布式框架上。

第四,部分现有的简单数据挖掘算法已经实现了 Map-Reduce 并行计算,然而对复杂的数据挖掘算法进行 Map-Reduce 化,并探索在 Map-Reduce 下复杂数据挖掘算法的加速性也是该章研究的重点。

本书第五章介绍大数据下的统计方法应用——网络舆情分析。随着互联网的普及,网络已成为人们表达自己观念、想法和态度不可缺少的平台。网络舆情成为社会舆情的一种重要表现形式,其对于电子商务、网络信息安全都具有十分重要的意义。该章根据特定研究目的,对网络舆情进行特征提取和解读,主要从网络舆情

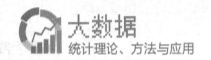

语料的主题发现、主题的关联分析、语料的情感倾向分析和热点话题发现四个方面进行分析：

第一，介绍了网络舆情分析的一般步骤，即舆情信息收集与预处理、分析模型构建、评价与解释，以及各个阶段的主要工作和具体实施。

第二，分别从主题发现、主题关联和语料的情感倾向性和应用的角度出发，讨论不同方法的理论基础和算法设计，有针对性地改进模型。

第三，分析了基于深度学习的情感倾向性分析方法，神经元的逐层传导结构能够处理足够复杂的数据集，在情感倾向性分析时往往能够获得优于传统统计学模型的效果。

第四，探讨了大数据网络舆情分析的应用，通过闽商传承主题、热点与脉络大数据舆情分析，中国房地产网络舆情分析以及电子商务顾客评论的舆情热点的研究应用，从模型结果出发提出政策决策等方面的支撑建议。

本书由朱建平负责全书框架设计、总纂和定稿，谢邦昌、方匡南、马双鸽、张德富、潘璠依次负责各章内容的设计，朱建平、谢邦昌、马双鸽、张德富、方匡南、潘璠、魏瑾瑞、章贵军、朱森、王小燕、陶慧、牛错棣、于学伟、车玉馨参予撰写。刘蒙阕、范新妍、郑陈璐、孙俊歌、梁振杰、陈宇晟、冯冲、陈淑真、王玮玮在总纂和定稿过程中做了大量的辅助工作。

写到这里，我回想起 2000 年，在导师张润楚教授的主持下，在南开大学数学科学学院开设了 Data Mining 讨论班，开始了数据挖掘领域的理论和方法研究，并从大量的资料中寻求着数据挖掘研究之"道"。2003 年我来到厦门大学。厦门大学计划统计系前主任曾五一教授，分配我主讲"数据挖掘中的统计方法及其应用"的硕士和博士课程，营造了教学与科研结合的氛围。2007 年在台北医学大学谢邦昌教授的倡导下，我们组织成立了"厦门大学数据挖掘研究中心"，这样真正地构建起来了一个对海量数据研究和应用的平台。2012 年厦门大学管理学院翁君奕教授提议，在厦门软件园二期举办了一场"大数据沙龙"，我作了主题演讲"大数据与数据挖掘的发展"，引起了热烈的讨论，同时使我对大数据有了较为深刻的认识。2013 年在美国耶鲁大学访问合作期间，在马双鸽教授的支持下，我收集了大量的资料，为完成国家社科基金重大项目奠定了坚实的基础。在长期的数据挖掘和大数据研发过程中，国家统计局鲜祖德和许亦频给予了支持，同时许永洪、刘云霞、张庆昭、王德青、王洁丹、刘晓葳、姜叶飞、叶玲珑、骆翔宇、郭鹏等在资料的整合方面做了大量的工作。

本书在撰写和出版过程中，得到了国家统计局统计科学研究所、厦门大学社会科学研究处、厦门大学管理学院、厦门大学健康医疗大数据国家研究院、厦门大学数据挖掘研究中心、浙江工商大学现代商贸流通体系协同创新中心和北京大学出版社的支持,潘丽娜等同志为本书的组稿、编辑做了大量的工作。在此一并表示由衷的感谢!

本书的完成,可以说是我们团队在大数据和数据挖掘领域的一个阶段性研究总结,有些思想、理论和方法属于我们一家之言,其愿望就是"抛砖引玉"。撰写一本好的书并不容易,尽管我们努力想奉献给读者一本满意的书,但难免仍有达不到读者各方面要求的内容。书中若有疏漏或错误之处,恳请读者多提宝贵意见,以便今后进一步修改与完善。

本书的出版得到了厦门大学哲学社会科学繁荣计划建设项目的支持和资助。

朱建平
2019 年 5 月于厦门珍珠湾花园

目 录

第一章

大数据下的统计理论体系

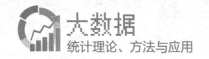

本章要点

　　大数据时代是建立在互联网、物联网等现代网络渠道中广泛大量数据资源收集基础上的数据存储、价值提炼、智能处理和展示的信息时代。统计信息的获得不再局限于电话、问卷调查等高成本、低收益的方式,而是可以借助网络、移动通信等方式。同时,数据的质量也不再受到主观因素的限制。由于大数据的产生,使得统计学的定义、思维方式、作用都不同于传统统计。毫无疑问,随着大数据时代的来临,统计学的发展进入了一个新的阶段,既给统计学科带来发展壮大的机会,也带来重大的挑战。

　　数据科学以大数据为研究对象,而大数据对统计分析最直接的冲击莫过于数据收集方式的变革,同时统计分析的视野也不再局限于传统的属性数据,而是包括了关系数据,非结构、半结构数据等其他类型更丰富的数据。伴随着数据开放运动,数据库之间的关联信息的价值逐步得到体现。

　　本章基于统计学的视角分别从大数据下的统计理论体系研究、大数据下的数据集综合分析、大数据下的高维变量选择方法、大数据下的统计并行计算方法等四个方面着重回顾和评述了相关研究,辨析了大数据的概念,澄清了大数据的认知误区。从狭义的角度来讲,大数据不仅是指数据规模巨大,还指数据结构复杂;从广义角度来讲,大数据还包括处理大规模复杂数据的技术。对统计工作者而言,这种改变不仅意味着统计研究的范畴拓宽、统计研究的内容丰富、统计学的生命力增强,还意味着统计工作及统计研究的四个转变,即统计研究过程转变、统计研究方法转变、统计研究目的转变和统计研究工作思想转变。

　　2012年教育部将统计学上升为一级学科,各大高校也相继成立大数据研究院,但是调查显示,全国开设大数据研究院的33所985高校中,有20所是在计算机学院基础上建立大数据研究院,以统计学院为依托的仅有5所。大数据时代对于跨学科人才的要求越来越高,尤其是在计算机学科、数学学科与统计学科之间的相互联系变得越来越紧密的背景下。大数据学院的设置不仅需要联合统计学院、数学学院、计算机学院等高校科研院所,而且还需要考虑虚拟网络课程的辅助作用,更要考虑与政府和企业之间的跨界合作。

1.1　背景与意义

1.1.1　研究背景

　　20 世纪 50 年代,一场波澜壮阔的信息公开运动在美国拉开序幕,人们从此能简单快捷地获得各种公开数据。20 世纪 60 年代,计算机硬件的迅速发展,使全世界数据处理和存储不仅越来越快、越来越方便,还越来越便宜。20 世纪 70 年代,最小数据集的大规模出现,使得各行各业的最小数据集越来越多,为明确小数据集的边界和重叠的减少提出了新的需求。20 世纪 80 年代早期,数据在不同信息管理系统之间的共享使数据接口的标准化越来越得到强调,同时把最小数据集的应用推上新的高点。20 世纪 80 年代后期,互联网的概念兴起,为网络在人类未来生活中的作用以及计算方式的改变做出了前瞻性预测,同时"普适计算"(ubiquitous computing)理论的实现,通过传感器对信息自动采集、传递和计算成为现实,这就开通了获得数据的新渠道,从而使人们获得的数据不断爆炸式增长。20 世纪 90 年代,由于数据驱动,数据呈指数级增长,美国企业界、学术界也不断对此现象及其意义进行探讨。21 世纪初,世界上许多国家开始关注大数据的发展和应用,在此期间大数据分析和应用的学者和专家发起了关于大数据研究和应用的深入探讨,例如 Vikor Mayer-Schönberger 和 Kenneth Cukier 所著的《大数据时代》,就是从生活、工作与思维的角度探讨了大数据时代带来的变革。

　　IBM,Oracle,Microsoft,Google,Amazon,Facebook 等跨国巨头是发展大数据处理技术的主要推动者,其动力主要是企业经济效益,巨大的经济利益驱使大企业不断扩大数据处理规模。美国政府也意识到大数据技术的重要性,将其视为"未来的新石油",作为战略性技术大力推动其发展。2012 年 3 月 29 日,美国政府在白宫网站发布了《大数据研究和发展倡议》,提出将通过收集的数字资料,提升获得知识和洞见的能力,以强化美国国土安全,转变教育和学习模式,同时提供超过 2 亿美元,将之用于改善从海量数据信息获得、组织和收集知识所必需的工具和技能,以应对大数据时代以及大数据革命带来的机遇和挑战。倡议还提出,联邦政府希望与行业、科研院校和非营利机构一道,共同迎接大数据所创造的机遇和挑战。某种程度上,大数据技术在美国已经形成了全体动员的格局。

　　近年来,对大数据的研究和应用不仅引起了中国自然科学界和人文社会科学

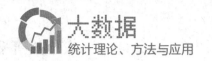

界的广泛重视,也受到中国政府的高度关注。各级政府部门展开了一系列工作。

- 2012 年 8 月,国家统计局科研所召开了大数据应用研究座谈会,提出了在大数据时代运用现代信息技术建立统计云架构的研究目标。
- 2012 年 11 月,美国华裔大数据专家学者访问国家统计局,同时国家统计局成立了专门的课题组着手研究如何通过对大数据的处理推进统计方法制度改革,改进政府统计工作。
- 2012 年 12 月,国家统计局在上海开展了大数据应用的调研活动。
- 2013 年 2 月,国家统计局召开以大数据为主题的工作会议。
- 2013 年 3 月 4 日,国家统计局科研所重点讨论了大数据的研究,同时部署了"大数据在政府统计中的应用"的研究工作。
- 2013 年 3 月 26 日,科研所又举办了"大数据在政府统计工作中的应用研究"课题研究专家咨询会。
- 2013 年 8 月 6 日,国家统计局召开了"大数据在政府统计中的探索与应用研讨"课题报告座谈会。
- 2013 年 11 月,国家统计局与上海钢联电子商务股份有限公司、山东卓创资讯集团有限公司、58 同城信息技术有限公司、天云融创数据科技(北京)有限公司、中国联合网络通信有限公司、天脉聚源(北京)传媒科技有限公司、百度在线网络技术(北京)有限公司、阿里巴巴(中国)有限公司、纽海信息技术(上海)有限公司、昆明泛亚有色金属交易所股份有限公司和南京擎天科技有限公司共 11 家企业在京签订了大数据战略合作框架协议,共同推进大数据在政府统计中的应用,不断增强政府统计的科学性和及时性。
- 2014 年 2 月 25 日,国家统计局有关领导赴北京市中关村考察中关村国家自主创新示范区、中关村数海大数据交易平台和京东商城。
- 2014 年 4 月 4 日上午,国家统计局有关领导考察阿里巴巴集团,对集团的电子商务业务进行调研,与阿里巴巴有关负责人探讨了利用网络平台日常交易产生的大数据完善贸易统计的构想。
- 2014 年 5 月 8 日,国家统计局有关领导赴上海调研大数据在统计工作中的应用,并强调统计部门要顺势而为,以更加积极开放的心态拥抱大数据时代。
- 2014 年 5 月 20 日,国家统计局有关领导来到了位于北京上地十街的百度公司调研大数据生产及应用情况。
- 2014 年 10 月 28 日,由中国国家统计局和联合国统计司联合主办的"大数据和官方统计"国际会议在京开幕,这次会议讨论的主要内容包括:大数据和国际统计发展;手机、全球定位系统和其他跟踪装置;卫星影像和其他地理空间信息;

Twitter 和其他社交媒体；网络交易和扫描数据；大数据来源的共性及隐私问题；发展中国家引入创新；未来之路——大数据的应用。

中国的人口和经济规模决定了中国大数据的规模为全球最大，中国信息通信研究院发布的《中国大数据发展调查报告（2017）》称，2016 年中国大数据市场规模达 168 亿元，预计 2017 年－2020 年仍将保持每年 30％以上的增长。调查显示，目前近六成企业已成立数据分析相关部门，超过 1/3 的企业已经应用大数据。大数据应用为企业带来最明显的效果是实现了智能决策，并提升了运营效率。

从中国近三年大数据的发展，可以确定推进大数据发展的三大节点。虽然这三大节点较为宏观，但是对中国大数据发展方向有了一个明确的认知。第一节点是转变观念。2015 年 3 月 5 日，十二届全国人大三次会议上的政府工作报告中首次提出"互联网＋"行动计划，这是中国大数据发展的节点之一。在此之前大家都在谈论大数据的概念、大数据的发展历史、大数据的发展特征等，在此之后转变观念，重点转移到探讨大数据"产业"如何发展。第二节点是战略实施。2015 年 8 月31 日，国务院发布《促进大数据发展行动纲要》，这是中国大数据发展的节点之二。在此将大数据产业发展上升至国家"战略"来实施。随之 2016 年 3 月，全国人大通过的"十三五"规划纲要提出，实施国家大数据战略，把大数据作为基础性战略资源，全面实施促进大数据发展行动，实际上就是对中国大数据产业的发展做了战略性的布局。第三节点是理念提升。2017 年 7 月 8 日，国务院发布《新一代人工智能发展规划》，这是中国大数据发展的节点之三，也是中国认知和发展大数据产业"理念"的一个重要提升。它抢抓了人工智能发展的重大战略机遇，构筑了中国人工智能发展的先发优势，促进了创新型国家和世界科技强国建设。

2017 年 12 月 8 日，中共中央政治局就实施国家大数据战略进行第二次集体学习。习近平在主持学习时强调"推动实施国家大数据战略，加快完善数字基础设施，推进数据资源整合和开放共享，保障数据安全，加快建设数字中国，更好服务我国经济社会发展和人民生活改善"。这样又使大数据产业发展的国家战略呼之欲出。

1.1.2　研究意义 ▶

对于统计学科的发展而言，大数据时代带来的不仅是变革，更多的是统计学发展壮大的机会。大数据将改变传统统计学研究具体问题的方法，改变统计研究的工作程序，改变统计学研究具体科学的深度和广度。本书的撰写对统计学科的理论体系和学科发展有以下几方面的意义。

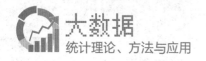

1. 拓展统计研究对象

在大数据时代,不仅任何一种以结构数据度量的数量可以作为统计研究对象,而且不能用数量关系衡量的,如文本、图片、视频、声音、动画、地理位置等半结构或非结构数据都可以作为统计研究的对象。从目前数据处理的内容来看,文本数据是纷繁复杂的大数据的重要组成部分。在日常生活中,从书籍、杂志上的文章,到互联网上的新闻,再到人与人之间交流沟通、表达个人见解的微博、微信等,文本信息无时无刻不存在于每个人的生活之中,与人们息息相关。Web 中 99% 的可分析信息以文本的形式存在着,Web 网页的总量已经达到数百亿,每日新增的网页数千万。一些机构 90% 以上的信息以文本的形式存在,例如数字化图书馆、数字化档案馆等。科学技术的进步使得人们获取信息、分享信息更加便捷,却也带来另一个困扰:不断堆积、日益庞大的文本数据量,远远超出了正常人的阅读和获取信息的能力。面对如此大量的文本数据,如何快速并且有效地从中挖掘出有价值的信息,通过对文本进行分类或者聚类,发现存在于各类文本之间的关联性和区别,进一步探寻文本集合中隐含的知识和价值,是值得深入研究和探讨的。从某种意义上来说,相对于传统统计数据分析工作,大数据时代统计理论研究工作有助于拓展统计研究的对象,同时扩展统计研究工作的范畴,从而增加有价值信息的搜索范围。

2. 丰富统计计算的规范

传统统计学根据一定的数据计算规范,如用平均数、方差、相对数等反映客观事物量的特征、量的界限、量的关系等,并且可以根据具体计算规范计算具体数值。然而,大数据时代传统的统计计算规范很难实施。一方面是由于计算机处理能力有限,而海量数据无限,利用有限的计算能力处理无限的数据使得计算机力不从心;另一方面是由于半结构化数据和非结构化数据并不能根据计算规范计算平均数、方差、相对数等数值。显然,在大数据时代直接利用计算规范计算平均数、方差、相对数等指标将遇到挑战。本书将系统探讨对非结构数据的统计处理方法和处理思想,从而完善统计计算对象,丰富统计计算规范。

3. 改进统计研究工作方式

在大数据时代,网络资料异常丰富,数据不再是通过试验或调查抽样的方式获得,统计工作面对的数据就是总体数据,即样本就是总体。在这种情况下,传统的数据收集方法不再可行,针对大数据的数据收集往往通过传感器自动采集,数据资料不再需要设计和人工收集。

首先,从调查方法来看,传统的调查方法主要有电话采访、调查问卷、统计报表等,开展一次普查,可能就要动用全国之力。这些方法都存在其缺点,准确性得不到保证,并且统计成本相当可观。在大数据时代,数据可以通过网络、移动通信等途径获得,因此无论从时间还是从实际耗费的财力物力来看,大数据相对传统统计调查方法的统计成本会大幅下降,而且得到的数据规模更大、准确性更高。

其次,从所得数据的利用率来看,传统统计中,由于统计部门研究开发力量不足,从而使许多现有的统计资料失效过期,依靠巨大的财政以及社会投入取得的大量的普查资料,也因开发方式单一、向领导提供时的被动应付以及向社会公众发布的手段方式的局限,得不到及时广泛的利用。而在大数据时代,数据可以被重复利用,被收集的数据不再仅限于某一特定用途,它可以为各种不同的目的服务。随着数据被利用次数的增加,数据被实现的潜在价值也逐渐增加,而数据的收集成本却是固定的,并不会随着数据被利用的次数而变化,因此每次用途的平均成本会随再利用次数的增加而大幅下降。例如 Google 利用用户的检索词条可以来预测流感的传播,但这只是其庞大的检索数据的用途之一,相同的数据还可以用于某种新产品的市场预测,或美国大选结果的预测等。显然随着再利用次数的增加,平均到每次用途上的数据收集成本会逐渐降低。

最后,统计成本还体现在公众获取方面。对此,国际货币基金组织于 1996 年设立的数据公布特殊标准(special data dissemination standards,SDDS)制定了两项规划:

一是,成员国要预先公布各项统计的发布日历表。预先公布统计发布日程表既方便使用者安排利用数据,又可显示统计工作管理完善和表明数据编制的透明度。

二是,统计发布必须同时发送所有有关各方。官方统计数据的公布是统计数据作为一项公共产品的基本特征之一,及时和机会均等地获得统计数据是公众的基本要求。因此 SDDS 规定应向所有有关方同时发布统计数据,以体现公平的原则。发布时可先提供概括性数据,然后再提供详细的数据,当局应至少提供一个公众知道并可以进入的地方,数据一经发布,公众就可以公平地获得。

SDDS 的目的是向成员国提供一套在数据采集和披露方面的指导标准,使各国在向公众提供全面、及时、容易获得和可靠的数据方面有共同的依据。在大数据时代,无论是数据的获取、分析还是发布,皆通过网络进行,SDDS 的规划变得更为可行。

4. 促进统计教育教学改革

大数据时代要求我们用发展、辩证的眼光看待统计学的发展,统计学应当在大数据的思想框架下构建新的学科体系。统计学有必要将大数据总体统计的思想和

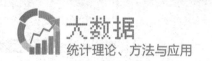
方法纳入其学科体系,进而,统计学教学的内容有必要从传统的样本统计转向样本统计和总体统计的结合。样本统计通过带有随机性的观测数据对总体做出推断,这就要求总体最大限度均匀,这样才能通过适当的抽样方法确保样本的代表性。样本的产生是随机的,用样本去推断总体会产生代表性误差,而基于大数据的总体统计正好能弥补样本统计的不足。

数据挖掘是处理大数据的重要技术之一,它不仅与统计学息息相关,也应当是统计学的一部分。数据挖掘是揭示存在于数据里的模式及数据间的关系的学科,它强调对大量观测到的数据库的处理。它是涉及数据库管理、人工智能、机器学习、模式识别,及数据可视化等学科的交叉学科。用统计的观点看,它可以看成是通过计算机对大量的复杂数据集的自动探索性分析。数据挖掘既然也是数据处理,统计学就应该积极借鉴。在统计学的发展历史上,许多数据处理相关领域发展的新方法被忽略了。比如,模式识别、神经网络、图形模型、数据可视化等都是在统计科学中出现萌芽,但随后绝大部分又被统计学忽略的方法领域。而这些方法领域是当今世界高尖端科技的领域,统计学对它们的忽略是令人痛心疾首的。因此,既然可以在数据挖掘科学中发挥作用,统计学就应该和数据挖掘合作,而不是将它甩给计算机科学家,从而又失去一次自我增值的机会。当今大数据时代,统计学与计算机应紧密结合,以数据挖掘为契机,进一步延伸和完善统计学科体系,培养具有现代统计技术、计算机技术与数据挖掘技术的复合人才。同时,统计学不仅要注重与其他学科的结合,其在统计原理、统计技术、统计方法等领域也要谋求创新和突破。

1.2 文献回顾与评述

近几年,以"Big Data"为主题,不少文献从互联网技术、网络经济学、超级计算、环境科学、生物医药等多个方面介绍了大数据带来的挑战。本书将对大数据下的统计理论体系研究、大数据下的数据集综合分析、大数据下的高维变量选择方法、大数据下的统计并行计算方法、文本数据挖掘与特征提取方法等领域的研究成果做详细的回顾和评述。

1.2.1 大数据下的统计理论体系研究

目前,在商业、经济及其他领域中,管理者决策越来越依靠数据分析,而不是依靠经验和直觉。"大数据"概念被炒得如火如荼,标志着大数据时代已经到来。然而,对大数据概念的定义众说纷纭,对大数据的理解决于定义者的观点和背景。关于大数据概念的界定,将在大数据及其对统计学科的影响中探讨。在此,我们先来剖析统计理论体系的建设与发展。

统计学是关于数据收集、整理、归纳和分析的方法论科学,这些工作构成了统计学科学体系的核心内容。数据整理工作质量的高低,直接影响整个统计工作的效果。传统的统计工作过程包括统计设计,收集数据,整理与分析和统计资料的积累、开发与应用四个基本环节。大数据时代,由于数据规模巨大、数据结构复杂等特点,数据的统计整理可能导致原有数据有价值信息的损坏。这就意味着大数据收集的方式、数据处理的技术和数据分析的目的都与传统的统计分析工作不同。Frank et al.(2013)认为,大数据带来的最大挑战可能并不是对它做的分析工作,而是为分析所做的准备工作。朱建平等(2014)的研究表明,大数据的统计工作过程仅包括数据整理与分析和数据的积累、开发与应用两个基本环节,其中大数据的整理与分析过程仅包括数据的存储工作(肖红叶,2010)。然而,两个基本环节的统计工作过程是以计算机数据处理技术可以对任意量的数据进行无障碍处理的理想情况为前提的。目前的科学技术发展现状表明,计算机数据处理能力还无法对任意数量级杂乱无章的数据进行无障碍计算分析。并且,由于移动互联网的迅速普及,网络数据正呈几何级数增长,计算机数据处理能力提升的步伐往往赶不上数据增长的速度,理想与现实之间还存在一定距离。由于大数据分析的目的是尽可能将复杂的现象简单化,更加清晰明了地反映客观世界和事务之间的关联关系,因而有理由认为在今后相当长的一段时间内,大数据的统计整理或数据准备工作不仅仅是一个单纯的存储工作,也是一个去粗存精、去伪存真的数据清洗工作,同时也是挖掘信息并为后续深入分析进行准备的工作。因此,当数据分析工作、存储工作繁杂、非常不经济时,采用数据整理工作,了解数据结构及变量信息特征,有助于为进一步深入分析数据提供有效信息。

虽然大数据统计整理工作非常重要,但由于大数据的统计研究工作处于起步阶段,国内外具体研究大数据统计整理工作的文献相对比较少,目前针对大数据的研究主要是两方面的内容:一部分学者研究和探讨大数据的概念、统计分析思想;另一部分学者主要研究和关注大数据的存储和处理技术。探讨大数据概念和统计思想的文献主要有:李金昌(2014)详细分析了大数据的概念,并详细探讨了大数据分析的统计方法和统计学的新任务。朱建平等(2014)分析了大数据时代统计分析的基本步骤和处理思想。邱东(2014)探讨了大数据时代统计学科迎来的挑战,以及如何处理信息和噪声等问题。耿直(2014)介绍了国内外大数据研究动向并详细阐述了大数据预处理及抽样分析方法。关注大数据的存储和处理技术的文献主要有：麦肯锡（2015）的分析报告认为大数据处理技术主要有数据挖掘、统计分析、预测、人工智能、自然语言处理和并行运算等六个方面的内容。张锋军（2014）认为大数据技术分为数据感知和采集、数据存储和处理、数据分析、数据可视化、数据安全和隐私保护等五个方面，并详细介绍了这些内容（魏瑾瑞，蒋萍，2014）。黄恒君，漆威（2014）以空气质量数据为例，提出了一个单机操作的开源架构海量半结构化数据采集、存储及分析方案。刘智慧等（2014）简要探讨了复杂数据转换、数据清洗以及数据存储思想，重点介绍了以 Map-Reduce 为代表的大数据处理技术。何非，何克清（2014）探讨了大数据科学、数据计算需要的新模式与新范式。Grobelink（2012）概括了大数据的特点和大数据运算的计算环境和计算技术等内容。Agrawal et al.(2012)探讨了数据分析结果的重要性，认为大数据可视化有助于解释复杂大数据信息。David 等人在 2014 年通过研究不同数据情形下流行感冒预测准确率情况，比较了大数据和小数据的信息价值。

但是不同以动态流产生的大数据往往来自不同源头，大数据中常常包含各种形态的冗余数据信息。于是，部分专家和学者对冗余数据信息的处理进行了探讨。

- 希尔弗（2013）认为，冗余信息增长速度要比价值信息快得多，只要能分辨价值信息与冗余信息，我们就能获得所需要的任何信息。然而，冗余信息的分辨与剔除是相当困难的。

- 邱东（2014）认为，信号过多往往使意义识别工作异常困难，这些信号可能会被淹没在震耳欲聋的噪声中。

- 中国计算机学会大数据专家委员会（2013）认为，大数据的冗余信息通常来自两个方面：一方面，多源性造成不同源头的数据存在重叠，即产生了数据信息的绝对冗余数据；另一方面，大数据根据具体应用需求提供的超精度数据造成了数据信息的相对冗余。

- Vikor（2012）认为，在大数据时代，数据就像一个神奇的钻石矿，其价值被挖掘之后还能源源不断产生新的价值。数据的潜在价值有三种常见的释放方式：基本再利用、数据再整合和寻找"一分钱两分货"。

- 中国计算机学会大数据专家委员会（2013）认为，大数据往往比小样本数据有价值，因为从频繁模式和相关性分析得到的一般统计量常常会克服个体的波动，从而发现更多的隐藏模式和知识。

- 大数据的一个重要意义在于其允许各种形式的数据结合在一起，不仅增添了新的视角和处理环境，也有利于推动解决更多有意义的问题。由于大数据来源广泛并且具有流动性，因此合并不同来源的数据和随着时间日积月累的数据，往往具有不断推陈出新、重塑价值的可能。显然,合并不同来源的数据和不同时间的数据可以弥补大数据价值流动性快和价值分布稀疏的缺点,有利于发现和寻找新的数据信息。如果没有计算能力的限制,在大数据时代,为了更全面、深入地研究对象,往往需要对数据进行整合,即将部分数据合并。整合的数据因为对对象反映更全面,常常会发现新问题,创造新价值。

1.2.2　大数据下的数据集综合分析

在许多社会科学研究中,数据来源于实际调查,调查数据往往来自不同地区,且受调查资源和某些客观条件的限制,各个地区的样本量较小。分地区建立模型时(以简单线性回归为例),一方面样本量不足会导致模型不稳健、缺乏可信度;另一方面由于不同地区的数据存在差异,各地区同一变量的回归系数显著性和估计值都可能存在显著差异,这造成了模型普适性下降。传统的处理方式是简单集合所有样本,建立统一模型,但是这种办法过于笼统,忽略了数据间的异质性。有效的措施是基于综合分析(integrative data analysis,IDA)思想,通过目标函数综合不同地区的数据,从统计角度考虑数据的异质性和同一性,以多个变量为研究目标,充分考虑不同地区间相互影响,同时求解多个模型。综合分析方法起源于 20 世纪60 年代,把不同来源、格式、特点性质的数据集中起来,增大样本容量进行统计分析。综合分析是根据研究主题,收集已有的相关研究成果,并合并它们的原始数据为综合分析数据集,建立系统的统计方法,再进行综合分析,能挖掘到单个数据集分析所得不到的信息。理论和实际证明,综合分析方法要好于传统的萃取方法(meta analysis,MA)。Maurizio 等人在 2002 年指出,数据综合收集不同类型的数据,能为研究者提供全面的初始信息,从全新角度去挖掘信息。综合分析研究主要有如何根据数据类型建立综合分析方法,如何整合这些具备异质性的数据,综合分析方法的统计性质。它为解决样本异质性问题提供了新的思路,为抽样、地域等带来的结论异质性提供了很好的解释,在一定程度上实现了原始数据的共享。

综合分析思想源于生物统计学,并被广泛应用于生物研究。在微阵列表达数据方面,代表性研究是 Rhodes et al.(2005)提出的基因组富集度分析(GSEA),从全新角度解释了基因转录调控的机制。Liu Y et al.(2012)综合基因表达数据,鉴别与卵巢肿瘤治疗方案相关的分子和形态标签,方法稳健性强、预测性能高,全新解释了组织抗药性的潜在机制。在生物种类数据方面,Kuchaiev et al.(2010)基于数据整合提出全新的网络比对方法 MI-GRAAL,更全面地诠释了种系关系,为分析种类繁多的生物数据提供了可靠方法。而杨文涛,石建涛等(2011)为序列数据建立了一套新的数据综合方法——序列群富集分析(sequence set enrichment a-

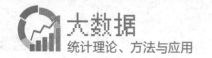

nalysis,SSEA),得出 SSEA 能更好地挖掘出序列数据中的复杂生物学信息,在序列整合、解释和预测上都具有优良性能。此外他们还开发了序列整合软件 SSEA,为同类研究者提供原始数据。在综合分析统计方法方面,Ma S,Huang J(2009)提出综合分析方法 MTGDR,研究了搜索公共数据库、搜集数据、处理独立数据集的方法。在正则化综合分析方法方面,Ma S,Huang J(2009)提出了 Mc.TGD,旨在解决解释变量不完全相同的子数据集变量选择问题,通过与单个数据集分析方法、Meta 分析比较,该方法的变量选择精度更高,模型预测性能更好。模拟分析表明该方法能更准确地筛选各类癌症的共同基因,同时研究了综合分析的一致性理论。

综合数据分析也被用于心理学研究,其思想最早出现在 Bell(1953)的研究中。他提出收敛设计(convergence design),讨论了如何将不同年龄组的多个测量时间点整合成一个连续的过程。但是作为心理学的统计方法,IDA 近年才发展起来。相关研究主要集中于 IDA 方法在心理学中的应用原理、优缺点、应用前景。Park(2004)分析了综合分析在心理学研究中的意义。在原理和分析方法方面,Cooper(2009)等比较了独立分析和综合分析下 Meta 分析的效果;Curran et al.(2009)分析了 IDA 在心理学研究中的优缺点,描述了综合数据的分析策略,提出了实际应用中的一些建议。Patall 在 2009 年系统比较了 IDA 方法和 Meta 分析法,认为 IDA 完善了 Meta 分析,尽管时间成本高,但是它能很好地解释数据集之间的各种联系。唐文清,张敏强等(2012)阐述了 IDA 方法在心理学应用中的优势,分析了该方法处理数据异质性的一般策略。也有部分学者将综合分析应用到社会科学领域,Grant,Sleeter(1986)利用综合分析研究了种族、阶级和性别在教育中的影响。Toby 在 2009 年将综合数据分析思想用于移民和 mark-loss 研究,提出综合贝叶斯分析(integrated Bayesian analysis),发现该方法能得到稳健的参数估计值。

但是现有的综合分析方法存在几大问题:

第一,现有综合分析方法没有一个有效的边际筛选程序,也就是说,不能适合于高维的数据。

第二,现有综合分析方法只能评估某个变量的边际效应,而对于多个变量或者分组变量的效应没法评估,而实际中,很多变量是分组别的。

第三,与单个数据集的统计方法比较,综合分析方法缺乏有效的变量筛选方法。

因此,在大数据时代下,我们需要对数据集综合分析方法进行创新,以更好地处理大数据下的数据集间的整合。

1.2.3 大数据下的高维变量选择方法

高维变量的变量选择方法主要有三种:过滤法(filter)、包围法(wrapper)和嵌入法(embedded)。Saeys 在 2007 年指出,嵌入法在建分类模型时考虑了变量初始结构,能有效减少计算量。惩罚函数法属于嵌入法的一种,它的统计性质比其他方法更好。惩罚函数法中具有里程碑意义的是 Tibshirani 于 1996 年提出的 Lasso惩罚法,为变量选择方法深层研究奠定了基础。接着,国外学者 Roth(2002),Keerthi(2003),Segal(2003),Ghosh, Chinnaiyan(2005),Wei, Pan(2006)等将Lasso 思想用于生物信息中的特征提取问题研究。这些研究表明 Lasso 惩罚下选出的变量个数更小、模型预测效果更佳。Adaptive Lasso 是加权意义下的 Lasso。Pan et al.(2006)和其他一些文献中均表明 Adaptive Lasso 在高维数据的变量选择、样本分类和预测上都有满意的结果。自此又有 Fused Lasso(2005),GroupLasso(2006),Relaxed Lasso(2007)等研究工作。桥(bridge)回归惩罚法解决了估计量的相合性问题,这是 Lasso 不具备的性质。Huang(2007)指出,当特征变量与非特征变量间相关性很弱时,这种惩罚函数有 Oracle 性质。SCAD 惩罚因其优良的统计性质,近年来很受统计学者青睐。Zhang(2009)和 Wang(2006)研究表明,SCAD 在高维分类问题中具有超好的性质。组合惩罚函数思想具有代表性的是2005 年 Zou 和 Hastie 运用 l_1 范数和 l_2 范数提出的弹性网方法,而 2009 年 Yuan,Joseph 等针对变量间的结构,提出了结构化变量选择方法,达到结构化选择变量的目的。对于变量选择的性质研究也有不少。Fan 在 2001 年讨论了变量选择的估计应具有 Oracle 性质,Bach 研究了分组 Lasso 变量选择下的相合性问题,证明了一定条件下 SCAD 和 MCP 估计具有 Oracle 性质等。这些方法的算法,通用的是Friedman(2006)提出的"Herding Lambdas"。Efron(2004)提出的 LARS 算法能有效解决 Lasso 和 Adaptive Lasso 问题。Kim(2005)基于 Boosting 提出了高维情形时的方法,但是 Boosting 得到的仅仅是近似解。计算问题是处理高维变量选择时最重要的障碍。近年来相继出现了 Boosting 算法、逐阶段向前回归算法和最小角回归算法。总体来看,高维数据的变量选择取得了很大的进展。

为了避免漏选变量带来的模型偏差,通常在建模初期我们会考虑众多因素作为解释变量,其中某些变量对因变量可能根本没有影响或影响很小。如果引入这些变量,从理论上来说,一方面会导致模型不稳健,极大地降低了估计和预测精度;另一方面会加大模型的复杂度,无法突出最本质的解释变量。从应用角度来说,某些自变量的观测数据获取代价大,若将它们作为解释变量,势必为模型应用带来不必要的成本。出于这些原因,在统计建模时对解释变量做精心选择是十分必要的。自 20 世纪 60 年代以来,变量选择一直是统计学的研究热点,在经济学中有着广泛应用,如被用来分析经济增长(钟金花,2013)、房价影响因素(程开明,庄燕杰,2014)等复杂经济现象。因此研究变量选择具有重大的理论和实际意义。

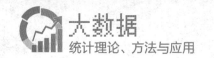

高维数据广泛出现在自然科学、人类学和工程学等领域,其主要特点有:

一是,解释变量维度 p 很高,往往成千上万,且样本量 n 往往比 p 小;

二是,噪声多,存在着许多跟因变量无关的解释变量。

Fan 和 Li 指出,由于高维回归模型中系数存在稀疏性(sparsity),即绝大部分解释变量的系数为 0,因此必须通过变量选择技术筛选出最优子集,提高模型解释能力和估计精度。

变量选择方法常分为子集选择法和惩罚函数法。子集选择法包括最优子集法、逐步回归法等。尽管它们的实用性非常强,但是存在着诸多缺点。Fan,Li(2001)指出子集选择法将变量选择和系数估计分开进行,在系数估计时忽略了变量选择带来的随机误差,从而造成估计值的统计性质并不理想;孙燕(2012),张景肖和刘燕平(2012)指出,最优子集法遍历所有子集搜索最优解,当解释变量个数为 p 时,备选模型数为 2^p,显然当 p 很大时,计算量惊人,在实际操作中不太可行。Breiman(1996)指出逐步回归法缺乏稳定性,对数据的微小变动非常敏感。一种能够克服上述缺点的方法是惩罚函数法,其思想是通过惩罚函数约束模型的回归系数,同步实现变量选择和系数估计,模型估计是一个连续的过程,因而稳健性高。该类方法近 20 年来被广泛用于高维数据分析,备受统计学者青睐。

纵观惩罚函数法的发展,最早是单个变量选择惩罚方法,如 Bridge(Frank,Friedman,1993),Lasso(Tibshirani, 1996),SCAD(Fan,Li,2001),MCP(Zhang,2007)等,其中 Lasso 最具代表性,它的惩罚函数是回归系数的 L_1 范数。这类方法符合传统意义上的变量选择,即以单个变量为研究对象。而后 Yuan 和 Lin(2006)将 Lasso 扩展到分组结构下,提出了组变量选择惩罚方法 Group Lasso(GL),Meier et al.(2008)又将其扩展到 logistic 回归。受 GL 的启发随后出现了 Group MCP(Zhang,2007),Group SCAD(王美方等,2007)等。这些方法的优点是基于变量分组结构作筛选,得到了更准确的估计值,而不足之处在于它以“同进同出”的模式选择一组变量,无法在组内进行选择。相反地,Group Bridge(GB)(Huang et al.,2009)将 Bridge 惩罚用到组系数 L_1 惩罚上,实现了双层(bi-level)变量选择。该方法的特点是在组内和组间均采用单个变量惩罚函数,从而既能选择重要组又能选择组内重要变量。基于该思想,Breheny 和 Huang(2009)提出了同样具有双层选择功能的 Composite MCP。这两种方法都是通过构造两个单个变量惩罚的复合函数实现双层选择。而 Simon et al.(2013)认为线性组合单个变量 Lasso 惩罚和组变量 GL 惩罚也可以实现双层选择,因此提出了可加型双层变量选择 Sparse Group Lasso(SGL)。SGL 相对复合函数型方法计算更简单,但是它对所有系数或组系数惩罚程度相同,这会过度压缩大系数,引起估计偏差,从而降低模型预测精度。Lasso 和 GL 也有同样的缺点。Zou(2006)，Wang 和 Leng(2006)指出有效的解决办法是对不同的系数采取不同程度的惩罚，因而分别提出了 Adaptive Lasso 和 Adaptive Group Lasso 来改进它们。

但高维变量选择方法仍存在很大的改进空间，主要问题有：

第一，现有的变量选择方法缺乏对变量之间的网络结构关系的考察，因为现实中变量之间往往是相互关联的而非独立的，可能存在着某种关联模式。尽管先后的方法考虑了多重共线性，但是没有探索它们之间的复杂关系，更没有基于这种复杂关系做变量选择，得出的结论缺乏说服力和科学性。

第二，组机构的变量选择问题。现实中变量可能是按组别存在的，比如问卷调查中分类问题可由几个虚拟变量共同描述，这就涉及都按组间变量选择和重要组内变量选择，现在很少探讨如何从重要组中再选择重要变量。

第三，现有方法在算法上还有待改进，需要提高其整体的计算速度。因此，在大数据时代，高维变量选择问题非常有必要进一步深入研究。

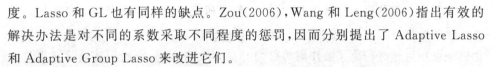

1.2.4　大数据下的统计并行计算方法

在大数据背景下，研究者采集到的数据 85% 以上是非结构化和半结构化的，传统的关系数据库已经无法胜任这些数据的处理，其主要原因是关系数据管理系统（并行数据库）的扩展性遇到了前所未有的障碍。以 Map-Reduce 和 Hadoop 为代表的非关系数据分析技术，凭借其适合非结构数据处理、大规模并行处理、简单易用等突出优势，在互联网信息搜索和其他大数据分析领域取得了重大进展，已成为大数据分析的主流技术。

Map-Reduce 是 2004 年由谷歌公司提出的一个面向大数据分析处理和生成大数据集的并行计算模型，已引起工业界和学术界的广泛关注。针对并行编程模型易用性，出现了多种大数据处理高级查询语言，如 Facebook 的 Hive、雅虎的 Pig、谷歌的 Sawzall 等。这些高层查询语言通过解析器将查询语句解析为一系列 Map-Reduce 作业，在分布式文件系统上执行。与基本的 Map-Reduce 系统相比，高层查询语言更适于用户进行大规模数据的并行处理。

Map-Reduce 致力于通过大规模廉价服务器集群实现大数据的并行处理，在设计上把扩展性和系统可用性放在了优先考虑的位置，通过接受用户编写的 Map 函数和 Reduce 函数，自动地在可伸缩的大规模集群上并行执行，从而可以处理和分析大规模的数据。在 Google 公司内部，通过大规模集群和 Map-Reduce 软件，平均每天有超过 20PB 的数据得到处理，平均每个月处理的数据量超过 400PB。如此大规模的数据管理和分析，是传统的关系数据管理技术所无法完成的。

　　大数据引起的巨大计算量和存储量,使得研究者往往需要借助计算机集群和并行化的数据分析方法,才能进行有效的数据分析。目前,一些简单的数据分析方法已经被很好地并行化了。汪丽等(2013)针对关联规则 Apriori 算法多次重复扫描数据库和产生大量候选频繁项集的缺点,对其进行改进,并在 Map-Reduce 模型上实现。仿真实验表明,Map-Reduce 模型的 Apriori 算法在异构集群环境下,能够提高关联规则挖掘的执行效率,减少算法的执行时间。应毅等(2013)在对经典 Apriori 算法 Map-Reduce 化后,建立了一个基于 Hadoop 源框架的并行数据挖掘平台,并通过对餐饮系统中点菜单的数据挖掘工作验证了该系统的有效性。SLIQ算法采用逐一遍历并计算伸缩性指标的方法来寻找最佳分裂点,当数据量增大时,算法的执行效率很低。杨长春等人在 2012 年给出了改进后的 SLIQ 算法在 Map-Reduce 编程模型上的应用过程。王鄂等(2009)详细描述了 SPRINT 并行算法在 Hadoop 中的 Map-Reduce 编程模型上的执行流程,并利用分析出的决策树模型对输入数据进行分类。江小平等(2011)给出了 K-Means 聚类算法的 Map-Reduce编程模型实现,实验结果表明 K-Means 算法 Map-Reduce 并行化后部署在 Hadoop 集群上运行,具有较好的加速比和良好的扩展性。

　　在分类算法上,支持向量机(SVM)是目前流行的一种分类工具,但 SVM 算法的主要缺点是处理大数据集时内存需求大、计算时间长。Collobert et al.(2002)通过将问题分成较小的子集,使用并行的方式或在分布式计算机系统网络中分配不同子集的并行训练方法已经被提出并证明是合适的。Tveit(2005)提出的级联 SVM 结构并证明了其有效性。很多学者对该结构进行了改进,如 Dong(2003),Zanghirati(2003),Wen(2004),Zhang(2005)等。但是,通过并行处理提高训练速度仍然有明显的困难,因为计算步骤和每个子集内训练数据的分布状况都是相互依赖的。

　　在聚类方法上,DBSCAN 是一个著名的基于密度的聚类方法,能够发现任意形状的集群和消除噪声。然而,并行 DBSCAN 具有挑战性,因为它涉及一种内在的连续数据的访问顺序,且现有的并行实现采用主从战略,很容易导致不平衡的工作量,从而降低并行效率。Patwary et al.(2012)提出了一种使用图形算法的并行 DBSCAN 算法,且使用基于树的从下向上的方法来构建集群,该算法明显优于主从方式。Domenica 等人在 2001 年将 DBSCAN 结构映射到骨架结构(skeleton structured)再执行每个结构的并行化。该方法在处理高维数据时能有效地提高性能。

　　频繁项集挖掘(FIM)是一个发现频繁项集的有用工具,已经衍生出了一些能显著提高挖掘性能的算法。然而面临大数据集时,无论是内存使用还是计算成本都是非常昂贵的。Li et al.(2008)提出了分布式机器上的并行 FP-Growth 算法,该算法使每台机器上执行一组独立的数据挖掘任务,从而消除计算机之间的相互依赖,使其可以互相通信。通过大型数据集的 802 939 个网页和 1 021 107 个标签的实证研究,该算法可以实现几乎线性的加速,并支持搜索引擎的查询建议。Ghemawat et al.(2003)采用多线程共享内存的并行算法,虽然在一定程度上缓解了存储及计算压力,但是共享内存系统的资源局限性限制了算法的延展能力。陈敏等人在 2009 年采用投影方法直接寻找频繁项的条件数据库,将挖掘条件数据库的工作分化成若干独立的子任务,分配到集群中的节点上并行实现。

综上所述,随着数据量的增加,使用并行化的数据分析方法已成为必然趋势,对一些经典的分类、聚类、回归和关联规则分析等方法进行并行化,对大数据的高效处理具有重要价值。

1.2.5　文本数据挖掘与特征提取方法

文本数据是大数据的重要构成部分,对文本数据的统计计算处理是目前大数据科学研究领域中的重要内容之一。文本数据统计分析主要是通过对语料库中的文档集合进行分析、提取,寻找出隐含在文档内部的概念、含义、主题信息,文档与文档之间的关联性,并且从文档集合中挖掘有价值的知识和信息,对理解整合文档集合和信息都有更大的帮助。文本数据统计分析大致可看作一个知识密集型的处理过程,通过运用一定的分析技术和手段发现其中有意义的模式,进一步从中提取有价值的知识和信息。与传统的数据统计分析不同的是,文本数据统计分析的数据不是结构化数据,而是非结构或者半结构的文本信息。

文本数据统计处理的目的是从大量文本数据中提取关键信息。因此文本数据统计处理的首要内容是提取关键词。"分词技术"是文本数据统计处理的基础,对此国内外学者进行了大量研究。基于词典分词的前提是建立或调用某一机器词典,该词典可以是庞大的统一化词典,抑或分行业垂直词典,如中国科学院开发的汉语语法分析系统 ICTCLAS(institute of computing technology chinese lexical analysis system)、知网词库等。该方法设计和操作较为简单,易于实现。文本输入后,依据一定策略将待分析的汉字串与词典进行词项匹配,匹配成功则提取该词。匹配策略按照扫描方向分为正向匹配、逆向匹配,"方向"以现代汉语写作与阅读标准定义,即从左至右为正向,从右至左为逆向。正向匹配时,从若干汉字组合成的字符串开始搜索,若匹配则完成分词,若不匹配则划除字符串的最右一个汉字重新搜索;而逆向匹配恰好相反,划除方式是从左至右。该方法按照长度差异分为最大匹配、最小匹配(孙铁利,刘延吉,2009)。二者的基本区别在于不同长度字符串组

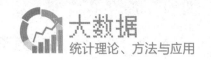
合的搜索顺序,前者首先选取词典中最长的词长度为输入文本中字符串长度,判断是否匹配,再搜索次长字符串,直至完成全部匹配,而最小匹配法则相反。实际应用中主要使用最大匹配方向,因为文本中可能含有大量短词构成的长词(词组),如"文本挖掘"按照最小匹配会被拆分为"文本""挖掘"两词,影响文本语义或降低效率。基于词典分词的方法主要是正向最大匹配、逆向最大匹配、全二分匹配及逐词遍历(朱建平等 2014)等,以上方法的分词正确性以词典为基础,而其主要问题来源于确立词典的主观性。一方面,网络文本生成速度较快,语义变化速率较高,一些未及时录入词典的词在划分过程中将被直接划除。另一方面,不考虑文章本身属性,可能面临歧义问题,即同一句子存在不同分词方法,划分出的词又都包含于词典中,歧义句的最终分词形式仅仅基于划分策略给定的顺序,可能带来语义错误。

相比基于词典的分词方法,无词典分词更关注文本本身的词项构成,其主体内容是基于统计的分词,基本思想是字符串频数分析。无词典分词可表述为:将文中邻近汉字按照某一长度构成字符串(按照中文词构成规范,最小组合长度为两个汉字),遍历所有字符串组合并统计其出现的频数,频数越高代表该字符串为固定词的可能性越大,设定某一频数阈值,超过阈值时则将该字符串划分为词,再继续按照其他长度进行搜索。无词典分词方法利用了一些其他指标,如信息熵、互信息等,但构建该类指标仍是基于字符串频数的。该方法优势在于无须与词典做比照,分词效率较高,且利用了上下文信息,忠于文本本身属性,缺点则是未充分利用常用词信息。无词典分词的具体方法主要包括基于信息论的分词、基于组合度的分词、基于期望最大值(expectation maximization,EM)算法的分词、基于贝叶斯统计的分词等,相关研究成果如利用互信息量的概率统计分词、改进 N-gram 的变长分词、EM 分词、基于贝叶斯网络的二元语法分词等。

近年来分词技术研究集中于解决分词效率和正确率等方面,改进基于词典分词方法、新的无词典分词方法、垂直领域的分词研究都取得了一定成果。莫建文等(2013)针对词典分词法的低效率和歧义问题,提出结合双词哈希(Hash)结构的改进正向最大匹配方法,模拟实验表明该方法的分词正确率和效率均有所提升。专业领域分词方面,修驰和宋柔(2013)提出了无监督的专业领域分词方法,主要解决词义消歧问题。该方法重点考察文本属性,如字符串频次信息、边界熵信息及互信息,并组合使用各指标。苏晨等(2013)提出了适用于特定领域机器翻译的分词方法,实现基于生语料的自适应分词和双语引导分词,解决特定领域分词时缺少标注语料的问题。更多研究内容集中于混合分词(组合分词)领域,混合型分词算法结合多种知识点,利用数据结构知识补充词典,同时结合标注语料库来完善分词算法,利用词典解决常见词划分问题,利用无词典方法应对歧义和未登录词,使两种方法互为补益。中文分词方法不属于本书的研究范畴,在后续内容中将采取文献中常用的 mmseg 规则,该规则能够达到 99.69% 的准确率和 93.21% 的消歧义。该算法属于最大分词的一种,并且能够通过抽取三个可能的最大词项组合并过滤的方式消除歧义。R 语言软件中提供了相应算法包,对于一些特殊的分词场景,将在算法之外引入或规定特殊词典。

在信息飞速发展的今天,文本数据呈现爆炸式增长,文本数据的更新交替使得原有的分类体系难以有效地处理新出现的数据。如果用分类技术,就需要运用新的数据对训练集重建并且训练出新的分类器以适应新产生数据的分类问题。然而分类技术需要对用于训练的训练集文档进行类别标注,这需要相当大的代价和时间,此时文本聚类方法的价值得以凸显。文本聚类是典型的无监督学习方法,将大规模文本集依据一定相似性度量,将相近的文档聚到一个簇中,尽可能使得每个簇内的文档在一定意义上相近,簇与簇之间的文档尽量不同,形成数量较少、有一定意义的多个文本簇。如果聚类的基础是文档的内容,则通过文本聚类发现文本集合中的多个主题,以及各个簇和主题的对应关系。因此,文本聚类可以发现文档集当中所包含的内容和主题。通过高效的文本聚类技术,无须训练过程,也无须预先标注训练集文档的类别,就可以将海量的文本信息"物以类聚",组织成少数的、有含义的文本簇,进而提供一种对文本信息进行高效地组织、归类和导航的机制。

特征表示与特征提取共同构成特征挖掘的内容,也是本书的重要内容之一。以一定特征项表示文本特定信息,称为文本的特征表示。广义文本特征指所有描述文本的元数据,其中包括语义特征,亦包括文本体量、记录时间等描述性特征,这类数据主要用于存储环节的标注。依据上文给出的文本挖掘定义及有关概念,论文主要关注语义特征表示与提取,最常见的表示方式即文本-词项矩阵 MT,文本的主要语义内容包含于矩阵中,后续的文本挖掘工作实际上就是对结构化特征项信息的挖掘。Salton et al.(1975)提出向量空间模型(vector space model,简称 VSM)并将其应用于 SMART 文本检索系统。该模型是 MT 矩阵的广义形式,给出更丰富的文本特征信息,如词频率信息、权重信息、文本之间的相似度等,构造 VSM 的常见表达之一为词频-逆向文本频率(term frequency-inverse document frequency,TF-IDF),通过计算词项在文本中的出现频率,比较各个文本中词的频率差异,将在某(类)文本中出现频率较高,而在其他(类)文本中出现频率较低的词语视为关键词,从而过滤常用词汇,获得特征明显的关键词,为后续的文本挖掘工作做变量准备。

文本特征提取中的主要问题是降维。文本数据以词为变量,长语料包含变量

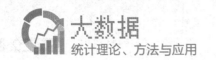

（词）个数多，使得文本特征维度很高。因输入文本之间有用词差异，短语料（如新闻标题，微博等）生成的 **MT** 矩阵亦呈现出高维、稀疏特征，随着输入文本数目增加或文本类型差异扩大这种特征愈加明显，为挖掘带来困难。VSM 中包含更丰富的文本特征，故其特征向量维数更高，数据中包含大量冗余并"淹没"重要相关性。降维的目的就是消除冗余，减少分析中涉及的变量，降低文本模式识别误差，从而提升文本挖掘质量与效率。文本降维思路可分为两类：

第一，特征选择（feature selection），即依据某些评价标准直接做特征选取（词或者以词频为基础的其他特征向量），从而减少变量数目。

第二，特征提取（feature extraction），在目前的特征向量空间中进一步提取以构成新特征，完成向低维特征空间的映射。

特征选择一般要构造某评价标准函数，利用函数评价每个特征并打分，按照得分排序并按次序筛选变量。传统的特征选取标准函数包括信息增益（information gain，IG）、期望交叉熵（expected cross entropy，ECE）、互信息（mutual information，MI）、文本证据权（the weight of evidence for text，TWET）。如王美方等（2007）提出改进的基于 TF-IDF 的降维方法，将类别信息引入特征项，提取与类别相关的特征，从而弥补 TF-IDF 的缺陷；周奇年等（2013）以文本的若干 IG，ECE，MI 指标为基础，定义词的类内和类间离散度，构造类别区分词并以此作为标准选择变量，达到了降维效果；赵东红等（2012）利用粗糙集理论中的依赖度函数衡量变量重要性，并以此选取特征；田野和郑伟（2013）指出互信息方法存在信息不完善和特征值计算为负数的问题，提出改进的互信息指标进行特征选择。

特征抽取则通过构造从原始文本特征输入空间到新空间的变换，从而使分散的信息集中到更少的文本特征向量上。多元统计的诸多线性、非线性抽取思想可以用于文本降维，如李建林（2013）提出基于主成分分析（principal component analysis，PCA）的多重组合特征提取算法。

在抓取数据，分词并完成特征选取后，利用结构化转换后的数据可以开展文本挖掘分析，主要是文本数据聚类、分类、关联、预测等内容。本书将重点讲述文本聚类。与结构化数据的聚类思想类似，文本聚类（text clustering）致力于完成利用（文本）数据自身属性将数据分成若干簇类（cluster）的任务，基本假设是对所有输入文本，可以某种相似度量指标将文本集合分组为不同类别，使得类内样本相似性高而类间样本相似性低。文本聚类是无监督的分类方法，无需对文本做主观标注，聚类过程具备灵活性和自动处理能力，所得到的类结果较客观，已广泛应用于文本信息的组织与归类工作。文本聚类的关键问题与经典聚类问题类似：相似度如何度量？如何评价聚类结果？类数目怎样确定？

Hearst 等人的研究已经证明了聚类假设,即与用户查询相关的文档通常会聚类得比较靠近,而远离与用户查询不相关的文档,这表明文本聚类工作在实际的网络数据管理,如文本检索、文本归类等过程中有很高的应用价值。有效聚类方法的核心在于相似度量标准设置是否合理。首先需要证明评判标准本身合理,其次要选取合适的文本特征输入评判标准。常用的文本相似度测量基于向量空间模型所提供的词频统计信息,如以文本向量夹角余弦值为相似性标准,称为文本的余弦相似性。但基于词频空间的方法忽略了文本所包含的其他特征信息,如词的含义、词之间的组合形式等,认为词频是决定文本相似度的唯一重要变量。此外,文本数和词项数往往较大,导致词频向量空间模型生成的矩阵是超高维、稀疏的,使得计算效率低下。与传统聚类相比,文本聚类时数据高维、稀疏、分布分散等问题更为明显,如何应对该类问题,从而提升聚类质量与效率,是文本聚类研究的重点对象。在提取文本特征、计算相似度之后,聚类的具体过程与结构化数据聚类类似,按照聚类标准类型不同,可分为基于距离、基于密度、基于网格、基于模型等;按照聚类结构不同,则可分为分区聚类与分层聚类,如以 GHAC 等算法为代表的分层算法和以 K-means 等算法为代表的分区算法。文献介绍了将 GHAC 和 K-means 结合起来的 Buckshot 方法和 Fractionation 方法。

近年来,国内外更多学者开始关注 LDA 主题模型在文本分类与聚类中的应用。以 LDA 的特征挖掘结果(主题向量)作为文本聚类的输入特征,使得聚类算法面对的特征向量空间从词频转换为主题,降低了空间维度,也更接近文本语义。Shehata 等人在 2010 年提出基于文本概念的模型方法提升文本聚类效率。Timothy 等人在 2012 年将概率主题模型应用于文本分类工作,解决了多标签文本的类别划分问题。Andrzejew et al.(2011)和 Wang et al.(2006)则分别将概率主题模型用于信息检索中的文本类别划分。以上文献的模拟实验或语料检验均取得了较好的效果。国内学者,如张梦笑等人在 2012 年利用 LDA 进行特征选取并对 COAE2009(第二届中文倾向性分析评测)做聚类分析,结果表明当选择 2% 的特征时,LDA 聚类相较单词贡献度(term contribution,TC)聚类方法效果有显著提升,相似的研究成果可见郑诚等(2013),王春龙等(2014)。王春龙在研究过程中探讨了 LDA 主题模型的最优主题个数选择问题,指出根据不同的文本研究对象,需要以重复实验的方式选出最优的文本主题个数。王李冬等(2012)则研究单词贡献度与 LDA 相结合的 TC-LDA 聚类方法,并通过中文文本分类语料证明了该方法有一定的优势。

利用 LDA 生成的主题向量作为聚类特征,可使得原文本空间的维度大大降低,解决特征矩阵的稀疏性和超高维问题,其精度和效率优势在以上文献中已得到

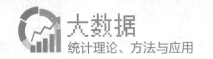

验证。但单以主题为特征变量的代价是会削弱原有特征矩阵的丰富词频差异,尤其在文本和词项较多时可能会出现过度降维,输出的主题越少,越使得文本间的差异化特征被"掩盖",从而影响聚类精度。注意到在已有文献中,实验集合大多是"千"量级的输入文本,故该问题并未凸显。将 LDA 聚类与词项信息聚类结合起来是解决以上问题的主要思路之一,如王李冬等(2012)提出的 TC-LDA 聚类方法。但同结构化数据聚类算法类似,在涉及多个维度的特征变量时,如何客观、合理地构造样本间的类别相似度,如何确定多维度特征的相互权重关系,亦是文本聚类的核心问题。

1.3 大数据及其对统计学科的影响

1.3.1 引言

目前,由于计算机处理技术发生着日新月异的变化,人们处理大规模复杂数据的能力日益增强,从大规模数据中提取有价值信息的能力也日益提高,人们将会迅速进入大数据时代。数据时代,不仅会带来人类自然科学和人文社会科学的发展变革,还会给人们的生活和工作方式带来焕然一新的变化。

统计学是一门古老的学科,已经有三百多年的历史,在自然科学和人文社会科学的发展中起到了举足轻重的作用;统计学又是一门生命力及其旺盛的学科,它海纳百川又博采众长,随着各门具体学科的发展不断壮大自己。毫不例外,大数据时代的到来,给统计学科带来了发展壮大机会的同时,也使得统计学科面临着重大的挑战。怎样深刻地认识和把握这一发展契机,怎样更好地理解和应对这一重大挑战,迫使我们需要澄清大数据的概念,明确大数据的统计特征,重新审视统计的工作过程,提出新的统计思想理念。

总的来说,我们可以从两个角度来理解大数据:如果把"大数据"看成形容词,它描述的是大数据时代数据的特点;如果把"大数据"看成名词,它体现的是数据科学研究的对象。大数据是信息科技高速发展的产物,如果要全面深入理解大数据的概念,必须理解大数据产生的时代背景,然后根据时代背景理解大数据概念。

1.3.2 大数据时代

Grobelink 在《纽约时报》2012 年 2 月的一篇专栏中称,"大数据时代"已经降临。"大数据"概念之所以被炒得如火如荼,是因为大数据时代已经到来。

如果说 19 世纪以蒸汽机为主导的产业革命时代终结了传统的手工劳动为主的生产方式,并推动了人类社会生产力的变革,那么 20 世纪以计算机为主导的技术革命则方便了人们的生活,并推动人类生活方式发生翻天覆地的变化。我们认为,随着计算机互联网、移动互联网、物联网、车联网的大众化和博客、论坛、微信等网络交流方式的日益红火,数据资料的增长正发生着"秒新分异"的变化,大数据时代已经到来毋庸置疑。据不完全统计,一天之中,互联网产生的全部数据可以刻满 1.68 亿张 DVD。国际数据公司(IDC)的研究结果表明,2008 年全球产生的数据量为 0.49ZB(1ZB＝1024EB,1EB＝1024PB,1PB＝1024TB,1TB＝1024GB),2009 年的数据量为 0.8ZB,2010 年增长为 1.2ZB,2011 年的数量高达 1.82ZB,相当于全球每人产生 200GB 以上的数据。而到 2012 年为止,人类生产的所有印刷材料的数据量是 200PB,全人类历史上所有语言资料积累的数据量大约是 5EB。哈佛大学社会学教授 Gary King 说:"大数据这是一场革命,庞大的数据资源使得各个领域开始了量化进程,无论学术界、商界还是政府,所有领域都将开始这种进程。"在大数据时代,由于数据的知识随处可寻,故对数据的处理和分析才显得难能可贵。因此,在大数据时代,能从纷繁芜杂的数据中提取有价值的知识才是创造价值的源泉。

我们可以这样来定义大数据时代:大数据时代是建立在通过互联网、物联网等现代网络渠道广泛大量数据资源收集基础上的数据存储、价值提炼、智能处理和展示的信息时代。在这个时代,人们几乎能够从任何数据中获得可转换为推动人们生活方式变化的有价值的知识。大数据时代的基本特征主要体现在以下几个方面。

(1) 社会性。

在大数据时代,从社会角度看,世界范围的计算机联网使越来越多的领域以数据流通取代产品流通,将生产演变成服务,将工业劳动演变成信息劳动。信息劳动的产品不需要离开它的原始占有者就能够被买卖和交换。这类产品能够通过计算机网络大量复制和分配而不需要额外增加费用,其价值增加是通过知识而不是手工劳动来实现的,而实现这一价值的主要工具就是计算机软件。

(2) 广泛性。

在大数据时代,随着互联网技术的迅速崛起与普及,计算机技术不仅促进自然科学和人文社会科学各个领域的发展,而且全面融入了人们的社会生活中,人们在不同领域采集到的数据量之大,达到了前所未有的程度。同时,数据的产生、存储和处理方式发生了革命性的变化,人们的工作和生活基本上都可以用数字化表示,在一定程度上改变了人们的工作和生活方式。

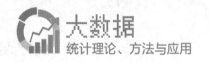

（3）公开性。

大数据时代展示了从信息公开运动到数据技术演化的多维画卷。在大数据时代会有越来越多的数据被开放，被交叉使用。在这个过程中，虽然考虑对于用户隐私的保护，但是大数据必然产生于一个开放的、公共的网络环境之中。这种公开性和公共性的实现取决于若干个网络开放平台或云计算服务以及一系列受到法律支持或社会公认的数据标准和规范。

（4）动态性。

人们借助计算机通过互联网进入大数据时代，充分体现了大数据是基于互联网的及时动态数据，而不是历史的或严格控制环境下产生的内容。由于数据资料可以随时随地产生，因此，不仅数据资料的收集具有动态性，而且数据存储技术、数据处理技术也随时更新，即处理数据的工具也具有动态性。

1.3.3　大数据概念的辨析

目前，关于大数据的定义众说纷纭，对大数据的理解取决于定义者的态度和学科背景。比较有代表性的定义主要有以下几种。

维基百科给出的定义是，大数据指的是所涉及的资料规模巨大到无法通过目前主流软件工具，在合理时间内达到撷取、管理、处理，并整理成为帮助企业经营决策更积极目的的资讯。

大数据科学家 John Rauser 提出的一个简单定义是，大数据指任何超过了一台计算机处理能力的数据。

美国咨询公司麦肯锡的报告是这样定义的：大数据是指无法在一定时间内用传统数据库软件工具对其进行抓取、管理和处理的数据集合。

Gartner 公司的 Merv Adrian（2011）认为，大数据超出了常用硬件环境和软件工具在可接受的时间内为其用户收集、管理和处理数据的能力。

IDC（international data corporation，2011）对大数据概念的描述为：大数据是一个看起来似乎来路不明的大的动态过程，但实际上，大数据并不是一个新生事物，虽然他确确实实正在走向主流并引起广泛的注意。大数据并不是一个实体，而是一个横跨很多 IT 边界的动态活动。

还有一些学者，如 Grobelink（2012），Forrester 的分析师 Brian，Boris（2012）和 Oracle（甲骨文）的刘念真（2013）等虽未给出大数据的具体定义，但是概括了大数据的特点。Grobelink（2012）认为大数据具有三个特点，即多样性（variety）、大量性（volume）、高速性（velocity），又称 3V 特点。Brian，Boris（2012）认为，除了 Grobelink 给出的三个特性外，大数据还具有易变性（variability）的特点，即 4V 特点。

刘念真则认为大数据除了 Grobelink 给出的特点外,还具有真实性(veracity)和价值性(value),即 5V 特点。

上述关于大数据概念的表达方式虽然各不相同,但从各种专业的角度描述出了人们对大数据的理解。我们认为大数据定义之所以众说纷纭,主要是因为大数据如其名一样,所涉内容太"大",大家看它的角度不一样,于是出现了仁者见仁、智者见智的局面。根据大数据的历史沿革和大数据所处的时代背景,我们可以进一步充分了解大数据的内涵。

在大数据时代,数据引领人们生活,引导商业变革和技术创新。从大数据的时代背景来看,我们可以把大数据作为研究对象,从数据本身和处理数据的技术两个思路来理解大数据,这样大数据就有狭义和广义之分:狭义的大数据是指数据的结构形式和规模,是从数据的字面意义理解;广义的大数据不仅包括数据的结构形式和数据的规模,还包括处理数据的技术。

狭义角度的大数据,是指计量起始单位至少是 PB,EB 或 ZB 的数据规模,不仅包括结构化数据,还包括半结构化数据和非结构化数据。我们应该从横向和纵向两个维度解读大数据:横向是指数据的规模,从这个角度来讲,大数据等同于海量数据,大数据包含的数据规模巨大;纵向是指数据结构形式,从这个角度来说,大数据不仅包含结构化数据,更多的是指半结构化数据和非结构化数据,大数据包含的数据形式多样。大数据时代,由于有 90% 的信息和知识在"结构化"数据世界之外,因此,人们通常认为大数据的分析对象为半结构化数据和非结构化数据。

此外,大数据时代的战略意义不仅在于掌握庞大的数据信息,还在于如何处理数据。这就需要从数据处理技术的角度理解大数据。

广义角度的大数据,不仅包含大数据的结构形式和规模,还泛指大数据的处理技术。大数据的处理技术是指能够从不断更新增长、由价值信息转瞬即逝的大数据中抓取有价值信息的能力。在大数据时代,针对小数据处理的传统技术可能不再适用。这样,就产生了专门针对大数据的处理技术。大数据的处理技术也衍生为大数据的代名词。这就意味着,广义的大数据不仅包括数据的结构形式和规模,还包括处理数据的技术。此时,大数据不仅是指数据本身,还指处理数据的能力。

不管从广义的角度,还是从狭义的角度来看,大数据的核心是数据,而数据是统计研究的对象,从大数据中寻找有价值的信息关键在于对数据进行正确的统计分析。因此,鉴定"大数据"应该在现有数据处理技术水平的基础上引入统计学的思想。

从统计学科与计算机科学性质出发,我们可以这样来定义"大数据":大数据指那些超过传统数据系统处理能力、超越经典统计思想研究范围、不借用网络无法用

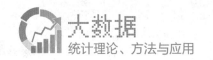
主流软件工具及技术进行单机分析的复杂数据的集合,对于这一数据集合,在一定的条件下和合理的时间内,我们可以通过现代计算机技术和创新的统计方法,有目的地进行设计、获取、管理、分析,揭示隐藏在其中的有价值的模式和知识。

根据大数据的概念和其时代属性,我们认为大数据的基本特征主要体现在以下四个方面。

(1)大量性。

这是指大数据的数据量巨大。在大数据时代,高度发达的网络技术和承载数据资料的个人电脑、手机、平板电脑等网络工具的普及,数据资料的来源范围在不断拓展,人类获得数据资料在不断更改数据的计量单位。数据的计量单位从 PB 到 EB 再到 ZB,反映了数据量增长质的飞跃。据统计,截至 2012 年底,全球智能手机用户数达 13 亿,仅智能手机每月产生的数据量就有 500MB,每个月移动数据流量有 1.3EB 之巨。

(2)多样性。

这是指数据类型繁多。大数据不仅包括以文本资料为主的结构化数据,还包括网络日志、音频、视频、图片、地理位置等半结构或非结构化的数据资料。多样化数据的产生原因主要有两个:一是非结构化数据资料的广泛存在;二是挖掘价值信息的需要。传统的数据处理对象是结构式的,我们从数据的大小多少来感受对象的特征,但这远远不够具体。很多时候,我们希望了解得更多,除了解对象的数量特征外,我们还希望了解对象的颜色、形状、位置,甚至是人物心理活动等,这些都是传统数据很难描述的。为了满足人们对数据分析深层次的需要,并且由于大数据时代对音频、视频或图片等数据资料的处理技术不再是难题,半结构化数据和非结构化数据也成为数据处理的对象。

(3)价值性。

这是指大数据价值巨大,但价值密度低。大数据中存在反映人们生产活动、商业活动和心理活动各方面极具价值的信息,但由于大数据规模巨大,数据在不断更新变化,这些有价值的信息可能转瞬即逝。一般来讲,价值密度的高低与数据规模的大小成反比。以视频数据为例,一部 1 小时的视频,在连续不间断的监控中,有用数据信息出现时间可能仅有 1 秒。这就表明,大数据不是静止的,而是流动的。因此,在大数据时代,对数据的接收和处理思想都需要转变。如何通过强大的机器算法更迅速地完成数据的价值"提纯"成为目前大数据背景下亟待解决的难题。

(4)高速性。

这是指数据处理时效性高,因为大数据有价值信息存在时间短,要求能迅速有效地提取大量复杂数据中的有价值信息。根据 IDC(internet date center,互联网数据中心)的"数字宇宙"的报告,预计到 2020 年,全球数据使用量将达到 35.2ZB。在如此海量的数据面前,处理数据的效率关乎智能型企业的生死存亡。

1.3.4　数据分析的转变

Vikor Mayer-Schönberger 在其《大数据时代》一书中并未直接给出大数据的定义,但他认为在大数据时代,传统的数据分析思想应作三大转变:

一是,转变抽样思想,在大数据时代,样本就是总体,要分析与某事物相关的所有数据,而不是依靠少量数据样本;

二是,转变数据测量的思想,要乐于接受数据的纷繁芜杂,不再追求精确的数据;

三是,不再探求难以捉摸的因果关系,转而关注事物的相关关系。

毫无疑问,上述三个转变均与统计研究工作息息相关,从统计研究工作角度理解 Vikor 提出的三个转变会更深刻、更全面。

1. 转变抽样调查工作思想

传统的统计学观点认为数据处理的特点是通过局部样本进行统计推断,从而了解总体的规律性。囿于数据收集和处理能力,传统的统计研究工作总是希望通过尽可能少的数据来了解总体。于是,在这种背景下,产生了各式各样的抽样调查技术。尽管如此,由于各种抽样调查工作是在事先设定目的的前提下展开工作,不管多完美的抽样技术,抽到的都只是总体中的一部分,样本只是对总体片面的、部分的反映。传统的统计学观点是建立在数据收集和处理能力受到限制的基础上的,在大数据时代数据资料收集和数据处理能力对统计分析工作的影响越来越小。大数据时代,我们面对的数据样本就是过去资料的总和,样本就是总体,通过对所有与事物相关的数据进行分析,既有利于了解总体,又有利于了解局部。总的来讲,传统的统计抽样调查方法有以下几个方面的不足可以在大数据时代得到改进。

(1) 抽样框不稳定,随机取样困难。

传统的抽样调查方案在实施时经常碰到抽样框不稳定的问题,这是因为:一方面,随着网络信息技术的迅速发展,人们获得信息越来越便捷,更换工作、外出学习和旅游的机会和次数也越来越多,这导致人口流动性加快,于是表现在对某小区居民收入水平调查过程中,经常会出现户主更换或空房的情况。另一方面是经营状况不稳定,有些经营者抓住市场机会使企业规模日益壮大,有些经营者经营不力导致企业破产倒闭,这就出现在对企业经营状况调查中,有的企业在抽样框中找不到,而实际有的企业却在抽样框中没有的情况。

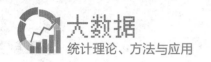
（2）事先设定调查目的，会限制调查的内容和范围。

传统抽样调查工作往往是先制订调查目的，然后再根据目的和经费确定调查的方法和样本量的大小。这样做的问题是受调查目的限制，调查范围有限，即调查会有侧重点，从而不能全面反映总体。

（3）样本量有限，抽样结果经不起细分。

传统抽样调查在特定目的和一定经费控制下进行的，调查样本量有限，如果进一步对细分内容调查，往往由于样本量太小而不具代表性。随机采样结果经不起细分，一旦细分，随机采样结果的错误率就会大大增加。如以对某地企业调查情况为例，在完成调查工作后想具体了解当地小型服装企业的生产经营状况，可能抽到的样本中满足条件的企业凤毛麟角或根本没有这样的企业。在大数据时代，对数据处理的技术不再是问题，我们可以对任何规模的数据进行分析处理，可以做到既全面把握总体，又能了解局部情况。

（4）纠偏成本高，可塑性弱。

正如前文所述，传统统计抽样过程中，抽样框不稳定的情况经常存在，一旦抽样框出现偏误，调查结果可能与历史结果或预计结果大相径庭。另外，如果想了解与事先调查目的不一致的方面，或者想了解目标总体的细分结果，在传统的抽样调查思路中，解决问题的方法一般是重新设计调查方案，一切重来。在大数据时代，信息瞬息万变，待重新调整调查方案，得到的调查结果可能已经没有价值，一切又是枉费精力。

2. 转变对数据精确性的要求

传统的统计研究工作要求获得的数据具有完整性、精确性（或准确性）、可比性与一致性等性质。在数据结构单一、数据规模小的小数据时代，由于收集到的数据资料有限以及数据处理技术的落后，分析数据的目的是希望尽可能用有限的数据全面准确地反映总体。那么，在小数据时代对数据精确性的要求相对于其他要求要严格得多。在大数据时代，由于数据来源广泛和数据处理技术的不断进步，数据的不精确性是允许的，我们应该接受纷繁芜杂的各类数据，不应一味追求数据的精确性，以免因小失大。

（1）大数据时代，数据规模大，数据不精确在所难免，盲目追求数据的精确性不可取。

在小数据时代，无论是测量数据还是调查数据，都可能因为人为因素或自然不可控因素导致收集到的这些数据是不精确的；在大数据时代，数据来源渠道多，数据量也多，在获得关于反映总体精确数据信息的同时，不可避免地会获得不精确数据。另外，我们必须看到不精确数据的有益方面，不精确数据并不一定妨碍我们认识总体,甚至可能帮助我们从另一个方向更好地认识总体。

(2) 大数据时代,数据不精确性不仅不会破坏总体信息,还有利于了解总体。

大数据时代,越来越多的数据提供越来越多的信息,也会让人们越来越了解总体真实情况。举个简单的例子,假设某人的身高是 1.8 米,在小数据时代,由于各种原因仅能测量两次,一次测量结果是 1.8 米,一次是 1.6 米,那么很可能认为该人的身高为两次测量的平均值,即 1.7 米。在大数据时代,这个人的身高测了 10 万次,其中有 10 次的结果是 1.6 米,其他情况测得数据均为 1.8 米,那么很可能认为这个人的身高就是 1.8 米(1.6 米作为异常值剔除)。大数据时代,似乎越来越多的数据在帮助我们了解总体的时候有点大数定律的感觉,因为大数定律告诉我们,随着样本数量的增加,样本平均数越来越接近总体。但大数据告诉我们的总体信息要比大数定律更真实。大数据时代,由于样本就是总体,大数据可以告诉我们总体的真实情况。

(3) 大数据时代,允许不精确性是针对大数据,而不是统一标准。

大数据的不精确性是偶然产生的,而不是为了不精确性而制造不精确。并且,在专门性的分析领域,仍需千方百计防止不精确性发生。譬如,为了精细管理公司业务,对公司财务分析就应该越精确越好。

3. 转变数据关系分析的重点

传统统计分析工作一般在处理数据时,会预先假定事物之间存在某种因果关系,然后在此因果关系假定的基础上构建模型并验证预先假定的因果关系。在大数据时代,由于数据规模巨大、数据结构以及数据变量错综复杂,预设因果关系以及分析因果关系也相对复杂。于是,在大数据时代,分析数据不再探求难以琢磨的因果关系,转而关注事物的相关关系。需要注意的是,大数据时代,事物之间的相关分析在大数据的环境下和在传统统计学的背景中并不相同,主要表现在以下 3 个方面。

(1) 分析思路不同。

传统统计分析问题时,往往是先假设某种关系存在,然后根据假设有针对性地计算变量之间的相关关系,这是一个"先假设,后关系"的分析思路。传统的关系计算思路适用于小数据。在大数据时代,不仅数据量庞大,变量数目往往也难以计数,"先假设,后关系"的思路不切实际。大数据的关系分析往往是直接计算现象之间的相依性,是既关联又关系。另外,在小数据时代,数据量小且变量数目少,用传统统计分析时,构造回归方程和估计回归方程比较容易。于是,人们在分析现象之间的相关关系时,往往会建立回归方程探求现象之间的因果关系。

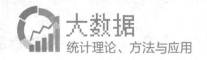
（2）关系形式不同。

在小数据时代，由于计算机存储和计算能力不足，大部分相关关系仅限于寻求线性关系。大数据时代，现象的关系很复杂，不仅可能是线性关系，更可能是非线性函数关系。更一般的情况是，可能知道现象之间相依的程度，但并不清楚关系的形式。目前，针对结构化的海量数据，不管函数关系如何，Reshef（2011）认为，最大信息相关系数（the maximal information coefficient，MIC）均可度量变量之间的相关程度。但有些情况可能连函数关系都没有，譬如半结构化数据变量和非结构化数据变量之间可能存在某种关联关系，但无法知道变量之间关系的形式，因此，度量相关程度的方法还有待完善。

（3）关系目的不同。

传统统计研究变量之间的相关关系往往具有两个目的：一则为了弄清楚变量之间的亲疏程度；再则是为了探求变量之间有无因果关系，是否可以建立回归方程，然后在回归方程的基础上对因变量进行预测。一个普遍的逻辑思路并且在计算上可行的是，变量间的相关关系是一种最普遍的关系，因果关系是特殊的相关关系，相关关系往往能取代因果关系，即有因果关系必有相关关系，但有相关关系不一定能找到因果关系。所以传统的统计学往往在相关关系的基础上寻找因果关系。

在大数据时代，统计研究的目的就是寻找变量或现象之间的相关关系，然后根据变量或现象之间的相关关系进行由此及彼、由表及里的关联预测。大数据时代一般不做因果分析，这有两个原因：一方面是因为数据结构和数据关系错综复杂，往往很难在变量间建立函数关系并在此基础上探讨因果关系，而且寻找因果关系的时间成本高昂；另一方面的原因是大数据价值密度低、数据处理快，大数据处理的是流式数据，由于数据规模的不断变化，变量间的因果关系具有时效性，往往存在"此一时，彼一时"的情况，探寻因果关系往往有点得不偿失。

1.3.5　统计学科的发展

对于统计学科的发展而言，大数据时代带来的不仅是变革，更多的是统计学发展壮大的机会。大数据将改变传统统计学研究具体问题的方法，改变统计研究的工作程序，改变统计学研究具体科学的深度和广度。然而，大数据并不会改变传统统计学的性质。因此，对统计学而言，大数据带来的是挑战和机遇，同时也将增强统计学的生命力。

1. 大数据拓展了统计学的研究对象

大数据对每个领域都会造成影响，统计学也不例外。统计学的研究对象是客观事物的数量特征和数量关系,其中数量性是统计学对象的基本特点。但传统的统计学研究工作认为数据是来自试验或调查的数值,同时又认为并不是任何一种数量都可以作为统计对象。在大数据时代,不仅任何一种以结构数据度量的数量可以作为统计研究对象,而且不能用数量关系衡量的,如文本、图片、视频、声音、动画、地理位置等半结构或非结构数据都可以作为统计研究的对象。从某种意义上来说,大数据拓展了统计研究的对象,也扩展了统计研究工作的范畴。

2. 大数据影响统计计算的规范

传统统计学根据一定的数据计算规范,如用平均数、方差、相对数等反映客观事物量的特征、量的界限、量的关系等,并且可以根据具体计算规范来计算具体数值。然而,由于半结构化数据和非结构化数据并不能根据计算规范来计算平均数、方差、相对数等数值,显然,在大数据时代直接利用计算规范来计算平均数、方差、相对数等指标将遇到挑战。

3. 大数据影响统计研究工作过程

统计学是关于数据收集、整理、归纳和分析的方法论科学,这些工作构成了统计学科学体系的核心内容。根据统计学的核心内容,统计研究的全过程,包括统计设计、收集数据、整理与分析及统计资料的积累、开发与应用等四个基本环节。在大数据时代,网络资料异常丰富,数据不再是通过试验或抽样调查的方式获得,统计工作面对的数据就是总体数据,即样本就是总体。在这种情况下,传统的数据收集方法不再可行,针对大数据的数据收集往往通过传感器自动采集数据,数据资料不再需要设计和人工收集。大数据时代,统计研究的过程只包括两个基本过程:数据整理与分析,数据的积累、开发与应用。

(1) 数据整理与分析。

数据的整理。一般指对统计数据进行汇总,包括确定总体的处理方法和确定汇总哪些指标两个方面,具体而言,有统计资料的审核,资料的分组和汇总,编制统计表或绘制统计图,统计数据资料的积累、保管和公布等四个步骤。在针对大数据的整理过程中,由于数据资料巨大、数据类型复杂以及要求数据处理速度快等特点,对数据的分组和汇总、编制统计表或绘制统计图常常无法实施,统计资料的整理往往只有资料的审核和资料的储存两个环节。但大数据的审核和储存不同于传统统计意义上的资料审核和资料保存。

数据的审核。传统的数据审核是为了检查原始数据的完整性与准确性,而大数据的审核往往是在兼顾数据处理速度和预测的准确性前提下,确定要处理的数据规模,即确定数据量的级别。Pat Helland 认为处理海量数据会不可避免地导致

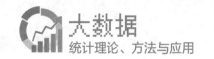

部分信息的损失。另外,大数据本身是杂乱无章的,是有噪音的、混杂的、内部相关的和不稳定的,尽管如此,有噪音的数据也因为其能发现隐藏的关系模式和知识而比小样本更有价值。因此,反映研究对象的数据可能是正确的,也有可能是错误的,但不管哪一种,都是大数据的一部分,只要是法规条件允许的,所有数据都是有价值的,一般不作删除或替换。

数据的储存。传统的数据保存是将经过审核、分组汇总和编制统计图表的统计资料作为重要的资料积累和保管起来。大数据的储存一般是为了控制存储成本,按照法规计划制定存储数据的规模。

(2) 数据的积累、开发与应用。

数据的积累。传统的统计工作根据事先确定的研究目的对数据进行分类、汇总,然后保存数据,便于日后分析和查询。对大数据而言,有价值的信息往往是在对数据进行处理之后发现的。Viktor 认为大数据的混乱应该是一种标准途径,而不应该竭力避免。大数据的复杂性是客观存在的,在大数据积累的过程中,不要轻易做出简单的处理。一方面是因为大数据规模庞大、结构复杂,很难对其进行简单的分类整理;另一方面是对大数据的简单整理,如排序、分类、删除可能造成新的混乱,破坏了原有数据的真实性并因而损失原有数据中有价值的信息。

数据的开发。传统数据由于样本量小、解决问题目的性强,数据价值往往存在时效性特点,即数据价值会随着使用次数增加或时间流逝而降低。而大数据具有流动性,会随着时间的日积月累而不断"壮大",往往具有不断推陈出新、重塑价值的可能,数据价值具有"再生性"。在大数据时代,数据就像一个神奇的钻石矿,其价值被挖掘之后还能源源不断产生新的价值。可以说,在大数据时代,数据不但不会贬值、过时,而且还会不断增值,为了更全面、深入地了解研究对象,往往需要对数据进行整合,即将部分数据合并。整合的数据因为对研究对象反映更全面,常常会发现新问题,创造新价值。从这个角度来说,整合数据的价值往往大于部分价值。

数据的应用。传统数据应用的目的往往是为了解释现象和预测未来,即探寻相关关系和因果关系,然后在相关关系和因果关系的基础上进行预测。在大数据时代,建立在相关关系基础上的预测是大数据的核心。由于大数据具有价值性特点,这就表明在大数据时代商业竞争的环境里,要求对大数据的处理迅速及时。这里需要提及的是,由于数据量庞大、结构复杂,在数据的应用过程中,对数据结果解释、可视化就显得尤为重要。Agrawal 等认为大数据时代,数据分析结果可视化很有必要,有助于解释、分析结果。美国计算机学会的数字图书馆中第一篇使用"大数据"的文章是 Cox 和 Ellsworth(1997)在第八届美国电气和电子工程师协会(IEEE)关于可视化的会议论文集中发表的《为外存模型可视化而应用控制程序请求页面调度》。他们在该文的篇首提到"可视化对计算机系统提出了一个有趣的挑战：通常情况下数据集相当大，耗尽了主存储器、本地磁盘，甚至是远程磁盘的存储容量。虽然如此，但我们依然要关注数据的可视化，因为它是连接数据和心灵最便捷的桥梁。"

1.3.6　小结

从狭义的角度来讲，大数据不仅是指数据规模巨大，还指数据结构复杂；从广义角度来讲，大数据还指处理大规模复杂数据的技术。由于在大数据时代数据意味着信息，所有有价值的信息都源自对数据的处理。大数据时代，数据对个人或家庭而言意味着良机，对厂商而言意味着商机，对国家而言意味着发展契机，而对统计工作者而言，这种改变不仅意味着统计研究范畴拓宽了、统计研究内容丰富了、统计学生命力增强了，还意味着统计工作及统计研究的四个转变。

(1) 转变统计研究过程。

传统的统计研究过程包括四个基本环节：统计设计、收集数据、整理与分析和统计资料的积累、开发与应用。大数据时代，由于数据规模巨大、数据结构复杂等特点，以及整理数据可能损坏原有数据有价值信息的问题，针对大数据的统计研究过程仅包括数据整理与分析和数据的积累、开发与应用两个基本环节。进一步的分析表明，大数据整理与分析过程仅指数据储存工作。总的说来，大数据统计研究过程包括数据储存和数据的积累、开发与应用两个环节。

(2) 转变统计研究方法。

传统的统计研究方法，如建立回归方程、估计模型参数、检验参数估计结果等因为大数据的特点而无法实施，对大数据的统计分析往往是以相关关系为基础展开的。但针对大数据的相关关系分析不同于传统的相关关系的分析，传统的相关分析基本是线性相关分析，大数据研究的相关关系不仅是线性相关，更多的是非线性相关以及不明确函数形式的线性关系。

(3) 转变统计研究目的。

传统统计研究目的主要是为了探寻现象（或变量）间的相关关系、因果关系以及建立在相关关系或因果关系基础上的预测分析。大数据由于数据规模巨大和数据结构复杂以及要求数据处理速度快等特点，因果分析往往不可行。大数据时代统计研究分析的目的主要是研究现象间的相关关系以及建立在相关分析基础上的预测分析。

(4) 转变统计研究工作思想。

传统统计研究工作中，囿于计算技术的限制，总是希望用尽量少的数据和相对

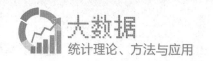
复杂的模型尽量获取有价值的信息。传统的统计抽样调查方法虽然在小数据时代有助于节省费用、了解总体信息,但其可能存在抽样框不稳定、调查样本片面、调查结果经不起细分以及纠偏成本高昂的缺陷。在大数据时代,样本即总体,由于计算机超强的数据处理能力,可以通过分析处理大数据了解总体各方面的信息。另外,还需转变传统统计质量管理控制中事后检验为事先预测,以及转变尽量利用复杂模型的思想为巧用简单模型的思想。

1.4 从统计学到数据科学范式的兴起

1.4.1 引言

过去因记录和存储等方面的限制只能有选择性地存储(如精简的古文、有影响力的文献),而现在则是泥沙俱下等权记录,《论语》和一行微博同样载入史册。网络公开课、大规模开放网络课程(massive open online course,MOOC)、开放存取仓储(open access repositories)等也已经逐渐开始对传统的教学和科研产生冲击。我们已身处大数据的洪流,而且是"被卷入",一如对现代通信工具的被迫回应,特别是目前异常活跃的增速。一方面,数据记录大量产生(商业记录、行政记录等);另一方面,不仅原始数据而且数据的复制品(报纸、杂志、网页等)也需要存储空间,信息累积的方式也从竹简、纸张、软盘过渡到硬盘、网盘等效率更高的存储媒介。

工业时代亟待解决的中心问题是如何提高劳动生产率,而"在后工业时代(信息时代),人类社会面临的中心问题,将从提高劳动生产率转变为如何更好地利用信息来辅助决策"(Herbert A. Simon)。工业化时代的标志是大规模、低成本、标准化,大数据时代仍然可以实现大规模和低成本,然而其核心不再是标准化,而是差异化(个性化)。比如,基于位置的服务、个性化推荐、自媒体、自带设备到工作场所(bring your own device,BYOD)等。当个性化定制变得司空见惯,虚拟的"平均人"(average man,Adolphe Quetelet,1835,《论人类》)也将逐渐消失。互联网过去一直被认为是一个纯粹的虚拟世界,而如今,它与现实的边界越来越模糊(线上与线下结合、位置信息、好友分享、浏览记录、普适计算等)。"你可以逃跑,却无处可藏"(Mary Meeker,2013,KPCB)。

注意到,知识经济(基于知识的资本)中知识的增长与知识的数字化基本上是同步的。在 2012 年初达沃斯世界经济论坛上,一份题为《大数据,大影响》(Big

Data，*Big Impact*）的报告宣称，数据已成为一种新的经济资产类别。那么一个很自然的推论是，数据的贡献就应该被合理地计量。然而目前传统的经济统计方法测量的对象主要是商品（the industrial economy）和服务（service economy），并不能很好地适应于数据①。Mandel（2012）认为，在数据驱动的经济（data-driven economy）框架下，各种数字信息的生产、分配和使用是驱动经济增长的重要因素，而经济增长、消费、投资和贸易等宏观指标的测量低估了数据的贡献（见图 1.4.1）。

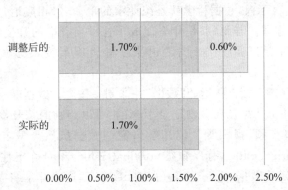

图 1.4.1　美国 2012 年上半年经过个人数据消费调整前后的实际 GDP 增长率

数据来源：Bureau of Economic Analysis，Progressive Policy Institute。

已故图灵奖得主 Jim Gray 在 20 世纪 90 年代中期曾指出，数据库技术的下一个"大数据"挑战将会来自科学领域而非商业领域，并且提出了科学研究的"第四范式"（the fourth paradigm）是数据密集型科学（data-intensive science）。在《大数据时代的历史机遇：产业变革与数据科学》（2013）一书中，鄂维南院士也提到："大数据在科学领域的表现是数据科学的兴起，数据科学将成为科研体系中的重要组成部分，并逐渐达到与物理、化学、生命科学等自然科学分庭抗礼的地位。"然而数据科学目前只是多个相关学科"拼接"起来的一个新兴学科，尚未形成完整的学科框架体系，同时，也鲜有统计学视角下的探讨。

---

①　数据的属性不同于商品和服务，商品是有形且可存储的，服务是无形且不可存储的，而数据则是无形且可存储的。事实上，在 SNA2008 中有这样的表述："一些服务产业生产的产品可能具有货物的很多特征（如唱片、书籍、数据库等固化的知识和数据，无论纸质媒体还是电子媒体，都是可确定其所有权的、可存储的），SNA 将这些产品称为知识载体产品（knowledge—capturing products）。"因此，广义的服务还包括知识载体产品，数据可以归入此类。但是给予知识载体产品以货币化的度量并不容易，从商品和服务中将其单独定价也常常是很困难的。譬如统计年鉴，其定价很大程度上只是印刷的成本，因为其中的内容（数据）属于公共产品；而一本小说，其价格同时包含了印刷成本和作者的知识创造，并且不同的国家和地区对知识创造的重视程度存在显著差异。

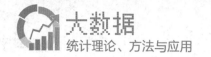
1.4.2　统计学视角下的数据科学

　　统计学研究的对象是数据,数据科学顾名思义显然也是以数据为研究对象,这产生一种直观的错觉,似乎数据科学与统计学之间存在某种与生俱来的渊源关系。Wu 在 1998 年直言不讳,数据科学就是统计学的重命名,相应地,数据科学家替代了统计学家这个称谓。若此,那是什么促成了这种名义上的替代? 显然仅仅因为数据量大本身并不足以促成"统计学"向"数据科学"的转变,数据挖掘、机器学习这些概念似乎就已经足够了。

　　问题的关键在于,二者所指的"数据"并非同一概念。数据(data)①本身是一个很广泛的概念,只要是对客观事物记录下来的、可以鉴别的符号都可以称为数据,包括数字、文字、音频、视频等。统计学研究的数据虽然类型丰富,如类别数据(nominal/categorical data)、有序数据(ordinal/rank data)等定性数据,定距数据(interval data)、定比数据(ratio data)等定量数据,但这些都是结构化数据;数据科学所研究的数据则更为宽泛,不仅包括这些传统的结构型数据,而且还包括文本、图像、视频、音频、网络日志等非结构型和半结构型数据,即大数据(big data)②。

　　大数据(以半/非结构型数据为主)使基于关系型数据库的传统分析工具很难

----

　　①　数据强调的是客观记录,信息强调的是对客观事实的解释和含义(信息的第一属性是客观现实性)。经过解释的数据,才成为信息 。数据是信息的载体(表现形式);信息是数据的含义(解释)。但是,数据经过处理之后仍是数据,处理的目的是仅仅为了便于解释。与数据、信息并提的一个概念是知识,它是指反映各种事物的信息进入人们的大脑之后,对神经细胞产生作用后留下的痕迹。

　　②　很多较早提及大数据的文章仅仅用它来形容数据量大这一个维度,确有所指的大数据概念始于 20 世纪 90 年代后期的科学领域(如气象地图、大型的物理仿真模型、基因图谱等已经超越了传统的计算能力)。在美国计算机协会的文献记录中(the ACM digital library),最早提及大数据(big data)一词的文章是 Cox,Ellsworth(1997),该文对"大数据"的定义是:可视化涉及的数据集一般都非常大,对内存、本地磁盘和远程磁盘负担过重,我们把这样的问题称为大数据问题。Laney(2001)在 3D Data Management: *Controlling Data Volume*, *Velocity*, *and Variety* 一文中定义了大数据的三个基本特征,沿用至今。大约在 2008 年,大数据的概念被电子商务和电信行业广泛采用,以表达那些传统统计分析方法无法回答的商业问题。

　　大数据的革新不仅仅是数量级上的,数据的结构、形式、语义、组织和粒度等各方面都更加复杂和具有异质性。目前的共识是,大数据具有以下 4V 特征,即海量(volume)、时效与速度(velocity)、价值(value)、多源异构(variety),然而很多所谓的大数据其实并不完全同时满足以上四个特征。此外,大数据这个概念是随着时间、空间和技术而变化的,是相对于当前的技术和资源而言的。其中,"超越了当前处理能力的极限"有两层含义:其一是当前的技术无法处理(可行性),其二是当前的技术可以处理,但是无法在可容忍的时间范围内完成(有效性)。

发挥作用,或者说传统的数据库和统计分析方法很难在可容忍的时间范围内完成存储、管理和分析等一系列数据处理过程,为了有效地处理这类数据,需要一种新的范式——数据科学。而且注意到,真正意义上的现代统计学是从处理小数据、不完美的实验等这类现实问题发展起来的(the best source of good statistical work is bad experiments,John Mount,2013),而数据科学是因为处理大数据这类现实问题而兴起的。因此数据科学的研究对象是大数据,而统计学以结构型数据为研究对象。退一步,单从数量级来讲,也已发生了质变。对于结构化的大规模数据,传统的方法只是理论上的(可行性)或不经济的(有效性),实践中还需要借助数据挖掘、机器学习、并行处理技术等现代计算技术才能实现。

1.4.3　数据科学的统计学内涵

1. 理论基础

数据科学中的数据处理和分析方法是在不同学科领域中分别发展起来的,譬如,统计学、统计学习(statistical learning)或称统计机器学习(machine learning)、数据挖掘(data mining)、应用数学、数据密集型计算(data intensive computing)、密集计算方法(computer-intensive method)、Map-Reduce、Hbase、Storm 等。在量化分析的浪潮下甚至出现了"metric+模式",如 Econometrics(计量经济学)、Bibliometrics(文献计量学)、Webometrics(网络计量学)、Biometrics(生物统计学)等。因此,有学者(如 Conway(2010)等)将数据科学定义为计算机科学技术、数学与统计学知识、专业应用知识三者的交集,这意味着数据科学是一门新兴的交叉学科。但是这种没有侧重的叠加似乎只是罗列了数据科学所涉及的学科知识,并没有进行实质性的分析,就好似任何现实活动都可以拆解为不同的细分学科,这是必然的。

根据 Naur(1960)的观点,数据科学(data science)或称数据学(datalogy)是计算机科学(computer science)的一个替代性称谓。但是这种字面上的转换,并没有作为一个独立的学科而形成。Cleveland(2001)首次将数据科学作为一个独立的学科提出时,将数据科学表述为统计学加上它在计算技术方面的扩展。这种观点表明,数据科学的理论基础是统计学,数据科学可以看作是统计学在研究范围(对象)和分析方法上不断扩展的结果。一如统计学最初只是作为征兵、征税等行政管理的附属活动,而现在包括了范围更广泛的理论和方法。从研究范围的扩展来看,是从最初的结构型大规模数据(登记数据),到结构型的小规模数据(抽样数据)、结构型的大规模数据(微观数据),再扩展到现在的非(半)结构型的大规模数据(大数据)和关系数据等类型更为丰富的数据。从分析方法的扩展来看,是从参数方法到

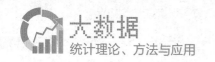

非参数方法,从基于模型到基于算法。一方面传统的统计模型需要向更一般的数据概念延伸;另一方面,算法(计算机实现)成为必要的"可行性分析",而且在很多方面算法模型的优势越来越突出。

注意到,数据分析有验证性的数据分析(confirmatory data analysis,CDA;hypothesis-driven discovery)和探索性的数据分析(exploratory data analysis,EDA;data-driven discovery)两个基本取向,但不论是哪一种取向,都有一个基本的前提假设,就是观测数据由背后的一个(随机)模型生成,因此数据分析的基本问题就是找出这个(随机)模型。Tukey(1980)明确提到,EDA 和 CDA 并不是替代关系,两者皆必不可少,强调 EDA 是因为它被低估了。

数据导向(data-oriented)是计算机时代统计学发展的方向,这一观点已被越来越多的统计学家所认同。但是数据导向仍然有基于模型(the data modeling culture)与基于算法(the algorithmic modeling culture)两种声音(Breiman,2001),其中,前文提到的 EDA 和 CDA 都属于基于模型的方法,它们都假定数据背后存在某种生成机制;而算法模型则认为复杂的现实世界无法用数学公式来刻画,即,不设置具体的数学模型,同时对数据也不作相应的限制性假定。算法模型自 20 世纪 80 年代中期以来随着计算机技术的迅猛发展而得到快速成长,然而很大程度上是在统计学这个领域之外"悄然"进行的,比如人工神经网络、支持向量机、决策树、随机森林等机器学习和数据挖掘方法。

若响应变量记为 y,预测变量记为 x,扰动项和参数分别记为 ε 和 β,则基于模型(the data modeling culture)的基本形式是:$y = f(x, \beta, \varepsilon)$,其目的是要研究清楚 y 与 x 之间的关系并对 y 做出预测,其中,f 是一个有显示表达的函数形式(若 f 先验假定,则对应 CDA;若 f 是探索得到的,则对应 EDA),比如线性回归、Logistic 回归、Cox 回归等。可见,传统建模的基本观点是,不仅要得到正确的模型(correct)——可解释性强,而且要得到准确的模型(accurate)——外推预测能力强。而对于现实中复杂的、高维的、非线性的数据集,更切合实际的做法是直接去寻找一个恰当的预测规则(算法模型),不过代价是可解释性较弱,但是算法模型的计算效率和可扩展性更强。基于算法(the algorithmic modeling culture)的基本形式类似于非参数方法 $y = f(x, \varepsilon)$,但是比非参数方法的要求更低 $y \leftarrow x$,因为非参数方法很多时候要求 f 或其一阶导数是平滑的,而这里直接跳过了函数机制的探讨,寻找的只是一个预测规则(后续的检验也是基于预测构造的)。在很多应用场合,算法模型得到的是针对具体问题的解(譬如某些参数是被当作一个确定的值通过优化算法得到的),并不是统计意义上的推断解。

2. 技术维度

数据科学是基于数据的决策(data-driven decision-making),数据分析的本质既不是数学,也不是软件程序,而是对数据的"阅读"和"理解"。技术只是辅助数据理解的工具,一个毫无统计学知识的人应用统计软件也可以得到统计结果,但无论其过程还是结果都是可疑的,对统计结果的解释也无法令人信服。Jeremy Burton(EMC,2012)在 2012 年 5 月更是直接阐述了"IT 将转向数据科学"的观点:"从计算机科学自身来看,这些应用领域提供的主要研究对象就是数据。虽然计算机科学一贯重视数据的研究,但数据在其中的地位将会得到更进一步的加强。"

不可否认,统计分析逐渐向计算机科学技术靠近的趋势是明显的。这一方面是因为数据量快速膨胀,数据来源、类型和结构越来越复杂,迫切需要开发更高效率的存储和分析工具,如 NoSQL,HDFS,Map-Reduce,HBase,Cassandra,Dynamo 以及 Storm(twitter)和 S4(yahoo!)等一些流计算方法,这些方法都具备显著的伸缩性和扩展性,可以很好地适应数据量的快速膨胀。另一方面,计算机科学技术的迅猛发展为新方法的实现提供了重要的支撑。对于大数据而言,大数据分析丢不掉计算机科学这个属性的一个重要原因还不单纯是因为需要统计软件来协助基本的统计分析和计算,而是大数据并不能像早先在关系型数据库中的数据那样可以直接用于统计分析。

事实上,面对越来越庞杂的数据,核心的统计方法并没有实质性的改变,改变的只是实现它的算法。因此,从某种程度上来讲,大数据考验的并不是统计学的方法论,而是计算机科学技术和算法的适应性。譬如大数据的存储、管理以及分析架构,这些都是技术上的应对,是如何实现统计分析的辅助工具,核心的数据分析逻辑并没有实质性的改变。因此,就目前而言,大数据分析的关键是计算机技术如何更新升级来适应这种变革,以便可以像从前一样满足统计分析的需要。

3. 应用维度

在商业应用领域,数据科学被定义为将数据转化为有价值的商业信息(actionable predictions)的完整过程。数据科学家要同时具备数据分析技术和商业敏感性等综合技能。换句话说,数据科学家不仅要了解数据的来源、类型和存储调用方式,而且还要知晓如何选择相应的分析方法,同时对分析结果也能做出切合实际的解释。这实际上提出了两个层面的要求:

第一,长期目标是数据科学家从一开始就应该熟悉整个数据分析流程,而不是数据库、统计学、机器学习、经济学、商业分析等片段化、碎片化的知识。

第二,短期目标实际上是一个"二级定义",即,鼓励已经在专业领域内有所成

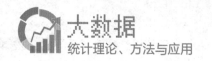

就的统计学家、程序员、商业分析师相互学习。

在提及数据科学的相关文献中，Provost & Fawcett(2013)对应用领域有更多的倾向；Stanton(2012)认为数据科学与统计学、数学等其他学科的区别恰在于其更倾向于实际应用；期刊 *Journal of Data Science* 同样强调了应用这个主题。甚至有观点认为，数据科学是为应对大数据现象而专门设定的一个"职业"。其中，商业敏感性(business acumen)是数据科学家区别于一般统计人员的基本素质。对数据的简单收集和报告不是数据科学的要义，数据科学强调对数据多角度的理解，以及如何就大数据提出相关的问题(很多重要的问题，我们非但不知道答案而且不知道问题何在以及如何发问)。同时数据科学家要有良好的表达能力，能将数据中所发现的事实清楚地表达给相关部门以便实现有效协作。

从商业应用和服务社会的角度来看，强调应用这个维度无可厚非，因为此处是数据产生的土壤，符合数据科学数据导向的理念，数据分析的目的很大程度上也是为了增进商业理解，而且包括数据科学家、首席信息官这些提法也都肇始于实务部门。不过，早在20世纪90年代中期，已故图灵奖得主 Jim Gray 就已经意识到，数据库技术的下一个"大数据"挑战将会来自科学领域而非商业领域(科学研究领域成为产生大数据的重要土壤)。2008年9月4日 *Nature* 以"Big Data"作为专题(封面)探讨了环境科学、生物医药、互联网技术等领域所面临的大数据挑战。2011年2月11日，*Science* 携其子刊 *Science Signaling*，*Science Translational Medicine*，*Science Careers* 专门就日益增长的科学研究数据进行了广泛的讨论。Gray还进一步提出科学研究的"第四范式"(the fourth paradigm)是数据(数据密集型科学，data-intensive science)，不同于实验、理论和计算这三种范式，在该范式下，需要"将计算用于数据，而非将数据用于计算"。这种观点实际上是将数据从计算科学中单独区别开来了。

1.4.4 数据科学对统计过程的影响

从前所谓的大规模数据都是封闭于一个机构内的(数据孤岛)，而大数据注重的是数据集间的关联关系，也可以说大数据让孤立的数据形成了新的联系，是一种整体的、系统的观念。从这个层面来说，将大数据称为"大融合数据"或许更为恰当。事实上，孤立的大数据，其价值十分有限，大数据的革新恰在于它与传统数据的结合、线上和线下数据的结合，当放到更大的环境中所产生的"1+1>2"的价值。譬如消费行为记录与企业生产数据结合，移动通信基站定位数据用于优化城市交通设计，微博和社交网络数据用于购物推荐，搜索数据用于流感预测，利用社交媒体数据监测食品价等。特别是数据集之间建立的均衡关系，一方面无形中增强了对数据质量的监督和约束;另一方面,为过去难以统计的指标和变量提供了另辟蹊径的思路。从统计学的角度来看,数据科学(大数据)对统计分析过程的各个环节(数据收集、整理、分析、评价、发布等)都提出了挑战,集中表现在数据收集和数据分析这两个方面。

1. 数据收集方面

在统计学被作为一个独立的学科分离出来之前(1900 年前),统计学家们就已经开始处理大规模数据了,但是这个时期主要是全国范围的普查登记造册,至多是一些简单的汇总和比较。之后(1920—1960 年)的焦点逐渐缩聚在小规模数据(样本),大部分经典的统计方法(统计推断)以及现代意义上的统计调查(抽样调查)正是在这个时期产生。随后的 45 年里,统计方法因广泛的应用而得到快速发展。

变革再次来自统计分析的初始环节——数据收集方式的转变:传统的统计调查方法通常是经过设计的(designed data)、系统收集的(systematically gathered data),而大数据是零散实录的(happenstance data)、有机的(organic data),这些数据通常是用户使用电子数码产品的副产品或用户自行产生的内容(user generated content,UGC),比如社交媒体数据、搜索记录、网络日志等数据流(data stream type)、RFID 等,而且数据随时都在增加(数据集是动态的)。与以往大规模数据不同的是,数据来源和类型更加丰富,数据库间的关联性也得到了前所未有的重视(大数据的组织形式是数据网络),问题也变得更加复杂。

随着移动电话和网络的逐渐渗透,固定电话不再是识别住户的有效工具变量,相应的无回答率也在增加(移动电话的拒访率一般高于固定电话);同时统计调查的成本在增加;人口的流动性在增加;隐私意识以及法律对隐私的保护日益趋紧,涉及个人信息的数据从常规调查中越来越难以取得(从各国的经验来看,拒访率或无回答率的趋势是增加的);对时效性的要求也越来越高。因此,官方统计的数据来源已经无法局限于传统的统计调查,迫切需要整合部门行政记录数据、商业记录数据、个人行为记录数据等多渠道数据源,与部门和搜索引擎服务商展开更广泛的合作。

2. 数据分析方面

现代统计分析方法的核心是抽样推断(参数估计和假设检验),然而数据收集方式的改变直接淡化了样本的意义。比如基于浏览和偏好数据构建的推荐算法。诚然改进算法可以改善推荐效果,但是增加数据同样可以达到相同的目的,甚至效果更好,即所谓的"大量的数据胜于好的算法"(more data usually beats better algorithms),这与统计学的关键定律(大数定律和中心极限定理)是一致的。同样,

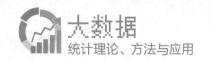

在大数据分析中,可以用数量来产生质量(quantity creates quality),而不再需要用样本来推断总体。事实上,在某些场合(比如社会网络数据),抽样本身是困难的。

数据导向(data-oriented)的、基于算法(the algorithmic modeling culture)的数据分析方法成为计算机时代统计学发展无法回避的一个重要趋势。算法模型不仅对数据分布结构有更少的限制性假定,而且在计算效率上有很大的优势。特别是一些积极的开源软件的支撑,以及天生与计算机的相容性,使算法模型越来越受到学界的广泛重视。

大数据分析首先涉及存储、传输等大数据管理(big data management,BDM)方面的问题。仅从数量上来看,信息爆炸(information explosion)、数据过剩(data glut)、数据泛滥(data deluge)、数据坟墓(data tombs)、丰富的数据和贫乏的知识(data rich and knowledge poor)等等词组表达的主要是我们匮乏的、捉襟见肘的存储能力,同时,存储数据中有利用价值的部分却少之又少或尘封窖藏难以被发现。这除了对开采工具的渴求,当时的情绪主要还是迁怨于盲目的记录,把过多精力放在捕捉和存储外在信息。在这种情况下,开采有用的知识等价于抛弃无用的数据。

然而,大数据时代的思路改变了,开始变本加厉巨细靡遗地记录一切可以记录的数据,因为数据再怎么抛弃还是会越来越多。我们不能通过删减数据来适应自己的无能,为自己不愿做出改变找借口,而是应该面对现实,提高处理海量数据的能力。退一步,该删除哪些数据呢?当前无用的数据将来也无用吗?显然删除数据的成本要大于存储的成本。

大数据存储目前广泛应用的是 GFS(Google file system)、HDFS(Hadoop distributed file system)等基于计算机群组的文件系统,它可以通过简单增加计算机来无限地扩充存储能力。值得注意的是,分布式文件系统存储的数据仅仅是整个架构中最基础的描述,是为其他部件服务的(比如 Map-Reduce),并不能直接用于统计分析。而 NoSQL 这类分布式存储系统可以实现高级查询语言,比如 Hadoop 的 HBase 和 Hive,Google 的 BigTable,还有 Cassandra,MongoDB 等。与传统的关系型数据库管理系统(RDBMS)不同的是,NoSQL 数据库对现实中的数据格式具有弹性和适应性(非固定格式)。表 1.4.1 列出了关系型数据库管理系统(RDBMS)与 Map-Reduce 的区别。事实上,有些 RDBMS 开始借鉴 Map-Reduce 的一些思路(如 Aster DATA 和 GreenPlum),而基于 Map-Reduce 的高级查询语言(如 Pig 和 Hive)也使 Map-Reduce 更接近传统的数据库编程,二者的差异将变得越来越模糊。

大数据分析的可行性问题(feasibility)指的是,数据量可能大到已经超过了目前的存储能力,或者尽管没有大到无法存储,但是如果算法对内存和处理器要求很高,那么数据相对也就"大"了。换句话说,可行性问题主要是,数据量太大了,或者算法的复杂度太高。大数据分析的有效性问题(efficiency)指的是,尽管目前的硬件条件允许,但是耗时太久,无法在可容忍或者说可以接受的时间范围内完成。目前对有效性的解决办法是采用并行处理(parallel processing)。注意到,高性能计算(high perform computing)和网格计算(grid computing)也是并行处理,但是对于大数据而言,由于很多节点需要访问大量数据,因此很多计算节点会因为网络带宽的限制而不得不空闲等待。而 Map-Reduce 会尽量在计算节点上存储数据,以实现数据的本地快速访问。因此,数据本地化(data locality)是 Map-Reduce 的核心特征。

表 1.4.1　关系型数据库管理系统(RDBMS)与 Map-Reduce 的比较

	RDBMS	Map-Reduce
数据量	GB	PB
访问形式	交互式和批处理	批处理
更新频次	多次读写	一次写入,多次读取
结构模式	静态模式	动态模式
结构化程度	结构化的数据集	半结构和非结构数据集
完整性	高	低
横向扩展	非线性	线性

来源:根据 White(2012)整理。

1.4.5　小结

数据科学不能简单地理解为统计学的重命名,二者所指"数据"并非同一概念,前者更为宽泛,不仅包括结构型数据,而且还包括文本、图像、视频、音频、网络日志等非结构型和半结构型数据,数量级也是后者难以企及的(PB 以上)。但是数据科学的理论基础是统计学,数据科学可以看作是统计学在研究范围(对象)和分析方法上不断扩展的结果,特别是数据导向的、基于算法的数据分析方法越来越受到学界的广泛重视。

从某种程度上来讲,大数据考验的并不是统计学的方法论,而是计算机科学技术和算法的适应性。譬如大数据的存储、管理以及分析架构,这些都是技术上的应对,核心的数据分析逻辑并没有实质性的改变。因此,大数据分析的关键是计算机技术如何更新升级来适应这种变革,以便可以像从前一样满足统计分析的需要。

大数据问题很大程度上来自于商业领域,受商业利益驱动,因此数据科学还被普遍被定义为将数据转化为有价值的商业信息的完整过程。这种强调应用维度的观点无可厚非,因为此处是数据产生的土壤,符合数据科学数据导向的理念。

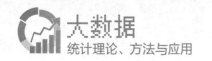
数据科学范式对统计分析过程的各个环节都提出了挑战，集中表现在数据收集和数据分析这两个方面。数据收集不再是刻意的、经过设计的，而更多的是用户使用电子数码产品的副产品或用户自行产生的内容，这种改变的直接影响是淡化了样本的意义，同时增进了数据的客观性。事实上，在某些场合（比如社会网络数据），抽样本身是困难的。数据的存储和分析也不再一味地依赖于高性能计算机，而是转向由中低端设备构成的大规模群组并行处理，采用横向扩展的方式。

目前关于大数据和数据科学的讨论多集中于软硬件架构（IT 视角）和商业领域（应用视角），统计学的视角似乎被边缘化了，比如覆盖面、代表性等问题。统计学以数据为研究对象，它对大数据分析的影响也是显而易见的，特别是天然或潜在的平衡或相关关系不仅约束了数据质量，而且为统计推断和预测开辟了新的视野。

1.5　大数据背景下的统计学科建设

1.5.1　引言

统计学是通过搜索、整理、分析、描述数据等手段，以达到推断所测对象本质的目的，甚至是预测对象未来的一门综合性科学。其中用到了大量的数学及其他学科的专业知识，它的使用范围几乎覆盖了社会科学和自然科学的各个领域。统计学作为一门工具性学科，可以服务于计算机科学、信息科学、经济学、管理学、金融工程、生物和教育等多种学科。

1. 统计学上升为一级学科

国家技术监督局制定并发布了学科分类国家标准（GB/T13745-92），将统计学列为人文与社会科学门类下的一级学科。教育部颁布的《普通高等学校本科专业目录（1998 年）》将统计学划入理学门类下的一级学科（亦可授予经济学学士）。在研究生教育层面，统计学曾长期分别附属于经济学、数学和医学，直到国务院学位委员会和教育部颁布新修订的《学位授予和人才培养学科目录（2011 年）》，才将统计学列为理学门类下的一级学科（亦可授经济学学位）。

2. 大数据时代对统计教育的冲击

随着互联网技术的飞速发展以及大数据概念的提出，计算机信息处理技术发生着日新月异的变化，人们对处理大规模复杂数据的需求日益增加，从大规模数据中提取有价值信息的能力亟待提高。传统的统计学，更加侧重于大规模封闭式数据（数据孤岛）的研究与分析，然而，随着大数据时代的到来，以往的一些传统分析方法并不能很好地适用于新型数据的需求。大数据背景下，新型数据的革新恰在于它与传统数据的结合、线上和线下数据的结合，在更大的环境中产生"1＋1＞2"的价值。

3. 各高校相继成立大数据研究院

仅在 39 所 985 高校中，就有八成以上的院校建立了大数据研究院，如：北京大学大数据科学研究中心、清华大学数据科学研究院、中国人民大学统计与大数据研究院。国外知名高校中，美国哥伦比亚大学、纽约州立大学、加州大学伯克利分校等高校也相继成立了数据科学研究所。

1.5.2　调查方案设计

基于以上背景，当今的统计人才培养模式是否在大数据时代下被潜在地影响着，统计学专业研究生的课程如何才能顺应时代的发展，这些问题仍值得我们探讨。带着以上疑问，我们进行了关于"大数据时代下统计专业研究生课程设置情况"的调查，运用线上与线下数据相互融合对比的方法，探讨研究生课程设置存在的欠缺，分析如何利用已有资源对课程进行完善，为统计专业的人才培养奠定更坚实的基础。

对于统计专业研究生课程设置情况的调查研究中，我们选择了线下问卷与线上资料搜集相结合的方式进行数据收集，实现线上与线下的数据进行互补、融合，从而得出更为科学的数据结果。调查内容由四部分组成：对于当前统计专业课程设置的相关看法、高等院校开设大数据学院的情况、国内外高校统计专业研究生课程的设置以及网络平台上的统计课程。

线下调查主要在东北财经大学统计学院 2013 至 2015 年登记入校的研究生以及部分留学机构展开。共发放问卷数 180 份，有效问卷数 146 份，回收率 81.11%。线下调查包括两部分：一部分是对东北财经大学在读研究生发放调查问卷，另一部分是对部分留学机构进行走访。

线上调查在统计专业以及大数据领域具有权威性的国内外高校以及近年互联网知名网络教育平台中展开调查。包括中国人民大学、上海财经大学、厦门大学、南开大学等 13 所国内知名高校以及伯克利大学、牛津大学等 8 所国际名校的统计专业课程设置。此外还包括国内外知名高校大数据学院以及 MOOC 中国、Coursera、Udacity 三个大型网络教育平台。

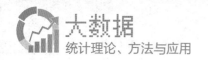
1.5.3　调查精度控制

预调查方式为街头拦访式,发放地点为某高校某学院研究生上课教室,选择研究生公共课时间进行随机预调查。实施过程中,向研究生一年级发放问卷 10 份(其中专业型研究生、学术型研究生各 5 份),二年级学生发放 10 份(其中专业型研究生、学术型研究生各 5 份)。预调查完全遵守随机原则。

为了使后续分析中所搜集的数据不会出现明显有偏、无效而导致不能推断总体的不良后果,在正式调查之前,共发放预调查问卷 20 份。通过回收的预调查问卷,初步了解目前研究生课程设置的相关问题,并对问卷中出现问题的地方进行调整。

本次问卷涉及若干评价项目,如数据分析方法、分析方法的软件实现、参与课题、课程形式,通常用一组单选或多选问题评价每一项目。为考察该项目中的一组问题是否测量同一个概念,在这些问题之间是否具有较高的内在一致性,采用卡方检验对每一评价项目中两两之间的问题进行相关性测量,均通过独立性检验。继而对问卷数据进行信度(reliability)分析,通过 SPSS 计算 Cronbach's Alpha 系数,总个案数为 146,其中有效个案 146 个,排除个案 0 个。由信度分析结果可知,Cronbach's Alpha 系数值为 0.728,系数值较高,表明问卷的内部一致性好,即信度好,该问卷有较高的使用价值。

为进一步验证效度情况,从问卷中筛选出单选题及量表题。对筛选结果采用 SPSS 软件进行传统探索性因子分析。进行 KMO 检验和 Bartlett 的球形度检验,KMO 检验系数为 0.552,大于最低检验系数标准 0.5,Bartlett 的球形度检验 p 值为 0,所以问卷具有结构效度。

1.5.4　课程设置的需求侧分析

1. 课程设置是服务于社会还是高于社会需求?

在对于"大学不是职业培训中心,不应该为迎合职业需求而改变课程内容"的看法调查中,选择认同的仅占总体的 24%。这一结果存在性别差异,其中,女生普遍认为"应该为迎合职业需求而改变课程设置",而男生则正好相反。在认同这一看法的人中,女生的比例比男生高 23.9%,而在不认同这一看法的人中,男生的比例比女生高 24.6%。但是对开放问题的文本分析显示,最多被提及的是"软件"一词,词频高达 102,几乎在每个人的试卷中平均出现 2 次。"大数据"一词位居第二,也是学生切实关心的话题。

2. 课程需求在不同年级阶段的差异

我们对于自身的认知会随着年龄与阅历的增长而有所变化,因此研究生对于知识类型的不同需求也会因为年级的变化而有所改变。进一步配比计算后发现:研一学生中认为科研经历、硕士学历对未来发展更为重要的比例分别高达 32.1% 和 31.0%,而在研二学生中,大部分人更为倾向于实习经历,比例高达 48.3%。

从这一结果可以看出,研一同学对于研究生阶段更为看重的是科研经历与课程学习。因为研一同学刚刚步入研究生阶段,在对未来规划并不十分明朗的时候,更为看重的还是学习,并且在刚接触研究生阶段的知识时,普遍还抱有对于知识的新鲜感,更为倾向学习专业知识与科研,这一点与本科生初入大学校园时都更想要钻研专业知识的情况相似。但随着年级的升高,对知识的热情会有所下降。而研二的同学对专业知识的学习已完成过半,对于自身的未来规划更为明确,此时,因为临近毕业,与社会接轨、寻求就业机会就显得尤为重要,因此研二学生会更看重实习经历。

3. 课程需求在不同硕士类型的差异

学术型硕士(简称学硕)与专业型硕士(简称专硕)的培养目标有所差异,学生也会因为读研目标的不同而选择不同的硕士类型,读研目标的差异也会导致需求差异的产生。问卷数据显示,学硕中有 41.10% 的学生认为研究经历对自己未来帮助更大,与之对比来看,专硕中仅有 18.00% 的学生选择这一项,而选择实习经历的人数占比高达 38.20%,见图 1.5.1。

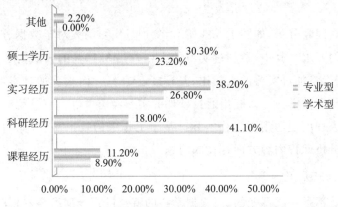

图 1.5.1　课程需求在不同硕士类型的差异

专硕的培养目标倾向于实践与就业,更强调所学知识的实用性,因此选择专硕的研究生更想要在研究生阶段为就业做储备,因此他们更为看重研究生阶段的实

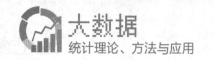

习经历。实习经验的积累不仅有利于知识的实践运用,还可以创造出良好的工作机会。而学硕更为强调的是对于专业领域的知识学习,学术研究是其研究生阶段的宝贵经历之一。在学术研究中,既可以将所学知识加以运用,又可以与导师进一步接触以获取更为专业的知识。

4. 课程设置与学业时间安排的合理性

课程的设置基于学业时间,时间过于紧张会影响知识的接受与消化,时间过松同样也不利于教学工作的展开。为了解统计专业研究生学习时间安排的充裕程度,我们对学生对于学习时间的看法进行了调查,结果见图 1.5.2。七成以上的学生认为研究生阶段的学习时间较为充裕、时间安排比较合理。因此,可以看出,目前统计专业研究生的课程安排并不紧张,大部分学生的时间仍有余地。

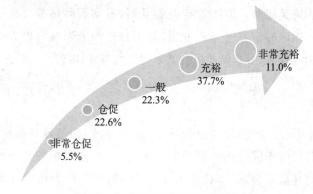

图 1.5.2　学业时间安排的充裕度

5. 课程内容的差异性分析

通过调查问卷分析,如图 1.5.3 所示,参加过实习的人对于数据分析方法的种类有着更高的要求。其中,参加过实习的人中,有 43.10% 的人认为数据分析方法种类较少,与未参加过实习的人相比,差异接近 15%。而未参加过实习的人,则更侧重于内容深度的学习。研究生通过校外的实习经历可以真正了解到在校学习的课程能在多大程度上适用于工作实际。基于工作中的技术需求,他们也能意识到学院在数据分析课程内容方面存在的问题。

6. 课程形式及其组合分析

课程形式不是一成不变的,应根据学科的特点进行合理组合,另外这些组合应以学生的诉求为基础。通过对课程形式的数据进行分析,可以了解学生对于不同形式的倾向程度,为教师合理选择课堂形式提供重要参考。利用 Apriori 模型对搜集到的数据进行关联规则分析,以下 A 代表翻转式课堂,B 代表研讨式课堂,C 代表专题讲座,D 代表网络开放课堂,E 代表兴趣小组。设置支持度为 10%,置信度为 60%,得到 53 条关联规则,将其根据提升度进行降序排序,选取其中 19 条进行对比分析,见表 1.5.1。

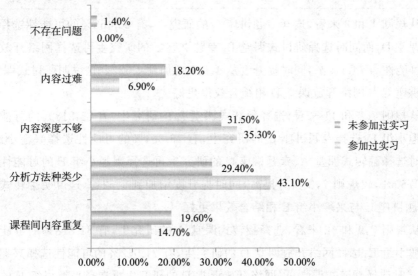

图 1.5.3　课程内容在实习经历中的需求差异

表 1.5.1　基于课程形式的关联规则

规则	前项	后项	支持度%	置信度%	提升
1	C	D	0.246 575 3	0.654 545 5	1.442 632 29
2	A	D	0.143 835 6	0.636 363 6	1.386 702 8
3	B,C	D	0.219 178 1	0.744 186 0	1.621 659 1
4	A,B,E	D	0.130 137 0	0.730 769 2	1.592 422 5
5	A,E	D	0.130 137 0	0.703 703 7	1.533 443 9
6	A,B	D	0.143 835 6	0.656 250 0	1.443 003 73
7	A	E	0.184 931 5	0.818 181 8	1.327 272 7
8	C	E	0.287 671 2	0.763 636 4	1.238 787 9
9	D	E	0.328 767 1	0.716 417 9	1.162 189 1
10	B	E	0.472 602 7	0.704 081 6	1.142 176 9
11	A,C	E	0.102 739 7	0.937 500 0	1.520 833 3
12	A,D	E	0.130 137 0	0.904 761 9	1.446 772 49
13	A	B	0.219 178 1	0.969 697 0	1.444 465 06
14	D	B	0.369 863 0	0.805 970 1	1.200 731 0
15	C	B	0.294 520 5	0.781 818 2	1.164 749 5
16	E	B	0.472 602 7	0.766 666 7	1.142 176 9
17	A,E	B	0.178 082 2	0.962 963 0	1.443 461 83

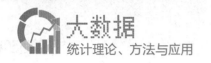

规则	前项	后项	支持度%	置信度%	提升
18	A,C	B	0.102 739 7	0.937 500 0	1.396 683 7
19	A,D	B	0.143 835 6	1.000 000 0	1.448 979 59

从规则 1 和 3 来看,选择专题讲座 C 的研究生,有 65.455% 的可能性选择网络开放课堂 D,而同时选择研讨式课堂 B、专题讲座 C 的研究生再选择网络开放课堂 D 的可能性为 74.419%,同时提升度从 1.443 增加到 1.622。这说明研讨式课堂 B、专题讲座 C 与网络开放课堂 D 相结合效果更好。

从规则 7,8 和 11 来看,选择翻转式课堂 A 的研究生,有 81.818% 的可能性选择兴趣小组 E;选择专题讲座 C 的研究生,有 76.364% 的可能性选择兴趣小组 E;而同时选择翻转式课堂 A、专题讲座 C 的研究生再选择兴趣小组 E 的可能性提高为 93.750%,较规则 7,8 均有提高,同时提升度增加到 1.521。这说明翻转式课堂 A、专题讲座 C 与兴趣小组 E 相结合效果更好。

从规则 7,9 和 12 来看,选择翻转式课堂 A 的研究生,有 81.818% 的可能性选择兴趣小组 E;选择网络开放课堂 D 的研究生,有 71.642% 的可能性选择兴趣小组 E;而同时选择翻转式课堂 A、网络开放课堂 D 的研究生再选择兴趣小组 E 的可能性提高为 90.476%,较规则 7,9 均有提高,同时提升度增加到 1.447。这说明翻转式课堂 A、网络开放课堂 D 与兴趣小组 E 相结合效果更好。

通过以上分析,可以发现以下三种最有效的组合方式:

(i)翻转式课堂、研讨式课堂与网络开放课程相结合;

(ii)兴趣小组、翻转式课堂与专题讲座相结合;

(iii)研讨式课堂与专题讲座相结合。

以上三种组合均采用了学生参与度较高的形式与知识传授二者结合的模式。可以从中得到启示:翻转式课堂、研讨式课堂这种以学生为主导的课程形式应以网络开放课程、专题讲座等讲授型模式为辅助,帮助学生学习基础知识点,从而能够更好地参与课堂讨论;另外,翻转式课堂也应建立在研讨式课堂或兴趣小组的基础上,由于翻转式课堂存在老师占比过小的自身特点,使得其不能独立存在,应配合教师的参与(研讨式课堂或兴趣小组)为学生指出正确的方向,即教师的存在是不可或缺的。

1.5.5　课程设置的供给侧分析

当前中国的大数据教研机构主要有三类:

一是以数理统计为基干,致力于基础性数据挖掘、分析和建模;

二是以计算机学科为基干,致力于工学设计、计算原理和数据处理工作;

三是以商业需求为导向,致力于提供商业问题解决方案等。

大数据学院是以计算机科学、应用数学和统计学等现有学科为基础,不仅专注于数据科学与工程的发展,而且更应强调与经济学、管理学、医学、生命科学、社会学和新闻学等众多学科领域的交叉融合。大数据的人才培养应当面向市场和产业需求,不仅着重培养研究型和技术型人才,更应通过组建跨学科、跨领域的教学和研究师资队伍,为相关学科领域大力培养应用型的综合素质人才。大数据学科的建设目标不仅在于获取基础研究和人才培养的硕果,还应着重于科研技术成果的转化。

1. 国内高校与科研院所

在目前大数据的潮流下,国内众多高校也相继开设了大数据学院或研究平台以培养大数据方面的相关人才。在对国内 985 工程大学开设大数据学院情况的调查中,39 所 985 高校中有 31 所已经设立了大数据学院和研究平台或开设了相关专业课程。由此可以看出,目前国内顶尖大学中已经开展相关研究的占了近八成的比例,大数据学院对于高校发展的重要性不言而喻。

调查显示,类似的大数据学院主要是依托于计算机学院建立的,而以统计学院为基础的比例很少。比如,清华大学的数据科学研究院依靠的是计算机学院,中国人民大学的统计与大数据学院是在统计学院的基础上建立的。详见表 1.5.2 和表 1.5.3。

在调查中我们还发现,有三所高校的大数据学院是在多学科交叉的基础之上建立的。大数据时代更为注重的是多学科领域之间的交叉,立足于产业需求,通过跨学科、跨领域的学术研究,将交叉研究转化为科研成果。比如,复旦大学的大数据学院就是在基础学科之上,在医疗卫生、经济金融、能源环境、媒体传播、城市管理等领域从校内外引入若干支跨学科研究团队一并建成若干个研究所。详见表 1.5.4。

浙江大学、西安交通大学、大连理工大学、中国科学技术大学与中国农业大学等五所高校的大数据研究中心是与企业联合建立的。浙江大学的大数据技术联合研究中心是与校友企业阜博通联合成立,大连理工大学的大连理工大学-IBM 智慧城市与工业大数据联合实验室是与著名 IT 公司 IBM 签约联合建立的。大数据时代对于企业的发展有着极为重大的意义,通过对海量数据的分析与解读,可以帮助企业在了解客户、锁定资源、规划生产与运营等多个方面进一步发展。因此,大数据时代是企业发展的一个机遇,而企业与高校对大数据进行联合研究更是双方取长补短、优势互补的新型模式,企业为高校研究提供物力、财力,高校则通过学术研究为企业在生产运营多方面进行数据的分析与处理。详见表 1.5.5。

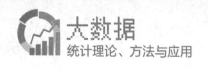
表 1.5.2 以计算机学院为基础设立的大数据研究院

学校	部门	成立基础
北京大学	大数据科学研究中心	北京大学、中关村管委会、海淀区政府、北京工业大学共同筹建
清华大学	数据科学研究院	计算机学院
北京航空航天大学	大数据科学与工程国际研究中心	北京航空航天大学计算机学院、爱丁堡大学信息学院、香港科技大学计算机系、宾夕法尼亚大学和百度公司联合创建
中南大学	信息安全与大数据研究院	依托中南大学在计算机科学与技术、软件工程、信息与通信工程、网络空间安全、数学等学科基础
中山大学	广东省大数据管理与应用工程技术研究中心/广东省大数据分析与处理重点实验室	数据科学与计算机学院
四川大学	大数据分析 GPU 深度神经网络计算平台	计算机学院(软件学院)
南京大学	PASA 大数据实验室	计算机系
厦门大学	云计算与大数据研究中心	计算机学院
湖南大学	大数据处理与行业应用研究中心	信息科学与工程学院
东南大学	大数据研究中心	计算机学院
上海交通大学	大数据工程技术研究中心	电子信息与电气工程学院
同济大学	大数据与网络安全研究中心	电子与信息工程学院
山东大学	大数据技术与应用专业	国际示范性学院
贵州大学	大数据与信息工程学院	前身是原贵州大学电子信息学院
南开大学	数据与知识工程研究室	软件学院
东北大学	计算机应用技术研究所	计算机科学与工程学院
华南理工大学	云计算与大数据	计算机科学与工程学院
华中科技大学	大数据中心	计算机科学与技术学院
武汉大学	大数据与云计算实验室	国际软件学院
北京师范大学	大数据挖掘与知识工程实验室	信息科学与技术学院

表 1.5.3　以统计学院为基础设立的大数据研究院

学校	部门	成立基础
中国人民大学	统计与大数据研究院	统计学院
对外经济贸易大学	大数据挖掘与互联网经济方向	统计学院
中央财经大学	大数据分析硕士实验班	统计与数学学院
上海财经大学	金融大数据	统计与管理学院
兰州大学	大数据科学研究中心	数学与统计学院

表 1.5.4　多学科交叉大数据研究院

学校	研究部门	成立基础
复旦大学	大数据学院	以计算机科学、数学和统计学为基础，与经济金融、生命科学、医疗卫生和社会管理等众多学科领域进行深度交叉
电子科技大学	大数据研究中心	校级研究中心，与计算机学院关系最紧密
厦门大学	数据挖掘研究中心	以管理学、统计学、数学、计算机科学、医疗卫生等多学科交叉

表 1.5.5　与企业联合的大数据学院

学校	研究部门	成立基础
浙江大学	大数据技术联合研究中心	与校友企业阜博通联合成立
西安交通大学	大数据人才创新平台	与百度公司共同建设
大连理工大学	大连理工大学-IBM 智慧城市与工业大数据联合实验室	大连理工大学与 IBM 签约
中国科学技术大学	中国科大-象形科技大数据商业智能联合实验室	与安徽象形信息科技有限公司联合成立
中国农业大学	农业互联网大数据研究中心	中国农业大学(北京市农业物联网工程技术研究中心)、软通动力信息技术(集团)有限公司
哈尔滨工业大学	哈尔滨工业大学大数据集团	与阿里云联合成立

2. 国外高校与网络课程

国外名校先后加入大规模开放网络课程平台(massive open online course, MOOC)，如 Coursera、Udacity 以及后来哈佛和 MIT 共同创建的 edX 平台，这些网络课程不仅为更多学生提供了灵活便捷的学习机会，而且对传统的教学方式也有很好的补充和促进。分别详见表 1.5.6，表 1.5.7，表 1.5.8。

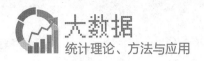
表 1.5.6　Coursera 相关网络课程

数据分析	大数据	加州大学圣地亚哥分校
	数据科学	约翰霍普金斯大学
	从 Excel 到 MySQL:商业分析技术	杜克大学
	商业分析	宾夕法尼亚大学
	大规模数据科学	华盛顿大学
	数据科学管理	约翰霍普金斯大学
	面向商业智能的数据仓库	科罗拉多大学系统
	数据分析和解释	卫斯连大学
	基因组数据科学	约翰霍普金斯大学
	战略业务分析	法国高等经济商业学院
	语言程序设计(中文版)	约翰霍普金斯大学
	使用 Excel 分析数据	杜克大学
	数据科学家的工具箱	约翰霍普金斯大学
	Python 数据库开发	密歇根大学
	Python 数据结构	密歇根大学
	获取和整理数据	约翰霍普金斯大学
	使用 Tableau 展示可视化数据	杜克大学
	使用 MySQL 管理大数据	杜克大学
	回归模型	约翰霍普金斯大学
	探索性数据分析	约翰霍普金斯大学
	数据驱动型公司的业务指标	杜克大学
	大数据导论	加州大学圣地亚哥分校
	实用机器学习	约翰霍普金斯大学
	统计推断	约翰霍普金斯大学
	消费者分析	宾夕法尼亚大学
	Hadoop 平台与应用	加州大学圣地亚哥分校
	会计分析	宾夕法尼亚大学
	大数据分析导论	加州大学圣地亚哥分校
	人力资源分析	宾夕法尼亚大学
	运营分析	宾夕法尼亚大学
机器学习	大数据	加州大学圣地亚哥分校
	机器学习	华盛顿大学
	数据挖掘	伊利诺伊大学香槟分校
	机器学习	斯坦福大学
	回归分析	华盛顿大学
	机器学习基础:案例研究	华盛顿大学
	实用机器学习	约翰霍普金斯大学
	机器学习中使用的神经网络	多伦多大学

续表

	分类	华盛顿大学
	基于大数据的机器学习	加州大学圣地亚哥分校
	聚类与检索	华盛顿大学
	推荐系统与降维	华盛顿大学
	使用机器学习进行数据分析	卫斯连大学
	海量数据挖掘	斯坦福大学
	自然语言处理入门	密歇根大学
	自然语言处理	哥伦比亚大学
	推荐系统导论	明尼苏达大学
机器学习	概率图模型	斯坦福大学
	数据挖掘中的模式发现	伊利诺伊大学香槟分校
	过程挖掘:数据科学实战	埃因霍温科技大学
	网络智能与大数据	印度理工学院德里分校
	社会和经济网络:模型和分析	斯坦福大学
	人工智能规划	爱丁堡大学
	计算机视觉简介	慕尼黑理工大学
	数字人文领域的语言科技	苏黎世大学
	给经济学者的计算机科学课	苏黎世大学
	社会科学的方法和统计	阿姆斯特丹大学
	回归分析	华盛顿大学
	计量经济学	鹿特丹伊拉斯姆斯大学
	统计基础	阿姆斯特丹大学
	回归建模实践	卫斯连大学
	概率	宾夕法尼亚大学
	公共卫生领域的统计推理 1:估计、推理和解释	约翰霍普金斯大学
	统计:让数据有意义	多伦多大学
	推论统计	阿姆斯特丹大学
概率论与数理统计	基因组数据科学所需的统计学	约翰霍普金斯大学
	系统生物学中的网络分析	西奈山伊坎医学院
	改进性试验	麦克马斯特大学
	离散优化	墨尔本大学
	数据分析的计算方法	华盛顿大学
	公共卫生所需的统计推理 2:回归方法	约翰霍普金斯大学
	准备 AP * 统计学考试	休斯敦大学系统
	基于案例介绍生物统计学	约翰霍普金斯大学

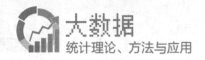

续表

	线性规划和离散优化	洛桑联邦理工学院
	随机:概率学入门	巴黎综合理工学院
	应用回归分析	俄亥俄州立大学
	人工视觉中的离散推理和学习	巴黎中央理工—高等电力学院
	社会科学统计入门	苏黎世大学
概率论与数理统计	应用逻辑回归	俄亥俄州立大学
	统计学入门	普林斯顿大学
	统计学应用	卫斯连大学
	教学统计思维:第1部分描述性统计	杜克大学
	矩阵程序设计:线性代数的计算机科学应用	布朗大学

表 1.5.7　Udacity 相关网络课程

课程
数据分析
计算机科学导论
A/B 测试
数据可视化
机器学习导论
Hadoop 与 Map-Reduce
应用 Apache Storm 做实时分析
数据科学导论
应用 R 软件做数据分析
描述统计导论
推断统计导论
MongoDB
模型构建与验证
统计学导论

表 1.5.8　edx 相关网络课程

课程	开设机构
数据科学与文本挖掘	哥伦比亚大学
生命科学中的数据分析 1:线性模型与矩阵代数	哈佛大学
预测分析	印度管理研究所
职场优势:商业分析与数据分析	赋桥(Fullbridge)
生命科学中的数据分析 4:高维数据分析	哈佛大学
数据科学与机器学习	哥伦比亚大学

续表

课程	开设机构
数据分析基础 1：统计学与 R 软件	德州大学奥斯汀分校
生命科学中的数据分析 5：Bioconductor 导论	哈佛大学
高级信用风险管理	代尔夫特理工大学
统计学视角下的数据科学	哥伦比亚大学
生命科学中的数据分析 3：统计推断与建模	哈佛大学
数据科学技术：物联网	哥伦比亚大学
生命科学中的数据分析 6：高性能计算	哈佛大学
数据分析基础 1：统计学与 R 软件	德州大学奥斯汀分校
生命科学中的数据分析 7：案例分析	哈佛大学
数据科学伦理	密歇根大学
R 编程导论	微软公司
商业统计	印度理工学院德里分校
精算导论	澳大利亚国立大学
数据分析与可视化（Excel）	微软公司
离散时间信号处理	麻省理工学院
文本挖掘与分析	代尔夫特理工大学
数据分析	代尔夫特理工大学
棒球资料的统计分析	波士顿大学
爱上统计学	圣母大学
线性回归应用	戴维森学院
风险管理导论	代尔夫特理工大学
线性代数应用	戴维森学院
离散时间信号与系统 2：频域	莱斯大学
离散时间信号与系统 1：时域	莱斯大学
概率论	麻省理工学院
统计学导论：推断统计	加州大学伯克利分校
大数据与社会物理	麻省理工学院
统计学导论：概率论	加州大学伯克利分校
统计学导论：描述统计	加州大学伯克利分校
临床医学与公共卫生的量化分析	哈佛大学
基于中断时间序列的政策分析	不列颠哥伦比亚大学
数据科学与机器学习基础	微软公司
可扩展机器学习	加州大学伯克利分校

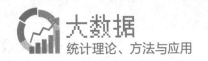

1.5.6　小结

大数据时代对于跨学科人才的要求越来越高,尤其是计算机学科、数学学科与统计学科之间的相互联系变得越来越紧密。大数据学院的设置不仅需要联合统计学院、数学学院、计算机学院等高校科研院所,而且还需要考虑虚拟网络课程的辅助作用,更要考虑与政府和企业之间的跨界合作,使学生了解学科知识怎样应用于实践,既保持学生对学科探索的兴趣,又不至于纸上谈兵。大数据时代是企业发展的一个机遇,高校应积极与社会企业联合,优势互补。同时,高校通过了解市场对于大数据人才的需求,有利于制订人才培养方案。

在课程设置上,多增加案例分析,培养学生解决问题的综合能力。统计学之所以能发挥其基础性作用,在一定程度上取决于对数据的分析处理能力。所以在授课过程中,不仅要注重基础的方法论知识,而且在数据的解读、筛选与处理以及统计方法的软件实现方面也应对学生进行有针对性的系统训练。在课堂中,可以让学生进行模拟案例的实战分析,将讲授真正运用到实际中去,从开始的数据筛选、处理到后期的软件实现均能调动学生的积极性。

调查显示,全国建立大数据研究院的 33 所 985 高校中,有 20 所是在计算机学院基础上建立大数据研究院,以统计学院为依托的仅有 5 所。在大数据盛行的今天,统计学作为一门数据科学类学科,在大数据兴起过程中与计算机类专业相比所占比重较小,但是数据科学专业的设置与申请大多在统计学门类之下。

对于学生日益增加的参加科研与实习的需求,我们应该为其提供更多的科研和实习机会,让学生们可以学以致用,提高将理论与实际相结合的能力,使其能够很好地将自己的专业能力在工作中得以施展。调查发现,期待更深入学习的统计软件中,R,SAS,Python 的比例较高,分别为 30%,22%,20%。值得注意的是,这三类软件都是编程式软件。恰巧计算机专业对于大数据的处理通常使用编程式软件。这说明统计专业学生对大数据处理的关注度似乎很高,但教学方案往往未能做出及时调整。

1.6 总结与展望

1.6.1 大数据给统计学带来的变革与挑战

大数据时代的到来,对统计学的发展具有划时代的意义,需要统计学解决更多、更复杂的问题,因而对统计学提出了更高的要求。

1. 样本概念的深化

统计学依赖于样本统计(普查除外)。样本是按照一定的概率从总体中抽取并作为总体代表的集合体。大数据时代,样本的概念不再这么简单,由于此时数据大部分为网络数据,因此可以将其分为两种类型:

一是静态数据,呈现"总体即样本"的趋势,这一特点弥补了传统样本统计高成本、高误差的劣势。

二是动态数据,比如数据是随着时间的推移而变化的,此时,总体表现为历史长河中所有数据的总和,而我们分析的对象为"样本"。这里的"样本"与传统样本的概念不同,并非局限于随机抽取的数据,更可以是选定的与分析目的相关的数据。

2. 数据类型的扩大

传统数据基本上是结构型数据,即定量数据加上少量专门设计的定性数据,具有格式化、有标准的特性,可以用常规的统计指标或统计图表加以表现。大数据则更多的是非结构型数据、半结构型数据或异构数据,包括了一切可记录、可存储的信号,具有多样化、无标准的特性,难以用传统的统计指标或统计图表加以表现。并且,网络信息系统的不同导致数据识别方式不同,没有统一的数据分类标准。再者,现有的数据库是非关系型的数据库,不需要预先设定记录结构即可自动包容大量各种各样的数据。

3. 数据收集概念的扩展

传统统计中,收集统计数据的思维是先确定统计分析研究的目的,然后根据需要收集数据,所以要精心设计调查方案,严格执行每个流程,往往投入大,而得到的数据量有限。在大数据时代,收集数据就是识别、整理、提炼、汲取、分配和存储数据的过程。我们拥有超大量可选择的数据,同时,在存储能力、分析能力、甄别数据的真伪、选择关联物、提炼和利用数据、确定分析节点等方面,都需要斟酌。然而,并不是任何数据都可以从现有的数据中获得,还存在安全性、成本性、针对性的问题。因此,我们既要继续采用传统的方式方法去收集特定需要的数据,又要善于利用现代网络信息技术和各种数据源去收集一切相关的数据。

4. 数据来源的不同

传统的数据收集因为具有很强的针对性,因此数据的提供者大多是确定的,身份特征是可识别的,有的还可以进行事后核对。而大数据的来源则很难追溯。大数据通常来源于物联网,不是为了特定的数据收集目的而产生,而是人们一切可记录的信号(当然,任何信号的产生都有其目的,但它们是发散的),并且身份识别十分困难。在大数据时代,努力打造统计数据来源第二轨,就显得尤为重要。

5. 量化方式的变化

传统数据为结构化数据,其量化处理已经有一整套较为完整的方式与过程,量化的结果可直接用于各种运算与分析。大数据时代面临着大量的非结构化数据,Franks 说过:"几乎没有哪种分析过程能够直接对非结构化数据进行分析,也无法直接从非结构化的数据中得出结论。"目前,计算机学界已着手研发处理非结构化数据的技术,从统计角度直接处理非结构化数据,或将其量化成结构化数据,也是一个重要的研究领域。

6. 分析思维的改变

我们从统计分析、实证分析、推断分析三个方面论述大数据时代传统统计学分析思维的改变。

第一,传统的统计分析过程是"定性—定量—再定性",第一个定性是为了找准定量分析的方向,主要靠经验判断。大数据时代,统计分析过程为"定量—定性",基础性的工作就是找到"定量的回应",直接从各种"定量的回应"中找出那些真正的、重要的数量特征和数量关系,得出可以作为判断或决策依据的结论。

第二,传统的统计实证分析,思路是"假设—验证",即先提出某种假设,然后通过数据的收集与分析去验证该假设是否成立。事实证明,这种实证分析存在很大误差。大数据时代,分析的思路是"发现—总结",为了更全面、深入地了解研究对象,需要对数据进行整合,从中寻找关系、发现规律,然后再加以总结、形成结论,这将有助于获得更多意外的"发现"。

第三,传统的统计推断分析过程是"分布理论—概率保证—总体推断",通常是基于分布理论,根据样本特征去推断总体特征,推断是否正确取决于样本的好坏。现在,其过程变成了"实际分布—总体特征—概率判断",在静态的情形下,大数强调的是全体数据,总体特征不再需要根据分布理论进行推断,只需进行计数或计量处理即可。

7. 统计软件的增多

传统统计学的数据处理和分析以统计模型和统计软件为基础。统计模型构建了不同变量之间的数量关系,而统计软件则是依靠使用者自主导入所收集的相关变量的一系列数据,进行处理和分析的有力工具。常见的统计软件包括 SAS,SPSS,Stata,Minitab,立 DPS。大数据依赖于以数据中心为基础的非关系数据分析技术,如 Google 公司通过 Map-Reduce 软件每个月处理超过 400PB 的数据,Yahoo 基于 Hadoop 云计算平台建立了 34 个集群,储存容量超过 100PB。若大数据能够在统计软件中得到充分运用,则统计分析的数据收集过程可以简化甚至免去。

综上所述,大数据时代的来临,对传统统计学的变革从样本的定义方法一直到数据分析的思维与技术均有所体现。可以看出,大数据使我们对数据的利用取得了更大的主动权,将促使传统统计学迅速的发展。

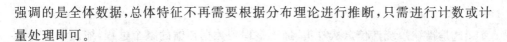

1.6.2 大数据给统计学带来的机遇与发展

统计学的优势在于"以小见大",大数据的优势在于利用统计方法处理问题时,可以利用更多甚至全部的数据,数据不再成为统计分析的制约因素。在大数据时代,可以将统计学与大数据有机地结合起来,实现"以小见大"和"由繁入简"的有机结合,使得统计效率、拟合度和预测准确性大大提高。

1. 统计质量得以提高

针对统计质量而言,国际数据标准 SDDS 确定了两条规则作为评估统计数据质量的标准,我们可以据此归纳出四个原则来把握统计质量的内涵:适用性、准确性、及时性、平衡性。

(1) 适用性。

这是指收集的统计信息符合用户的需求。使统计信息最大化地满足用户,是保证统计信息适用性的根本。大数据的广泛覆盖性能够很大程度上满足适用性的原则。以居民消费价格指数(CPI)为例,传统的价格统计包括一篮子商品,通常包含千种商品,涉及几万个调查销售网点,且商品的种类和结构要随着社会经济的发展和人们的消费结构进行调整,较大的误差使得统计工作者不能保证统计数据是否适用于用户的需求。而基于大数据的"在线价格指数"让抽样变得不再重要,统计对象可以是几万种商品、所有的在线销售商和大部分线下的销售网点,甚至可以覆盖全部样本,显著降低了统计误差,进而保证了统计数据的适用性。

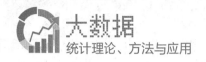

（2）及时性。

这是指缩短统计信息从收集、加工整理到数据传输的整个过程，缩短调查基准期与数据结果发布的间隔时间。另外，应预先公布各项统计数据发布日期，并按时发布数据，建立和规范统计信息发布制度，使用户及时掌握使用统计信息。传统统计数据通常存在滞后性且呈现低频率的缺点，而大数据的及时性能够弥补传统统计数据的这一缺陷，使统计数据的时效性增强。仍以居民消费价格指数（CPI）的统计数据为例。CPI 的发布频率为每月一次，但一般都存在滞后期，如中国 CPI 通常在每个月的 9 号才能发布上个月的 CPI。而"在线价格指数"能够对市场价格进行实时跟踪和汇总，能够提供及时的统计信息，且在线价格指数可以将发布频率从每月一次提高到每天一次甚至更高，能够细致地分析通货膨胀规律。

（3）准确性。

这主要是指统计估算与目标特征值即"真值"之间的差异程度。实际上所谓"真值"是不可知的，一般通过分析抽样误差、计数误差、人为误差、模型设计误差等影响数据准确性的各个因素，测算统计估算值的变动系数、标准差、曲线吻合度、假设检验偏差等，将统计误差控制在一个可以接受的置信区间内，以保证统计信息的准确性。大数据的全面统计可排除统计过程和统计结果的人为误差，进而保证统计数据的准确性。例如，传统样本收集方法中，当受调查者意识到自己在接受调查时很有可能会有意地对真实情况进行部分修饰，会使得由这些调查方法所获得的数据无法真实反映现实。大数据可以在受调查者没有意识到的情况下采集数据，如移动通信用户只把手机当成移动通信工具，但当用户带着手机去上班、去吃饭、去旅行时，移动通信商实际上可以通过跟踪定位手机来获得用户的位置信息。这种方法获得的数据显然比通过电话采访或调查问卷的方式获得的用户位置信息更准确，从而在此基础上的统计分析结果可信度更高。

（4）平衡性。

这是指数据的协调能力，发布数据者与使用数据者之间对数据理解的差异会造成数据平衡性的缺失。根据 SDDS 的第二条规则，即提供统计类目核心指标的细项内容及与其相关的统计数据的核对方法，以及支持数据交叉复核并保证合理性的统计框架，大数据时代通过网络数据资源，有助于数据平衡性的提高。为了支持和鼓励使用者对数据进行核对和检验，SDDS 规定在统计框架内公布有关总量数据的分项，公布有关数据的比较和核对，例如，作为国民账户一部分的进出口和作为国际收支一部分的进出口的交叉核对。

2. 统计成本得以降低

统计成本是进行一项统计调查或开展统计工作所实际付出的代价。就统计成本的要素看,统计工作过程中耗费的人力、财力、物力的总和就构成了统计成本。下面从调查方法与数据利用率两个角度来阐述大数据时代统计成本的降低。

首先,从调查方法来看,传统的调查方法主要有电话采访、调查问卷、统计报表等,开展一次普查,可能就要动用全国之力。这些方法都存在其缺点,准确性得不到保证,并且统计成本相当可观。在大数据时代,数据可以通过网络、移动通信等途径获得,因此无论从时间还是从实际耗费的财力、物力来看,大数据相对传统统计调查方法的统计成本会大幅下降,而且得到的数据规模更大,准确性更高。

其次,从所得数据的利用率来看,传统统计中,由于统计部门的研发力量不足,从而使许多现有的统计资料失效过期,依靠巨大的财政以及社会投入取得的大量的普查资料,也因开发方式单一未得到及时广泛使用。而在大数据时代,数据可以被重复利用,被收集的数据不再仅限于某一特定用途,它可以为各种不同的目的服务。随着数据被利用次数的增加,数据被实现的潜在价值也逐渐增加,而数据的收集成本却是固定的,并不会随着数据被利用的次数而变化,因此每次用途的平均成本会随再利用次数的增加而大幅下降。例如,Google 可以利用用户的检索词条来预测流感的传播,但这只是其庞大的检索数据的用途之一,相同的数据还可以用于某种新产品的市场预测,或大选结果的预测等。显然随着再利用次数的增加,平均到每次用途上的数据收集成本会逐渐降低。

最后,统计成本还体现在公众获取方面。对此,SDDS 制定了两项规划:一是成员国要预先公布各项统计的发布日历表。预先公布统计发布日程表既可方便使用者安排利用数据,又可显示统计工作管理完善,并可表明数据编制的透明度。二是统计发布必须同时发送所有有关各方。官方统计数据的公布是统计数据作为一项公共产品的基本特征之一,及时和机会均等地获得统计数据是公众的基本要求。因此 SDDS 规定应向所有有关方同时发布统计数据,以体现公平的原则。发布时可先提供概括性数据,然后再提供详细的数据,当局应至少提供一个公众知道并可以进入的地方,数据一经发布,公众就可以公平地获得。SDDS 的目的是向成员国提供一套在数据采集和披露方面的指导标准,使各国在向公众提供全面、及时、容易获得和可靠的数据方面有共同的依据。在大数据时代,无论是数据的获取、分析还是发布,皆通过网络进行,SDDS 的规划变得更为可行。

3. 统计学科体系得以延伸

大数据时代要求我们用发展、辩证的眼光看待统计学的发展,统计学应当在大数据的思想框架下构建新的学科体系。统计学有必要将大数据总体统计的思想和方法纳入其学科体系,进而,统计学教学的内容有必要从传统的样本统计转向样本统计和总体统计相结合。样本统计通过带有随机性的观测数据对总体做出推断,

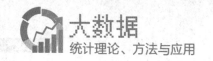

这就要求总体最大限度均匀,这样才能通过适当的抽样方法确保样本的代表性。样本的产生是随机的,用样本去推断总体会产生代表性误差,而基于大数据的总体统计正好能弥补样本统计的不足。

数据挖掘是处理大数据的重要技术之一,它不仅与统计学息息相关,也应当是统计学的一部分。数据挖掘是揭示存在于数据里的模式及数据间的关系的学科,它强调对大量观测到的数据库的处理。它是涉及数据库管理、人工智能、机器学习、模式识别,及数据可视化等学科的交叉学科。用统计的观点看,它可以看成通过计算机对大量的复杂数据集的自动探索性分析。数据挖掘既然也是数据处理,统计学就应该积极借鉴。在统计学的发展历史上,许多数据处理的相关领域所发展的新方法被忽略了。比如,模式识别、神经网络、图形模型、数据可视化等都是在统计科学中出现萌芽,但随后绝大部分又被统计学忽略的方法领域。而这些方法领域是当今世界尖端科技的领域,统计学对它们的忽略是令人痛心疾首的。因此,既然统计学可以在数据挖掘科学中发挥作用,就应该和数据挖掘合作,而不是将它甩给计算机科学家,从而又失去一次自我增值的机会。当今大数据时代,统计学与计算机应紧密结合,以数据挖掘为契机,进一步延伸和完善统计学科体系,培养具有现代统计技术、计算机技术与数据挖掘技术的复合人才。同时,统计学不仅要注重与其他学科的结合,其在统计原理、统计技术、统计方法等领域也要谋求创新和突破。

4. 统计学作用得以扩大

传统统计由于成本、观念等问题的影响,主要用于行业和部门的统计,为行业和部门制定与完善政策而服务。在大数据时代,统计自身的发展领域不仅更宽广,而且统计学在计算机科学、信息科学、经济学、管理学、金融工程等领域都有广泛的应用,并与之有力结合,共同发展。

就数据分析而言,我们应该看到,计算机与数学一样,是统计学的基础工具。计算机的发展使得对于复杂数据的分析与计算变得简便快捷,成为统计计算的重要工具。当今,个人计算机的普及,因特网的使用,给社会带来了很大的变革,信息传递的质和量都发生了飞跃,统计学的发展不能离开计算机。毫无疑问,我们的学生应该学习相关的计算机科学知识,这将包括数据结构、算法设计、程序语言设计、程序设计方法、数据库系统的开发与管理、程序设计等。我们也应该扩展课程计划,应该包括当前的计算机定向数据分析方法,它们大部分是在统计学科之外发展起来的。如此一来,无疑会大大丰富统计学发展的内涵,更大地发挥统计学的作用。

5. 统计学专业就业需求得以提升

大数据对统计专业学生的就业起到了相当大的改善作用。当今社会,大数据就像一座巨大的金矿吸引着政府、公司以及无数个人去"淘金",但要从错综复杂的海量数据中提取出有价值的信息并不是一件容易的事,需要具备数据分析知识的专业人员来进行数据处理,而这正是统计工作者和数据分析师的专长。在大数据时代,统计工作者和数据分析师通过合理利用数据可以在一定程度上起到行业专家的作用,他们的作用延伸到各个领域,为各行各业提供有价值的建议。由于统计工作者和数据分析师可以从大数据中挖掘出大量的信息并将其转化为价值,他们的作用将受到广泛的重视,其地位将得到大幅提升。

众所周知,政府统计、部门统计、民间统计是中国统计工作领域的三大巨头。一直以来,政府统计、部门统计在统计专业毕业生的就业中占有较高的比重。然而,随着大数据的观念深入,民间统计越来越热。民间统计是政府统计之外的涉及市场调研、统计分析、预测和决策等内容的一系列统计活动,包括各类统计调查公司、统计信息咨询中心、统计师事务所、统计研究所,以及把统计方法运用于企业决策和管理的企业管理咨询公司等,是介于市场和企业、行业之间的一个桥梁,主要为企业和行业提供市场微观信息。民间统计机构,由于其服务的多样性、形式的灵活性,目前在中国获得了大幅度的发展,已经逐渐为广大统计专业毕业生提供了广阔的就业机会。随着民间统计机构的持续发展,民间统计机构必将成为统计专业毕业生就业的主要渠道之一。

1.6.3　大数据时代下对统计学的几点反思

现在进入了大数据时代,数据量足够大了之后,我们突然发现很多社会经济现象到最后都有统计规律。它不像物理学那样可以准确地描述其因果关系,从本质上来说就是一个统计的规律。因此,大数据时代给统计学带来新的生命力,同时也引发了对统计学的再思考。

1. 改变总体、个体及样本的定义方式

传统的统计分析,是先从总体中抽样,然后研究样本的性质等。因此是先有总体,再有数据,即必须先确定总体范围和个体单位,再收集个体数据,分析总体。大数据的产生系统多数是非总体式的,即无事先定义的目标总体,只有与各个时点相对应的事后总体,即大数据是先有数据再有总体。因为个体是不确定的,是变化着的,是无法事先编制名录库的,这与传统的总体与个体有很大的不同。更为复杂的是,事后个体的识别也很困难,因为同一个个体可能有多个不同的网络符号或称

谓,而不同网络系统的相同符号(称谓)也未必就是同一个个体,而且还经常存在个体异位的情况(即某一个体利用另一个体的符号完成某种行为),因此我们对于大数据往往是只见"数据"的外形而不见"个体"的真容。但是对于大数据分析来说,仍然有一个总体口径问题,需要识别个体身份。这就需要我们改变总体与个体的定义方式。与此对应,如果要从大数据库中提取样本数据,那么样本的定义方式也需要改变。当然,考虑到大数据的流动变化性,任何时点的总体都可以被理解为一个截面样本。

2. 转变抽样调查的功能以拓展其应用空间

对于传统统计学来说,抽样调查是收集数据最重要的方式。尽管样本只是总体中的很小一部分,但依据科学的抽样理论、科学设计的抽样调查就能够确保数据的精确度和可靠性。然而,抽样调查毕竟属于非全面调查的范畴,它按照科学的原理和计算,从若干单位组成的事物总体中,抽取部分样本单位来进行调查、观察,用所得到的调查标志的数据代表总体,进而推断总体,因此存在着信息量有限、不可连续扩充、前期准备工作要求高等缺点,很难满足日益增长的数据需求。现在进入了大数据时代,我们应该利用一切可以利用的、尽量多的数据来进行分析,而不是仅局限于样本数据。但这并不意味着抽样调查就该退出历史舞台了。首先,在信息化、数字化、物联网还不能全覆盖的情况下,仍然还有很多数据信息需要通过抽样调查的方式去获取。其次,尽管我们可以对大数据进行全体分析,但考虑到成本与效率因素,在很多情况下抽样分析仍然是不错或明智的选择。

当然,抽样调查也要适当转变其功能以便进一步拓展其应用空间:

一是可以把抽样调查获得的数据作为大数据分析的对照基础与验证依据。大数据时代互联网数据的获取速度快、量大、项目繁细,但是难以避免数据获取的偏倚性。统计机构的数据是经过严格抽样设计获取的,将其作为基础与依据对互联网数据进行矫正,将互联网数据作为补充资源对统计机构的数据进行实时更新,这是一个值得关注的研究问题。

二是可以把抽样调查作为数据挖掘、快速进行探测性分析的工具——从混杂的数据中寻找规律或关系的线索。这需要从源源不断的数据流中抽取足以满足统计目的和精度的样本,及时调整已经获得的样本,使得热门数据与感兴趣的数据进入样本。

3. 如何使结构化数据与非结构化数据对接

相对于结构化数据而言,不方便用数据库二维逻辑表来表现的数据即称为非结构化数据,包括所有格式的办公文档、文本、图片、标准通用标记语言下的子集

XML、HTML、各类报表、图像和音频/视频信息等。在大数据时代,数据的概念从结构化数据扩展为结构化数据和非结构化数据。而有效实现结构化数据与非结构化数据的对接,是数据概念拓展的必然结果。通过特定的方法,实现结构化数据与非结构化数据的转化与对接是完全可能的。但要实现这种对接,必须要增强对各种类型数据进行测度与描述的能力,否则大数据分析就没有全面牢固的基础。如果说传统基于样本数据的统计分析侧重于推断,那么基于大数据的统计分析需要更加关注描述,以便更为准确地进行推断。如何既能有针对性地收集所需的结构化数据,又能从大量非结构化数据中挖掘出有价值的信息,使两者相辅相成、有机结合,就成了一个新的课题。非结构化数据如何结构化或结构化数据能否采用非结构化的表现形式等都是值得探讨的问题。

4. 采用新的梳理与分类方法处理大数据

传统的数据梳理与分类是按照预先设定的方案进行的,标志与指标的关系、分类标识与分组规则等都是结构化的,既是对有针对性地收集的数据进行加工,也是统计分析的组成部分。但对于大数据,由于新的网络语言、新的信息内容、新的数据表现形式的不断出现,使得会产生哪些种类的信息、有哪些可以利用的分类标识、不同标识之间是什么关系、类与类之间的识别度有多大、信息与个体之间的对应关系如何等问题,都无法事先加以严格设定或控制,往往需要事后进行补充或完善。面对超大量的数据,我们从何下手?只能从数据本身入手,从观察数据分布特征入手。这就需要采用不同的数据梳理与分类方法。否则,要想寻找到能有效开展数据分析的路径是不可能的。因此根据大数据的特点,创新与发展数据的梳理与分类方法,是有效开展大数据分析的重要前提。

5. 不确定性的来源和表现产生差异

不确定性就是指事先不能准确知道某个事件或某种决策的结果,或者说,只要事件或决策的可能结果不止一种,就会产生不确定性。在经济学中不确定性是指对于未来的收益和损失等经济状况的分布范围和状态不能确知。不确定性给企业带来的影响有大有小。小而言之,可能影响一次营销活动的成败;从大的方面看,则可能使企业遭受灭顶之灾、破产倒闭。统计学就是为了研究事物的不确定性而产生的。传统统计学对于不确定性的研究需要收集数据,在抽样观测的情况下进行,其不确定性表现为如何获得样本、如何推断总体、如何构建模型。大数据虽然也存在个体的差异性,但它包括了一定条件下的所有个体,而不是随机获得的一个样本。这样,大数据的不确定性表现为数据的来源、个体的识别、信息的量化、数据的分类、关联物的选择、节点的确定,以及结论的可能性判断等方面。总而言之,由

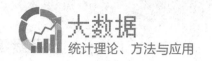

于在大数据时代我们已经掌握了一定条件下的完全信息,此时的不确定性只来自数据来源的多样性与混杂性,以及由于个体的可变性所引起的总体多变性,而不是同类个体之间的差异性。

6. 相关关系分析与因果关系分析并重

Vikor 在其《大数据时代》一书中认为:"通过给我们找到一个现象的良好的关联物,相关关系就可以帮助我们捕捉现在并预测未来",以及"建立在相关关系分析法基础上的预测是大数据的核心"。毫无疑问,从超大量数据中发现各种真实存在的相关关系,是人们认识和掌控事物,继而做出预测判断的重要途径,而大数据时代新的分析工具和思路可以让我们发现很多以前难以发现或不曾注意到的事物之间的联系,因此大力开展相关分析是大数据时代的重要任务。但是,大数据时代并不只是要求我们仅仅停留在"是什么"的阶段,还要知道"为什么",只有这样,才能更好地理解"是什么"。只有知道原因、背景的数据才是真正的数据。如果我们只知道相关关系而不知道因果关系,那么数据分析的深度只有一半,一旦出现问题或疑问就无从下手。而如果我们知道了因果关系,就可以更好地利用相关关系,更好地掌握预测未来的主动权,帮助我们更科学地进行决策。当然,因果分析是困难的,正因为困难,所以要以相关分析为基础,更进一步利用好大数据。相关分析与因果分析不是互相对立的,而是互补的,两者必须并重。

7. 结合多种统计方法全面驾驭大数据

所谓归纳推断,就是根据一类事物的部分对象具有的某种性质,推出这类事物的所有对象都具有这种性质的推断,简称归纳。在传统统计中,归纳推断法是最主要的研究方法,通过样本数据,在归纳出样本特征的基础上再推断总体。对于大数据,我们依然要从中去发现新的知识,通过具体的个体信息去归纳出一般的总体特征,因此归纳法依然是大数据分析的主要方法。但是大数据的分析方法不限于此,它是一个信息宝库,只重视一般特征的归纳与概括是不够的,还需要分析研究子类信息乃至个体信息,以及某些特殊的、异常的信息——或许它(们)代表着一种新生事物或未来的发展方向,还需要通过已掌握的分布特征和相关知识与经验去推理分析其他更多、更具体的规律,发现更深层次的关联关系,对某些结论做出判断,这就需要运用演绎推理法(简称演绎法)。演绎法可以帮助我们充分利用已有的知识去认识更具体、细小的特征,形成更多有用的结论。只要归纳法与演绎法结合得好,我们就既可以从大数据的偶然性中发现必然性,又可以利用全面数据的必然性去观察、认识,甚至利用偶然性,从而提高驾驭偶然性的能力。

8. 统计思维与现代信息技术相结合

尽管用于收集和分析数据的统计技术已相对成熟、自成体系,但其所能处理的数据量是有限的,面对大数据,特别是大量的非结构数据,单凭统计技术恐怕是难以胜任的。首先遇到的问题就是计算能力问题,这就要求我们在不断创新与发展统计技术的同时,还要紧紧依靠现代信息技术,特别是云计算技术。

参 考 文 献

陈希孺,2002.数理统计学简史[M].长沙:湖南教育出版社.

程开明,庄燕杰,2014.大数据背景下的统计[J].统计研究,31(1):106-112.

程学旗,王元卓,靳小龙,2016.网络大数据计算技术与应用综述[J].科学信息化技术与应用,4(6):3-14.

弗兰克斯,2013.驾驭大数据[M].黄海,车皓阳,王悦,等译.北京:人民邮电出版社.

耿直,2014.大数据时代统计学面临的机遇与挑战[J].统计研究,31(1):5-9.

顾君忠,2013.大数据与大数据分析[J].软件产业与工程(4):17-21,52.

何非,何克清,2014.大数据及其科学问题与方法的探讨[J].武汉大学学报(理学版),60(1):1-12.

胡雄伟,张宝林,李抵飞,2013.大数据研究与应用综述[J].标准科学(9/10):29-34,18-21.

黄恒君,漆威,2014.海量半结构化数据采集、存储及分析:基于实时空气质量数据处理的实践[J].统计研究,31(5):10-16.

江小平,李成华,向文,等,2011.K-means聚类算法的MapReduce并行化实现[J].华中科技大学学报(自然科学版),39(21):120-124.

李国杰,2012.大数据研究的科学价值[J].中国计算机学会通讯,8(9):8-15.

李国杰,程学旗,2012.大数据研究:未来科技及经济社会发展的重大战略领域[J].中国科学院刊,27(6):647-657.

李建林,2013.一种基于PCA的组合特征提取文本分类方法[J].计算机应用研究,30(8):2398-2401.

李金昌,2014.大数据与统计新思维[J].统计研究,31(1):10-17.

刘红,胡新和,2013.数据革命:从数到大数据的历史考察[J].自然辩证法,35(6):33-39,125-126.

刘念真,2013[引用时间2019-03-13].利用Oracle信息模型驾驭大数据[N/OL].http://wenku.baidu.com/view/abfb3a1552d380eb62946d9d.html.

刘智慧,张泉灵,2014.大数据技术研究综述[J].浙江大学学报:工学版,48(6):957-972.

马帅,李建欣,胡春明,2012.大数据科学与工程的挑战与思考[J].中国计算机学会通讯,8(9):22-30.

孟生旺,袁卫,2015.大数据时代的统计教育[J].统计研究,32(4):3-7.

莫建文,郑阳,首照宇,张顺岚,2013.改进的基于词典的中文分词方法[J].计算机工程与设计,34(5):1802-1807.

邱东,2014.大数据时代对统计学的挑战[J].统计研究,31(1):16-22.

苏晨,张玉洁,郭振,徐金安,2013.适用于特定领域机器翻译的汉语分词方法[J].中文信息学报,27(5):184-190.

孙铁利,刘延吉,2009.中文分词技术的研究现状与困难[J].信息技术,33(7):187-192.

孙燕,2012.随机效应Logit计量模型的自适应Lasso变量选择方法研究:基于Gauss-Hermite积分的EM算法[J].数量经济技术经济研究,29(12):147-157.

唐文清,张敏强,王力田,2012.整合数据分析方法在心理学研究中的应用[J].心理学探新,32(5):454-460.

田茂再,2015.大数据时代统计学重构研究中的几个热点问题[J].统计研究,32(5):3-12.

田野,郑伟,2013.文本分类中一种基于互信息改进的特征选择方法[J].河北北方学院学报:自然科学版,29(1):8-15.

汪丽,张露,2013.基于分布式数据挖掘方法的研究与应用[J].武汉理工大学学报,35(1):40-43.

王鄂,李铭,2009.云计算下的海量数据挖掘研究[J].现代计算机(11):22-25.

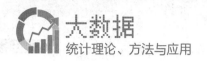

王美方,刘培玉,朱振方,2007.基于 TFIDF 的特征选择方法[J].计算机学报,28(23):5795-5799.

王珊,王会举,覃雄派,等,2011.架构大数据:挑战、现状与展望[J].计算机学报,34(10):1741-1752.

王元卓,靳小龙,程学旗,2013.网络大数据:现状与展望[J].计算机学报,36(6):1125-1138.

维克托,肯尼思,等,2012.大数据时代[M].盛杨燕,周涛,等,译.浙江:浙江人民出版社.

魏瑾瑞,蒋萍,2014.数据科学的统计学内涵[J].统计研究,31(5):3-9.

希尔弗·纳特,2013.信号与噪声[M].北京:中信出版社.

肖红叶,2010.中国经济统计学科建设30年回顾与评论[J].统计研究,27(1):15-25.

修驰,宋柔,2013.基于无监督学习的专业领域词义消歧方法[J].计算机应用,30(3):780-783.

杨文涛,石建涛,等,2011.基于知识库的基因组数据整合分析[J].生物信息学,9(4):318-321.

杨绛,2012.基于文献计量的大数据研究[J].图书馆杂志,31(9):29-32,37.

杨长春,沈晓玲,2012.基于云计算的SLIQ并行算法研究[J].计算机工程与科学,34(3):62-66.

应毅,任凯,刘正涛,2013.基于云计算技术的数据挖掘[J].微电子学与计算机,30(2):161-164.

袁卫,2011.机遇与挑战:写在统计学科成为一级学科之际[J].统计研究,28(11):3-10.

曾鸿,丰敏轩,2013.大数据与统计变革[J].中国统计(9):49-50.

张景肖,刘燕平,2012.函数性广义线性模型曲线选择的正则化方法[J].统计研究,29(9):95-102.

赵东红,王来生,张峰,2012.遗传算法的粗糙集理论在文本降维上的应用[J].计算机工程与应用,48(36):125-128.

郑京平,王全众,2012.官方统计应如何面对 Big Data 的挑战[J].统计研究,29(12):3-7.

中国计算机学会大数据专家委员会,2014[2019-03-13].中国大数据技术与产业发展白皮书:2013[M/OL].北京:机械工业出版社.http://www.bigdataforum.org.cn.

钟金花,2013.基于 Lasso 方法的上海经济增长影响因素实证研究[J].统计与决策(1):154-156.

周奇年,张振浩,徐登彩,2013.用于中文文本分类的基于类别区分词的特征选取方法[J].计算机应用与软,30(3):193-195.

朱怀庆,2014.大数据时代对本科经管类统计学教学的影响及对策[J].高等教育研究(3):35-37.

朱建平,章贵军,刘晓葳,2014.大数据时代下数据分析理念的辨析[J].统计研究,31(2):10-19.

朱扬勇,熊赟,2011-06-16[引用时间2019-03-30].数据学与数据科学发展现状[J/OL]. http://www.paper.edu.cn/releasepaper/content/201106-329.

Agrawal D,Bernstein P,Bertino E,et al,2012-10-02[2019-03-30].Challenges and opportunities with Big Data:a community white paper developed by leading researchers across the United States[R/OL]. Computing Community Consortium . http://cra.org/ccc/docs/init/bigdatawhitepaper.pdf .

Andrej Z,2015.Big data and international relations[J]. Ethics & International Affairs,29(4):377-389.

Arlia D,Coppola M,2001.Experiments in parallel clustering with DBSCAN[C].Euro-par 2001 parallel processing:326-331.

Bell R Q,1953.Convergence:an accelerated longtitudinal approach[J].Child development,24(2):145-152.

Binder J D,1996. Data analysis : statistics made easy . Aetospace America,34 (9):17-19.

Breiman L,1996. Heuristics of instability and stabilization in model selection[J]. The annals of statistics, 24 (6):2350-2383.

Breiman L,2001. Statistical modeling:the two cultures[J]. Statistical Science,(3):199-231.

Brian H,Boris E, 2011-9-30[引用时间2019-03-30]. Expand your digital horizon with big data[N/OL]. https://www.forrester.com/report/Expand+Your+Digital+Horizon+With+Big+Data/-/E-RES60751.

Bughin J. Chui M, Manyika J,2010. Clouds,big data and smart assets:ten tech-enabled business trends to watch[J]. McKinsey Quarterly(8):75-86.

Cleveland W,2010. Data science:an action plan for expanding the technical areas of the field of statistics[J]. International Statistical Review,69(1)：21-26.

Collobert R,Bengio Y,Bengio S,2002.A parallel mixture of SVMs for very large scale problems[J].Neural Comput.,14(5):1105-1114.

Cooper H,Patall E A,2009.The relative benefits of meta analysis conducted with individual participant data versus aggregated data[J].Psychological methods,14(2):165-176.

Cox M, Ellsworth D,1997. Application-controlled demand paging for out-of-core visualization[C]. Proceedings of the 8th conference on Visualization. IEEE Computer Society Press:235-ff.

Curran P J,Hussong A M,2009.Integrative data analysis:the simultaneous analysis of multiple data sets[J].Psychological methods,14(2):81-100.

Dabenport T H, Barth P, Bean R,2012. How big data is different [J]. MIT Sloan Management Review,54(1):43-46.

Dong J X,Krzyzak A,Suen C Y,2003.A fast parallel optimization for training support vector machine[C].Proceedings of 3rd international conference on machine learning and data mining, Leipzig,Germany,LNAI 2374:96-105.

Efron B,Hastie T,Johnstone I,et al.,2004.Least angle regression[J].Annals of statistics,32(2):407-451.

Fan J,Li R,2001.Variable selection via nonconcave penalized likelihood and its oracle properties[J].J. Amer. Statist. Assoc,96(456):1348-1360.

Fan J,Lv J,2008.Sure independence screening for ultrahigh dimensional feature space[J]. Journal of the royal statistical societ:Series B:statistical methodology,70(5): 849-911.

Fernholz T, Morgenthaler S, Tukey J, et al.,2000. A conversation with John W. Tukey and Elizabeth Tukey [J]. Statistical Science,15(1): 79-94.

Francesca Leva,2015. Big Data: the next challenge for statistics [J]. Lettera Metematica,3(3):111-120.

Frank I E,Friedman J H,1993.A statistical view of some chemometrics regression tools (with discussion)[J].Technometrics,35(2):109-148.

Fridy J A,Miller H I,Orhan C,2003.Statistical rates of convergence[J]. Acta Scientiarum Mathemticarum, 69 (1): 147-157.

Friedman J,2006.Herding lambdas: fast algorithms for penalized regression and classification.Manuscript.

Ghemawat S,Gobioff H,Leung S T,2003.The Google file system[C].Proceeding of the 19th ACM symposium on operating systems principles,37(5):29-43.

Grant C A,Sleeter C E,1986.Gender in education research:an argument for integrative analysis [J].Review of educational research,56(2):195-211.

Grobelink M, 2012-10-02[引用时间 2019-03-30]. Big-data computing: creating revolutionary breakthroughs in commerce, science and society [N/OL]. http://www.cra.org/ccc/docs/init/Big_Data.pdf.

Groves R,2011. Three eras of survey research [J]. Public Opinion Quarterly,75(5): 861-871.

Gu J F,2014. Some comments on big data and data science[J]. Annals of Data Science,1(3/4):283-291.

Haenens L, Saeys F, Koeman J M,2007. Digital citizenship among ethnic minority youths in the Netherlands and Flanders[J]. New Media & Society,9(2):278-299.

Hearst M,Pedersen J,1996.Reexamining the cluster hypothesis scatter/gather on retrieval results[C]. Proceedings of the 19th annual international ACM/ SIGIR conference,Zurich.

Hopkins B,Evelson B,2011-9-30[引用时间 2019-03-13].Expand your digital horizon with big data [N/OL]. https://www.forrester.com/report/Expand＋Your＋Digital＋Horizon＋With＋Big＋Data/-/E-RES60751.

Huang J,Ma S,Zhang C,2008.Adaptive Lasso for sparse high-dimensional regression models[J]. Statistica Sinica,18(4): 1603-1618.

Huang X Z,2015.Big data-a 21st century science Maginot Line? No-boundary thinking: shifting from the big data paradigm[J]. Biodata Mining, 8(1):7.

Kim J, Kim Y, Kim Y, 2005. Gradient Lasso algorithm[R]. Technical report, Seoul National University.

Kuchaiev O, Przulj N, 2010. Integrative network alignment reveals large regions of global network similarity in yeast and human [J]. Bioinformatics, 00(00):1-7.

Lavalle S, Lesser E, Shockley R, et al. Big data, analytics and the path from insights to value [J]. MIT Sloan Management Review, 2011, 52(2):21-32.

Lazer D, Kennedy R, King G, et al., 2014. The parable of Google flu: traps in big data analysis[J]. Science, 343(6176): 1203-1205.

Lenzerini M, 2002. Data integration: a theoretical perspective [J]. PODS: proceedings of the twenty-first ACM SIGMOD-SI-GACT-SIGART symposium on principles of database sustems:233-246.

Li H, Wang Y, Zhang D, et al., 2008. Parallel FP-Growth for query recommendation[C]. Proceedings of the 2008 ACM conference on recommender systems:107-114.

Liu Y, Sun Y, Broaddus R, et al., 2012. Integrated analysis of gene expression and tumor nuclear image profiles associated with chemotherapy response in serous ovarian carcinoma[J]. PLoS ONE, 7(5):158-170.

Lynch C, 2008. Big data: How do your data grow? [J] Nature, 455(7209):28-29.

Lynch C, 2012. Jim Gray's Fourth Paradigm and the Construction of the Scientific Record[A]//HeyT, Tansley S, Tolle K. The fourth paradigm: data-intensive scientific discovery[C]. Microsoft Research:177-185.

Ma S, Huang J, 2009. Regularized gene selection in cancer microarray meta-analysis[J]. BMC bioinformatics, 10:1.

MacKinsey global institute, 2011-06[引用时间 2019-03-30]. Big data: the next frontier for innovation, competition and productivity[DB/OL]. Lexington, KY: McKinsey & Company. https://www.mckinsey.com/business-functions/digital-mckinsey/our-insights/big-data-the-next-frontier-for-innovation.

Mandel M, 2012-10[引用时间 2019-03-13]. Beyond goods and services: the (unmeasured) rise of the data-driven economy [EB/OL]. http://www.progressivepolicy.org/2012/10/beyond-goods-and-services.

Mandel M, 2010-10[引用时间 2019-03-30]. Beyond goods and services: the (unmeasured) rise of the data-driveneconomy [EB/OL]. http://www.progressivepolicy.org/2012/10/beyond-goods-and-services.

Mckinsey Global Institute, 2011-5. Big data: the next frontier for innovation, competition and productivity[R].

Meier L, Van De Geer S, Bühlmann P, 2008. The group lasso for logistic regression [J]. Journal of the royal statistical society: Series B: statistical methodology, 70(1):53-71.

Michael V, 2016 . Big data, big chanllenges [J]. Ophthalmology, 123.

Musch D, 2008. Interim monitoring and analysis: statistics in clinical trials. Acta Ophthalmologica-Supplementum, 243 (9).

Naur P, 1960. Report on the algorithmic language ALGOL 60[R]. Comm. ACM(5): 299-314.

Pan W, Shen X, Jiang A, et al., 2006. Semi-supervised learning via penalized mixture model with application to microarray sample classification[J]. Bioinformatics, 22(19):2388-2395.

Patwary M M A, Palsetia D, et al., 2012. A new scalable parallel DBSCAN algorithm using the disjoint-set data structure [J]. High performance computing, networking, storage and analysis (SC) (11):1-11.

Peter L. Schilling K, Bozic J, 2014. The big to do about "Big Data"[J]. Clinical Orthopaedics and Related Research, 472 (11):3270-3272.

Posada D, Crandall K A, Templeton A R, 2006. Nested clade analysis statistics[J]. Molecular Ecology Notes, 6 (3): 590-593.

Provost F, Fawcett T, 2013. Data science for business [M]. O'Reilly Media, Inc. :4-16.

Reynolds T J, King R, Harwood J, et al., 2009. Integrated data analysis in the presence of emigration and mark loss[J]. Journal of agricultural, biological and environment statistics, 14(4):411-431.

Rhodes D R,Kalyana-Sundaram S, et al.,2005.Mining for regulatory programs in the cancer transcriptone[J].Nat Genet, 37(6):79-83.

Robert L W,2016. Big data questions for "Big Data"[J]. Annals of Emergency Medicine (2):237.

Rohde P D,1973. Hospital activity analysis statistics[J]. British Medical Journal,3 (5875):351-352.

Salton G, Wong A, Yang C S,1975.A vector space model for automatic indexing[J] .Commmunications of the ACM,18 (11):613-620.

Stanton J,2012-03[引用时间 2019-03-30].Introduction to Data Science [EB/OL]. http://ischool. syr. edu/media/documents/2012/3/DataScienceBook1_1.

Stefan W, Hans V,et al.,2015.Big data,big opportunities [J].Informatik-Spektrum,38(5):370-378.

Taylor L,2015.Is bigger? The emergence of big data as a tool for international development policy [J] . GeoJournal,80 (4): 503-518.

Tibshirani R,1996.Regression shrinkage and selection via the lasso[J].Journal of the royal statistical society:Series B: Methodological:267-288.

Tsvi A,2005. A localist paradigm for big data [J].Procedia Computer Science (53):356-364.

Tukey J,1980. We need both exploratory and confirmatory [J]. The American Statistician,34(1): 23-25.

Tveit A,Engum H,2003.Parallelization of the incremental proximal support vector machine classifier using a heap-based tree topology[C]. European conference on machine learning.

Wang H,Leng C,2006.A note of adaptive group Lasso[J].Computational statistics and data analysis,52(12):5277-5286.

Wen Y M,Lu B L,2004.A cascade method for reducing training time and the number of support vectors[J].Advances in neural networks-ISNN:480-486.

White T,2010. Hadoop: the definitive guide [M]. O'Reilly Media / Yahoo Press:1-15.

Yuan M,Lin Y,2006.Model selection and estimation in regression with grouped variables[J].Journal of the royal statistical society, Series B,68(1):49-67.

Zhang H H,Lu W,2007.Adaptive Lasso for Cox's proportional hazards model[J].Biometrika,94(3):691-703.

Zhang J,Li Z,Yang J,2005.A parallel SVM training algorithm on large-scale classification problems[J] Machine learning and cybernetics (3):1637-1641.

Zou H,2006.The adaptive lasso and its oracle properties[J].J. Amer. Statist. Assoc,101(476):1418-1429.

Zumel N,Mount J,2013.Practical data science with R[M]. Early access edition meap:14-31.

第二章

大数据下的数据集
整合分析

◢ **本章要点** ◣

　　21 世纪是信息爆炸的时代,计算机技术的飞速发展,极大地方便了数据的获取和储存,使得很多部门每天都有大量的数据产生。大数据通常是由来源、主体或格式不同的数据合并而成,例如来自不同地区的调查数据,来自不同市场的金融数据,来自不同实验室的基因数据等。这种基于多个数据集的建模十分常见,了解不同子样本间的异质性(heterogeneity or difference)和同质性(homogeneity or similarity)是大数据分析的两个重要目标。但它的建模比较特殊,一方面,由于不同来源的数据存在差异,各不同数据源的同一变量的系数显著性和估计值可能存在差异,传统的处理方法是简单合并所有样本,建立统一模型,但是这种方法过于笼统,忽略了数据间的异质性;另一方面,也不能分开各自建立模型,因为这样会忽略各个数据集间的关联性。整合分析(integrative analysis)方法同时兼顾这两方面,通过目标函数综合不同地区的数据,从统计角度考虑数据的异质性和同质性,以多个变量为研究目标,充分考虑了不同地区间的相互影响,同时求解多个模型。本章将围绕整合分析,进行以下研究:

　　(1)对惩罚整合分析方法的原理、算法和研究现状进行系统的研究和梳理。惩罚整合分析可以同时分析多个独立数据集,避免因地域、时间等因素造成的样本差异而引起模型不稳定,是研究大数据差异性的有效方法。它的特点是将每个解释变量在所有数据集中的系数视为一组,通过惩罚函数对系数组进行压缩,研究变量间的关联性并实现降维。

　　(2)提出在加速失效时间(accelerated failure time,AFT)模型下的异构性模型整合分析,建立稀疏组极大极小凹惩罚方法(sparse group minimax concave penalty,SGMCP),实现异构性模型的双层选择,既能剔除对所有数据集都不显著的解释变量,又能得到显著的变量只对哪些数据集显著。SGMCP是可加型的惩罚函数,它的形式简单,可基于 GCD 算法求解,本章详细推导了参数估计过程,并归纳了算法的流程。最后做了充分的模拟分析,考虑了不同的相关性,对比了已有的变量选择方法,不仅分析了异构性模型,而且分析了同质性模型。模拟分析表明新方法不管是在异构性模型还是同构性模型中,都具有更好的选择效果。

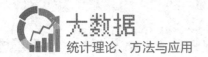

(3)连接多种类型的组学数据和癌症结果变量,在多种机制调控基因表达的方针引导下,考虑基因表达中的组关系,提出一种基于整合分析的正则化的标记选择和估计方法。这种方法创新性地包含了残差效应,具有良好的生物解释。

(4)提出有针对性的整合分析方法,进行标记选择或对与疾病或亚型有关的标记进行识别。针对多个癌症亚型预后数据进行整合分析。整合分析可以同时对多个癌症亚型的相似性和异质性进行分析。该整合分析采用了异构性模型,并使用了混合惩罚函数对含有与预后有关的单核苷酸多态位点(SNPs)的基因进行识别。实际应用中高维数据类型众多,比如因变量连续或不连续,定类或定量。本章根据数据的特点来论证方法,以确保方法应用范围更广。

(5)研究整合分析和惩罚标记选择的异构性模型和同构性模型,主要采用了基于桥(Bridge)惩罚的复合惩罚方法。与其他现存方法不同的是,本章同时考虑了数据集内部结构与跨数据集结构,通过对比惩罚的方式使两者相结合。这种结构关注在不同数据集中同一协变量的回归系数的关联性。

2.1　背景和意义

随着计算机技术,尤其是互联网和多媒体技术的普及与飞速发展,人类社会被呈爆炸性增长的信息所包围。据国际商业机器公司(IBM)资料显示,目前数据的生成每日以千万亿字节来计算,全球近90%的数据是在过去两年产生的。大数据时代正式到来。

"大 p 小 n"的问题在大数据中十分常见。一方面源于大数据的稀疏性,价值密度低,即信息的边际价值并未随数据量增加而提升;另一方面是大数据的高维性突出,互联网和云计算为数据的获得和存储带来便利,与研究现象相关的微小因素都可能被收集起来,维度自然会很高,"去噪提纯"是亟待解决的问题。基于惩罚方法的整合分析(penalized integrative analysis)是将惩罚变量选择方法与整合分析结合,是降维和提取信息的有效方式,不仅能对模型进行选择,还能分析数据集间的关联性,以便更好地识别信号和噪音。鉴于大数据的来源具有差异性、高维性、稀疏性等特点,如何对其充分利用和综合分析非常重要,因此非常有必要在大数据时代下研究不同数据集的整合分析。

本章将着重讨论在多数据集不直接兼容的情况下依然适用的整合方法。在我们近期的研究中,随着整合分析方法的不断改进,它已经显著地优于单数据集分析和元分析(meta-analysis),能得到更精确的变量选择和预测结果。在元分析中,对每个数据集进行单独的变量选择,并不能在统计分析过程中从其他相关数据集中"借"来有用的信息。相反,整合分析将多个原始数据集合起来,并同时进行分析,因此更有效。

整合分析的理论与应用研究在生物医学、社会学等领域具有显著的学术意义和指导意义。对异构性模型的整合分析进行研究,我们提出了 SGMCP 方法。传统的整合分析基于同质性模型,不同数据集下模型的解释变量相同,这一前提假设在实际应用中很难成立。例如,某些社会调查数据或者实验数据,成本和外界条件不可重复性会导致数据获取难,单一的获取途径往往难以得到充足的样本量,这种情况下数据可能来自不同的调查子总体,从而最终数据是多个数据集的综合。这里提出的异构性模型灵活性更强,不仅能找出在所有数据中都显著的变量,还能筛选出只对部分数据显著的变量。该类方法为解决小样本问题提供了新的思路。

本章所提出的有针对性的整合分析方法实现了标记选择或对与疾病或亚型有

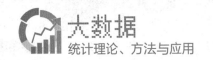
关的标记进行识别。针对多个癌症亚型预后数据进行的整合分析,可以同时对多个癌症亚型的相似性、异质性进行分析。该整合分析采用了异构性模型,并使用了混合惩罚函数对含有与预后有关的单核苷酸多态位点(SNPs)的基因进行识别。实际应用中高维数据类型众多,比如因变量连续或不连续,定类或定量,我们将根据数据的特点来论证方法,以确保方法的应用范围更广。

在高维遗传或基因组测量的多个癌症数据集中应用整合分析以及加惩罚的标记选择。与其他现存方法不同,所提方法关注协变量与回归系数之间的相关性,同时考虑了数据集内部结构与跨数据集结构。模拟结果表明,对比惩罚优于标准惩罚方法的地方在于:它可以识别出相近的真阳性数,假阳性数有所减少。由于对比惩罚涉及二级数据结构,所观察到的改善可能不会很大。在实践中,假阳性数量的减少是非常有意义的。肺癌和乳腺癌的数据分析表明,这种方法可以识别出不同于标准方法的基因。这种方法可以使所识别的不同数据集中的基因更为一致,同时也提高了基因识别的稳定性,提高了预测性能。

2.2 综述

整合分析方法起源于 20 世纪 60 年代,把不同来源、格式、特点性质的数据集中起来。相对于单一数据集模型,该方法整合了更多的原始信息,能解决因地域、时间等因素造成的样本差异而引起的建模不稳定,在模型解释性和预测方面都具有显著优势。

在单数据集变量选择中,惩罚方法是最为广泛使用的一类方法,它通过对未知参数的值进行压缩,同时实现变量选择和参数估计,具有降低估计偏差、提高预测精度和模型可解释性的优点。其研究可追溯到最小绝对压缩与选择算子(least absolute shrinkage and selection operator,Lasso)(Tibshirani,1996)的提出。它颠覆了逐步回归、最优子集、模型选择等贪婪方法,以压缩的角度实现自动识别。此后,学者提出了多种基于惩罚的变量选择方法,根据其特点可分为四类:

第一类,只能选择单个变量的单变量选择方法(individual variable selection),如 Lasso(Tibshirani,1996)、平滑剪切绝对偏差(smoothly clipped absolute deviation,SCAD)惩罚(Fan,Li,2001)、极大极小凹惩罚(minimax concave penalty,MCP)(Zhang,2010)、桥惩罚(Frank,Friedman,1993);

第二类,高度相关数据的变量选择方法,如弹性网(elastic net)(Zou,Hastie,2005)、Mnet(Huang,Ma,2010),该方法在一定程度上能解决共线性问题;

第三类,组选择方法,如组最小绝对压缩与选择算子(group least absolute shrinkage and selection operator,Group Lasso)(Yuan,Lin,2006)、复合绝对惩罚(composite absolute penalty,CAP)(Zhao,et al.,2009)等,该方法对以组形式出现的变量进行选择;

第四类,双层选择方法,如 Sparse Group Lasso(Simon et al.,2013)、l_1 组桥(group bridge)(Huang et al.,2009)等,该方法在变量组内和组间实现双层选择。

整合分析依旧借鉴单数据集变量选择的思想,特殊之处在于整合分析中解释变量的回归系数不再是一个而是一组,不仅要筛选出显著的变量,还要识别出它在哪些数据集中显著,这将使问题变得更加复杂。

2.2.1　模型基本形式

整合分析不仅适合分析多个独立的数据集,还能分析具有多元互相关联因变量的单一数据集。因研究思路大同小异,故本章以前者为例展开分析。

假设有 M 个数据集,p 个解释变量。第 m 个数据集的样本量为 $n^{(m)}$,$y^{(m)}$ 是第 m 个数据集的因变量,连续型和离散型变量均可,$\boldsymbol{X}^{(m)}$ 是维度为 p 的解释变量,并假设数据已被标准化。为了阐述方便,设因变量为连续型变量,考虑最简单的线性回归,对第 m 个数据集建立如下模型:

$$y^{(m)} = \boldsymbol{X}^{(m)} \boldsymbol{\beta}^{(m)} + \varepsilon^{(m)}, \tag{2-2-1}$$

其中 $\boldsymbol{\beta}^{(m)} = (\beta_1^{(m)}, \cdots, \beta_p^{(m)})^{\mathrm{T}}$ 为回归系数,$\varepsilon^{(m)}$ 为随机项,满足

$$\mathrm{E}(\varepsilon^{(m)}) = 0, \quad \mathrm{var}(\varepsilon^{(m)}) = \sigma_{(m)}^2 \,。$$

记解释变量 $\boldsymbol{X}_j$ 在所有数据集中的回归系数为 $\boldsymbol{\beta}_j = (\beta_j^{(1)}, \cdots, \beta_j^{(M)})^{\mathrm{T}}$。与单数据集模型相比,这 M 个模型的变量显著性有其特殊之处:首先,每个变量具有 M 个回归系数,它们归属于同一解释变量,故会存在某种关联性或相似性,因此无法分别作参数估计和变量选择,否则会忽略这种关联;其次,它们的显著性不尽相同,亦不能简单地综合作估计。惩罚整合分析正是充分利用了这种特殊性来研究数据的差异,模型一般形式为

$$\bar{\boldsymbol{\beta}} = \mathrm{argmin}_{\boldsymbol{\beta}} \{ L(\boldsymbol{X}, \boldsymbol{y}; \boldsymbol{\beta}) + P(\boldsymbol{\beta}; \lambda) \}, \tag{2-2-2}$$

其中因变量 $\boldsymbol{y} = ((\boldsymbol{y}^{(1)})^{\mathrm{T}}, \cdots, (\boldsymbol{y}^{(M)})^{\mathrm{T}})^{\mathrm{T}}$ 是 $\sum\limits_{m=1}^{M} n^{(m)} \times 1$ 向量,$\boldsymbol{X} = \mathrm{diag}(\boldsymbol{X}^{(1)}, \cdots,$

$\boldsymbol{X}^{(M)})$ 是 $\sum\limits_{m=1}^{M} n^{(m)} \times Mp$ 设计矩阵,$\boldsymbol{\beta} = ((\boldsymbol{\beta}^{(1)})^{\mathrm{T}}, \cdots, (\boldsymbol{\beta}^{(M)})^{\mathrm{T}})^{\mathrm{T}}$ 是 $Mp \times 1$ 未知参数向量。$L(\boldsymbol{X}, \boldsymbol{y}; \boldsymbol{\beta})$ 是建立在所有数据集上的损失函数,通常可表示为

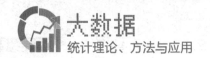

$$L(\boldsymbol{X},\boldsymbol{y};\boldsymbol{\beta}) = \sum_{i=1}^{M} L(\boldsymbol{X}^{(m)},\boldsymbol{y}^{(m)};\boldsymbol{\beta}^{(m)})。$$

$L(\cdot)$可取对数函数的负向变换、最小二乘函数等,下文分析以最小二乘函数为例,即

$$L(\boldsymbol{X},\boldsymbol{y};\boldsymbol{\beta}) = (\boldsymbol{y}-\boldsymbol{X}\boldsymbol{\beta})^{\mathrm{T}}(\boldsymbol{y}-\boldsymbol{X}\boldsymbol{\beta})。$$

$P(\boldsymbol{\beta};\lambda)$是惩罚函数,通过调整参数 λ 的值平衡模型的拟合度和复杂度,估计参数并同步实现变量选择。λ 越大,$P(\boldsymbol{\beta};\lambda)$ 的值越大,参数 $\boldsymbol{\beta}$ 被压缩得越严重,估计为零的参数也就越多;反之,λ 值越小,惩罚函数不足以将回归系数压缩为零,估计的参数非零的也就越多。因此,如何合理地确定 λ 的值极为重要。

2.2.2　惩罚整合分析方法

根据数据产生背景中蕴含的先验信息,数据集可分为同构型和异构型,本节将分别介绍这两类数据的惩罚整合分析方法,同时概述两者在考虑网络结构(network)关系下的惩罚方法。整合分析的回归系数具有两层含义:第一是变量层面,这与普通的单数据集模型一致;第二是数据集层面,同一个解释变量具有 M 个回归系数,各数据集的关联正是通过这些回归系数连接。这也是整合分析的特殊之处,变量的显著性不再是针对一个回归系数,而是一组回归系数,因此需要特殊的变量选择方法。

1. 同构数据的整合分析

同构数据模型中,解释变量在 M 个模型中的显著性是一致的,每个模型具有相同的显著变量,即若 $\boldsymbol{X}_j$ 在第 m 个数据集中显著,则它在所有数据集中都显著。同构数据常见于调查问卷相同、实验设计相同等数据收集方式一致的情形中,在这种先验信息下,建立的同构性模型显然会减少未知参数个数、降低计算量,模型结构也将更简洁。同构性模型的性质可表示为

$$I(\beta_j^{(1)}=0) = \cdots = I(\beta_j^{(M)}=0), \quad j=1,\cdots,p。 \qquad (2\text{-}2\text{-}3)$$

从式(2-2-3)可知,向量 $\boldsymbol{\beta}_j$ 中各元素要么全为零,要么全非零。若将同一变量的 M 个系数视为一组参数,那么同构性模型的变量选择为整组选择,只需组间选择,无需组内选择,具有"全进全出"(all-in all-out)的特点。

同构数据的惩罚整合分析思想与单个数据集下的组选择类似,包含两层嵌套的惩罚函数,由组间惩罚 P_{outer} 和组内惩罚 P_{inner} 构成,具体形式为

$$P(\boldsymbol{\beta};\lambda) = P_{\mathrm{outer}}\Big(\sum_{k=1}^{p_j} P_{\mathrm{inner}}(|\beta_k^{(j)}|;\lambda)\Big)。 \qquad (2\text{-}2\text{-}4)$$

该惩罚函数的特点之一是组间 P_{outer} 惩罚函数具有变量选择功能,特点之二是组内

P_{inner}只能压缩而无选择变量功能。通常组内 P_{inner} 用岭回归（ridge regression）惩罚函数（Hoerl，Kennard，1970），利用它无法将系数压缩至零的特点，保证了同组回归系数同时非零。这两个特点也是实现整组选择而不在组内选择的原理。与单数据集的不同之处在于整合分析的组是同一个变量在不同数据集上的多个回归系数，每组仅对应一个解释变量，而后者的组由多个虚拟变量或者解释变量群构成，常用方法有 l_2 范数分组桥惩罚（l_2Group Bridge），l_2 范数分组极大极小凹惩罚（l_2Group MCP）等。

（1）l_2Group Bridge。

Ma et al.(2011a)在逻辑回归中提出复合型方法 l_2Group Bridge，建立同构数据模型。惩罚函数为组内 Ridge、组间 Bridge，形式为

$$P(\boldsymbol{\beta};\lambda,\gamma)=\lambda\sum_{j=1}^{p}\|\boldsymbol{\beta}_j\|^{\gamma}=\lambda\sum_{j=1}^{p}\left(\left(\sum_{i=1}^{M}(\beta_j^{(i)})^2\right)^{1/2}\right)^{\gamma},$$

其中 $0<\gamma<1$。我们以 Group Lasso 估计作为初始值进行迭代估计，并从理论上证明了 Group Lasso 会选择过多，但 l_2Group Bridge 满足选择一致性（Fan，Li，2001）。Ma et al.(2012)又将 l_2Group Bridge 用到了加速失效时间（accelerated failure time，AFT）模型，并从理论上证明了选择一致性。

（2）l_2Group MCP。

l_2Group MCP 最早用于单数据集中连续型因变量建模（Huang et al.，2010；2012），解决以组形式出现的变量选择问题。Ma et al.(2011b)首次将其用于整合分析，分析复杂的删失生存数据。它的惩罚函数结构为组内 Ridge、组间 MCP，形式为

$$P(\boldsymbol{\beta};\lambda,a)=\sum_{j=1}^{p}P_{MCP}(\boldsymbol{\beta}_j;\lambda,a),$$

其中 $P_{MCP}(\cdot)$ 为 MCP 惩罚，属于二次样条型惩罚，形式为

$$P_{MCP}(\theta;\lambda,a)=\begin{cases}\lambda\theta-\dfrac{\theta^2}{2a},&\theta\leqslant a\lambda,\\[2mm]\dfrac{a\lambda^2}{2},&\theta>a\lambda,\end{cases}\qquad P'_{MCP}(\theta;\lambda,a)=\begin{cases}\lambda-\dfrac{\theta}{a},&\theta\leqslant a\lambda,\\[2mm]0,&\theta>a\lambda,\end{cases}$$

其中 a 是正则化参数，用于控制函数的凹性。MCP 计算简单，因而在单数据集分析中备受欢迎。Liu et al.(2014)的研究中再次提到了同构性模型下的 l_2Group MCP，并将其作为模拟分析中的主要方法。

（3）Group Lasso。

Group Lasso 是单数据集中最早的群组变量选择方法，它也适合同构性模型的整合分析，但未得到系统研究，仅在 Zhang et al.(2015)的研究中有简单的分析和理论论证。它的惩罚函数形式为

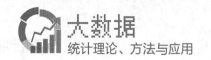
$$P(\boldsymbol{\beta};\lambda) = \lambda \sum_{j=1}^{p} \| \boldsymbol{\beta}_j \| \text{。}$$

该文并未提出新的方法,而是从理论上证明了已有方法的性质,证明了在一定条件下,Group Lasso,l_2Group SCAD,l_2Group MCP 满足选择一致性。

总结同构性模型方法,先验信息确定了同一解释变量在所有数据集中具有一致的显著性,故将它的 M 个回归系数视为一组。该方法不再是识别变量组,而是识别在所有数据集中都显著的单个解释变量。因此,l_2Group SCAD,CAP,适应性组 Lasso(adaptive Group Lasso)(Wang & Leng,2006)等方法在单数据集中具有组选择功能的方法预计也是适用的。

2. 异构数据的整合分析

异构性模型中,解释变量在 M 个数据模型中的显著性可以是不一致的,是更为一般化的模型。因此异构性模型的整合思想需要考虑数据集之间的差异性。它的变量选择除了考虑解释变量是否显著,还要考虑它是在哪些模型中显著。因此已有的方法可分为复合惩罚函数类和稀疏组惩罚类,均为双层选择。

(1) 复合惩罚类。

复合惩罚函数形式如式(2-2-4)所述,与同构数据不同的是,此处组内和组间函数都具有单变量选择效果,组内不再是诸如 Ridge 等不能选择变量的函数。如 l_1Group MCP(Liu et al.,2014)函数:

$$P(\boldsymbol{\beta};\lambda,a) = \sum_{j=1}^{p} P_{\text{MCP}} \Big(\sum_{m=1}^{M} | \beta_j^{(m)} | ;\lambda,a \Big),$$

其组内是 Lasso,组间是 MCP 函数。Lasso 形式简单,计算易实现,但是在单数据集变量选择中,它倾向选择过多的变量,理论上不满足谕示(Oracle)性质(Fan,Li,2001),效果上不如 MCP。因此 Liu et al.(2014)又提出了复合 MCP 惩罚,它的组内、组间都是 MCP 函数,惩罚函数为

$$P(\boldsymbol{\beta};\lambda,a,b) = \sum_{j=1}^{p} P_{\text{MCP}} \Big(\sum_{m=1}^{M} P_{\text{MCP}}(| \beta_j^{(m)} | ;\lambda,a) ;\lambda,b \Big).$$

复合 MCP 的理论性质比 l_1Group MCP 更好,Zhang et al.(2015)证明了在一定条件下,复合 MCP 在组内和组间均满足选择一致性,而 $l_1$group MCP 只满足组选择一致性。

在单数据集的双层选择中,l_1Group Bridge(Huang et al.,2009)是最早的方法,而它用于整合分析是在 Shi et al.(2014)的研究中。l_1Group Bridge 的组内是 Lasso 函数,组间是 Bridge 函数,因此实现了两层选择。它的惩罚函数为

$$P(\boldsymbol{\beta};\lambda) = \lambda \sum_{j=1}^{p} p_j \| \boldsymbol{\beta}_j \|_1^{\gamma} \text{。}$$

（2）稀疏组惩罚类。

稀疏组惩罚是两个惩罚函数的线性组合，一个具有组选择功能，另一个具有单变量选择功能，两者共同实现双层选择。一般形式为

$$P(\boldsymbol{\beta};\lambda_1,\lambda_2)=\lambda_1\sum_{j=1}^{p}P_1(\|\boldsymbol{\beta}_j\|)+\lambda_2\sum_{j=1}^{p}\sum_{m=1}^{M}P_2(|\beta_j^{(m)}|),$$

其中，函数 $P_1(\cdot)$ 作用在稀疏组上，具有组选择功能，无法进行组内选择；函数 $P_2(\cdot)$ 作用在每一个系数上，能够进行单个系数选择，故能识别解释变量在哪些数据集中显著。Zhang et al.(2015)从理论上证明了这类方法的选择一致性，并建立稀疏组极大极小凹惩罚（sparse group MCP，SGMCP）函数（$P_1(\cdot)$ 和 $P_2(\cdot)$ 均为 MCP 惩罚），模拟分析了它的整合分析效果。

在单数据集分析中，已有学者提出了稀疏组惩罚方法：稀疏组最小绝对压缩与选择算子（sparse group Lasso，SGL）（Simon et al.，2013）和适应性稀疏组最小绝对压缩与选择算子（adaptive sparse group Lasso，adSGL）（Fang，et al.，2014）。这两者的惩罚函数形式分别为

$$P_{\text{SGL}}(\boldsymbol{\beta};\lambda_1,\lambda_2)=\lambda_1\sum_{j=1}^{p}\|\boldsymbol{\beta}_j\|+\lambda_2\|\boldsymbol{\beta}\|_1,$$

$$P_{\text{adSGL}}(\boldsymbol{\beta};\lambda_1,\lambda_2)=\lambda_1\sum_{j=1}^{p}w_j\|\boldsymbol{\beta}_j\|_2+\lambda_2\boldsymbol{\xi}^{\mathrm{T}}|\boldsymbol{\beta}|。$$

SGL 是 Lasso 和 Group Lasso 的线性组合，两者在理论上都不满足 Oracle 性质，预期 SGL 也不满足，因此 Fang et al.(2014)提出了更一般化的 adSGL，通过引入组权重 w 和单个系数权重 ξ，改进选择一致性和估计一致性。两个权重都由数据本身决定，与系数的真实值成反比，真实值越大，权重越小，压缩越轻，估计越接近真实值。SGL 和 adSGL 都是 Lasso 型惩罚，形式简单，计算易实现，可直接用组坐标下降法求解。这两种方法还尚未用于异构数据的整合分析，但是预期也是可行的。

3. 考虑网络结构关系的整合分析

传统的计量建模中通常假设各观察项是相互独立的，但是在大数据时代各个变量间往往相互关联，变量或回归系数两两之间会存在相互影响，形成一张网络结构图。以上方法考虑了变量在不同数据集中的显著性关系，并未考虑回归系数之间的关联。同一数据集中的不同解释变量可能会相互作用，表现为它们在同一数据集中的系数具有某种关系，这称为数据集内部结构（within-dataset structure）。不同数据集具有相同的解释变量甚至因变量，因此有理由相信，同一解释变量在不同数据集中的系数存在某种相似性，称为跨数据集结构（across-dataset structure）。Liu et al.(2013)建立了数据集内部结构下的网络结构惩罚方法，它的惩罚函

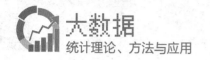

数为

$$P(\boldsymbol{\beta};\lambda)=\lambda\sum_{1\leqslant j,k\leqslant p}a_{jk}\left(\frac{\|\boldsymbol{\beta}_j\|_2}{\sqrt{M_j}}-\frac{\|\boldsymbol{\beta}_k\|_2}{\sqrt{M_k}}\right)^2。 \tag{2-2-5}$$

该惩罚函数针对数据集内部结构,将解释变量的 M 个系数作为一个整体,惩罚其 l_2 范数差。式(2-2-5)中,a_{jk} 为权重,若变量 $\boldsymbol{X}_j$ 与 $\boldsymbol{X}_k$ 越相似,则惩罚越重,那么 $\boldsymbol{\beta}_j$ 与 $\boldsymbol{\beta}_k$ 的 l_2 范数差越小,它们的估计值就越相近。Liu et al.(2013)将提出的惩罚与 l_2 Group MCP 结合,用于同构数据的建模。

Shi et al.(2014)研究跨数据结构,提出了对比惩罚,通过对回归系数的差进行惩罚,解决系数相似性问题。对比惩罚函数为

$$P_C(\boldsymbol{\beta})=\lambda\sum_{j=1}^p\sum_{k\neq l}a_j^{(kl)}(\beta_j^{(k)}-\beta_j^{(l)})^2。 \tag{2-2-6}$$

它惩罚同一变量在不同数据集中的系数值之差,式(2-2-6)中

$$a_j^{(kl)}=I(\mathrm{sgn}(\beta_j^{(k)})=\mathrm{sgn}(\beta_j^{(l)}))。$$

若 $\mathrm{sgn}(\beta_j^{(k)})=\mathrm{sgn}(\beta_j^{(l)})$,则变量 $\boldsymbol{X}_j$ 在数据集 k 和 l 中的系数越相似;若 $\mathrm{sgn}(\beta_j^{(k)})\neq\mathrm{sgn}(\beta_j^{(l)})$,则 $\boldsymbol{X}_j$ 在这两个数据集中的系数符号相反,因此不存在相似性,相应地,对比惩罚值为零。估计 $\mathrm{sgn}(\beta_j^{(k)})$ 的方法可以有多种,具体可参见文献 Shi et al.(2014)。对比惩罚分别与 l_2 Group Bridge,l_1 Group Bridge 组合,可分别用于同构数据和异构数据的建模。

2.2.3　计算问题 ▷

1. 算法

对于惩罚整合分析的计算,最常用的优化方法是组坐标下降法(group coordinate descent,GCD)(Yuan,Lin,2006)。GCD 是坐标下降法(Simon, et al.,2013)在组结构下的扩展,它的思想是在固定其他参数的情形下,每次迭代只优化一组参数,直到所有参数收敛到给定精度。GCD 在单数据集组变量选择方法中十分常用,最早出现在线性模型的 Group Lasso 求解,Meier et al.(2008)也用该算法求解逻辑回归下的 Group Lasso,其中损失函数用二次函数逼近。在最小二乘框架下,其基本流程如下(Zhao et al.,2015):

第一步　给定初始值 $\boldsymbol{\beta}^{[0]}=(\boldsymbol{\beta}_0^{(1)\mathrm{T}},\cdots,\boldsymbol{\beta}_0^{(J)\mathrm{T}})$ 和收敛精度,记已循环次数 $s=0$,计算当前残差 $r=y-\boldsymbol{X}\boldsymbol{\beta}^{[0]}$。

第二步　对每个 $j\in(1,\cdots,p)$,固定 $\boldsymbol{\beta}_k^{[0]}(k\neq j)$,对 $\boldsymbol{\beta}_j=(\boldsymbol{\beta}_j^{(1)},\cdots,\boldsymbol{\beta}_j^{(M)})^\mathrm{T}$ 进行估计。

(i)计算 $z_j=\dfrac{\boldsymbol{X}_j^\mathrm{T}r}{n}+\boldsymbol{\beta}_j^{[s]}$,其中 $\boldsymbol{X}_j$ 是设计矩阵中与 $\boldsymbol{\beta}_j$ 有关的子矩阵;

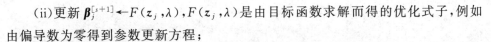

(ii)更新 $\boldsymbol{\beta}_j^{[s+1]} \leftarrow F(z_j,\lambda)$，$F(z_j,\lambda)$ 是由目标函数求解而得的优化式子，例如由偏导数为零得到参数更新方程；

(iii)更新当前残差：$r \leftarrow r - \boldsymbol{X}_j(\boldsymbol{\beta}_j^{[s+1]} - \boldsymbol{\beta}_j^{[s]})$。

第三步　更新 s 为 $s+1$。

第四步　重复第二步、第三步直到收敛。

该算法的收敛性在 Tseng(2001)中有严格的论证。当目标函数为严格凸函数时，显然会得到全局最优解。而以上方法的目标函数并不满足凸性，只有损失函数满足该性质，Tseng 证明了，即便如此，只要目标函数的不可微部分(惩罚函数)是可分的，算法就会收敛。以 Group Lasso 为例，最小二乘函数作为损失函数时，$L(\boldsymbol{\beta};y,\boldsymbol{X})$ 为严格凸函数，而惩罚函数 $P(\boldsymbol{\beta};\lambda)$ 不可微，但是它在组组之间是可分的，即可拆分为

$$P(\boldsymbol{\beta};\lambda) = \sum_{j=1}^{p} f_\lambda(\boldsymbol{\beta}_j)。$$

因此 GCD 算法在该问题中是收敛的。

2. 调整参数的选择

调整参数 λ 连接损失函数和惩罚函数，其取值直接影响建模效果。在选择最优值之前，通常要确定 λ 的大致范围，以减少计算成本并提高建模准确率，具体步骤为：

第一步　确定最大值 $\lambda_{\max}$。此时所有参数 $\boldsymbol{\beta}=\boldsymbol{0}$，满足这一条件的 λ 非常多，但是会存在一个下确界，该下确界可作为 $\lambda_{\max}$。

第二步　确定最小值 $\lambda_{\min}$。通常取接近 0 的数，或者取 $\lambda_{\max}$ 的很小比例，如 $\lambda_{\min}=0.001\lambda_{\max}$。粗略确定取值范围 $[\lambda_{\min},\lambda_{\max}]$ 后，接着基于模型选择的思想确定最优 λ。

模型选择中，常用的评价准则有：交叉验证(cross validation,CV)、广义交叉验证(GCV)、广义信息准则(GIC)、赤池信息准则(AIC)、贝叶斯信息准则(BIC)、风险膨胀准则(RIC)、C_p 准则等。鉴于 CV 的思想简单，且现有整合分析方法(Ma et al.,2011a;2011b;2012)发现其他准则的效果都不如它，本章只介绍 k 折 CV 的基本思想：

第一步　构建评价指标，例如预测误差平方和，将样本随机划分为等量 k 份；

第二步　将 $k-1$ 份作为训练集(train set)，用于模型建立、模型估计，余下的样本作为测试集(test set)，用于检验模型、计算测试集上的评价指标值；

第三步　循环第二步，直到所有样本都被作为测试集一次且仅一次；

第四步　对于每个 λ，计算它们的预测指标值，该值最小时的 λ 即为最优值。

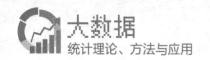
2.3 AFT 在异构性模型上的整合分析

2.3.1 引言

本节考虑了高维数据的整合分析,研究大 p 小 n 数据。在基因分析中,已有研究表明单一数据集的分析结果并不令人满意,这可能有多个原因,包括数据的高噪音、数据测量技术的可变性,但最主要的原因是样本量过小。近期有研究表明,合并多个数据集可以有效地提高样本量、改善变量选择的效果(Guerra Goldstrein,2009),例如模拟分析表明基于多个数据集的变量选择会提高真阳性,并降低假阴性,从而改进预测效果(Ma et al.,2009;2011a,b)。多元数据集分析包括元分析方法和整合分析方法。整合分析合并多项研究的原始数据,而传统的元分析是分别分析各个数据,并综合它们的总统计量(如 p 值等)。

本节将建立整合分析方法,该方法可用于癌症预后研究、具有分类因变量的病因学研究、连续因变量的治疗研究。Ma et al.(2011b)提出同质性模型,假设所有数据集下模型具有相同的解释变量。事实上,各数据集可能在样本选择准则、调查方式等方面存在差异,因而同构性假设会过于苛刻。除此之外,Ma et al.(2011a,b)研究表明,部分变量在不同数据集中的重要程度不同,可能存在很小甚至为零的回归系数。这进一步论证了同质性模型假设过于严格。

本节建立 AFT 模型来研究生存问题,并在异构性框架下提出 SGMCP 惩罚方法。该研究的优势体现在两个方面:

一是,不同于传统的整合分析,它是在异构性模型下展开研究;

二是,建立了在异构性模型和同构性模型都表现优良的惩罚方法。

本节剩余部分结构安排如下:第 2.3.2 节将描述模型的基本形式和数据的特点,详细介绍异构性模型和惩罚的 SGMCP 的形式,并推导参数估计的过程,概括 GCD 求解参数的思路;第 2.3.3 节分析两个模拟,考虑不同的相关性,并对比已有的方法;第 2.3.4 节及 2.3.5 节为应用分析。

2.3.2　模型结构与求解

1. 数据及模型

假设有 M 个数据集,各包含 n_m 个样本($m=1,\cdots,M$),因此总的样本量为 $n=\sum_{m=1}^{M} n_m$ 个。假设 $\boldsymbol{T}^m$ 为第 m 个数据集下失败时间的对数值(或者失败时间的单调变换),$\boldsymbol{X}^m$ 为对应的设计矩阵,且 $\boldsymbol{X}^m \in \mathbf{R}_{n_m \times d}$,$d$ 为变量维度。假设 M 个数据集含有相同的协变量,对于样本 i,对应的 AFT 模型为

$$T_i^m = \beta_0^m + \boldsymbol{X}_i^m \boldsymbol{\beta}^m + \varepsilon_i^m, \quad i=1,\cdots,n_m, \tag{2-3-1}$$

其中 β_0^m 是截距项,$\boldsymbol{\beta}^m \in \mathbf{R}_d$ 是回归系数,ε_i^m 是误差项。当 T_i^m 右删失时,实际的观测值为 $(Y_i^m, \delta_i^m, X_i^m)$,其中 $Y_i^m = \min\{T_i^m, C_i^m\}$,$C_i^m$ 是删失时间的对数值,$\delta_i^m = I\{T_i^m \leqslant C_i^m\}$ 为示性值,表示因变量是否删失。

当误差项 ε_i^m 的分布已知时,则可得到未知参数的似然函数,进而估计参数。此处我们考虑更灵活的情形,即未知因变量的分布形式(如半参数模型)。在现有研究成果中,多元估计方法被广泛研究,如 Buchley-James 与秩方法。在本节中,我们采用加权最小二乘法进行参数求解,该方法的计算成本低。

令 $\hat{F}^m$ 是 $\boldsymbol{T}^m$ 的分布函数 F^m 的卡普兰-梅尔(Kaplan-Meier)估计,$\hat{F}^m$ 可写为

$$\hat{F}^m(y) = \sum_{i=1}^{n^m} \omega_i^m I\{Y_{(i)}^m \leqslant y\},$$

其中 ω_i^m 可通过如下方式得到:

$$\omega_i^m = \begin{cases} \dfrac{\delta_{(1)}^m}{n^m}, & i=1, \\[3mm] \dfrac{\delta_{(i)}^m}{n_m-i+1} \displaystyle\prod_{j=1}^{i-1} \left(\dfrac{n_m-j}{n_m-j+1}\right)^{\delta_{(j)}^m}, & i=2,\cdots,n_m. \end{cases}$$

此处 $Y_{(1)}^m \leqslant \cdots \leqslant Y_{(n_m)}^m$ 是 Y_i^m 的顺序统计量,$\delta_{(1)}^m, \cdots, \delta_{(n_m)}^m$ 为对应的示性值。类似地,$\boldsymbol{X}_{(1)}^m, \cdots, \boldsymbol{X}_{(n_m)}^m$ 为对应的解释变量观测值。Stute(1996)提出了加权最小二乘估计 $(\bar{\beta}_0^m, \bar{\boldsymbol{\beta}}^m)$,即

$$(\bar{\beta}_0^m, \bar{\boldsymbol{\beta}}^m) = \operatorname{argmin}\left\{\frac{1}{2n}\sum_{i=1}^{n_m} \omega_i^m (Y_{(i)}^m - \beta_0^m - \boldsymbol{X}_{(i)}^m \boldsymbol{\beta}^m)^2\right\}. \tag{2-3-2}$$

定义

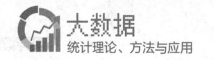
$$\bar{\boldsymbol{X}}_{\omega}^m = \frac{\sum\limits_{i=1}^{n_m} \omega_i^m \boldsymbol{X}_{(i)}^m}{\sum\limits_{i=1}^{n_m} \omega_i^m}, \quad \bar{Y}_{\omega}^m = \frac{\sum\limits_{i=1}^{n_m} \omega_i^m Y_{(i)}^m}{\sum\limits_{i=1}^{n_m} \omega_i^m},$$

$$\boldsymbol{X}_{\omega(i)}^m = \sqrt{\omega_i^m}(\boldsymbol{X}_{(i)}^m - \bar{\boldsymbol{X}}_{\omega}^m), \quad Y_{\omega(i)}^m = \sqrt{\omega_i^m}(Y_{(i)}^m - \bar{Y}_{\omega}^m).$$

以上加权中心化后,模型中不含截距项,得到加权最小二乘函数的目标函数,可写为

$$L^m(\boldsymbol{\beta}^m) = \frac{1}{2n} \sum_{i=1}^{n_m} (Y_{(i)}^m - X_{\omega(i)}^m \omega_i^m). \tag{2-3-3}$$

记

$$\boldsymbol{Y}^m = (Y_{\omega(1)}^m, \cdots, Y_{\omega(n_m)}^m)^{\mathrm{T}}, \quad \boldsymbol{X}^m = (\boldsymbol{X}_{\omega(1)}^m, \cdots, \boldsymbol{X}_{\omega(n_m)}^m)^{\mathrm{T}},$$

$$\boldsymbol{Y} = ((\boldsymbol{Y}^1)^{\mathrm{T}}, \cdots, (\boldsymbol{Y}^M)^{\mathrm{T}})^{\mathrm{T}}, \quad \boldsymbol{X} = \mathrm{diag}(\boldsymbol{X}^1, \cdots, \boldsymbol{X}^M), \quad \boldsymbol{\beta} = ((\boldsymbol{\beta}^1)^{\mathrm{T}}, \cdots, (\boldsymbol{\beta}^M)^{\mathrm{T}})^{\mathrm{T}}.$$

考虑总体的目标函数为 $L(\boldsymbol{\beta}) = \sum\limits_{m=1}^{M} L^m(\boldsymbol{\beta}^m)$。由目标函数的形式可知,大的数据集占的比重要大,这可通过样本量标准化各对数函数来解决。

2. 异构性模型和惩罚函数

与同构数据模型不同的是,异构数据模型中解释变量在 M 个数据集中的显著性不一定相同,即对给定的 j,$I(\beta_j^{(m)}=0)(m=1,\cdots,M)$ 可以不全相等。异构数据模型更一般化,而同构数据模型可以看作异构数据模型的特殊情形。这类模型中变量显著性不一致通常有两方面的原因:

一是,各数据集的产生方式(或环境因素)引起的变量显著性差异,如不同地区、不同时间点的数据集;

二是,研究问题的细分,如同种疾病的不同子类别数据。

异构性模型的变量选择不仅仅要考虑解释变量是否显著,还要考虑它在哪些模型中显著,因此涉及双层选择。已有的方法可分为复合惩罚函数类和稀疏组惩罚类。

考虑如下惩罚估计:

$$\bar{\boldsymbol{\beta}} = \mathrm{argmin}\{L(\boldsymbol{\beta}) + P_{\lambda_1, \lambda_2}(\boldsymbol{\beta})\},$$

其中,

$$P_{\lambda_1, \lambda_2}(\boldsymbol{\beta}) = \sum_{j=1}^{d} \rho(\|\boldsymbol{\beta}_j\|_{\Sigma_j}; \sqrt{d_j}\lambda_1, \gamma) + \sum_{j=1}^{d} \sum_{k=1}^{M} \rho(|\beta_j^k|; \lambda_2, \gamma).$$

$$\tag{2-3-4}$$

异构性模型的变量需从两个维度进行:

一是,剔除对所有数据集都不显著的变量,得到对整体显著的变量,这由式 (2-3-4) 中 GMCP 部分解决。

二是,整体显著的变量在哪些单数据集中显著,这可以由式(2-3-4)的 MCP 部分解决。式(2-3-4)的惩罚函数称为 SGMCP。

3. 计算

先对数据进行标准化,使得数据满足

$$(\boldsymbol{X}_j^m)^{\mathrm{T}}\boldsymbol{X}_j^m=n, \quad (\boldsymbol{X}_j)^{\mathrm{T}}\boldsymbol{X}_j/n=\boldsymbol{I}_{d_j}, \quad 其中 \boldsymbol{I}_{d_j} 是 d_j \times d_j 单位矩阵。$$

我们采用 GCD 算法,每次只更新一个未知参数,依次更新所有参数直到收敛。考虑如下目标函数:

$$\widetilde{L}(\boldsymbol{\beta};\lambda_1,\lambda_2,\gamma)=\frac{1}{2n}\parallel \boldsymbol{Y}-\sum_{j=1}^{d}\boldsymbol{X}_j\boldsymbol{\beta}_j\parallel^2+P_{\lambda_1,\lambda_2}(\boldsymbol{\beta})。 \tag{2-3-5}$$

对 $j=1,\cdots,d$,固定 $\boldsymbol{\beta}_k=\overline{\overline{\boldsymbol{\beta}}}_k^{(s)}(k\neq j)$,求解 $\widetilde{L}(\boldsymbol{\beta};\lambda_1,\lambda_2,\gamma)$ 关于参数 $\boldsymbol{\beta}_j$ 的最优解,即求解如下优化问题:

$$R(\boldsymbol{\beta}_j)=\frac{1}{2n}\parallel \boldsymbol{r}_{-j}-\boldsymbol{X}_j\boldsymbol{\beta}_j\parallel^2+\rho(\parallel\boldsymbol{\beta}_j\parallel;\sqrt{d_j}\lambda_1,\gamma)+\sum_{k=1}^{M}\rho(\mid\beta_j^k\mid;\lambda_2,\gamma),$$
$$\tag{2-3-6}$$

其中 $\boldsymbol{r}_{-j}=\boldsymbol{Y}-\sum_{k\neq j}\boldsymbol{X}_k\boldsymbol{\beta}_k$。 式(2-3-6)关于 $\boldsymbol{\beta}_j$ 的一阶偏导数为

$$\frac{\partial R(\boldsymbol{\beta}_j)}{\partial\boldsymbol{\beta}_j}=-\frac{1}{n}\boldsymbol{X}_j^{\mathrm{T}}\boldsymbol{r}_{-j}+\frac{1}{n}\boldsymbol{X}_j^{\mathrm{T}}\boldsymbol{X}_j\boldsymbol{\beta}_j+\frac{\boldsymbol{\beta}_j}{\parallel\boldsymbol{\beta}_j\parallel}$$
$$\times\begin{cases}\sqrt{d_j}\lambda_1-\dfrac{\parallel\boldsymbol{\beta}_j\parallel}{\gamma}, & 若\parallel\boldsymbol{\beta}_j\parallel\leqslant\gamma\sqrt{d_j}\lambda_1,\\ 0, & 若\parallel\boldsymbol{\beta}_j\parallel>\gamma\sqrt{d_j}\lambda_1\end{cases}+\boldsymbol{t},$$
$$\tag{2-3-7}$$

其中

$$\boldsymbol{t}=\left(\mathrm{sgn}(\beta_j^1)\begin{cases}\lambda_2-\dfrac{\mid\beta_j^1\mid}{\gamma}, & 若\mid\beta_j^1\mid\leqslant\gamma\lambda_2,\\ 0, & 若\mid\beta_j^1\mid>\gamma\lambda_2\end{cases}\cdots,\mathrm{sgn}(\beta_j^M)\begin{cases}\lambda_2-\dfrac{\mid\beta_j^M\mid}{\gamma}, & 若\mid\beta_j^M\mid\leqslant\gamma\lambda_2,\\ 0, & 若\mid\beta_j^M\mid>\gamma\lambda_2\end{cases}\right)^{\mathrm{T}}。$$

由于数据标准化,且一阶偏导数为 0,故得到最优解为

$$\overline{\boldsymbol{\beta}}_j=\begin{cases}\dfrac{\gamma}{\gamma-1}S_2(\boldsymbol{u},\sqrt{d_j}\lambda_1), & 若\parallel\boldsymbol{u}\parallel\leqslant\gamma\sqrt{d_j}\lambda_1,\\ \boldsymbol{u}, & 若\parallel\boldsymbol{u}\parallel>\gamma\sqrt{d_j}\lambda_1,\end{cases} \tag{2-3-8}$$

其中

$$u_k=\begin{cases}\dfrac{S_1(z_j^k,\lambda_2)}{1-1/\gamma g}, & 若\mid z_j^k\mid\leqslant\gamma\lambda_2 g,\\ z_j^k, & 若\mid z_j^k\mid>\gamma\lambda_2 g,\end{cases} \quad S_1=\mathrm{sgn}(\boldsymbol{u})(\mid\boldsymbol{u}\mid-\lambda)_+,$$

$$g = \left(1 + \frac{1}{\|\boldsymbol{\beta}_j\|}\right) \times \begin{cases} \sqrt{d_j}\lambda_1 - \dfrac{\|\boldsymbol{\beta}_j\|}{\gamma}, & \text{若 } \|\boldsymbol{\beta}_j\| \leqslant \gamma\sqrt{d_j}\lambda_1, \\ 0, & \text{若 } \|\boldsymbol{\beta}_j\| > \gamma\sqrt{d_j}\lambda_1, \end{cases}$$

$$S_2(\boldsymbol{u}, t) = \left(1 - \frac{t}{\|\boldsymbol{u}\|}\right)_+ \boldsymbol{u}.$$

算法的思路可总结如下:

第一步　迭代次数的初始值 $s=0$,参数的初始值 $\overline{\boldsymbol{\beta}}^{(0)} = (0, \cdots, 0)^{\mathrm{T}}$,残差向量为

$$r = \boldsymbol{Y} - \sum_{j=1}^{d} \boldsymbol{X}_j \overline{\boldsymbol{\beta}}_j^{(0)};$$

第二步　对 $j = 1, \cdots, d$,

(i)由(2-3-8)式更新参数,得到 $\boldsymbol{\beta}_j = \overline{\boldsymbol{\beta}}_j^{(s+1)}$,

(ii)更新残差 $r = r - \boldsymbol{X}_j(\overline{\boldsymbol{\beta}}_j^{(s+1)} - \overline{\boldsymbol{\beta}}_j^{(s)})$;

第三步　更新 $s := s+1$;

第四步　重复第二步、第三步,直到收敛。

2.3.3　模拟分析 ▶

我们建立了 3 个数据集,每个数据集有 100 个样本,1000 个解释变量。解释变量的边际分布为标准正态分布。考虑两种相关结构:

第一种:自回归(AR)相关,该回归相关中,解释变量 j 和 k 的相关系数为 $\rho^{|j-k|}$。我们考虑 $\rho = 0.2$ 和 $\rho = 0.7$ 两种情形,分别对应弱相关和强相关。

第二种:带状相关性。

接下来考虑这两种相关结构。在第一种情况下,当 $|j-k|=1$ 时,第 j 和 k 个解释变量的相关系数为 0.33,其余情况下均为 0。第二种情况下,当 $|j-k|=1$ 时,第 j 和 k 个解释变量的相关系数为 0.6;当 $|j-k|=2$ 时,相关系数为 0.33;否则为 0。现考虑每组数据有 10 个显著解释变量的异构性模型,这 3 个数据集共享 5 种显著变量,其余的显著变量都是各数据集特定的。同时我们也考虑了异构性模型的特殊情形——同质性模型,在这种模型中,3 个数据集有 10 个相同的显著解释变量。在这两种模型中,3 个数据集共有 30 个真阳性系数。就第 m 个数据集,从以下 AFT 模型中可得到事件时间的对数:

$$T^m = \beta_0^m + (\boldsymbol{X}^m)^{\mathrm{T}}\boldsymbol{\beta}^m + \varepsilon^m,$$

其中 $\beta_0^m = 0.5, \varepsilon^m \sim N(0, 0.25)$。$\boldsymbol{\beta}^1, \boldsymbol{\beta}^2, \boldsymbol{\beta}^3$ 各自对应的非零回归系数分别为

$$(0.4, 0.4, 0.6, -0.5, 0.3, 0.3, 0.6, 0.5, 0.5, 0.2),$$
$$(0.5, 0.2, 0.3, -0.5, 0.4, 0.4, 0.3, 0.2, 0.6, 0.5),$$

$(0.6,0.3,0.7,-0.4,0.5,0.3,0.5,0.7,0.4,0.3)$。

从均匀分布中产生删失时间的对数值，且与事件时间独立。为了使删失率达到 30%，我们对截尾分布做出了调整。

我们对 SGMCP 的效果进行分析，与以下指标进行对比：

(i) MCP 和 Lasso(即 $\gamma \to \infty$ 下的 MCP)，对 3 个数据集分别进行分析，并合并所有数据集的分析结果，即元分析法；

(ii) GMCP 和 GLasso(即 $\gamma \to \infty$ 下的 GMCP)；

(iii) SGLasso(即 $\gamma \to \infty$ 下的 SGMCP)。

(i)和(ii)强调的是所有数据集中识别出来同一组解释变量，这在同构性模型中具有敏感性，但在异构性模型中过于苛刻。

三种方法中，MCP 值和 GMCP 值中采用了三组不同 γ 值。所有方法均基于 5 折交叉验证法选择调整参数。

表 2.3.1 和表 2.3.2 分别对所有数据进行了汇总，包括所有真阳性、假阳性以及基于 100 次重复分析下的标准差。其中，表 2.3.1 涉及同构性模型、均匀误差，表 2.3.2 涉及异构性模型和均匀误差。模拟分析表明，在所有情形中，SGMCP 表现最优，在同构性模型中其显著优于 GMCP。SGMCP 能识别大部分甚至全部真阳性，出于基因间相关性的部分原因，有些模拟情景则呈现出大量假阳性，且基因间的相关性越强，假阳性概率越高。假阳性数目随 γ 值的增加而增加。这和单个数据分析中预期的结果表现一致。Huang et al.(2011) 曾指出 Lasso 型惩罚往往被过度选择。GMCP 和 MCP 可能会识别相当多的真阳性，但这是在以更多假阳性为代价的基础上实现的。

表 2.3.1　同构性模型的模拟结果

相关性	$\gamma=1.8$	$\gamma=3$	$\gamma=6$	$\gamma=\infty$
MCP				
自回归相关 $\rho=0.2$	24.02(3.09) 25.38(21.76)	25.18(3.49) 44.80(24.16)	26.36(2.97) 67.90(10.11)	19.74(5.26) 179.48(67.80)
自回归相关 $\rho=0.7$	15.12(2.62) 9.74(6.80)	15.66(2.60) 24.64(7.86)	16.88(2.38) 49.28(17.30)	23.84(1.40) 97.76(40.83)
带状相关 1	22.14(3.47) 24.66(23.86)	23.54(3.23) 44.86(23.16)	24.40(2.88) 66.96(10.69)	20.30(3.20) 173.56(64.82)
带状相关 2	16.20(2.14) 12.42(7.12)	16.60(3.19) 29.12(12.30)	18.16(2.57) 60.54(11.63)	21.66(1.87) 134.90(57.59)

续表

相关性	$\gamma=1.8$	$\gamma=3$	$\gamma=6$	$\gamma=\infty$
CMCP				
自回归相关 $\rho=0.2$	29.92(0.44) 2.36(3.88)	30.00(0.00) 16.50(13.43)	30.00(0.00) 93.30(29.26)	29.82(0.72) 222.54(75.33)
自回归相关 $\rho=0.7$	25.74(3.79) 7.56(7.23)	27.60(3.74) 42.24(17.68)	26.88(4.65) 104.94(46.98)	27.12(1.04) 88.74(59.42)
带状相关1	29.94(0.42) 2.22(3.25)	30.00(0.00) 20.34(10.69)	30.00(0.00) 99.48(24.99)	29.70(0.91) 198.12(86.65)
带状相关2	26.22(4.69) 7.50(8.23)	27.36(4.23) 43.44(17.71)	27.48(3.85) 108.60(48.77)	26.76(1.90) 117.72(54.09)
SGMCP				
自回归相关 $\rho=0.2$	29.34(0.92) 0.58(1.36)	29.42(1.14) 0.94(1.46)	29.68(0.51) 19.56(9.37)	28.46(1.62) 143.18(49.32)
自回归相关 $\rho=0.7$	20.88(3.70) 1.98(3.01)	20.96(4.92) 4.40(4.60)	22.80(5.04) 31.92(12.69)	26.42(0.91) 67.46(36.97)
带状相关1	28.96(0.99) 0.56(1.55)	29.26(0.83) 1.34(1.98)	29.60(0.61) 23.96(12.09)	27.02(2.33) 111.96(50.98)
带状相关2	21.36(3.92) 1.24(2.17)	21.60(4.62) 4.22(4.50)	24.64(4.28) 31.72(14.72)	25.42(1.60) 76.76(49.50)

注:每个子块中,第一行代表真阳性的均值,第二行表示假阳性的均值,当 $\rho=\infty$ 时,MCP 简化为 Lasso。

表 2.3.2　异构性模型的模拟结果

相关性	$\gamma=1.8$	$\gamma=3$	$\gamma=6$	$\gamma=\infty$
MCP				
自回归相关 $\rho=0.2$	24.30(3.26) 31.58(37.28)	25.50(2.82) 51.86(33.81)	24.96(2.91) 68.96(13.42)	15.44(4.98) 87.02(39.50)
自回归相关 $\rho=0.7$	15.06(2.19) 8.94(4.63)	15.32(2.68) 24.04(9.06)	16.82(2.46) 51.30(17.30)	23.28(1.71) 84.40(30.32)
带状相关1	23.08(3.40) 39.94(50.17)	23.48(3.64) 45.16(31.55)	24.80(3.18) 69.16(13.07)	18.22(3.80) 99.60(40.52)
带状相关2	16.10(2.65) 11.38(8.23)	16.40(2.72) 26.26(8.22)	17.64(2.71) 57.32(13.42)	21.50(1.99) 88.38(28.67)
GMCP				
自回归相关 $\rho=0.2$	25.38(2.03) 32.82(9.46)	26.44(1.73) 59.60(14.28)	25.74(5.18) 124.44(25.75)	23.68(4.02) 209.72(96.92)
自回归相关 $\rho=0.7$	18.64(4.89) 18.64(4.89)	18.86(4.92) 18.86(4.92)	19.00(4.17) 19.00(4.17)	26.04(1.09) 26.04(1.09)
带状相关1	25.10(1.56) 32.50(9.78)	25.96(1.54) 64.58(11.96)	25.28(4.28) 125.44(23.75)	22.84(3.75) 173.90(74.02)

续表

相关性	$\gamma=1.8$	$\gamma=3$	$\gamma=6$	$\gamma=\infty$
带状相关 2	19.78(5.63)	19.48(4.94)	18.46(4.41)	24.96(1.89)
	28.46(10.55)	58.40(17.36)	103.64(40.09)	198.12(72.69)
SGMCP				
自回归相关 $\rho=0.2$	26.62(1.74)	25.96(2.64)	27.00(1.98)	22.86(5.74)
	7.78(5.60)	11.20(7.64)	39.70(13.59)	141.62(72.83)
自回归相关 $\rho=0.7$	18.72(4.21)	17.58(4.36)	17.48(4.28)	25.44(1.11)
	5.72(4.84)	8.92(5.78)	34.88(15.24)	109.44(52.82)
带状相关 1	24.36(3.45)	25.42(2.47)	26.64(2.35)	22.70(3.65)
	5.48(3.25)	12.94(7.99)	40.04(10.44)	130.88(58.28)
带状相关 2	18.96(4.36)	16.88(5.46)	17.96(4.28)	23.58(2.20)
	5.56(4.81)	9.62(8.54)	38.48(13.88)	113.78(45.67)

注:每个子块中,第一行代表真阳性的均值,第二行表示假阳性的均值,当 $\rho=\infty$ 时,MCP 简化为 Lasso。

2.3.4　新农合家庭医疗支出数据分析

我们将基于惩罚整合分析来研究两个具有差异性来源的实际数据:其一是来自不同地区的新农合家庭医疗支出调查数据,研究农村医疗支出的地区差异性问题;其二是具有超高维、小样本等典型大数据特征的癌症基因数据,通过惩罚整合分析综合不同研究机构的临床数据,从数万个基因中筛选出显著的少数基因。

新型农村合作医疗制度(简称新农合)是中国政府解决农民基本医疗卫生问题的大规模医疗保障制度。它在保障弱势群体、确保农民获得基本卫生服务、缓解农民因病致贫和因病返贫方面发挥了重要作用(You,Kobayashi,2009)。医疗支出在许多发展中国家是致贫的重要因素之一(Ruger,Kim,2007),政府对公共卫生的投入、居民健康和经济状况都是影响家庭医疗支出的重要因素(何平平,2007),它们的地区差异性致使医疗支出也存在地域上的区别。本节研究的数据由厦门大学数据挖掘中心于 2012 年 7—9 月份的农村入户调查所得,调查范围包括福州、龙岩、三明、南平、漳州 5 个地级市。经数据预处理后得到有效样本 688 份,5 个地区各含 87,58,296,59,188 份。因变量为家庭过去一年的农村家庭实际医疗支出,也就是指医保报销后的家庭实际现金支出。

自变量分为三类:

一是,基本信息,包括家庭人数、65 岁以上人数、户主年龄、户主教育程度、户主婚姻状况,共 5 个变量;

二是,经济指标,包括家庭总收入、家庭基本支出、家庭储蓄、农业支出、烟酒支出,共 5 个变量;

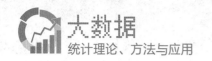

三是,健康相关指标,包含参合人数、健康自评、住院次数、门诊次数等,共 8 个变量。

其中婚姻状况、教育程度、参合因素是多水平分类变量,通过虚拟变量处理后,最终得到 24 个解释变量。由于每个地区对新农合的投入、实施情况不同,而且每个调查地区的经济情况、生活水平、文化观念等也有所不同,并且每个地区的调查是由不同的调查小组完成的,数据集的调查误差也略有不同。如果简单地合并所有数据进行分析,很可能会忽略数据集间的关联性等信息。若采用整合分析则能有效分析来自不同地区的数据集,因此本节用异构数据模型来分析新农合政策下医疗支出影响因素的地区差异。

基于模拟分析中 l_1 Group Bridge 综合表现最好,建立该方法下关于医疗支出的异构数据模型,估计结果如表 2.3.3 所示,可得出:

- 5 个地区对家庭医疗支出的影响因素都是不一样的,这也进一步验证了如果简单地合并所有数据集再进行分析,很容易忽略地区间的差异性和关联性信息。
- 5 个数据集共有 15 个显著变量,其中"住院次数"为共同显著变量,且在 5 个地区中对医疗支出都是正向影响,即住院次数越多,医疗支出越高。
- "住院意愿是否改变"在南平外的 4 个地区都是显著的,且在其中 3 个地区是正向影响,即选择更好的医院治疗。
- "慢性病人数"在福州、三明、龙岩都是正向影响,家庭的"慢性病人数"越多,医疗支出越高。
- "门诊次数""医院收费合理性"在两个地区显著,且门诊次数越多,支出就越高,而"医院收费是否合理"对医疗支出的影响方向在不同地区是不同的。
- 4 个经济指标显著且呈正向影响,其中"家庭总收入""农业支出"仅在三明市显著,"家庭基本支出"和"家庭储蓄"在龙岩市显著。

以上结论比较符合现实意义,也与已有的研究成果(Mcbride,2005;Fang et al.,2012)在不同程度上吻合。

表 2.3.3　医疗支出数据的估计结果

地区	显著变量	系数值	地区	显著变量	系数值
福州	健康自评	−0.065	龙岩	家庭基本支出	0.145
	慢性病人数	0.191		储蓄	0.435
	住院次数	0.477		慢性病人数	0.259
	住院意愿是否改变	−0.028		住院次数	0.414
	门诊次数	0.164		住院意愿是否改变	0.015

地区	显著变量	系数值	地区	显著变量	系数值
三明	教育（大学）	−0.050	南平	参合人数	−0.044
	家庭总收入	0.083		参合因素（老人）	0.423
	慢性病人数	0.172		参合因素（成年人）	0.348
	住院次数	0.493		住院次数	0.206
	住院意愿是否改变	0.067	漳州	住院次数	0.237
	婚姻（离婚）	0.042		住院意愿是否改变	0.057
	农业支出	0.118		门诊次数	0.018
	医院收费合理性	0.009		医院收费合理性	−0.011

尽管上述模型估计的结果较为合理,但为了更进一步验证异构性模型在本实证分析中的有效性,我们将从预测角度与传统模型进行比较。这包含三个模型:

(i) l_1 Group Bridge 惩罚异构数据模型;

(ii) 合并 5 个数据集建立 MCP 惩罚线性模型;

(iii) 5 个数据集分别建立 MCP 惩罚模型。

后两者代表单数据集模型。之所以选择 MCP 惩罚,是因为该惩罚在单变量选择中综合效果最好。5 个数据集都按 3:1 随机划分为训练集和测试集,基于训练集建立模型,测试集上构建预测指标:

$$\mathrm{MSE} = \frac{(\boldsymbol{y}_{\text{test}} - \hat{\boldsymbol{y}}_{\text{test}})^{\mathrm{T}}(\boldsymbol{y}_{\text{test}} - \hat{\boldsymbol{y}}_{\text{test}})}{n_{\text{test}}},$$

并分地区计算预测指标值。运算 100 次的平均结果如表 2.3.4 所示,可得出不管在总体还是各地区中,l_1 Group Bridge 异构性模型的预测效果都比分开的 MCP 模型好。再与合并的 MCP 模型进行对比,除三明市外,l_1 Group Bridge 异构性模型的预测指标值都要低。整体来看,异构性模型的预测效果显然比两个单数据模型好。两个 MCP 模型进行比较时,合并数据集的效果更好,这可能是样本量较高的缘故。

表 2.3.4　预测结果（括号内的数值为标准差）

地区	l_1 Group Bridge	合并的 MCP 模型	分开的 MCP 模型
总体	0.733(0.070)	0.742(0.071)	0.786(0.067)
福州	0.398(0.105)	0.626(0.089)	0.529(0.141)
龙岩	0.925(0.232)	0.739(0.121)	1.026(0.215)
南平	0.639(0.110)	0.647(0.123)	0.672(0.115)
三明	0.942(0.345)	0.819(0.282)	0.972(0.273)
漳州	0.912(0.077)	0.922(0.105)	0.948(0.068)

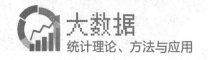
2.3.5 肺癌基因数据分析

自 1985 年起肺癌已成为全球最常见的恶性肿瘤,肺癌的发病率在中国是恶性肿瘤发病的第一位。基因分析在肺癌诊断研究中广泛使用,通过搜寻与症状相关的基因以辅助临床治疗和诊断。基因数据存在典型的高维性,基因数目常常成千上万,同时数据获取的途径特殊、成本高且不具再现性,故存在小样本问题。通常基于单数据集的分析结果不尽人意(Liu,Ma,2014),需要整合不同医院或者地区的数据以增大样本量,因此惩罚整合分析方法在此具有显著的优势,在其他癌症的诊断中也十分常用(Liu,Ma,2014;Shi et al.,2013;Liu et al.,2013a)。

共有 3 个独立的数据集,它们来自不同的研究机构,解释变量(被测基因)有22 283 个,有效样本为 336 个。3 个数据集的有效样本数分别为 175 个,79 个,82个,其中在研究过程死亡的样本数分别为 102 个,60 个,35 个,共计 197 个。显然高维性、小样本、来源差异性特征都很明显,故适合用整合分析来筛选变量。同时,由于数据来自 3 个不同且相互独立的研究,数据集间的异质性不能忽略,因此我们将基于两种异构数据整合分析方法 l_1 Group MCP 和复合 MCP 展开分析,以 AFT模型作为研究框架。

基因选择和参数估计结果如表 2.3.5 所示,可得出:

• l_1 Group MCP 从 22 283 个基因中筛选出 25 个显著基因作为解释变量,只有两个基因(SOD1,PTMA)出现在两个数据集中,其他 23 个都仅出现在一个数据集中。

• 复合 MCP 筛选出 16 个基因,且不同数据集中不存在交叉基因,该特点与已有研究一致。在 Liu,Ma(2014)中,该方法筛选出的 5 个基因在不同数据集中也不存在交叉。

• 复合 MCP 筛选出的所有基因都被 l_1 Group MCP 识别出来,且每个基因在两种方法下系数估计值的符号一致,甚至估计值相等,或者数量级相同。

• 从两种方法的分析结果发现,不同数据集具有不同的显著基因,这在一定程度上解释了已有研究中不同数据集下鉴别的基因无法统一的原因。

由于临床数据的不可复制和重现性,要对上述基因选择的准确度进行验证是不可行的,因此本章采用交叉验证(cross-validation)的预测评价方式(Huang,Ma,2010;Ma et al.,2009)。数据按 3∶1 随机分为训练集和测试集,基于对数秩统计量对预测结果进行考察。重复 100 次的预测结果取中位数,得到 l_1 Group MCP 的对数秩统计量为 4.77,复合 MCP 为 3.70,且 l_1 Group MCP 能显著地将因变量的两类分割开来(p 值为 0.029)。根据该预测结果,得出 l_1 Group MCP 的结果更理想。

表 2.3.5 肺癌数据的估计结果

方法	基因编号	数据1	数据2	数据3	方法	基因编号	数据1	数据2	数据3
l_1 Group MCP	DDX39B			0.005	l_1 Group MCP	1ER2		−0.002	
	UBB		−0.001			1FRD1			−0.0001
	SOD1		0.0004	2.8×10^{-5}		ERCC3		−0.002	
	RPL32		0.002			KIF22		0.002	
	YWHAQ		−0.003			USP1			−0.001
	DDX24		−0.002		复合 MCP	DDX39B			0.005
	RPL10	0.0005				UBB		−0.001	
	PTMA	−0.0002		−0.002		RPL32		0.002	
	TMBIM6	−0.0001				YWHAQ		−0.005	
	Hs.59719		−0.012			PTMA			−0.001
	DSTN		−0.016			NUDC		0.001	
	RPLP0		−0.0005			CSTB		0.004	
	NUDC		0.003			DSTN		−0.017	
	CSTB		0.005			RPLP0		−0.0003	
	1GFBP4		−0.001			KIF22		0.001	
	ICMT			−0.001		USP1			−0.0002
	TNC	0.003				TNC	0.001		
	KIAA0100	5.0×10^{-5}				Hs.59719		−0.011	
	TSPAN3 (200972_at)	−0.003		0.003		TSPAN3 (200972_at)	−0.002		
	TSPAN3 (200973_s_at)					TSPAN3 (200973_s_at)			0.002
						ERCC3		−0.0003	

2.3.6 小结

在肺癌基因组研究中,多元数据集分析为克服单个数据集的缺陷提供了有效方式。在已有研究中,模型都固定在数据集具有相同解释变量的情形,即同构性模型。本节方法考虑了更一般的情况,建立了异构性模型,它的前提假设更少,同构性模型作为它的特殊情形包含于其中。在异构性模型下,我们提出了 SGMCP 惩罚实现多个独立数据集下的变量选择,该惩罚可用组坐标下降法求解。模拟分析表明,对比已有的 MCP、GMCP 方法,各种相关性情形下本节所讨论方法的效果最好。即使在同构性模型中,SGMCP 方法也比 GMCP 更优。由于在单个数据集分析中,MCP 具有形式简单且性质优良的特点,因此我们基于它提出了异构性模型

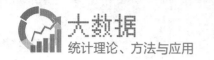

的变量选择方法。基于其他方法如 SCAD,Bridge 建立的惩罚,应用也具有类似的效果。鉴于单个数据集分析中目前尚未有依据证明这些方法会优于 MCP,因此本研究未继续研究它们。

2.4 对癌症结果中多维度组学数据的整合分析

2.4.1 引言

在癌症研究之中,剖面研究已经被广泛利用。早期的研究通常被其一维性以及分析方法局限于单类型的组学数据研究中。在最近的研究中,多维度研究越来越流行并得到重视。在这样的研究中,同样个体的多种类型的组学数据被测量收集起来。一个典型的例子是 TCGA(癌症和肿瘤基因图谱计划,http://cancerge-nome. nih. gov/[引用时间 2019-3-21]),这个平台收集了基因表达数据(GE)、拷贝数变异(CNV)、DNA 甲基化(DM)、微 RNA 表达(ME)、蛋白质表达(PE),以及其他多种癌症类型数据。多维度数据能比一维数据提供更宝贵的洞察力(Cancer Genome Atlas Network,2012)。

为了表述清晰,我们只讨论和本节中所分析的数据类型一致的 GE,CNV 和 DM 数据。本节分析推演的依据是一系列生物研究中的发现(Kristensen et al.,2014),包括以下几点:

- (C1)GE 被 CNV,DM 以及其他调控因子调节。与它的调控因子们相比,GE 对癌症的影响更为直接。

- (C2)CNV 和 DE 对癌症有间接的作用,这种作用是通过 GE 作为媒介。它们也可能对癌症有直接的、不能被 GE 所解释的作用,比如通过后转录调控机制。

- (C3)这样的调控关系比单个调控因子对应单个基因表达来得更为复杂。因此,我们期待一个集合的调控因子(由多个调控因子构成)能调控一个集合的基因表达。这假设已经是调控网络分析、基因协同表达分析等的基础。

- (C4)在大量的 GE,CNV,DM 数据中,只有一个小的集合与癌症有关。

多维数据分析已经在近几年的文献中被讨论和应用。一些现存方法的框架被总结在 van Iterson et al.(2013)的图 2.4.1 中,Li et al.(2012)分析了 GE,CNV,DM,ME 之间的调控关系。这样的研究仅仅处理了(C1),然而并没有把基因变异和癌症联系起来。Daemen et al.(2009)从每一个数据类型中选择了重要的特征,然后用综合起来的信息模拟癌症结果。Witten，Tibshirani(2009)提出通过稀疏性奇异值分解共同选择基因表达数组 CGH 测量值。然而，在这些方法中，不同类型数据之间的信息被等同地对待，并没有考虑基因表达是处于下游的产物。在考虑基因调控的更综合性的框架下，Wang et al.(2013)和 Jennings et al.(2013)分析了 CNV，DM 和 ME 对 GE 的调控，并连接了 GE 和癌症之间的关系。然而这种分析方法并没有考虑调控因子对癌症发生的直接作用。

为了处理现有方法的局限性，我们提出了新的分析框架(见图 2.4.1)。该方法通过构建联系多种类组学测量值的线性调控模块(LRMs)来处理(C1)和(C3)，并且用不能被线性调控模块解释的残差信息来处理(C2)。更进一步地，我们考虑稀

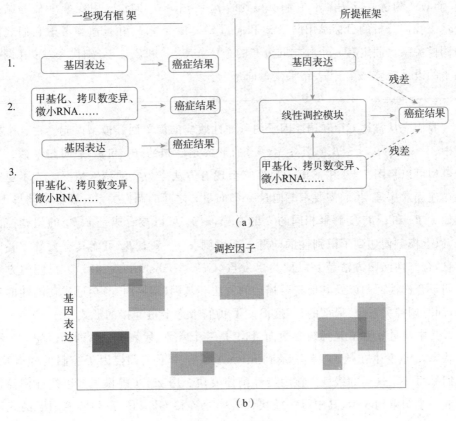

图 2.4.1　建模策略

（a）现有的分析框架；

（b）线性调控模块示意图，整个矩形表示从各种调控因子到 GEs 的转换矩阵，每个灰色块表示一个由一组 GEs 和一组调控因子组成的线性调控模块，白色区域表示没有可检测到的调控关系。

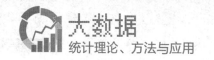

疏性模型来处理(C4)。和现有的框架相比,该方法在考虑 GE 和调控因子信号方面是独树一帜的。另外,我们用线性调控模块(LRMs)来模拟它们之间的关系。我们的方法包括一些现有的方法作为特例,而且更为灵活。本节所提出的方法将在 2.4.2 节中描述。在 2.4.3 节中,我们将进行模拟,并将和已有的方法比较。2.4.4 节将展现对 TCGA 数据的分析。2.4.5 节总结并讨论本节内容。

2.4.2　整合分析方法

对于一个个体,向量 $x_{p_x \times 1} = (x_1, x_2, \cdots, x_{p_x})^{\mathrm{T}}$ 代表 p_x 个 GE 的水平,向量 $z_{p_z \times 1} = (z_1, z_2, \cdots, z_{p_z})^{\mathrm{T}}$ 代表 p_z 个调控因子。例如,对于 p_1 个 CNV 测量值和 p_2 个 DM 测量值,z 是黏合它们所得到的 $p_z = p_1 + p_2$ 向量。用变量 y 作为结果变量。我们分析的目标是用向量 x 和向量 z 模拟变量 y,并且适当考虑它们之间的调控关系。假定有 n 个独立同分布的个体。$X_{n \times p_x}$ 和 $Z_{n \times p_x}$ 分别代表 GE 和调控因子的设计矩阵,$y_{n \times 1}$ 代表结果变量向量。

1. 模型框架

我们先从描述 GE 和调控因子的可加性效应的简单回归模型说起。在这个模型中,$y \sim \phi(x^{\mathrm{T}} \beta_x + z^{\mathrm{T}} \beta_z)$,其中 $\phi(\cdot)$ 的形式是已知的,β_x 和 β_z 是回归系数。这个模型可以将图 2.4.1 中的第一和第二个现有方法作为它的特殊情况。为了更好地描述癌症病理,我们需要考虑向量 x 和向量 z 之间的调控关系。在极端情形下,比如 $x^{\mathrm{T}} \beta_x$ 和 $z^{\mathrm{T}} \beta_z$ 能解释相同的 y 的变异,$z^{\mathrm{T}} \beta_z$ 可以被看成是 $x^{\mathrm{T}} \beta_x$ 的超调控因子,以上模型便遇到了识别性的问题。考虑到 $x^{\mathrm{T}} \beta_x$ 和 $z^{\mathrm{T}} \beta_z$ 可能具有大量重叠的信息,合作性回归方法就是以此为出发点(Gross, Tibshirani, 2015)。我们的方针不同于合作性回归以及其他将要描述的方法。基因(调控因子)会形成功能性的集合,同时调控关系是"局部的"。这促使了我们考虑多重连接的形式 $x^{\mathrm{T}} v = a + z^{\mathrm{T}} u + \varepsilon$,其中向量 u 和 v 是稀疏参数向量,a 是一个常数,代表了一系列基因的一个稳定状态,ε 是发生在从 DNA 转录到 mRNA 过程中不被调控因子控制的噪音项。我们称每一个这样的线性连接为线性调控模块。图 2.4.1 提供了多个线性调控模块的一个图结构表示,其中每一模块代表一个连接 GE 和一系列调控因子的线性调控模块。

在线性调控模块的框架下,一个综合模型包含 3 个可能影响癌症结果的部分:

(i) 一个被调控的 $GE(x^{\mathrm{T}} V)^{\mathrm{T}}$,其中 V 的每一列对应一个载荷向量 v,这个部分通过线性调控模块与调控因子所连接;

(ii) $\tilde{x}$,对应于被其他机制调控的 GE 残差信息;

(iii) $\tilde{z}$, 对应于会对癌症产生影响的除 GE 以外的其他渠道信息, 可被称为调控因子残差信息。

概括起来, 我们提出的模型是

$$y \sim \phi(\boldsymbol{x}^{\mathrm{T}}\boldsymbol{V}\boldsymbol{\beta}_1 + \tilde{\boldsymbol{x}}^{\mathrm{T}}\boldsymbol{\beta}_2 + \tilde{\boldsymbol{z}}^{\mathrm{T}}\boldsymbol{\beta}_3), \tag{2-4-1}$$

其中 $\boldsymbol{\beta}_1, \boldsymbol{\beta}_2$ 和 $\boldsymbol{\beta}_3$ 是回归系数。

根据回归系数的多种可能, 模型(2-4-1)将以下情况作为特例: 只考虑 GE(或者 CNV, DM)的模型(Kim et al., 2013), 考虑分解后的 GE 模型(Wang et al., 2013), GE 和调控因子的可加性模型(Zhao et al., 2015)。因此, 模型(2-4-1)更为灵活、全面。根据(C4), 回归系数是稀疏的, 意味着含有很少的非零元。注意到被调控的 GE($\boldsymbol{x}^{\mathrm{T}}\boldsymbol{V}$)和调控因子有关, 因此我们提出的模型能够同时进行多类型组学数据的生物标示选择, 这是图 2.4.1 中所描述的现有的方法不能做到的。而且, 我们的模型能提供更好的解释结果。在以下小节中, 我们提供模型详细的运作程序。表 2.4.1 展现了我们模型的一个提纲。

表 2.4.1　所提方法提纲

步骤 1: 估计 LRMs 的载荷矩阵 $\boldsymbol{U}$ 和 $\boldsymbol{V}$。
(a)估计 $\boldsymbol{\Theta}$, 从 $\boldsymbol{z}$ 到 $\boldsymbol{x}$ 的过渡矩阵。
对于 $\boldsymbol{\Theta}$ 的第 j 行 $\boldsymbol{\theta}_j$, 通过拟合一个对应 $\mathrm{E}(\boldsymbol{x}_j) = \boldsymbol{\alpha}_j + \boldsymbol{Z}^{\mathrm{T}}\boldsymbol{\theta}_j$ 的线性惩罚模型来得到 $\hat{\boldsymbol{\theta}}_j$。
(b) 通过 $\hat{\boldsymbol{\Theta}}$ 的正则化奇异值分解计算 LRM 的加载矩阵 $\boldsymbol{U}$ 和 $\boldsymbol{V}$。预先指定 K, LRMs 的总数。初始化 $k=1$。当 $k \leqslant K$ 时, 重复(i)和(ii)。
(i)对 $\hat{\boldsymbol{\Theta}}$ 进行秩为 1 的稀疏性奇异值分解, 并获得奇异向量 $\boldsymbol{u}_k, \boldsymbol{v}_k$ 以及 d_k,
(ii)进行迭代 $\hat{\boldsymbol{\Theta}} = \hat{\boldsymbol{\Theta}} - \hat{d}_1 \hat{\boldsymbol{u}}_1 \hat{\boldsymbol{v}}_1^{\mathrm{T}}, k = k+1$。
步骤 2: 估计回归系数 $\boldsymbol{\beta}_1, \boldsymbol{\beta}_2$ 和 $\boldsymbol{\beta}_3$。
(a)计算 $\boldsymbol{XV}, \boldsymbol{ZU}$, 残差 $\tilde{\boldsymbol{X}}$ 和 $\tilde{\boldsymbol{Z}}$。
(b)用 Lasso 估计 $y \sim \phi(\boldsymbol{x}^{\mathrm{T}}\boldsymbol{V}\boldsymbol{\beta}_1 + \tilde{\boldsymbol{x}}^{\mathrm{T}}\boldsymbol{\beta}_2 + \tilde{\boldsymbol{z}}^{\mathrm{T}}\boldsymbol{\beta}_3)$。

2. 估计线性调控模块

我们首先提出对所有线性调控模块的综合模型:

$$\mathrm{E}(\boldsymbol{x}^{\mathrm{T}}\boldsymbol{V}_{p_x \times K} \mid \boldsymbol{z}) = \boldsymbol{a}_{1 \times K} + \boldsymbol{z}^{\mathrm{T}}\boldsymbol{U}_{p_z \times K}, \tag{2-4-2}$$

其中 $\boldsymbol{U}$ 和 $\boldsymbol{V}$ 包含 K 个载荷向量, $\boldsymbol{a}^{\mathrm{T}}$ 是常数向量, K 是线性调控模块的个数。在这里, 基因在线性调控模块的组结构由 $\boldsymbol{U}$ 的其中一列以及 $\boldsymbol{V}$ 相对应的列来定义。我们对 $\boldsymbol{U}$ 和 $\boldsymbol{V}$ 的列向量(载荷向量 $\boldsymbol{u}_k$ 和 $\boldsymbol{v}_k, k \in \{1, 2, \cdots, K\}$)施加两个条件:

(i) $\boldsymbol{U}$ 和 $\boldsymbol{V}$ 具有正交的列向量。也就是说, 对于 $k \neq k', \boldsymbol{u}_k \perp \boldsymbol{u}_{k'}$, 同样的结论对所有的 $\boldsymbol{v}_k$ 成立。大致地说, 这个条件假定调控关系之间是相互不重叠的。在不同

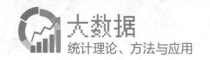

的线性调控模块中,GE 和对应的调控因子被认为具有不同的功能。在已有的文献中也设置了相似的弱的或者不重叠的假设。

(ii) u_k 和 v_k 都具有稀疏性。一个基因被一小部分调控因子所调控,同样地,一个调控因子最多调控一小部分的基因。

在之前所讨论的条件下,我们利用奇异值分解来构建线性调控模型。在方程(2-4-2)下,我们让方程两边同乘以矩阵 V,然后方程(2-4-2)变成了一个以 x 作为结果变量,z 作为预测变量的回归问题。因此我们考虑整个调控因子向量对每个基因的回归问题。换句话说,$\mathrm{E}(x_j|z)=\alpha_j+z^{\mathrm{T}}\theta_j$,其中 j 取值在 1 到 p_k 之间,α_j 是截距,θ_j 是回归系数向量。考虑在稀疏条件下,我们用以下带惩罚的回归问题来估计 θ_j,

$$\hat{\boldsymbol{\theta}}=\underset{\theta_j}{\arg\min}\{\parallel x_j-\alpha_j-z^{\mathrm{T}}\theta_j\parallel_2^2+\lambda\parallel\theta_j\parallel_1\}, \quad j=1,\cdots,p_x, \quad(2\text{-}4\text{-}3)$$

其中 $\lambda>0$ 是依赖于数据的调整参数。因此我们采用 Lasso 惩罚,基于它在计算上的简便性以及让人满意的性能表现。为了具有可比性,对于所有的 θ_j,我们让 λ 用为一个定值。α 代表由 α_j 构成的向量以及 $\Theta_{p_z\times p_x}=(\theta_1,\cdots,\theta_{p_x})$。于是,我们的回归模型统一写成 $\mathrm{E}(x^{\mathrm{T}}=\alpha^{\mathrm{T}}+z^{\mathrm{T}}\Theta)$。根据正交性条件以及方程(2-4-2),我们对矩阵 $\Theta_{p_z\times p_x}$ 进行奇异值分解:

$$\Theta=UDV^{\mathrm{T}}=(u_1,\cdots,u_K)D(v_1,\cdots,v_K)^{\mathrm{T}}, \quad(2\text{-}4\text{-}4)$$

其中 D 是一个以 $d_1,d_2,\cdots,d_K$ 为主对角元的对角阵。在这里所定义的载荷向量不同于方程(2-4-2)中的载荷向量,它们之间差一个倍数关系,这个倍数可以融入对角阵 D 中。

利用奇异值分解方法,我们分解回归问题中所估计的矩阵 $\hat{\Theta}=\hat{U}\hat{D}\hat{V}^{\mathrm{T}}$。在没有稀疏性条件下,线性调控模块对应于矩阵 U 和矩阵 V 的前 K 个列向量。在稀疏性条件下,正则化手段有必要引入到奇异值分解中。更明确地,我们采用稀疏性奇异值分解(Lee et al.,2010)的方法。这种方法迭代性地解出秩为 1 的稀疏性奇异向量,这个向量对应于最大的奇异值。对于第一个奇异向量以及奇异值 (d_1,u_1,v_1),我们采用 Lasso 惩罚的估计方法来得到以下问题的稀疏解:

$$(\hat{d}_1,\hat{u}_1,\hat{v}_1)=\underset{d_1,u_1,v_1}{\arg\min}\{\parallel\hat{\Theta}-d_1u_1v_1^{\mathrm{T}}\parallel_{\mathrm{F}}^2+\lambda\parallel d_1u_1\parallel_1+\lambda\parallel d_1v_1\parallel_1\},$$

$$(2\text{-}4\text{-}5)$$

其中 $\parallel\cdot\parallel_{\mathrm{F}}$ 代表 Frobenius 范数。在第一次迭代后,我们更新 $\hat{\Theta}=\hat{\Theta}-\hat{d}_1\hat{u}_1\hat{v}_1^{\mathrm{T}}$,其余的奇异值以及奇异向量能够通过相似的迭代得到。

注释 有多种方法能实现稀疏性奇异值分解(Lee et al.,2010;Witten et al.,2009;Yang et al.,2014)。然而当向量 x 和向量 z 的维数太大时,秩为 1 的逼近需要大量次数的迭代,现有的方法很难得到稀疏性解,或者会遇到收敛性问题。为了处理这个问题并且减少计算时间,我们对

$\boldsymbol{\Theta}_{p_z \times p_x}$ 的一个子矩阵进行秩为 1 的奇异值分解。模拟说明这个手段是有效的。为了得到这个子矩阵，我们首先进行非稀疏的奇异值分解，然后通过一个硬阈值方法来得到 u 和 v。硬阈值方法是指当向量 u 和向量 v 中的元小于某个事先规定的值时，这些元全被估计为零，从而我们得到稀疏性的向量 u 和向量 v。紧接着，我们对 $\boldsymbol{\Theta}_{p_z \times p_x}$ 的子矩阵进行稀疏性奇异值分解，这个子矩阵对应于稀疏性向量 u 和稀疏性向量 v 的非零元。请注意，当 p_x 和 p_z 不非常大时（在我们的模拟试验中，$p_x = p_z = 1000$），这个方法不是必需的，对后面的结果没有很大的影响。

3. 模拟癌症机制

在线性调控模块的框架下，我们能将基因表达和它的调控因子的效应分解成三部分：

(i) K 个基因表达的集合 $\boldsymbol{XV} = (\boldsymbol{Xv}_1^{\mathrm{T}}, \cdots, \boldsymbol{Xv}_K^{\mathrm{T}})$，或者等价地，$K$ 个调控因子的集合 $\boldsymbol{ZU}$。注意到 $\boldsymbol{XV}$ 和 $\boldsymbol{ZU}$ 携带着相同的信息，我们只需要其中一个。我们选择 $\boldsymbol{XV}$，因为基因表达与癌症机制更相关。

(ii) $\widetilde{\boldsymbol{X}}_{n \times p_x}$ 包含剩余的基因表达信息。

(iii) $\widetilde{\boldsymbol{Z}}_{n \times p_z}$ 包含剩余的调控因子信息。

我们利用以下方法来计算 $\widetilde{\boldsymbol{X}}$ 和 $\widetilde{\boldsymbol{Z}}$。我们以 $\widetilde{\boldsymbol{X}}$ 为例，$\widetilde{\boldsymbol{Z}}$ 能够通过相似的方法得到。对于第 j 个 GE，用 $\widetilde{\boldsymbol{X}}_j$ 代表它的残差效应。定义 S_j 是所有包含第 j 个 GE 的线性调控模块的下标集。也就是说，$S_j = \{k : v_{kj} \neq 0, k = 1, \cdots, K\}$，其中 v_{kj} 是向量 v_k 的第 j 元。如果 $S_j \neq \varnothing$，那么第 j 个 GE 并没有被调控因子所控制，从而 $\widetilde{\boldsymbol{X}}_j = \boldsymbol{X}_j$。当 $S_j \neq \varnothing$，我们让 $\boldsymbol{V}_{S_j}$ 是 $\boldsymbol{V}$ 的包含所有下标 S_j 的列向量所组成的子矩阵。之后，令

$$\widetilde{\boldsymbol{X}}_j = [\boldsymbol{I} - \boldsymbol{XV}_{S_j}((\boldsymbol{XV}_{S_j})^{\mathrm{T}}(\boldsymbol{XV}_{S_j}))^{-1}(\boldsymbol{XV}_{S_j})^{\mathrm{T}}]\boldsymbol{X}_j,$$

这是 $\boldsymbol{X}_j$ 在 $\boldsymbol{XV}_{S_j}$ 正交空间上的投影。这个正交化移除了所有位于线性调控模块中的 GE 信息。注意到，这个计算过程也产生了一个 $\widetilde{\boldsymbol{X}}$，使得 $\widetilde{\boldsymbol{X}}, \boldsymbol{XV}$ 所构成的列空间恰好保持着原有的 $\boldsymbol{X}$ 的列空间。然而，我们仍然需要注意，$\boldsymbol{Z}$ 的列空间并没有被完全保留，因为 $\boldsymbol{XV}$ 的列空间并不是准确地等于 $\boldsymbol{ZU}$ 所形成的列空间。如果我们认为相似的信息能被 $\boldsymbol{XV}$ 所反映，那么 $\boldsymbol{Z}$ 中的一小部分信息可能会遗失。

当我们有了以上的分解以后，我们考虑用模型(2-4-1)对癌症结果进行建模。对于 n 个独立同分布的观察值，我们用 $L_n(\boldsymbol{Y}, \boldsymbol{XV\beta}_1 + \widetilde{\boldsymbol{X}}\boldsymbol{\beta}_2 + \widetilde{\boldsymbol{Z}}\boldsymbol{\beta}_3)$ 作为损失函数。考虑到高维的情况以及(C4)的假设，我们极小化以下函数来估计未知的回归系数：

$$L_n(\boldsymbol{Y}, \boldsymbol{XV\beta}_1 + \widetilde{\boldsymbol{X}}\boldsymbol{\beta}_2 + \widetilde{\boldsymbol{Z}}\boldsymbol{\beta}_3) + \sum_{m=1}^{3} \lambda \parallel \boldsymbol{\beta}_m \parallel_1 \text{。} \tag{2-4-6}$$

在这里，我们仍然利用 Lasso 惩罚项来实现分析的相合性。请注意，我们对于不同的回归系数组也可以用不同的调整参数。然而，这可能会极大地增加计算时间。因为这三组回归系数在一个相似的数量级上，所以利用不同的调整参数没有多大的必要。

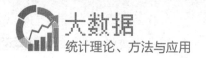
4. 与现有方法的联系

模型中的一个主要步骤是重建 X 和 Z 的列空间。注意到 XV 和 $\tilde{X}$ 同属于 X 的列空间,相似的现象也适用于 Z,因此简单的可加线性模型(Zhao et al.,2015)是我们所提方法的一个特殊例子。XV 的构建与现有的降低维数的方法相关联,比如主成分分析。方法中的线性组合的形式与稀疏性典型相关分析(Witten et al.,2009)、偏最小二乘方法(PLS,Geladi,Kowalski,1986)也具有相似性。然而我们提出的方法具有特有的性质和优点,考虑到了组学数据中的有序结构。例如,基因表达通常处于它对应的调控因子的下游。因此,对于现有问题,利用回归模型比利用相关分析更为合理。我们可以通过极大化协方差获得偏最小二乘的载荷向量。现有的对于稀疏性偏最小二乘的理论需要 z 的协方差矩阵具有一个潜在的特征结构(Chun,Keles,2010)。但是对于基因的调控因子,这个性质不一定能满足。相比之下,我们提出的方法直接从回归系数得到载荷向量,而且更适用于多维组学数据分析的需要和解释。

5. 启发式的理论解释

方法的相合性质依赖于几个关键的估计过程和条件。Θ 的估计值具有相合性。对于某个 GE,在设计矩阵 Z 温和的正则条件和强信号条件下,相合性可以以一个很大的概率实现,这个概率是

$$1 - \frac{2}{\sqrt{\pi}} p_z c_n^{-1} e^{-c_n^2/2},$$

其中 $c_n = o(n^{-1/2-c_n})$ 是一个发散序列(Fan,Li,2010)。维数 p_x 随着 n 增加,而且满足 $\ln(p_z) = o(n^{1-2c_0})$,$c_0 \geqslant 0$。注意到,估计 Θ 所提出的方法本质上是进行了 p_x 惩罚性的估计。根据 Bonferroni 方法,为了保证整体的相合性,我们需要

$$1 - \frac{2}{\sqrt{\pi}} p_x p_z c_n^{-1} e^{-c_n^2/2} \rightarrow 1.$$

如果 p_x 和 p_z 具有相同的阶,那么当 $\ln(p_x) = o(n^{1/2-c_0})$ 时,我们可以保证 Θ 估计的整体相合性。在真实载荷向量正交和稀疏的条件下,U 和 V 的相合性也可以得到保证。对 β_m 的估计是一个标准的惩罚问题。当不同成分之间存在相依关系时,需要施加特别的条件到设计矩阵 $(XV, \tilde{X}, \tilde{Z})$ 上。

2.4.3　模拟分析 ▶

我们进行模拟实验来评估所提出方法的效果。另外,我们也与有竞争力的方法进行比较。在文献中尚未提出线性调控模块(或者可识别 GEs 和调控因子关系

的相似模块）。我们考虑以下连接组学数据和结果变量的方法：

（i）Lasso-Separete 方法：分别用 X 和 Z 对结果变量进行 Lasso 回归，然后再综合所得结果。

（ii）Lasso-Joint 方法：用 $X+Z$ 直接对结果变量进行 Lasso 回归。

（iii）迭代的确信独立筛选方法（ISIS，Fan，Lv，2008）：这种方法少量地选取 X 和 Z 的候选特征，然后迭代地进行变量选择。

（iv）合作回归方法（collReg）（Gross，Tibshirani，2015）：对 X 和 Z 同时建模，此方法使它们对 Y 波动的解释具有相似性。

在所提出的方法中，我们利用 R 代码（Lee et al.，2010）来实现秩为 1 的稀疏性奇异值分解。我们利用 R 包 glmnet 来实现方法（i）和方法（ii）。ISIS 通过 SIS 包来实现。依照 Gross，Tibshirani（2015）提出的方法，合作回归方法通过对矩阵计算来实现。

数据通过以下的程序生成。首先，Z 的每一行独立地从一个多元正态分布生成，这个正态分布的协方差矩阵是 $\boldsymbol{\Sigma}$，其中 $\Sigma_{ij}=0.5^{|i-j|}$。随后，u_k 和 v_k 被生成，$k=1,\cdots,50$。每个 u_k 或者 v_k 包含 5 个随机选择的非零元，这些非零元的取值按照 0.5 到 1 的均匀分布随机选取。计算 $\boldsymbol{\Theta}=\sum_{k=1}^{K}u_k v_k^{\mathrm{T}}$ 通过等式 $X=Z\boldsymbol{\Theta}+E$ 来生成 X，其中 $E_{n\times p_z}$ 的每一行是独立同分布的，且来自多元正态分布，其协方差矩阵是 $\boldsymbol{\Sigma}$。最后，计算 $XV\boldsymbol{\beta}_1+XV\boldsymbol{\beta}_2+Z\boldsymbol{\beta}_3+\boldsymbol{\varepsilon}$，其中 $\boldsymbol{\varepsilon}$ 是独立同分布的，且来自正态分布。注意到，我们在残差部分中利用 X 和 Z，而不是 $\widetilde{X}$ 和 $\widetilde{Z}$，这是因为残差的构建和识别应该和所研究的方法相关。

我们模拟了四种情形，每一种情形对应线性调控模块和个体效应的不同复杂程度。

情形一　多个 u_k 以及多个 v_k 之间的非零元的位置互不相同。这种设置使得不同的线性调控模块之间互不相交，因而 u_k 具有块的结构。$\boldsymbol{\beta}_2$ 和 $\boldsymbol{\beta}_3$ 的个人效应不被线性调控模块（LRM）包含。这种情形对于我们的方法是标准情形。为了增加方法的稳健性，下面所述三种情形增加了更多的复杂性。

情形二　u_k 和 v_k 中的非零元的位置是随机选取的，且不考虑之间的互斥性。因为存在可能重叠的非零元，所以正交性条件不再成立。

情形三　为了促使重叠信号的出现，非零个体效应的位置从非零的线性调控模块的基因中随机选取。

在以上描述的三种情形下，$\boldsymbol{\beta}_1$ 中有 5 个非零元，$\boldsymbol{\beta}_2$ 和 $\boldsymbol{\beta}_3$ 中均有 5 个非零的个体效应。

情形四　在 $\boldsymbol{\beta}_1$ 中，我们生成两个非零元，在 $\boldsymbol{\beta}_2$ 和 $\boldsymbol{\beta}_3$ 中，我们均生成 20 个非零元。在所有的情形下，$\boldsymbol{\beta}_1$ 的非零元具有弱信号服从均匀分布（0.15，0.25），或者具

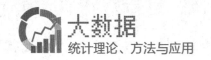
有强信号服从均匀分布$(0.25,0.5)$。对于$\boldsymbol{\beta}_2$和$\boldsymbol{\beta}_3$的非零元,则从$(0.25,0.5)$的均匀分布中产生。我们令$n=100,200,p_x=p_y=500,1\,000$。

所构建的方法和对比方法都具有调整参数。为了进行一个全面的模型评估,我们考虑一系列调整参数值,用ROC曲线和ROC曲线下的部分面积(partial area under ROC curve,PAUC)来比较不同的方法。因为Lasso能够选择最多n个非零变量,GE和调控因子真正相交的总数是60(除了情形三为50个),我们计算PAUC,这里至多存在$n-60$个错误选出的变量。$p_x=p_y=1\,000$的模拟结果见表2.4.2。情形一的ROC曲线图$(p_x=p_y=1\,000)$展示在图2.4.2之中。在所有的模拟设置中,对于GE和调控因子的选择,我们提出的方法比现有的方法具有更大的PAUC值。

考虑具有强信号的情形一,这种情形是找出重要的$\boldsymbol{x}$变量的最简单的模拟设置。当$n=200$时,我们提出的方法具有平均PAUC值为0.95,然而Lasso-Separate,Lasso-Joint,ISIS和CollReg分别具有PAUC值分别为:0.80,0.82,0.51,0.81。当$n=100$时,所有的方法具有更小的PAUC值:0.68(提出的方法),0.48(Lasso-Separate),0.46(Lasso-Joint),0.23(ISIS),0.48(CollReg)。对于情形三,可以得出相似的结论。

我们观察到了一个有趣的现象:当误检率很低(比如有大约四个左右的误检)的时候,我们提出的方法可能有一个较低的ROC曲线。这是因为估计出的线性调控模块可能含有错误的变量,选择了一个模块让这些变量进入了模型。对于其他基于独立变量选择的对比方法,更不可能在早期犯错,因为只有那些具有强信号的变量才能被选出。然而,当我们允许稍高的误检率时,我们提出的方法很快便以更优的真阳率超过其他方法。具有弱信号的变量仍能被我们的基于LRM的方法检测出,这是因为当它们结合起来后具有更强的信号,然而其他方法会有很大概率错失这些变量。这样的现象也在情形二下被观察到。

情形四展现出另外一种有趣的现象,其中我们提出的方法并不会发挥好的作用,因为大多数重要变量是单独对癌症起作用。尽管我们提出的方法在大模型中有一个更高的选择率,但是在这种情形下构建线性调控模型收效甚微。但总的来说,我们提出的方法具有更高的识别准确率。

对于调控因子的选择,就PAUC和ROC曲线来说,我们所提方法的表现远远好于其他方法,因为它具有正确地识别线性调控模块的能力。因为来自$\boldsymbol{Z}$的对结果变量的间接贡献可能会被$\boldsymbol{X}$解释,因此在这两类协变量之间会出现共线性。因此Lasso-Joint常常表现得最差。合作回归分析通常是第二好的,因为它能够同时识别$\boldsymbol{Z}$和$\boldsymbol{X}$。然而,由于$\boldsymbol{X}$和$\boldsymbol{Z}$分别生成的空间并不一模一样,个别的$\boldsymbol{X}$变量的信号不能被个别的$\boldsymbol{Z}$的信号所解释,因此一些个别变量可能并不会被选择到。

表 2.4.2　模拟结果（PAUC 值：均值（标准差）基于 $p_x = p_z = 1000$ 的 200 次重复）

情形一

信号水平	基因表达 (x) 变量选择				调控因子 (z) 变量选择			
	弱		强		弱		强	
n	100	200	100	200	100	200	100	200
整合分析	0.57 (0.13)	0.94 (0.03)	0.68 (0.09)	0.95 (0.03)	0.58 (0.15)	0.93 (0.04)	0.68 (0.11)	0.94 (0.03)
Lasso-Separate	0.30 (0.08)	0.60 (0.07)	0.48 (0.07)	0.80 (0.06)	0.16 (0.06)	0.48 (0.09)	0.23 (0.07)	0.66 (0.08)
Lasso-Joint	0.30 (0.08)	0.62 (0.07)	0.46 (0.07)	0.82 (0.06)	0.12 (0.05)	0.27 (0.05)	0.12 (0.05)	0.28 (0.05)
ISIS	0.26 (0.08)	0.41 (0.08)	0.23 (0.08)	0.51 (0.06)	0.15(0.07)	0.40 (0.09)	0.15 (0.07)	0.57 (0.08)
CollReg	0.29 (0.08)	0.60 (0.08)	0.48 (0.08)	0.81 (0.06)	0.17 (0.07)	0.51 (0.09)	0.25 (0.07)	0.68 (0.08)

情形二

信号水平	基因表达 (x) 变量选择				调控因子 (z) 变量选择			
	弱		强		弱		强	
n	100	200	100	200	100	200	100	200
整合分析	0.51 (0.13)	0.87 (0.05)	0.66 (0.10)	0.89 (0.04)	0.51 (0.13)	0.86 (0.06)	0.68 (0.09)	0.88 (0.03)
Lasso-Separate	0.34 (0.08)	0.64 (0.06)	0.53 (0.09)	0.83 (0.07)	0.22 (0.07)	0.58 (0.07)	0.30 (0.07)	0.74 (0.07)
Lasso-Joint	0.32 (0.08)	0.65 (0.07)	0.51 (0.09)	0.84 (0.06)	0.16 (0.05)	0.33 (0.06)	0.17 (0.05)	0.34 (0.06)
ISIS	0.18 (0.08)	0.42 (0.06)	0.27 (0.09)	0.55 (0.07)	0.15 (0.07)	0.48 (0.08)	0.21 (0.07)	0.65 (0.07)
CollReg	0.33 (0.08)	0.63 (0.06)	0.53 (0.09)	0.83 (0.07)	0.23 (0.07)	0.61 (0.08)	0.32 (0.07)	0.76 (0.07)

情形三

信号水平	基因表达 (x) 变量选择				调控因子 (z) 变量选择			
	弱		强		弱		强	
n	100	200	100	200	100	200	100	200
整合分析	0.58 (0.16)	0.86 (0.13)	0.78 (0.12)	0.97 (0.07)	0.56 (0.18)	0.87 (0.11)	0.73 (0.20)	0.98 (0.05)
Lasso-Separate	0.34 (0.10)	0.52 (0.11)	0.54 (0.11)	0.73 (0.10)	0.27 (0.08)	0.56 (0.09)	0.33 (0.08)	0.70 (0.09)

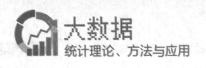

续表

情形三

信号水平	基因表达 (x) 变量选择				调控因子 (z) 变量选择			
	弱		强		弱		强	
n	100	200	100	200	100	200	100	200
Lasso-Joint	0.33 (0.10)	0.50 (0.11)	0.53 (0.11)	0.72 (0.10)	0.20 (0.07)	0.37 (0.07)	0.20 (0.07)	0.38 (0.07)
ISIS	0.19 (0.11)	0.36 (0.12)	0.26 (0.11)	0.48 (0.10)	0.18 (0.08)	0.49 (0.09)	0.24 (0.09)	0.64 (0.09)
CollReg	0.35 (0.11)	0.53 (0.12)	0.54 (0.11)	0.75 (0.10)	0.28 (0.08)	0.58 (0.09)	0.35 (0.09)	0.73 (0.09)

情形四

信号水平	基因表达 (x) 变量选择				调控因子 (z) 变量选择			
	弱		强		弱		强	
n	100	200	100	200	100	200	100	200
整合分析	0.22 (0.11)	0.66 (0.09)	0.34 (0.08)	0.70 (0.07)	0.16 (0.11)	0.56 (0.11)	0.30 (0.10)	0.62 (0.08)
Lasso-Separate	0.17 (0.06)	0.48 (0.09)	0.23 (0.07)	0.57 (0.08)	0.14 (0.06)	0.43 (0.07)	0.16 (0.06)	0.51 (0.08)
Lasso-Joint	0.16 (0.06)	0.51 (0.08)	0.22 (0.07)	060 (0.08)	0.14 (0.07)	0.43 (0.06)	0.13 (0.06)	0.44 (0.07)
ISIS	0.10 (0.06)	0.36 (0.08)	0.12 (0.06)	0.39 (0.08)	0.09 (0.06)	0.34 (0.07)	0.10 (0.06)	0.40 (0.08)
CollReg	0.17 (0.06)	0.46 (0.08)	0.23 (0.0e)	0. 56 (0.08)	0.14 (0.06)	0.42 (0.07)	0.17 (0.06)	0.51 (0.08)

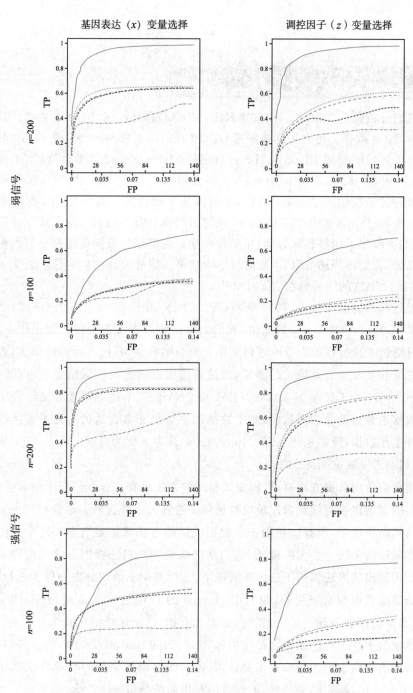

图 2.4.2　在模拟情形一下的 ROC 曲线($p_x = p_z = 100$)

实线：整合分析，虚线：Lasso-Separate，点线：Lasso-Joint，

点虚线：ISIS，长虚线：CollReg，TP：真阳性，FP：假阳性。

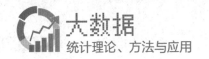
2.4.4　TCGA 数据的分析

　　我们分析来自 TCGA 的皮肤黑素瘤(SKCM)和肺腺癌(LUAD)数据。数据在 2015 年 10 月取得。可利用的数据是 GE(用 Illumina HiSeq 2000 RNA v2 测序分析平台得到),DM(用 Illumina HiSeq HumanMehtylation450 平台得到),CNV(用 Genome-Wide Human SNP Array 6.0 平台得到)。对于 GE 和 DM,我们利用第三级处理过的数据。数据是从 TCGA 的网站下载得到。对于 CNV,我们用 SNP 数组数据和 TCGA 汇集工具(Zhu et al.,2014)来计算和映射。除了这三种组学数据,我们也收集了两种临床数据:年龄和性别。癌症结果数据是生存分析数据。在下面几段,我们将描述 SKCM 数据的分析结果。额外的详细内容位于表 2.4.3 之中,对于 LUAD 的结果列在表 2.4.2 中。

　　经过标准的数据处理,我们得到 469 个个体,并且有 20 531 个 GE,21 231 个 DM 和 24 958 个 CNV。一般来讲,我们的方法可以直接使用。给定小样本量,我们通过筛选来减少维数以及改善稳定性。更为明确地,我们进行边际筛选,对每种类型选取前 200 个方差最大的测量值,接着把所有选出的测量值放在一起。这导致了 $p_x=572$ 个 GE,$p_z=1\,144$ 个 DM 和 CNV。这个边际筛选方法结合了每种类型数据中最易变动的测量值,对于数据的整合是非常合适的。为了连接组学数据以及生存数据,我们采用 AFT(Stute,1993)模型。更为详细的关于 AFT 模型的细节,请参考 Liu et al.(2013a)。

　　当我们使用所提方法时,可用交叉验证的方法选择 Lasso 惩罚项的调整参数。所提出的方法包含对线性调控模块数量和子矩阵大小的选择。尽管它们可以根据主观的判断所决定,但我们利用一个数据决定的方法来确定它们。这个方法也可以用作灵敏度分析。更为明确地,我们从训练集中随机选择四分之三的样本。于是我们用提出的方法作用于选出来的样本,然后对剩下的四分之一样本进行预测。因为结果变量可能是删失的,我们用 Harrell 的 C 指标(C-index)(Harrell et al.,1982)来评价预测表现。这个过程被重复 200 次,C 指标总结在表 2.4.5 中。我们考虑数量为 150,300 的线性调控模块和 $25\times25,50\times50,100\times100$ 的方阵,观察到这个预测表现对它们的选取并不灵敏,其中当线性调控模块的数量为 300,子矩阵的大小为 25 时,所得结果最好,因此被用在后面的分析中。

　　我们所提出的方法识别了 9 个线性调控模块,6 个 GE 以及 21 个调控因子残差效应。一共 68 个唯一的组学测量值被引入模型中,包括 16 个 GE,33 个 CNV,19 个 DM。更多详细的结果列在表 2.4.3 中。识别结果非常有意义,明确地说,

表 2.4.3　TCGA 皮肤黑素瘤数据分析：基于所提出方法的被识别标记

线性调控模块

	#1 (−1.02)	#2 (0.85)	#3 (0.16)	#4 (−0.08)	#5 (−0.04)
CE	DDX3Y (0.98)	XIST (0.96)	CAS (−0.62)	GCDKN2B (0.88)	VGF (0.46)
	HISTIH2AE (−0.22)	LOC146481 (0.12)	DNAH9 (0.19)	SLCIAI (0.48)	CHRFAM7A (0.36)
		ZNF630 (0.25)	C6orf57 (0.42)		SAMHD1 (−0.35)
			APEX2 (−0.64)		CA5B (−0.74)
DM	PRKY (−0.73)	PRKY (0.14)	IGSF5 (−1.00)	RGSI (0.11)	ZBE02 (1.00)
	APEX2 (−0.68)	APEX2 (0.98)		ABCA6 (−0.67)	
		HERC2P4 (0.06)		TYRPI (0.06)	
		FCGR3B (0.09)		MUC5 (0.31)	

线性调控模块

	#6 (−0.24)	#7 (0.18)	#8 (0.04)	#9 (0.02)	
CE	C6orf57 (−1.00)	PCSK2 (−1.00)	RSFI (0.55)	XAGEID (0.22)	
			CLNSIA (0.84)	LOC146481 (0.11)	
				UBQLNL (0.97)	
CNV	GSTM1 (0.05)	SERPINB3 (0.66)	CLNS1A (1.00)		
	C6orf57 (−0.91)	SERPINB4 (−0.74)			
	COL9A1 (−0.38)	LGALS7B (0.16)			
	C14orf39 (0.08)				
DM	LOC100128675 (0.12)		UBQLNL (0.98)		
			DDX3Y (−0.18)		

残差效应

	#6 (−0.24)	#7 (0.18)	#8 (0.04)	#9 (0.02)	#5 (−0.04)
GE	ZNHIT2 (−0.06)	GPR150 (−0.06)	GGT3P (−0.03)	LOC647859 (0.03)	NARS (0.09)
	EIFE3IP1 (−0.03)				
CNV	NCRNA00185 (−0.12)	HLA.DRB5 (−0.11)	BTNL3 (−0.05)	LOC146481 (0.06)	RNLS (−0.09)

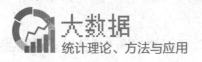
续表

残差效应

GOLGA8B (−0.07)	DLGAP2 (−0.05)	LOC349196 (−0.03)	COL21A1 (0.08)	SFRP1 (0.00)
GNMT (0.01)	ABCB5 (−0.09)	CFTR (−0.11)	CTSW (0.04)	NELL1 (0.12)
FAM178B (−0.02)				
DM	GSTT2 (0.32)	VENTX (−0.03)	SDHAP2 (0.00)	TMSB4Y (−0.07)	RPS4Y1 (0.07)

注："()"中的值为估计回归系数或者载荷。

表 2.4.4 TCGA 皮肤黑素瘤数据分析：基于所提出方法的被识别标记

线性调控模块

线性调控模块	♯1 (0.001)	♯2 (0.06)	♯3 (0.02)
CE	SLFN12 (−1.00) HTATSFl (−0.07)	CLDN6 (1.00)	PGC (−0.16) CYP24A1 (−0.54) CA10 (0.82) IDS (−0.09) SPINK4 (0.87) CCL11 (0.19) CHRFAM7A (−0.12) PPP2R3C (−0.43)
DM	BCAR4 (−0.15) SLFN12 (0.99) CPB2 (−0.08)	CLDN6 (−0.99) AKRIC2 (0.16)	

LRhl	♯4 (−0.06)	♯5 (−0.06)
CE	PRAME (0.20) ZNF695 (0.98)	FCGR1C (0.12) KLHL9 (0.98) ATG4A (0.14)
CNV	MSLN (0.09)	
DM	ZNF695 (0.99) GKN2 (−0.05)	KLHL9 (1.00)

续表

		残差效应	
CE	GSTM1 (0.04)	RPS28 (−0.08)	HISTIH2BH (0.21)
	DEFA1B (−0.03)	FLG (−0.01)	LOC388692 (−0.03)
	TIMM17B (0.04)	SPACA5 (0.05)	
CNV	KLRC2 (0.071)	TP53TG3B (0.03)	CTAGE6 (0.25)
	SERPINB3 (−0.14)	CYP24A1 (−0.01)	AKR1C1 (0.05)
	EIF31P1 (−0.01)	CEACAM5 (0.06)	TFF1 (0.07)
	MUC5B (−0.08)		

注:"( )"中的值为估计回归系数或数据者载荷。

表 2.4.5　TCGA 皮肤黑素瘤和肺腺瘤数据分析:基于 200 次随机抽样数据计算出的 C 指标的均值(标准差)

整合分析	# of LR.Ms	子矩阵大小	皮肤黑素瘤数据	肺腺癌数据
整合分析	150	25	0−801 (0.018)	0.752 (0.020)
	150	50	0.801 (0.018)	0.751 (0.020)
	150	100	0.797 (0.017)	0.751 (0.020)
	300	25	0.803 (0.018)	0.752 (0.020)
	300	50	0−802 (0.018)	0.751 (0.020)
	300	100	0−803 (0.018)	0.749 (0.020)
Lasso-Joint	—	—	0.750 (0.020)	0.746 (0.018)
Lasso-Separatc (x)	—	—	0.748 (0.019)	0.749 (0.018)
Lasso-Separate (z)	—	—	0.746 (0.020)	0.745 (0.018)
CollReg	—	—	0.753 (0.019)	0.750 (0.019)
RSF	—	—	0.760 (0.019)	0.743 (0.019)

我们识别了 CDKN2B 基因,这个基因被证实和多种癌症种类有关系。一个最近的研究表明,p15(由 CDKN2B 基因编码)的缺失在良性的痣中会促使皮肤癌发生(McNeal et al.,2015)。人类白细胞抗原(HLA)II 族基因,包括 HLA-DRB1 和 HLA-DRB5,能够调控皮肤癌病人中细胞活素的产生,这种机制也可以帮助确定疾病复发的风险(Campoli,Ferrone,2008)。另外一个生物标示——真核翻译延长因子 alpha1 已经被发现会抑制 p53-,p73-和化疗导致的细胞凋亡。Wit et al. (2002) 在皮肤癌中发现了高表达水平的 eEF1A1 基因。锌指状结构的蛋白质,比如 ZNF630,作用于能粘贴在 DNA 和 RNA 上的交互分子,以及可以替换某些蛋白质的粘贴特异性的交互分子。多种多样的锌指状结构的蛋白质已经被发现和皮肤癌有关。在模块 4 中,RGS1 是一个皮肤癌的分子预测标示。一个增加的 RGS1 表达和减少的无复发生存时间的重要联系已经被发现(Rangel et al.,2008)。在模块 4 中,TYPRP1 和远距离的无转移的生存时间、总体生存时间、Breslow 粗度有联系(Journe et al.,2011)。这些联系已经被独立地验证过了。

我们所识别的线性调控模块也是很有意义的。我们观察到在模块中同一基因的几对不同的测量值,这提供了一个对线性调控模块的自然解释。我们注意到,这样一个结构可能不会被简单的共同模型所识别。另外,在模块 7 中的测量值与一些基因是高度富集的。这些基因的表达在转移的恶性皮肤癌细胞中被抑制,这是通过 FDR 调整 p 值<0.02 与原发性肿瘤进行对比得到的。FDR 是利用博德研究所平台下的 MSigDB 得到的。一些新发现的皮肤癌标示可通过我们的方法识别,包括两个丝氨酸蛋白酶抑制物(在模块 2 中的 SERPINB3,SERPINB4),而且这两个均与细胞丝裂原活化蛋白激酶(MAPK)信号有关(Mauerer et al.,2011)。

除了提出来的方法,我们也用了其他在模拟实验中描述过的有竞争力的方法和随机生存森林方法(RSF)。详细的结果见表 2.4.6,表 2.4.7 和表 2.4.8。不同的方法导致了不同的识别和估计。我们也计算了 C 指标总结统计量(ISIS 方法除外,因为它并不生成预测模型),所提出的方法具有稍好的预测表现。

表 2.4.6　TCGA 皮肤黑素瘤数据分析:基于 Lasso-Joint 和 Lasso-Separate 的被识别标记

Lasso Joint		
CE	CNV	DM
RPS4Y1 (−0.42)	NCRNA00185 (−0.14)	SLC30AS (0.10)
XIST (0.80)	HLADRB5 (−0.17)	PRKY (0.13)
DDX3Y (−0.50)	RPL23AP7 (−0.08)	APEX2 (0.58)
SFN (−0.03)	PAPSS2 (0.00)	TMSB4Y (−0.05)
TF (0.04)	LOC146481 (0.05)	RPS4Y1 (0.05)
PCSK2 (−0.12)	RNLS (−0.11)	GSTT2 (0.13)

续表

Lasso Joint		
CE	CNV	DM
LRRTM4 (0.09)	GOLGASB (−0.03)	VENTX (−0.06)
ZNHIT2 (−0.04)	DLCAP2 (−0.04)	LOC154761 (0.00)
CDKN2A (−0.01)	C6orf58 (0.01)	
CDKN2B (−0.10)	GNMT (0.11)	
HLADQBl (−0.03)	ABCB5 (−0.12)	
CHRFAM7A (−0.07)	CFTR (−0.06)	
UBQLNL (0.05)	CTSW (0.09)	
CLEC4C (0.02)	NELL1 (0.02)	
RSF1 (0.15)	FAM178B (−0.01)	
C6orf57 (0.37)		
SERHL (0.00)		
EIF3IP1 (−0.04)		
Lasso-Separate		
CE	CNV	DM
XIST (0.89)	NCRNAOOI85 (−0.46)	SLC30AS (0.18)
PAEP (−0.02)	HLA.DRB5 (−0.12)	ALDHIAl (−0.06)
DDXZY (−1.16)	CDKN2B (−0.03)	PRKY(0.21)
SFN (−0.01)	RPL23AP7 (−0.01)	APEX2 (1.00)
VCF (0.00)	LOC14648I (0.03)	OCA2 (−0.08)
PCSK2 (−0.11)	R.NLS (−0.19)	TISE4Y (−0.12)
LRRTM4 (0.12)	LOC349196 (−0.13)	RPS4Y1 (0.26)
ZNHIT2 (−0.01)	C60rt38 (0.01)	CSTT2 (0.19)
LDHC (0.02)	COL9A1 (0.08)	VENTX (−0.07)
CDKN2B (−0.22)	COL21A1 (0.08)	
HLADQB1 (−0.05)	AECE5 (0.00)	
CHRFAM7A (−0.09)	CTSW (0.20)	
ZNF630 (0.01)	CDH1 (0.02)	
UBQLNL (0.13)	NELL1 (0.12)	
NARS2 (0.01)	LRP2 (−0.02)	
RSF1 (0.24)		
CLN8 (−0.01)		
C6orf57 (0.57)		
SERHL (−0.10)		
EIF3IP1 (−0.03)		
FTO (0.00)		

注:"()"中的值为估计回归系数或者载荷。

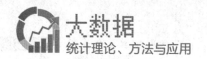
表 2.4.7　TCGA 肺腺癌数据分析:基于 Lasso-Joint 和 Lasso-Separate 的被识别标记

Lasso-Joint		
GE	CNV	DM
CLDNO (0.12)	KLRC2 (0.16)	CTSW (0.00)
LORMAD1 (−0.11)	TP53TG3B (0.13)	C6 (−0.06)
CLDN10 (0.04)	DEFAIB (0.01)	SLFFJ12 (0.15)
RPS28 (−0.09)	CATSPER2 (0.04)	LOC145837 (0.11)
CA10 (0.18)	VCX (−0.03)	SLCO1B3 (−0.04)
ZNF695 (0.10)	LOC154761 (0.02)	KLHL9 (0.12)
HIST1H3D (0.06)	CTAGE6 (0.25)	
HIST1H2BH (0.22)	SERPINB3 (−0.13)	
DEFA1B (−0.04)	CYP24A1 (−0.03)	
C14orf39 (0.01)	AKR1C1 (0.05)	
LOC653786 (0.11)	CEACAM15 (0.05)	
CCL4 (−0.01)	HNF4A (−0.01)	
LOC388692 (−0.07)	MUC5B (−0.14)	
PLP2 (0.01)		
KLHL9 (−0.00)		
OR1J4 (−0.01)		
SPACA5 (0.02)		
ZBTB33 (−(J.lU)		
Lasso-Separate		
GE	CNV	DX1
CLDN6 (0.03)	CTAGE6 (0.18)	EIF3IP1 (−0.01)
HISTIH2BH (0.08)	SERPINB3 (−0.09)	SLFN12 (0.02)
	SLC14A2 (−0.02)	
	AKRIC1 (0.02)	
	CEACAM5 (0.09)	
	PCP4 (0.04)	
	OR5681 (−0.04)	
	PGK1 (0.01)	

注:"( )"中的值为估计回归系数或者载荷。

表 2.4.8　TCGA 皮肤黑素瘤和肺腺癌数据分析:基于 ISIS 的被识别标记

	GE	CNV	Dhl
皮肤黑素瘤	RPS4Y1	NCRNA00185	LACE3
	XIST	DDX3Y	APEX2
	DDX3Y	EIFIAY	LOC11511C
	KDM5D	KIR2DS4	KDM5D

续表

	GE	CNV	Dhl
	EDN3	THOC3	
	ZFY		
	BCAN		
	TTTY5		
	HNF4G		
	TMSB4Y		
	HLA.DQB1		
	UBQLNL		
	SIRPB1		
肺腺癌	GSTX11	KLRC2	GSTM1
	HIST1H3D	LOC154761	CTSW
	HIST1H2BH	SERPINB5	FCGR2C
	FLG	SERPINB3	
	HIST1H4E	ZNF382	
	INSM2	CEACAM5	
	HIST1H3F	MUC6	
	KLHL9	OR5681	
		CALCA	

2.4.5　小结

多维数据具有广泛性和全面性,在癌症研究中显得越来越重要和流行。一个正则化的标示选择和估计方法被提出,这种方法链接了多种类型的组学数据和癌症结果变量。这种方法被多种机制调控基因表达的方针所引导,能够有效地适应潜在的生物背景。我们所提出的方法考虑基因表达中的组关系,因此优于一些基因表达分解方法。模型中包含残差效应也是创新之处,具有良好的生物解释。也有可能通过其他方法构建线性调控模块,比如稀疏性典型相关分析、稀疏性偏最小二乘等。与这些方法进行比较也是有意义的,但是超出了本节的研究范围。在模拟研究中,我们所提出的方法和其他相关方法相比,展现出了非常优秀的标示识别性能。在实际数据分析中,我们的方法所找到的标示不同于那些已有的方法。而且这些被识别的生物标示具有重要的生物意义以及令人满意的预测结果。

本项研究不可避免地具有局限。在模拟多组学测量值的时候,所建模型可能不是最全面、最准确的。然而,当前模型提供了一个合理的,计算上可行的解决方法,所得到的模型同等地处理了三种效应,这三种效应的解释受 Zhao et al.(2015)

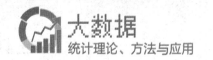
这篇论文所启发。我们的模型也可对 GE 和调控因子进行不同等地处理。另外，我们也可以考虑更一般的非线性效应，只需让 $y \sim \phi(x^{\mathrm{T}}V, \tilde{x}, \tilde{z})$。我们提出的模型有多重的参数，它们可以通过一些主观的方式来进行确定。在数据分析和在最后一步惩罚性选择的过程中所描述的灵敏度分析能够很大程度上减少这种主观性。我们也提供了具有启发性的理论验证。更多、更严谨的验证可能会出现在今后的研究中。在数据分析中，我们提出的方法找到了一些有意义的发现，这需要验证性的研究来支持。

2.5　多亚型癌症预后数据整合分析

2.5.1　引言

在癌症研究中，关于预后相关基因/单核苷酸多态性的分析研究已经广泛开展。癌症具有多样性，而且同种癌症的不同亚型通常都有相关的不同的预后模式和不同的基因/单核苷酸多态性。本节的想法主要源自一组具有异质性、多个亚型恶性肿瘤、从不活跃到扩散形态的 NHL（非霍奇金淋巴瘤）实例数据。不同亚型的 NHL 存在很大差异性（Zhang et al. ,2011）。另一方面，有证据表明这些亚型具有共同的易感基因。更多的细节将会在第 2.5.5 节给出。本节所提出的方法也可以适用于多种类型的癌症分析。由多种癌症或者多个亚型同种癌症所确定的共同易感基因通常具有更重要的意义，而其他的特定类型的基因可以用于确定不同种类的癌症（Rhodes et al. ,2004;Goh,Choi,2012）。

现有处理多种亚型癌症数据的方法大多是首先分析每个亚型，然后比较结果。关于对 NHL 的处理可以参考 Han et al. (2010) 和 Ma et al. (2010)。这种策略属于经典的元分析框架。高维数据，例如 SNP（单核苷酸多态性）数据，其中的各个亚型数据具有"大 d 小 n"的特性，即样本数量 n 比单核苷酸多态性维数 d 小得多。由于样本数量较小，传统分析所确定的易感基因或 SNP 通常难以让人满意。最近的研究表明，当多个数据集（在本研究中多个亚型）具有重叠的易感性基因/SNP时，同时分析多个原始数据的综合数据处理方法通常优于单个数据集和经典元分析方法的结果（Liu et al. ,2014;Ma et al. ,2009;Ma et al. ,2012）。

我们的目标是分析多个癌症亚型数据，并确定与预后相关的基因。多个数据集的遗传基础可以用两个模型来描述：同构性模型假设所确定的功能单元（基因或

SNP)与所有的数据集的预后(Liu et al.,2012)相关联;异构性模型则假设一条基因或 SNP 仅在一些数据集中与预后相关联。因此异构性模型更具有一般适用性。由于复杂性,异构性模型目前研究较少。相比现有的关于基因表达数据的研究,本研究更为复杂。

多个 SNP 可对应于相同基因,适用于"SNP-基因"结构很重要,而且还要允许对应于相同基因的 SNP 具有不同的效应。唯一可行的处理此类数据的方法见 Ma et al. (2012),他们采用阈值的方法来确定标记。该阈值方法没有一个明确定义的目标函数,其性质也尚未建立。此外,相比惩罚方法来说,它需要调整更多的参数。本节的另一个亮点是关于 NHL 预后数据的分析,这可能为深入了解该致命疾病的遗传基础提供新的视角。

关于多个癌症亚型数据的整合分析是具有挑战性的。在一些研究中,亚型的信息可能是部分的,甚至是错误的。此外,亚型的定义还在持续发展中。关于 NHL 请参考 Zhang et al. (2011)的相关讨论。当存在很多亚型的时候,我们需要从中选择感兴趣的亚型,并考虑数据的质量、样本大小、流行病类型等因素。这些问题的确存在一定的重要性和难度。本节我们将侧重于新分析方法的讨论,并参考其他文献的相关讨论。

2.5.2　基于异构性模型的整合分析

1. AFT 模型和加权最小二乘估计

假设某种癌症包含 M 种亚型,每个亚型包含 n^m 个独立样本,总样本个数为 $\sum_{m=1}^{M} n^m$。对于每个亚型 m,标记 T^m 为对数失效时间,并定义 $\boldsymbol{X}_0^m$ 为长度为 d 的向量。下标"0"用于区分原始协变量和加权协变量(下文有定义)。假设所有亚型包含的协变量全部相同。在 2.5.3 节中,我们将采用重缩放方法来调整协变量集合。

对于第 m 个亚型的第 i 个样本,假定 AFT 模型为

$$T_{(i)}^m = \beta_0^m + (\boldsymbol{X}_{0(i)}^m)^{\mathrm{T}} \boldsymbol{\beta}^m + \varepsilon_{(i)}^m,$$

其中 β_0^m 是截距项,$\boldsymbol{\beta}^m \in \mathbb{R}^d$ 是回归系数向量,$\varepsilon_{(i)}^m$ 为误差项,$i=1,\cdots,n^m$。在右删失情形下,我们观察到的数据为 $(Y_{0(i)}^m, \delta_{(i)}^m, \boldsymbol{X}_{0(i)}^m)$,其中 $Y_{0(i)}^m = \min\{T_{(i)}^m, C_{(i)}^m\}$,$C_{(i)}^m$ 为对数删失时间,$\delta_{(i)}^m = I\{T_{(i)}^m \leqslant C_{(i)}^m\}$ 是事件指示变量。

定义 $\hat{F}^m$ 为 T^m 的分布函数 F^m 的卡普兰-梅尔估计,即

$$\hat{F}^m(y) = \sum_{i=1}^{n^m} \omega_i^m I\{Y_{0(i)}^m \leqslant y\},$$

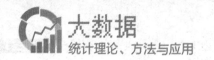

其中 ω_i^m 是第 i 个卡普兰-梅尔估计,计算公式为

$$\omega_1^m = \frac{\delta_{(1)}^m}{n^m}, \quad \omega_i^m = \frac{\delta_{(i)}^m}{n^m - i + 1} \prod_{j=1}^{i-1} \left(\frac{n^m - j}{n^m - j + 1} \right)^{\delta_{(j)}^m}, \quad i = 2, \cdots, n^m。$$

$Y_{0(1)}^m \leqslant \cdots \leqslant Y_{0(n^m)}^m$ 是 Y_0^m 的次序统计量,$\delta_{(1)}^m, \cdots, \delta_{(n^m)}^m$ 是相关的事件变量。类似地,$\boldsymbol{X}_{0(1)}^m, \cdots, \boldsymbol{X}_{0(n^m)}^m$ 是有序的 $Y_{(i)}^m$ 相关协变量。Stute(1996)提出最小化加权最小二乘目标函数

$$L^m(\beta_0^m, \boldsymbol{\beta}^m) = \frac{1}{2} \sum_{i=1}^{n^m} \omega_1^m \left[Y_{0(i)}^m - \beta_0^m - (\boldsymbol{X}_{0(i)}^m)^{\mathrm{T}} \boldsymbol{\beta}^m \right]^2。$$

令

$$\bar{\boldsymbol{X}}_\omega^m = \sum_{i=1}^{n^m} \omega_i^m \boldsymbol{X}_{0(i)}^m \bigg/ \sum_{i=1}^{n^m} \omega_i^m, \quad \bar{Y}_\omega^m = \sum_{i=1}^{n^m} \omega_i^m Y_{0(i)}^m \bigg/ \sum_{i=1}^{n^m} \omega_i^m,$$

$$\boldsymbol{X}_{\omega(i)}^m = (\omega_i^m)^{1/2} (\boldsymbol{X}_{0(i)}^m - \bar{\boldsymbol{X}}_\omega^m), \quad Y_{\omega(i)}^m = (\omega_i^m)^{1/2} (Y_{0(i)}^m - \bar{Y}_\omega^m)。$$

利用加权删失数据,截距项为 0,继而目标函数变为

$$L^m(\boldsymbol{\beta}^m) = \frac{1}{2} \sum_{i=1}^{n^m} (Y_{\omega(i)}^m - \boldsymbol{X}_{\omega(i)}^{m\mathrm{T}} \boldsymbol{\beta}^m)^2。$$

假设 M 个亚型数据之间是相互独立的。总体目标函数为

$$L(\boldsymbol{\beta}) = \sum_{m=1}^{M} L^m(\boldsymbol{\beta}^m), \quad 其中 \boldsymbol{\beta} = ((\boldsymbol{\beta}^1)^{\mathrm{T}}, \cdots, (\boldsymbol{\beta}^M)^{\mathrm{T}})^{\mathrm{T}}。$$

AFT 模型族包含许多具有不同误差分布的模型,为了增加灵活性,我们假定误差分布未知。在现有可行的估计方法中,Stute 的方法采用相对简单的加权最小二乘估计方法,具有计算成本相比较低的优点。这也是该方法得到广泛应用的一个原因。低维研究表明不同的估计方法具有不同的优势,并不存在一直最优型。对于高维数据来说,目前还缺少有效的模型诊断工具。采用 AFT 模型的原因在于其形式简单。我们将不同方法的比较放在后续研究中。

2. 异构性模型

由于不同亚型癌症存在显著不同的预后模式,所以同构性模型具有较强的局限性。异构性模型允许不同亚型癌症具有不同的异感基因/SNPs,它包含了同构性模型,因此异构性模型更加灵活。

考虑一项包含 3 种亚型和对应于 4 条基因的 8 条 SNP 的研究(见表 2.5.1)。基因 1 与所有 3 种亚型的预后相关联;基因 2 与前两个亚型相关联,但不与第 3 个亚型关联;基因 3 只与第 3 个亚型相关联;基因 4 不与任何亚型关联。在表 2.5.1 中,我们呈现了异构性模型、整合分析的回归系数,其中与预后无关的基因/SNP 的回归系数为零。

表 2.5.1　3 种亚型 4 种基因 8 条 SNP 研究的回归系数

基因	SNP	亚型		
		S1	S2	S3
1	1_1	0.20	0.19	0.21
	1_2	0.22	−0.19	−0.21
2	2_1	0.18	0.21	
	2_2	−0.21	−0.21	
3	3_1			0.21
	3_2			−0.18
4	4_1			
	4_2			

注:表格中的空代表系数为 0。

　　惩罚标记选择相当于识别模型的稀疏结构,即识别非零的模型参数。对于一个重要的基因/SNP(如 SNP1_1),不同癌症亚型的回归系数具有差异性。在这项研究中,我们的目标是识别包含与预后相关的 SNP 的基因。在一个重要的基因内,我们不再做进一步的变量选择。

　　因此,同一基因内部的 SNP 要么全部被选中,要么全部被删去。这种策略由 Ma et al.(2012)提出。一种替代策略是识别出重要基因以及被选择基因中重要的 SNP。然而,如将在 2.5.3 节评论中讨论的那样,它可能带来复杂性和高计算成本。

2.5.3　标示识别

1. 基于惩罚的估计

　　假定 d 个 SNP 属于 J 条基因,为了部分匹配基因集合,不失一般性,我们假设只针对前 M_j 个亚型进行了基因 j 的测量。标记 d_{jm} 为第 j 基因和第 m 亚型的 SNP 个数,对应回归系数为 $\boldsymbol{\beta}_j^m = (\beta_{j1}^m, \cdots, \beta_{jd_{jm}}^m)^\mathsf{T}$。下标 m 用于匹配相同基因下的 SNP 集合。$\boldsymbol{\beta}_j = ((\boldsymbol{\beta}_j^1)^\mathsf{T}, \cdots, (\boldsymbol{\beta}_j^{M_j})^\mathsf{T})^\mathsf{T}$ 包含所有 SNP 在所有亚型基因 j 下的回归系数。为了保证"SNP 属于基因"结构和局部匹配的 SNP/基因集合,这里的记号比 2.5.2 节更为复杂。另外我们记 $\boldsymbol{\beta} = ((\boldsymbol{\beta}_1)^\mathsf{T}, \cdots, (\boldsymbol{\beta}_J)^\mathsf{T})^\mathsf{T}$。

　　考虑如下惩罚估计 $\hat{\boldsymbol{\beta}} = \mathrm{argmin}\{L(\boldsymbol{\beta}) + P_{\lambda_n, Y}(\boldsymbol{\beta})\}$,$\hat{\boldsymbol{\beta}}$ 的非零估计代表相应基因 (SNP) 和不同癌症亚型预后的关联性。考虑如下惩罚函数:

$$P_{\lambda_n, Y}(\boldsymbol{\beta}) = \lambda_n \sum_{j=1}^{J} c_j \left(\sum_{m=1}^{M_j} \sqrt{d_{jm}} \parallel \boldsymbol{\beta}_j^m \parallel \right)^\gamma, \tag{2-5-1}$$

其中 $\lambda_n > 0$ 是基于数据选择的调节参数,$c_j \propto M_j^{1-\gamma}$ 是常数并且局部匹配基因集

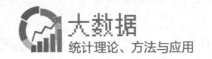
合，$\|\cdot\|$ 是 l_2 范数，$0<\gamma<1$ 是固定的桥型参数。上述惩罚可以较好地解决我们面临的数据问题和模型特征。

在我们的分析中，基因是基本功能单元。惩罚包括 J 个个体的总和，每条基因惩罚为 1。对于某个特定的基因，选择分两步进行。第一步确定其是否与任何亚型相关联。该步可以通过桥型惩罚实现。对于至少包含一种亚型的癌症，第二步为确定其与哪些亚型癌症相关联。这一步通过使用 Lasso 惩罚来实现。两个惩罚的混合可以达到预期的选择效果。多个 SNP 可以对应于相同的基因。第 m 亚型的第 j 基因的效果用长度为 d_{jm} 的向量 $\boldsymbol{\beta}^m$ 来表示。这里惩罚为 $\boldsymbol{\beta}_j^m$ 的二次模范数。在每个选取的基因中，不进一步筛选 SNP。如果一条基因被视为重要的，则所有 SNP 都被看作重要。

2. 评论

在目前的文献中，唯一可以处理此类问题的方法出现在 Ma et al.（2012）的文章中，其中采用阈值法进行标记选择。但是目前这种方法的统计特性还未建立。另外，2.5.2 节的数值模拟表明，本研究所提出的方法要好于阈值方法。现有的惩罚方法在此处并不适用，例如 Group bridge（Huang et al.，2009）方法，Group MCP（Liu et al.，2014），以及其他现有的两层复合惩罚选择方法。这些方法通常被应用到基因表达数据，来解决高维基因表达具有稀疏性的问题。另外，在当前异构性模型下，基于组惩罚的综合分析的统计特性还未完全建立。Tree-guide Group Lasso（Kim，Xing，2010）和其他相关方法也被应用到多个数据集问题中。然而，它们通常假设分析结果具有自然的树型结构，这一结构在本研究中并未提及。另外，在当前设置下它们的统计特征也并没有完全阐释清楚。由于它们适用 Lasso 类型的惩罚，我们可以推测它们可能并不能建立估计的一致性特性。

由于一个重要的基因中可能包含具有噪声的 SNP，所以我们可以把当前方法拓展到第三个层次，也就是基因内部 SNP 的选择。一个可行性的方法就是把 l_2 范数改为 l_1 范数（Lasso）或者其他惩罚，例如桥惩罚或者 MCP。这种拓展的一个优点是可以除去噪声，并且使得模型进一步简单化。然而，这种方法会显著增加计算的复杂性，因为 Lasso（或者桥，MCP）惩罚不可微。另外，在这种数据类型下，甄别基因比甄别单个 SNP 更加容易。此外，SNP 数据最多在三层结果里面呈现稀疏特性。癌症研究中单个 SNP 的效果通常较弱。我们未发表的数据研究显示，为了获得令人满意的 SNP 级别的选择，我们需要更大数量的样本。如果有必要的话，我们可以在识别出来重要基因后再采用下游分析方法识别重要基因内部的 SNP。这里我们承认基因内部选择的可行性，但在此处讨论中暂不具体实施。

3. 算法

对于第 m 个亚型，我们把 $\sqrt{n}\,(Y_\omega^m)^{\mathrm{T}}$ 视为 $(Y^m)^{\mathrm{T}}$，$\sqrt{n}\,X_\omega^m$ 视为 X^m。同时我们还定义 $Y=((Y^1)^{\mathrm{T}},\cdots,(Y^M)^{\mathrm{T}})^{\mathrm{T}}$，$X=\mathrm{diag}(X^1,\cdots,X^M)$。记 X_j 为对应于 β_j 的 X 的子矩阵。继而我们有

$$L(\boldsymbol{\beta})=\sum_{m=1}^{M}\frac{1}{2}(Y_\omega^m-(X_\omega^m)^{\mathrm{T}}\boldsymbol{\beta}^m)^2=\frac{1}{2n}\left\|\,Y-\sum_{j=1}^{J}X_j\boldsymbol{\beta}_j\,\right\|^2\text{。}\tag{2-5-2}$$

惩罚目标函数为

$$\frac{1}{2n}\left\|\,Y-\sum_{j=1}^{J}X_j\boldsymbol{\beta}_j\,\right\|^2+\lambda_n\sum_{j=1}^{J}c_j\left(\sum_{m=1}^{M_j}\sqrt{d_{jm}}\,\|\,\boldsymbol{\beta}_j^m\,\|\right)^{\gamma}\text{。}\tag{2-5-3}$$

此外，我们还定义

$$S(\boldsymbol{\beta},\boldsymbol{\theta})=\frac{1}{2n}\left\|\,Y-\sum_{j=1}^{J}X_j\boldsymbol{\beta}_j\,\right\|^2+\sum_{j=1}^{J}\theta_j^{1-1/\gamma}c_j^{1/\gamma}\sum_{m=1}^{M_j}\sqrt{d_{jm}}\,\|\,\boldsymbol{\beta}_j^m\,\|+\tau_n\sum_{j=1}^{J}\theta_j,$$

$$\tag{2-5-4}$$

其中 $\boldsymbol{\theta}=(\theta_1,\cdots,\theta_J)^{\mathrm{T}}$，$\tau_n$ 为惩罚函数。

性质 2.5.1　如果 $\lambda_n=\tau_n^{1-\gamma}\gamma^{-\gamma}(1-\gamma)^{\gamma-1}$，那么 $\hat{\boldsymbol{\beta}}$ 使得 (2-5-4) 式最小当且仅当 $(\hat{\boldsymbol{\beta}},\hat{\boldsymbol{\theta}})$ 最小化 $S(\boldsymbol{\beta},\boldsymbol{\theta})$，使得对于所有 j 都有 $\theta_j\geqslant0$。

证明参见补充材料（2.5.7 节）。我们可以通过交互迭代 $\boldsymbol{\beta}$ 和 $\boldsymbol{\theta}$ 来求解函数 S $(\boldsymbol{\beta},\boldsymbol{\theta})$。对于固定的 $\boldsymbol{\theta}$ 来说，$\boldsymbol{\beta}$ 有较为简单的显示表达式；对于固定的 $\boldsymbol{\theta}$ 来说，优化 $\boldsymbol{\beta}$ 相当于带权重的 Group Lasso 问题，该问题已有现成的解决方法。基于上述认识，我们提出以下算法：

第一步　定义 $\boldsymbol{\beta}^{(0)}$ 为初始估计。在我们的数值模拟中，初始值的选取对最终结果并没有太大影响。更多的讨论可以参见 2.5.4 节。简单起见，可设 $\boldsymbol{\beta}^{(0)}$ 的所有元素为 0.01。同时定义 $s=0$。

第二步　$s=s+1$，并计算

$$\theta_j^{(s)}=c_j\left(\frac{1-\gamma}{\gamma\tau_n}\right)^{\gamma}\left(\sum_{m=1}^{M_j}\sqrt{d_{jm}}\,\|\,\boldsymbol{\beta}_j^{m(s-1)}\,\|\right)^{\gamma},\tag{2-5-5}$$

$$\boldsymbol{\beta}^{(s)}=\mathrm{argmin}_{\boldsymbol{\beta}}\left\{\frac{1}{2n}\left\|\,Y-\sum_{j=1}^{J}X_j\boldsymbol{\beta}_j\,\right\|^2+\sum_{j=1}^{J}(\theta_j^{(s)})^{1-1/\gamma}c_j^{1/\gamma}\sum_{m=1}^{M_j}\sqrt{d_{jm}}\,\|\,\boldsymbol{\beta}_j^m\,\|\right\}\text{。}$$

$$\tag{2-5-6}$$

第三步　重复第二步直到收敛。

在上述算法中，我们使用固定的初始值。使用热启动方法可能会更加高效。在所有计算过程中，$\boldsymbol{\beta}^{(s)}$ 计算最为复杂，这里我们采用组坐标下降算法（Huang et al.，2012a），其收敛性可以参考 Tseng（2001）。由于每次迭代都会使得该非负目标

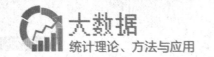
函数下降,所以总体收敛性可以得到保证。然而,由于组桥惩罚并不是凸的,该算法可能会收敛到一个基于初始值的局部最小值。对于基因 j 来说,如果在第 s 步中没有被选中,则 $\theta_j^{(s+1)},\theta_j^{(s+2)},\cdots$ 都会是 0,且这条基因不会再被选中。所以被选择基因的集合不是递增的。该算法的数值性质被呈现在 2.5.4 节。该程序的 R 代码可以在 https://works.bepress.com/shuangge/45/ 网页下载([引用时间 2019-3-21])。

4. 调整参数调节

在桥类型惩罚中,γ 通常是固定的。理论上讲,不同数值的 γ,只要属于 $(0,1)$ 区间,都会产生类似的渐近结果。在数值模拟中,当 $\gamma \to 1$ 时,桥估计近似于 Lasso 估计。另外一方面,当 $\gamma \to 0$ 时,它近似于 AIC/BIC 惩罚估计。数值模拟中,我们使用不同的 γ ($=0.5,0.7,0.9$)。λ_n 的效果跟其他常见惩罚模拟的效果类似。当 $\lambda_n \to \infty$ 时,越少的基因/SNP 会被选中。

我们使用 BIC 来选择调整参数。具体来说,对于固定的 γ,最优的 λ_n 通过最小化 $\mathrm{BIC}(\lambda_n) = \ln(\| \boldsymbol{Y} - \boldsymbol{X}\hat{\boldsymbol{\beta}}(\lambda_n) \|^2/n) + \ln(n)\mathrm{d}f(\lambda_n)/n$ 来获得。这里我们使用记号 $\hat{\boldsymbol{\beta}}(\lambda_n)$ 来突出 $\hat{\boldsymbol{\beta}}$ 关联于 λ_n。一个近似的自由度估计为

$$\widetilde{d}f(\lambda_n) = \sum_{j=1}^{J}\sum_{m=1}^{M_j} I(\| \hat{\boldsymbol{\beta}}_j^m \| > 0) + \sum_{j=1}^{J}\sum_{m=1}^{M_j} \frac{\| \hat{\boldsymbol{\beta}}_j^m \|}{\| \hat{\boldsymbol{\beta}}_j^{mLS} \|}(d_{jm} - 1),$$

其中 $\hat{\boldsymbol{\beta}}_j^{mLS}$ 通过只使用第 j 条基因和第 m 个亚型来拟合 AFT 模型获得(最小二乘法)。性质 2.5.1 说明,在数值结果上,此方法可以转化为一系列加权 Group Lasso 估计,其中对调整参数的选择和自由度的研究可以参考 Yuan,Lin(2006)。上述方法受 Yuan,Lin(2006)以及其他一些文章的启发。我们还注意到,虽然该方法直观上具有合理性,但该调节参数的方法从理论层面上尚未证明。

5. 实用性考虑

对于实际例子来说,某些位点次等位基因频率可以是低的。这有可能会导致 Cholesky 分解产生的某些特征值十分小。在我们所提出的惩罚选择方法中,我们不进行基因-SNP 层面的选择。为了降低基因内部的维度,并解决共线性问题,我们采用基因内部的主成分分析(PCA)。具体地,我们首先选择使得总变异大于 0.9 的主成分进行分析,之后利用这些主成分,而不是原来的 SNP 测量结果,进行下游分析。这个步骤可保证相关矩阵的最小特征值不是太小,并且 Cholesky 分解是稳定的。

2.5.4 数值模拟

我们考虑三个数据集合,每一个数据集合代表不同的癌症亚型。每个数据集合包含 100 个样本。对于每个样本,包含 1 000 个 SNP 的基因型被模拟生成。这些数据首先从多元标准正态分布中产生,其中每个 SNP 值等于 0,1,或者 2,基于每个连续值是否小于 $-c$,属于 $[-c,c]$,以及大于 c,其中 c 是标准正态分布的第三个分位点。源自不同基因的基因型 j 和 k,具有相关系数 $0.2^{|j-k|}$。对于源自相同基因的基因型,我们考虑如下两种结构:

第一种 AR 相关系数结构,它的第 j 个和第 k 个基因的相关系数等于 $\rho^{|j-k|}$,其中 $\rho=0.2,0.5$ 以及 0.8。

第二种 带状相关系数结构,此处我们考虑三种情形。

情形 1 第 j 个和第 k 个基因的相关系数等于 0.2,如果 $|j-k|=1$;相关系数等于 0.1,如果 $|j-k|=2$;否则为 0。

情形 2 第 j 个和第 k 个基因的相关系数等于 0.5,如果 $|j-k|=1$;相关系数等于 0.25,如果 $|j-k|=2$;否则为 0。

情形 3 第 j 个和第 k 个基因的相关系数等于 0.6,如果 $|j-k|=1$;相关系数等于 0.33,如果 $|j-k|=2$;否则为 0。

另外,我们考虑如下情形的基因结构和非零回归系数:

情形 1 假设有 200 个基因,每个基因包含 5 个 SNP。

第一、二亚型的非零的回归系数为

$$(0.15,0.15,0.15,0.15,0.15,0.1,0.1,0.1,0.1,0.1,0.15,$$
$$0.15,0.15,0.15,0.15,0.1,0.1,0.1,0.1,0.1)。$$

第三亚型的非零的回归系数为

$$(0.1,0.1,0.1,0.1,0.1,0.15,0.15,0.15,0.15,0.15,0.15,$$
$$0.15,0.15,0.15,0.1,0.1,0.1,0.1,0.1)。$$

对于某个亚型,4 个基因的所有 SNP 的系数均非零。

情形 2 假设有 200 个基因,每条基因包含 5 个 SNP。

第一、二亚型的非零的回归系数为

$$(0.15,0.15,0.15,0.15,0.15,0.1,0.1,0.1,0.1,0.15,0.15,$$
$$0.15,0.15,0.15,0.1,0.1,0.1,0.1,0.1)。$$

第三亚型的非零的回归系数为

$$(0.1,0.1,0.1,0.1,0.1,0.15,0.15,0.15,0.15,0.15,0.15,$$

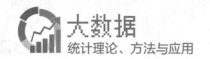
$0.15, 0.15, 0.15, 0.15, 0.1, 0.1, 0.1, 0.1, 0.1)$。

对于某个亚型,4 个(共 5 个)基因的所有 SNP 的系数均非零。

情形 3 假设有 7 个基因包含 20 个 SNP、11 个基因分别包含 10 个 SNP,3 个基因分别分别包含 6 个 SNP,144 个基因包含 5 个 SNP,3 个基因分别包含 4 个 SNP。

所有亚型的非零的回归系数为

$$(\underbrace{0.1, \cdots, 0.1}_{20}, 0.2, 0.2, 0.2, 0.2, 0.1, 0.1, 0.1, 0.1, 0.1,$$
$$0.15, 0.15, 0.15, 0.15, 0.15)。$$

对于每一个亚型来说,包含 20 个 SNP、4 个 SNP、5 个 SNP、6 个 SNP 的基因的所有 SNP 系数非零。

情形 4 基因的结构同情形 3。

所有亚型的非零的回归系数为

$$(\underbrace{0.1, \cdots, 0.1}_{15}, 0.2, 0.2, 0.2, 0.2, 0.1, 0.1, 0.1, 0.1, 0.1,$$
$$0.15, 0.15, 0.15, 0.15, 0.15)。$$

对于某个亚型来说,包含 20 个 SNP 的基因中有 15 个 SNP 系数非零,包含 4 个 SNP 的基因中有 3 个 SNP 系数非零,包含 5 个 SNP 的基因中有 3 个 SNP 系数非零,包含 6 个 SNP 的基因中有 5 个 SNP 系数非零。

情形 5 基因的结构同情形 3。非零系数等于在情形 3 的非零系数基础上添加服从均值为 0、标准差为 0.05 的正态分布的随机值。

情形 6 基因的结构同情形 5,只是包含 20 个 SNP 的基因中只有 5 个 SNP 的系数是非零的。在所有情况下,每个亚型的预后都与 4 条基因相关。在情形 1～4 下,每个非零回归系数都是固定的,而且同一基因所有重要的 SNP 都有相同的回归系数。在情形 5 和 6 下,每个非零回归系数都是随机生成的。在情形 1,3 和 5 下,所有重要基因的 SNP 都是重要的。在情形 2,4 和 6 下,部分重要基因中的 SNP 是噪声。我们考虑两种异构性模型。在第一种模型下,三种亚型有三个共同的易感基因,每一个亚型还有一个独特的易感基因。易感基因的未匹配率为 25%。在第二种模型下,三种亚型有两个共同的易感基因,每一个亚型还有两个独特的易感基因。易感基因的未匹配率为 50%。同构性模型可以看作是特殊的异构性模型,其中所有的三个亚型都包含相同的异感基因。

对数事件时间由 AFT 模型生成,其中截距项为 0.5,误差服从正态分布。对数删失时间源自均匀分布,并且与事件相互独立。我们通过调整对数删失时间的分布,使得整体删失比例为 45%。

该算法包括一个外部循环和一个内部循环(第二步又被称为重加权 group Lasso 的组坐标下降)。两个循环中我们都使用两次连续估计的 l_2 范数之差小于 0.001 作为收敛标准。对于内循环和外循环,在所有模拟数据中,该算法基本在 10 次迭代以内达到收敛,因此该算法具有可行性。例如,关于表 2.5.2 的模拟设置中,固定 λ_n 和 γ 后,普通电脑上每一次模拟每次循环大致需要 5 秒。该算法需要一个初始值。除了第 2.3.3 节中描述的初始值外,我们还以 $N(0,0.1)$ 和 $N(0, 0.01)$ 生成初始值。在表 2.5.2 和表 2.5.3 的设置下,我们在不同初始值下面比较估计结果。在两个模拟设置下,每次模拟包含 100 次的重复实验,不同初始值估计差值的 l_2 范数均值等于 9.5×10^{-4}。由此可以看出,我们提出的算法对初始值不敏感。在一次模拟实验中,基因的 l_2 范数关于迭代次数的关系参见图 2.5.1,从中我们可以看到选中的基因个数是非增的。

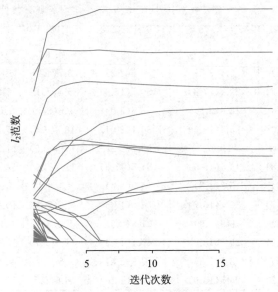

图 2.5.1   一次模拟的回归参数路径

注:Y 轴代表所有亚型估计基因的 l_2 范数,X 轴代表迭代次数,200 条线代表 200 条基因。

表 2.5.2   异构性模型模拟:未匹配率为 25%,非零回归系数见情形 1

相关关系	阈值交叉 验证法	阈值贝叶斯 信息准则法	组最小绝对压缩 与选择算子	参数选取		
				$\gamma=0.5$	$\gamma=0.7$	$\gamma=0.9$
AR$\rho=0.2$	6.9(5.5)	6.2(5.4)	5.7(2.4)	6.7(5.2)	7.4(4.6)	8.9(2.8)
	25.8(11.7)	22.9(10.5)	36.4(16.5)	9.5(7.6)	10.7(6.6)	20.1(6.3)
AR$\rho=0.5$	11.1(3.6)	10.6(3.6)	6.7(2.4)	10.7(3.0)	10.8(2.8)	11.0(1.9)
	33.6(20.1)	28.2(18.3)	39.7(19.3)	14.4(4.5)	14.7(4.0)	17.1(4.5)

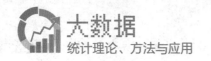

续表

相关关系	阈值交叉 验证法	阈值贝叶斯 信息准则法	组最小绝对压缩 与选择算子	参数选取		
				$\gamma=0.5$	$\gamma=0.7$	$\gamma=0.9$
ARρ=0.8	10.7(3.4)	10.9(3.3)	9.4(2.3)	12.0(0.2)	12.0(0.2)	11.9(0.2)
	31.9(10.6)	26.7(9.9)	50.2(19.3)	14.4(1.9)	14.6(1.9)	15.6(2.7)
带状 相关性 1	8.3(4.0)	8.5(3.5)	5.3(2.6)	7.8(5.0)	8.6(4.4)	8.9(3.6)
	33.1(7.8)	30.7(7.6)	33.8(16.2)	11.0(7.1)	11.9(5.9)	20.5(7.0)
带状 相关性 2	9.4(3.5)	8.8(3.5)	7.5(2.8)	10.6(3.3)	11.2(2.2)	11.3(1.7)
	36.7(19.3)	32.8(19.8)	45.5(21.7)	14.6(4.8)	15.5(3.7)	21.1(7.0)
带状 相关性 3	10.7(3.2)	10.2(3.1)	7.9(2.4)	11.5(1.9)	11.5(1.5)	11.6(1.1)
	35.4(16.3)	32.1(15.4)	44.2(17.7)	15.4(3.0)	15.4(2.7)	18.8(5.2)

注:每个格子中第一行代表选中的正确的基因个数(标准差),第二行代表模型大小(标准差)。

表 2.5.3 异构性模型模拟:未匹配率为 50%,非零回归系数见情形 1

相关关系	阈值交叉 验证法	阈值贝叶斯 信息准则法	组最小绝对压缩 与选择算子	参数选取		
				$\gamma=0.5$	$\gamma=0.7$	$\gamma=0.9$
ARρ=0.2	6.2(3.4)	6.4(3.2)	4.6(2.3)	3.7(4.1)	5.8(3.8)	8.3(2.1)
	24.7(18.2)	22.1(17.3)	30.7(16.9)	5.4(7.0)	10.3(6.9)	22.2(6.8)
ARρ=0.5	8.9(3.7)	8.6(3.3)	6.5(3.0)	9.6(3.5)	9.7(3.1)	10.1(2.3)
	27.5(20.0)	25.5(19.6)	36.1(20.1)	16.8(7.5)	17.2(6.9)	21.1(6.8)
ARρ=0.8	10.8(2.4)	11.0(2.2)	9.7(2.2)	11.5(0.9)	11.5(0.7)	11.6(0.7)
	49.2(16.8)	44.4(15.9)	54.5(17.5)	19.4(3.9)	18.4(4.9)	20.2(5.8)
带状 相关性 1	5.3(3.3)	5.2(3.3)	4.7(2.4)	4.4(4.1)	5.9(3.8)	7.7(2.9)
	33.6(16.7)	30.1(15.7)	34.5(17.6)	6.7(7.2)	10.8(7.7)	20.8(9.2)
带状 相关性 2	9.2(4.1)	9.9(3.9)	7.5(2.5)	8.4(3.9)	9.1(3.1)	10.0(1.7)
	41.4(18.3)	39.8(18.0)	47.1(19.4)	14.4(7.7)	15.9(6.1)	23.5(7.1)
带状 相关性 3	8.8(2.5)	8.7(2.5)	7.3(2.4)	9.5(2.9)	9.9(2.6)	10.1(2.2)
	30.9(19.2)	26.5(18.9)	43.2(19.6)	16.6(6.7)	17.7(5.9)	22.9(7.6)

注:每个格子中第一行代表选中的正确的基因个数(标准差),第二行代表模型大小(标准差)。

除了我们提出的方法外,我们还考虑阈值方法(Ma et al.,2012)以及元分析方法。阈值方法中我们使用 5 折交叉验证法来确定最优参数,这个方法又被称作"阈值交叉验证法"。另外,为了比较的公平性,我们考虑"阈值 BIC"方法来选择调整参数。在元分析方法中,每个亚型使用组最小绝对压缩与选择算子(GLasso)方法进行分析,其中一个组对应一个包含多个 SNP 的基因中的多个 SNP 相关联,之后我们将所有亚型中识别出来的基因合并在一个列表里。GLasso 方法在很多文献中都有使用,而且通常会作为标准方法被使用。我们的方法选取 $\gamma=0.5,0.7$ 和 0.9。100 次的模拟结果呈现在表 2.5.2,表 2.5.3 以及 Web 表 1-12(本章 2.5.7

节补充材料)中。

模拟结果表明,我们方法的性能表现和 γ 相关。当 γ 增大时,我们可以识别出更高的 TPR 和 FPR。这个结果是合理的,因为当 $\gamma \to 0$ 时,我们的方法渐近于 AIC/BIC;当 $\gamma \to 1$ 时渐近于 Lasso 惩罚估计。有限的模拟表明,当 γ 取较大值时该方法表现效果会更好。另外,结果好坏还与相关关系矩阵有关。一般来说,相关关系矩阵越强,TPR 会越大。性能表现还与未匹配率有关。在同构性模型中(未匹配率为 0),信号和噪声的距离越大,越能找出重要的基因。在所有的模拟设置中,当同时考虑模型大小和真阳率(TPR)时,我们发现所提方法要好于另外两种对比方法。例如在表 2.5.2 中,AR 相关系数 $\rho = 0.5$,阈值交叉验证法的 TP 为 11.1,模型大小为 33.6;阈值 BIC 方法 TP 的为 10.6,模型大小为 28.2;组 Lasso 方法的 TP 为 6.7,模型大小为 39.7;我们的方法 TP 依次为 10.7,10.8 和 11,模型大小依次为 14.4,14.7 和 17.1。我们在其他模拟设置里也得到了相似的结果。

2.5.5　非霍奇金淋巴瘤基因关联数据分析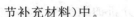

非霍奇金淋巴瘤(NHL)是美国致死率第五高的癌症,并且人们对该肿瘤了解甚少。它具有多种亚型,例如弥漫性大 B 细胞淋巴瘤(DLBCL)(数量最多的亚型)是具有侵略性的,然而滤泡性淋巴瘤(FL)(数量第二多的亚型)发病较缓。

染色体易位如 t(3,22)是针对 DLBCL 的,而其他易位 t(4,18)是针对 FL 的。另一方面,不同亚型有着共同的易感基因/SNP。细胞周期中的基因,多信号,RAS 和 DNA 修复路径在包含 NHL 在内的多种癌症的发展过程中起到了作用。对于 NHL 具体而言,Han et al. (2010)和 Ma et al. (2009)发现,多个基因均相关,如 BRCA2,CASP3,IRF1,BCL2,NAT2 和 ALXO12B 的 SNP 与 DLBCL 和 FL 均相关。

我们进行了一项基因关联研究,以发现与 NHL 病人生存相关的重要基因/SNP。预后数据包括 575 位 NHL 患者,其中 496 人捐献血液或口腔细胞样本。根据世界卫生组织的分类系统亚型,所有病例均分为 NHL。具体来说,155 例 DL-BCL,117 例 FL,57 例慢性淋巴细胞白血病(CLL)/小淋巴细胞淋巴瘤(SLL),34 例边缘区 B 细胞淋巴瘤(MZBL),37 例 T/NK 细胞淋巴瘤,96 例其他的亚型。考虑到样本的大小,我们专注于 DLBCL,FL 和 CLL/SLL,即这个数据集中的 3 个最大的亚型。该研究组数据收集于 1996 年和 2000 年间。重要个体的状态信息源自 CTR(康涅狄格肿瘤登记处)2008 年的登记数据。

一个候选基因方法被用于基因分型。具体而言,对来自 210 个与免疫应答相关的候选基因的 1 462 个 SNP 使用定制的金门化验用于标记分型;此外,也对来自

143 个候选基因的 302 个 SNP 使用 Taqman 分型。我们分析的数据一共包含 1 764 个 SNP，源自 333 条基因。我们首先对数据进行预处理，即删除缺失率超过 20％ 的 SNP。基因分型数据缺失的原因如下：DNA 的量太低，样品扩增不合格，样品扩增合格但基因型不确定，或 DNA 质量较差。剩余的缺失 SNP 数据通过某些方法来填充。最后我们一共使用 1 633 个 SNP，来自 238 个基因。

对于 DLBCL，经过预处理后还有 139 例患者，其中 61 例死亡，存活时间从 0.47 年到 10.46 年（平均 4.16 年）；剩余 78 例右删失数据中，后续时间范围从 5.58 年到 11.45 年（平均 9.08 年）。对于 FL，经过预处理还有 102 例患者，其中 33 例死亡，存活时间从 0.91 年到 10.23 年；剩余 69 例右删失数据，后续时间范围从 4.96 年到 11.39 年（平均 8.83 年）。对于 CLL/SLL，经过预处理还有 50 例患者，其中 27 例死亡，存活时间范围从 1.91 年到 10.13 年（平均 4.85 年）；剩余 23 例右删失数据，后续时间范围从 4.92 年到 11.07 年，平均 8.83 年。

我们使用所提方法分析实际数据。表 2.5.4 显示的是被识别基因的 l_2 范数。Web 表 13-15（本章 2.5.7 节补充材料）包含 SNP 的估计回归系数。一共有 14 个基因被识别为与 DLBCL 相关，12 个基因与 FL 相关，5 个基因与 CLL/SLL 有关。在被识别的基因中，MBP 和 STAT4 被 3 个亚型共享，ALOX5，IL10，IRAK2，LMAN1，MIF 和 NCF4 由两个亚型共享，13 个其他基因被识别为亚型特异基因。现有发表的文献均说明识别出来的基因确实具有重要的意义。

表 2.5.4　实例数据 NHL 分析结果

基因	DLBCL		FL		CLL/SLL	
	l_2 范数	OOI	l_2 范数	OOI	l_2 范数	OOI
ALOX12			0.02	0.83		
ALOX15B	0.01	0.76				
ALOX5	0.01	0.71			0.01	0.64
CLCA1			0.02	0.83		
CSF2	0.02	0.86				
DEFB1	0.03	0.97				
IL10	1.E-04	0.21			0.02	0.62
IL17C			0.02	0.78		
IRAK2			0.02	0.88	0.01	0.80
LIG4			0.01	0.87		
LMAN1	0.02	0.71	0.02	0.77		
MBP	0.01	0.68	4.E-03	0.60	0.04	0.68
MCP	0.01	0.83				
MEFV	0.02	0.85				

续表

基因	DLBCL		FL		CLL/SLL	
	l_2 范数	OOI	l_2 范数	OOI	l_2 范数	OOI
MIF	0.02	0.83	1.E-03	0.53		
MUC6	0.03	0.99				
NCF4	0.01	0.64	0.01	0.64		
PTK9L			0.01	0.66		
SERPINB3	0.01	0.55				
SOD3			4.E-03	0.47		
STAT4	0.02	0.95	0.01	0.88	0.01	0.91

注:OOI 为观测发生指数。

我们使用随机抽样方法来说明被识别基因具有相对稳定性(Huang,Ma,2010)。具体而言,我们无放回随机抽取 3/4 的样本并使用所提方法,如此重复 100次。对于每一个基因,我们计算它在 100 次取样中被识别出来的概率。这个概率被称为观测发生指数(OOI),以此衡量相对稳定性。表 2.5.4 表明,只有针对 DL-BCL 的基因 IL10 具有较低的发生指数。其他基因的 OOI 都高,说明我们的结果具有稳定性。我们还采用 Huang,Ma(2010)的方法对预测性能进行评估。具体来说,我们使用随机抽取的样本建立模型并识别基因,然后在预测集(剩余样本)中进行预测。基于预测值$(X^m)^{\mathrm{T}}\hat{\boldsymbol{\beta}}^m$,测试集被分成两个风险群体。我们使用对数秩统计量来评价两个组是否存在显著差异。使用对数秩方法来评判预测的方法在很多出版物中都有体现(例如 Huang,Ma(2010)及其他)。与更常见的预测误差相比,它可以更好地计算受试者的工作特征。上述过程重复 100 次,平均对数秩统计量计算为 7.1(p 值 0.0077),达到了令人满意的预测效果。

我们还使用其他方法对该数据进行分析。Ma et al.(2012)使用阈值交叉验证方法识别出 12 个 DLBCL 基因,11 个 FL 基因和 15 个 CLL/SLL 基因,其中有 1个基因被所有三种亚型共享,6 个基因由两种亚型共享。我们同样使用对数秩统计量对预测进行评估,预测的对数秩统计量为 4.417(p 值为 0.036)。我们使用BIC 法确定了 13 个 DLBCL,9 个 FL 基因和 12 个 CLL/SLL 基因,其中有 4 个基因是由两种亚型共享。预测对数秩统计量为 4.132(p 值 0.042)。GLasso 方法分别识别出 26 个 DLBCL 基因,17 个 FL 基因和 8 个 CLL/SLL 基因。额外结果请参考 2.5.7 节补充材料。3 个基因由两种亚型共享,其他基因是亚型特异的。预测的对数秩统计量为 0.2(p 值为 0.65)。

我们还考虑以下方法进行分析。每一个基因的第一主成分被提取出来并用于分析,也就是组的大小是 1。我们所提出的方法相比分组桥方法(group Bridge)来

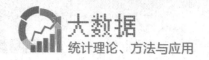

说要更简单,组最小绝对压缩与选择算子(GLasso)方法可以简化为 Lasso 方法。计算结果请参考 Web 表 19 和 20,21,22(2.5.7 节补充材料)。在 Web 表 19 中,分别有 22 个 DLBCL 基因,14 个 FL 基因和 15 个 CLL/SLL 基因被鉴定出来,其中有 6 个基因由所有亚型共享,11 个基因由两种亚型共享,8 个基因为亚型特异基因。预测对数秩统计量为 5.8(p 值 0.016)。在 Web 表 20,21,22 中,分别有 67 个 DLBCL 基因,30 个 FL 基因和 28 个 CLL/SLL 基因被识别,其中有 10 条基因由两个亚型共享。预测对数秩统计量值为 6.0(p 值 0.015)。我们所提方法与其他方法的基因识别结果不同,而且具有最好的预测性能。

2.5.6　小结

对于多种亚型的同种癌症数据,我们提出惩罚整合分析模型用于识别重要基因以及其中的重要 SNP,并且允许亚型特异易感基因的存在。我们提出的方法使用高效的迭代方法进行优化。在温和的情形下,这种方法可以保证估计的一致性。模拟结果表明所提方法要好于阈值法和 GLasso 元分析法。在分析 NHL 预后数据时,这种方法可以检测出 2~3 种亚型的共同易感基因以及亚型特异基因。共同易感基因具有很强的生物意义。此外这种方法具有较好的预测性能。

在实际模拟和实例分析中,我们侧重于分析包含多种亚型的癌症情形以及包含 SNP 的基因结构。所提方法可以直接用于处理同一预后多个数据集的情形,以及多种疾病的多个数据集的情形。另外,它还可以直接应用到基因通路结构。仅需要较少的改动,所提方法就可以用于在其他模型框架下。在实例数据分析中,我们的初步研究结果是多个 NHL 亚型的共享基因具有重要意义。然而,由于种种限制,对所提方法的结果解释还需要多加注意以下几点:

第一,样本量是有限的;

第二,NHL 研究中使用了候选基因法,重要基因有可能会被遗失;

第三,我们提出的评估标准是基于交叉验证的。

因此,虽然是基于相同的背景来比较各方法,但是我们尚未使用独立的数据。为更全面理解实例数据分析结果,我们需要更多的独立研究。

2.5.7　补充材料

第 2.5.5 节中的 Web 应用,图表参考以及 R 代码可以参见 Wiley Online Library 的 Biometrics 官网 https://onlinelibrary.wiley.com/journal/15410420([引用时间 2019-2-29])。

2.6　基于对比惩罚的高通量癌症研究整合分析

2.6.1　引言

基因表达分析研究已被广泛地应用在癌症研究中,用来识别与临床结果和表型相关的遗传和基因组标记。从单一数据集的分析产生的结果往往不尽人意(Guerra,Goldsterin,2009;Huang et al.,2012a)。这种不理想的表现可能由多种因素导致,在独立研究中使用的样本,其样本量小也许是最重要的一个因素。幸运的是,对于常见的癌症类型,往往有多个独立的有近似设计的研究。本研究提供了两个例子,更多的实例可以在相关参考文献中找到。多数据集分析可以在数据集之间提取信息,并增加样本量。在多数据集分析中,经典的元分析方法首先单独分析每个数据集,然后在多个数据集之间提取综合的统计信息。与之相反,整合分析方法提取和分析来自多个研究的原始数据,并且表现优于经典的元分析和单数据集分析方法(Huang et al.,2012;Liu et al.,2014;Ma et al.,2011b)。

我们考虑了高维的多个癌症的遗传或基因数据集整合分析,使用的数据是基因表达数据。所提方法及讨论也适用于其他类型的高维测量数据。我们的目标是识别出与癌症结果相关的基因(也被称为"标记")。多个数据集的遗传基础可以使用同构性模型和异构性模型来描述(Liu et al.,2013b)。同构性模型假设多个数据集拥有共同的标记,也就是说,如果一个基因在一个数据集中被识别为与癌症结果相关的基因,那么它在所有的数据集当中都应被识别出来。另一方面,对于异构性模型,一个基因可以在一些数据集当中被识别,而在其他数据集中不被识别。同构性模型作为一种特殊的情况包含在异构性模型当中,因此异构性模型的应用更加灵活。在整合分析当中,有多种技术可用于标记选择。我们采用了 Liu et al.(2013b)以及一些其他参考文献的惩罚方法,并推测对比方法可以扩展到其他标记选择技术的研究中。在同构性模型下,单层选择是必要的,可以确定哪些基因与癌症结果相关。而异构性模型则需要双层选择:第一层用来确定一个特定的基因是否与某个数据集的癌症结果相关;第二层用来确定一个选出的基因是在哪个数据集当中与癌症结果相关。

Liu et al.(2013b)及其他研究者的整合分析方法认为,基因效应在同一个数据

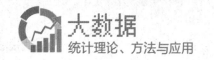
集和跨数据集是可以互换的,基因是相互关联的。在单数据集分析中,我们已经证明了考虑基因之间的相互关联可以进一步改善标记识别和估计(Huang et al.,2011;Liu et al.,2012)。在整合分析中,Liu et al.(2013a)使用网状结构来描述基因之间的相互关联,并且把它引入标记选择当中。值得注意的是,这里的网状结构描述的是在相同的数据集内部的基因之间的关系,即数据集内部结构。

在整合分析中,一个基因的影响是用多个数据集来测量的,并由多个回归系数来表示。尽管数据集是独立的,我们仍然可以期待这些回归系数有一定程度的相似性。这种相似性是汇集多个数据集的基础。考虑以下例子,当多个数据集测量相同的癌症结果和一组相同的基因时,如 Ma et al.(2011b)的研究,我们期望在多个数据集中能够识别出类似的基因集。此外,通过适当的标准化,我们预期相同基因的回归系数是相似的。当多个数据集具有不同的癌症结果,甚至是不同的癌症类型时,如 Liu et al.(2013b)和其他的一些研究中所述,我们可以关注多个数据集的共享的基因。对于这样的基因,在跨数据集数据当中,它们的回归系数不一定有相似的量级,但它们的符号可以是“类似的”。在上述情况下,我们感兴趣的是在多个数据集上的相同基因的回归系数之间的关系,即跨数据集结构。在现有的整合分析中,这样的结构没有被研究。

我们采用了整合分析以及惩罚标记选择。我们建议将数据集内部结构和跨数据集结构通过对比惩罚的方式进行结合。数据集内部结构已经在 Liu et al.(2013a)的文章当中进行了研究,我们给出了一个简要的描述,因为其与跨数据集结构有关又显著不同。本研究主要的贡献是通过引进一个对比的惩罚方法来加入跨数据集结构。虽然这种惩罚可以与一些现有的惩罚方法一起使用,但是为了使得表述更加具体,我们使用 group bridge 惩罚方法(Huang et al.,2009)。通过一项数据实例,我们应用 AFT 模型分析了右删失数据。本研究提出的这种对比惩罚的方法是基于平滑的概念,这在惩罚方法中曾被使用过。但是它是首次在整合分析中被使用。本研究首次展示了考虑跨数据集结构的协变量/回归系数可以有效地改善标记识别。

2.6.2 整合分析 ▶

1. 数据及模型构建

假设有 M 个独立的数据集。我们用上标“(m)”来表示第 m 个数据集。在数据集 $m(=1,\cdots,M)$ 当中,有 $n^{(m)}$ 个独立同分布的观察结果,总样本数为 $n = \sum_{n=1}^{M} n^{(m)}$。用 $Y^{(m)}$ 来表示输出变量,它可以是连续变量、属性变量或生存变量;用

$\boldsymbol{X}^{(m)}$ 表示长度为 d 的基因表达向量。为了简化符号,在下文的描述中,我们假定基因集在所有数据集中的所有受试者都是相同的。在实际数据分析中可能会发生数据缺失的情况,并且不同的数据集可能存在不匹配的基因集。一种可行方法是设置缺失基因的回归系数为零,然后应用到 Huang et al. (2012) 的简单重构方法当中,即通过扩大的方式来调整被测量基因的回归系数。当数据缺失不严重时,我们可以采用另一种方法,即使用填补法(例如使用均值或中位数),从而生成一套完整的基因表达集合。

在数据集 m 当中,假设模型满足 $Y^{(m)} \sim \phi((\boldsymbol{X}^m)^{\mathrm{T}} \boldsymbol{\beta}^{(m)})$,$\phi$ 为连接函数,$\boldsymbol{\beta}^{(m)}$ 是长度为 d 的回归系数向量,$L^{(m)}(\boldsymbol{\beta}^{(m)})$ 是损失函数,比如负对数似然函数。在本研究的例子中,$L^{(m)}(\boldsymbol{\beta}^{(m)})$ 是通过估计方程得到的。对于 M 个独立的数据集,总体损失函数为

$$L(\boldsymbol{\beta}) = \sum_{m=1}^{M} L^{(m)}(\boldsymbol{\beta}^{(m)}), \quad \boldsymbol{\beta} = ((\boldsymbol{\beta}^{(1)})^{\mathrm{T}}, \cdots, (\boldsymbol{\beta}^{(M)})^{\mathrm{T}})^{\mathrm{T}}。$$

用 $\beta_j^{(m)}$ 来表示 $\boldsymbol{\beta}^{(m)}$ 的 j 个成分,对于基因 $j(=1, \cdots, d)$,$\boldsymbol{\beta}_j = (\beta_j^{(1)}, \cdots, \beta_j^{(M)})^{\mathrm{T}}$ 是长度为 M 的回归系数的向量,表示基因在 M 个数据集的效应。在同构性模型当中,指示函数为

$$I(\beta_j^{(1)} = 0) = \cdots = I(\beta_j^{(M)} = 0), \quad j = 1, \cdots, d。$$

与之相对比,异构性模型为

$$I(\beta_j^{(m)} = 0) \neq I(\beta_l^{(m)} = 0), \quad j \neq l。$$

2. 基于惩罚的标记选择

在标记选择步骤中,惩罚估计为

$$\hat{\boldsymbol{\beta}} = \mathrm{argmin}\{L(\boldsymbol{\beta}) + P(\boldsymbol{\beta})\},$$

其中 $P(\boldsymbol{\beta})$ 是惩罚函数。非零的 $\hat{\boldsymbol{\beta}}$ 表示基因与输出之间的关系,$P(\boldsymbol{\beta})$ 可以基于多种惩罚函数,如 Bridge, SCAD, 以及 MCP(Buhlmann, van de Geer, 2011;Zhang, 2010)。为了描述得更加清楚,这里给出一个例子,用桥惩罚的形式来构造 $P(\boldsymbol{\beta})$ (Huang et al. ,2008)。

在同构性模型的条件下,我们仅需要在一层中做出选择,使用 l_2 范数分组桥(group bridge,gBridge)惩罚:

$$P(\boldsymbol{\beta}) = \lambda_1 \sum_{j=1}^{d} c_j \| \boldsymbol{\beta}_j \|_2^{\gamma}, \quad \lambda_1 > 0,$$

其中 λ_1 是数据相关的调整参数;$c_j \propto M_j^{1-\gamma}$,$M_j$ 是测量基因 j 的数据集个数,当所有的数据集都包括相同的基因集时,$M_j \equiv M$;$\| \boldsymbol{\beta}_j \|_2$ 为 $\boldsymbol{\beta}_j$ 的 l_2 范数;$0 < \gamma < 1$ 是固定的桥接参数。在异构性模型中,需要进行两层选择,可以使用 l_1 范数的

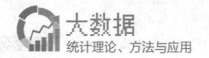
gBridge 形式,即

$$P(\boldsymbol{\beta}) = \lambda_1 \sum_{j=1}^{d} c_j \parallel \boldsymbol{\beta}_j \parallel_1^{\gamma},$$

其中 $\parallel \boldsymbol{\beta}_j \parallel_1 = \sum_{m=1}^{M} \mid \beta_j^{(m)} \mid$ 是 $\boldsymbol{\beta}_j$ 的 l_1 范数。

l_2 范数(l_1 范数)gBridge 是由外部的桥惩罚和内部的岭回归(最小绝对压缩与选择算子)惩罚组成的。例如考虑 l_1 范数 gBridge,在我们的分析中,基因是基本功能单位。整体的惩罚是 d 个基因的单独惩罚的加和,对于一个特定的基因,第一层选择是判断它是否与输出相关,可以用桥惩罚;第二层是确定它在哪几个数据集中与输出相关,可以用 Lasso 惩罚来实现。将这两种惩罚结合起来就可以得到双层选择的结构。在整合分析中使用复合惩罚已经在 Liu et al.(2013b)的研究中提到。这里主要研究的是基于桥惩罚的分组桥惩罚,这与 Liu et al.(2013b)文章中基于极大极小凹惩罚(MCP)的组极大极小凹惩罚(group MCP)方法有所不同。我们发现使用对比惩罚项之后 gBridge 具有与 group MCP 类似的数值性能,但具有较低的计算成本。

2.6.3　对比惩罚

前面提到的 $P(\boldsymbol{\beta})$ 惩罚认为基因的效应是可互换的。在本节中,我们介绍对比惩罚的方法来处理基因效应,也就是它们的回归系数。Liu et al.(2013a)已经对数据集内部结构有了一定的研究,因为它与跨数据集结构有一定的区别以及相关性,我们在这里进行简要的描述。本研究主要的改进是将跨数据集结构与数据集内部结构结合起来。

1. 数据集内部结构

Liu et al.(2013a)构造了网状结构来描述基因之间的关系。在网状结构分析中,一个节点相当于一个基因,计算邻接矩阵来描述每两个节点之间的相关性。定义 $\boldsymbol{A} = (a_{jk})$ 为 $d \times d$ 邻接矩阵,$1 \leqslant j,k \leqslant d$。惩罚估计量为

$$\hat{\boldsymbol{\beta}} = \arg\min\{L(\boldsymbol{\beta}) + P(\boldsymbol{\beta}) + P_C(\boldsymbol{\beta})\},$$

对比惩罚项为

$$P_C(\boldsymbol{\beta}) = \frac{1}{2}\lambda_2 \sum_{1 \leqslant j < k \leqslant d} a_{jk} \left(\frac{\parallel \boldsymbol{\beta}_j \parallel_2}{\sqrt{M_j}} - \frac{\parallel \boldsymbol{\beta}_k \parallel_2}{\sqrt{M_k}} \right)^2,$$

其中 $0 \leqslant \lambda_2 \leqslant \infty$ 是数据相关的调整参数。$P_C(\boldsymbol{\beta})$ 是 $\boldsymbol{\beta}_j$ 与 $\boldsymbol{\beta}_k$ 之间的对比惩罚,定义 $\boldsymbol{\theta} = \left(\frac{\parallel \boldsymbol{\beta}_1 \parallel_2}{\sqrt{M_1}}, \cdots, \frac{\parallel \boldsymbol{\beta}_d \parallel_2}{\sqrt{M_d}} \right), \boldsymbol{G} = \mathrm{diag}(g_1, \cdots, g_d), g_j = \sum_{k=1}^{d} a_{jk}$。在网状结构中,

a_{jk} 是 (j,k) 的边缘权重，g_j 是顶点 j 的度，则

$$P_C(\boldsymbol{\beta}) = \frac{1}{2}\lambda_2\boldsymbol{\theta}^{\mathrm{T}}\boldsymbol{L}\boldsymbol{\theta}, \quad \boldsymbol{L} = \boldsymbol{G} - \boldsymbol{A}。$$

对于具有较大 a_{jk} 值的紧密相关的节点，对比惩罚期望它们的回归系数相似。在后文的研究中，我们将提到 Liu et al.(2013a) 的研究。

2. 跨数据集结构

如 2.6.1 节引言中所述，有些情况下不同数据集中相同基因的回归系数可能较为相似，但现存方法不能促进这种相似性。为了进一步研究，我们做了一个模拟，取 3 个数据集，数据分布和 2.6.4 节中的模拟研究 Ⅱ 中的数据分布一致。我们采用的是一种特殊的异构性模型，即为同构性模型，使其 3 个数据集共享 10 个重要基因。对于每个基因，不同数据集中的回归系数都不相同。从表 2.6.4 中可以看出，不同数据集中 gBridge 估计可能会有很大的不同。例如对于基因 1 来说，其真正的回归系数是 0.4，而 3 个数据集中 gBridge 方法得到的估计值分别为 0.186，0.391，0.112。对比可见，本研究提出的对比惩罚可以显著提高估计效果。下一节中将进行大规模的模拟研究，并在更实际的设定中，我们可以更清楚地发现这种方法在标记选择上的优势。

为了促进不同数据集中回归系数的相似性，定义惩罚估计量

$$\boldsymbol{\beta} = \mathrm{argmin}\{L(\boldsymbol{\beta}) + P(\boldsymbol{\beta}) + P_C(\boldsymbol{\beta})\},$$

对比惩罚项为

$$P_C(\boldsymbol{\beta}) = \lambda_2\sum_{j=1}^d\sum_{k \neq l}a_j^{(kl)}(\beta_j^{(k)} - \beta_j^{(l)})^2, \tag{2-6-1}$$

其中，$\lambda_2 \geqslant 0$ 为数据相关的调整参数，$a_j^{(kl)} = I(\mathrm{sgn}(\beta_j^{(k)}) = \mathrm{sgn}(\beta_j^{(l)}))$，$\mathrm{sgn}(\cdot)$ 为符号函数。与上述章节中的惩罚项不同，$P_C(\boldsymbol{\beta})$ 是 $\beta_j^{(k)}$ 与 $\beta_j^{(l)}$ 之间的对比惩罚，它们是相同基因在不同数据集中的回归系数。

当 $\lambda_2 > 0$ 时，对比惩罚项 $P_C(\boldsymbol{\beta})$ 能够补充 $P(\boldsymbol{\beta})$，同时生成更合理的调整参数。当 $\mathrm{sgn}(\beta_j^{(k)}) \neq \mathrm{sgn}(\beta_j^{(l)})$ 时，基因 j 证实了不同数据集中存在不同的效应，例如一正一负，一个为零一个非零。虽然如 Liu et al.(2013b) 所述，这种现象似乎有悖常理，但是它确实会出现在实际数据分析中，在某些情况下，它们还可以是提供有效信息（例如，多个"负相关"的疾病分析）。但这种现象在实践中较为罕见，对比惩罚对于符号相反的效应没有效果。如果 $\mathrm{sgn}(\beta_j^{(k)}) = \mathrm{sgn}(\beta_j^{(l)})$，则基因 j 在数据集 k 和 l 中有相似的效应。对比惩罚缩减了 $\beta_j^{(k)}$ 与 $\beta_j^{(l)}$ 的差值，并期望它们具有较高的相似性，也就是说，会有一种平滑的效应。尽管在惩罚研究中，平滑的概念并不陌生，但现存的方法都只用在单独的数据集分析当中。本研究提到的惩罚方法尽管是在

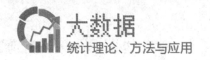

整合分析的框架下,也能够平滑化同一数据集中的回归系数。

在实际数据当中我们需要估计 $\mathrm{sgn}(\beta_j^{(k)})$,目前已经有很多种方法。一般的策略是先进行一个简单的估计,然后使用估计的符号。第一种估计方法是分别对每个数据集进行边际分析(Huang et al.,2008),也就是边际扫描筛选。第二种是分别对每个数据集的惩罚项做估计(例如 Lasso 和 Bridge)(Huang et al.,2008)。第三种是对所有数据集进行基于惩罚的整合分析(Ma et al.,2012)。在数值研究中我们发现,第二种和第三种方法更好。我们参考了上述文献数据以及模型条件发现,这三种方法的符号估计呈现出渐近一致性。简单来说,假设 $\ln(d)/n \to 0$,仅有少量重要基因的效应远离零值。除此之外,重要基因与不重要基因有弱相关性。设计矩阵的子矩阵是稳定的(例如,满足稀疏 Riesz 条件(Zhang,2010))。这样的假设是合理的,因为只有一小部分已知的“癌症基因”,而且具有不同的生物学功能的基因往往具有弱相关性。我们承认,真实数据很难确定是否满足这些假设。在我们的模拟中,真实的基因表达数值已知(不能确定是否满足假设),在这种情况下,本研究的方法具有令人满意的性能。

3. 算法

首先考虑结果变量为连续变量情形并采用线性回归模型,在数据集 m 中的 i 项

$$Y_i^{(m)} = \beta_0^{(m)} + (\boldsymbol{X}_i^{(m)})^{\mathrm{T}}\boldsymbol{\beta}^{(m)} + \varepsilon_i^{(m)}, \quad i = 1, \cdots, n^{(m)},$$

其中 $\beta_0^{(m)}$ 是截距项,$\boldsymbol{\beta}^{(m)}$ 是长度为 d 的回归系数向量,$\varepsilon_i^{(m)}$ 是随机扰动项。假设 $Y_i^{(m)}$ 和 $\boldsymbol{X}_i^{(m)}$ 都进行了中心化,此时截距项 $\beta_0^{(m)} = 0$。最小二乘损失函数为

$$L^{(m)}(\boldsymbol{\beta}^{(m)}) = \frac{1}{2n}\sum_{i=1}^{n^{(m)}}(Y_i^{(m)} - (\boldsymbol{X}_i^{(m)})^{\mathrm{T}}\boldsymbol{\beta}^{(m)})^2 \text{。}$$

定义

$$\boldsymbol{Y}^{(m)} = (Y_1^{(m)}, \cdots, Y_{n^{(m)}}^{(m)})^{\mathrm{T}}, \quad \boldsymbol{X}^{(m)} = (\boldsymbol{X}_1^{(m)}, \cdots, \boldsymbol{X}_{n^{(m)}}^{(m)})^{\mathrm{T}},$$

$$\boldsymbol{Y} = ((\boldsymbol{Y}^{(1)})^{\mathrm{T}}, \cdots, (\boldsymbol{Y}^{(M)})^{\mathrm{T}})^{\mathrm{T}}, \quad \boldsymbol{X} = \mathrm{diag}(\boldsymbol{X}^{(1)}, \cdots, \boldsymbol{X}^{(M)})\text{。}$$

总体损失函数为

$$L(\boldsymbol{\beta}) = \sum_{m=1}^{M}L^{(m)}(\boldsymbol{\beta}^{(m)})\text{。}$$

定义 $\boldsymbol{X}_j$ 为 $\boldsymbol{X}$ 对应于 $\boldsymbol{\beta}_j$ 的子矩阵,此时 $L(\boldsymbol{\beta}) = \dfrac{1}{2n}\|\boldsymbol{Y} - \sum_{j=1}^{d}\boldsymbol{X}_j\boldsymbol{\beta}_j\|_2^2$。

对于“最小二乘损失函数 + gBridge 惩罚”的优化可以转化成一系列加权 Lasso 类型的优化。Huang et al.(2009)的命题 1 中给出了证明,我们在这里省略。对于惩罚函数(2-6-1)的优化等价于最小化

$$S(\boldsymbol{\beta},\boldsymbol{\theta}) = \frac{1}{2n} \| \boldsymbol{Y} - \boldsymbol{X}\boldsymbol{\beta} \|_2^2 + \sum_{j=1}^d \theta_j^{1-1/\gamma} c_j^{1/\gamma} \| \boldsymbol{\beta}_j \|_1 + \tau_n \sum_{j=1}^d \theta_j$$

$$+ \lambda_2 \sum_{j=1}^d \sum_{k \neq l} a_j^{(kl)} (\beta_j^{(k)} - \beta_j^{(l)})^2,$$

其中 $\boldsymbol{\theta} = (\theta_1, \cdots, \theta_d)^{\mathrm{T}}, \theta_j > 0, j = 1, \cdots, d, \tau_n$ 为惩罚参数并且可以由下式计算出来:

$$\lambda_1 = \tau_n^{1-\gamma} \gamma^{-\gamma} (1-\gamma)^{\gamma-1}, \quad c_j = M_j^{1-\gamma}.$$

对于给定的 $\lambda_1, \lambda_2, \gamma$,用如下迭代算法来计算:上角标"$[s]$"表示当前的迭代次数为 s。

第一步　初始化 $\boldsymbol{\beta}^{[0]}$。可选的初始值估计方法包括 Bridge 和 Lasso 惩罚估计法(每个数据集单独分析)。在数值研究中,我们选择 Lasso 方法估计并取得了满意的结果,初始化 $s=0$。

第二步　$s=s+1$。

第三步　计算 $\theta_j^{[s]} = c_j \left(\dfrac{1-\gamma}{\tau_n \gamma} \right)^\gamma \| \boldsymbol{\beta}_j^{[s-1]} \|_1^\gamma, j = 1, \cdots, d$。

第四步　计算

$$\boldsymbol{\beta}^{[s]} = \underset{\boldsymbol{\beta}}{\arg\min} \left\{ \frac{1}{2n} \| \boldsymbol{Y} - \boldsymbol{X}\boldsymbol{\beta} \|_2^2 \right\} + \sum_{j=1}^d (\theta_j^{(s)})^{1-1/\gamma} c_j^{1/\gamma} \| \boldsymbol{\beta}_j \|_1$$

$$+ \lambda_2 \sum_{j=1}^d \sum_{k \neq l} a_j^{(kl)} (\beta_j^{(k)} - \beta_j^{(l)})^2。$$

第五步　重复第二步~第四步,直至收敛。

在上述算法中,主要的计算任务是第四步。这一步可以使用坐标下降算法求解,从而同时优化一组中的所有元素(一组是指一个基因在不同数据集中的所有系数),然后通过迭代循环所有的元素直至收敛。

对于基因 j,令 $r_{-jk} = \boldsymbol{Y} - \sum_{j=1}^d \boldsymbol{X}_j \boldsymbol{\beta}_j + \boldsymbol{x}_j^{(k)} \beta_j^{(k)}$,$\boldsymbol{x}_j^{(k)}$ 为 $\boldsymbol{X}$ 对应于 $\beta_j^{(k)}$ 的子矩阵。在第 $s-1$ 次迭代中,定义集合 $A_j^{(k)} = \{l : l = 1, \cdots, M, l \neq k, a_j^{(kl)} \neq 0\}$,集合大小为 $m_j^{(k)}$。$\tilde{\boldsymbol{\beta}}_j$ 为当前估计值,第四步中对应于 $\beta_j^{(k)}$ 的项可以写成

$$R(\beta_j^{(k)}) = \frac{1}{2n} \| \boldsymbol{r}_{-jk}^{[s-1]} - \boldsymbol{x}_j^{(k)} \beta_j^{(k)} \|^2 + \zeta_j | \beta_j^{(k)} | + \frac{1}{2}\lambda_2 \sum_{l \in A_j^{(k)}} (\beta_j^{(k)} - \tilde{\beta}_j^{(l)})^2$$

$$= \frac{1}{2} \left(\frac{1}{n} (\boldsymbol{x}_j^{(k)})^{\mathrm{T}} \boldsymbol{x}_j^{(k)} + \lambda_2 m_j^{(k)} \right) (\beta_j^{(k)})^2$$

$$- \left[\frac{1}{n} (\boldsymbol{r}_{-jk}^{[s-1]})^{\mathrm{T}} \boldsymbol{x}_j^{(k)} + \lambda_2 \sum_{l \in A_j^{(k)}} \tilde{\beta}_j^{(l)} \right] \beta_j^{(k)} + \zeta_j | \beta_j^{(k)} | + c$$

$$= \frac{1}{2} a_j^{(k)} (\beta_j^{(k)})^2 - b_j^{(k)} \beta_j^{(k)} + \zeta_j \mid \beta_j^{(k)} \mid + c, \tag{2-6-3}$$

其中

$$a_j^{(k)} = \frac{1}{n} (\boldsymbol{x}_j^{(k)})^{\mathrm{T}} \boldsymbol{x}_j^{(k)} + \lambda_2, \quad b_j^{(k)} = \frac{1}{n} (\boldsymbol{r}_{-jk}^{[s-1]})^{\mathrm{T}} \boldsymbol{x}_j^{(k)} + \lambda_2 \sum_{l \in A_j^{(k)}} \tilde{\beta}^{(l)},$$

$$c = \frac{1}{2n} \parallel \boldsymbol{r}_{-jk}^{[s-1]} \parallel_2^2 + \frac{1}{2} \lambda_2 \sum_{l \in A_j^{(k)}} (\tilde{\beta}^{(l)})^2, \quad \zeta_j = (\theta_j^{[s]})^{1-1/\gamma} c_j^{1/\gamma}.$$

由于 c 是对应于 $\beta_j^{(k)}$ 的常数,对于 (2-6-3) 式的最小化即为

$$\hat{\beta}_j^{(k)} = \frac{\mathrm{sgn}(b_j^{(k)})}{a_j^{(k)}} (\mid b_j^{(k)} \mid - \zeta_j)_+, \quad u_+ = \max\{0, u\}.$$

在数值模拟研究中,我们采用不同的两个连续估计值之差的 l_2 范数小于 0.001 为收敛准则(包括坐标下降和整体迭代算法)。坐标下降算法的收敛性可以参考 Tseng(2001) 的研究。本研究的算法具有收敛性,因为在每一个步骤中,非负的目标函数一直在减小。由于 gBridge 惩罚不是凸函数,因此不能保证算法收敛到全局最优点。

对于其他类型的数据以及模型,一个常用的损失函数是负对数似然函数,如附录①所示,基于损失函数的估计是可行的。考虑如下迭代算法:

第一步　初始化 $\boldsymbol{\beta}^{(m)}$, $m = 1, \cdots, M$,作为数据集 m 的 Lasso 或者 Bridge 惩罚估计量;

第二步　对于当前的估计值 $\boldsymbol{\beta}$,得出泰勒展开式 $L(\boldsymbol{\beta})$,保留一次项和二次项;

第三步　得出线性回归算法;

第四步　重复步骤第二步和第三步直至收敛。

这种方法有 3 个调整参数 $\gamma, \lambda_1, \lambda_2$,对于 Bridge 类型的惩罚项,$\gamma$ 的值通常是预设的,不同的取值通常具有相似的结果(Huang et al., 2008)。在我们的数值研究中,设定 $\gamma = 0.5$,λ_1 控制标记选择的稀疏性,λ_2 控制相同基因系数的平滑性。在数据分析中,λ_1 和 λ_2 通常使用 V 折交叉验证方法($V = 5$)。λ_1 为离散网状数据,如 $2, \cdots, -2, -1, 0, 1, 2, \cdots$。经验显示,$\lambda_2$ 的值对于估计值的影响不大。因此为了减小计算成本,我们找到离散网状数据 $10, \cdots, -2, -1, 0, 1, 2, \cdots$。如下网址给出了 R 代码:http://works. bepress. com/shuangge/46/([引用时间 2019-3-17])。

---

① 附录在此:http://www. ebi. ac. uk/biostudies/studies/S-EPMC4355402? xr = true[引用时间 2019-3-17]。

2.6.4　模拟分析

本研究提出的对比惩罚可以适用于多种类型的数据和多个模型。在数值研究部分,作为一个具体的例子,我们分析了右删失生存数据下的 AFT 模型。附录[①]中提供了相关程序的详细资料,对于其他类型的数据/模型的分析我们将进一步研究。

1. 模拟研究 I

在数据分析部分,我们分析了 3 个肺癌数据集,分别有 175 个,79 个和 82 个样本单元,使用了 22 283 个探针进行基因表达测量。为了模拟真实的数据,我们模拟了 3 个数据集,它们的样本大小等于肺癌数据集的大小。每一次模拟实验中,基因数为 1 000。我们模拟了多个异构性模型。在实验(i)中,3 个数据集共有 7 个共享标记,此外,它们还分别有 2,3,4 个数据集特异标记。在实验(ii)中,3 个数据集有 4 个共享标记,此外,它们还分别有 4,6,8 个数据集特异标记。在实验(iii)中,数据集有 10 个特异标记。另外,我们对于同构性模型也进行了实验,此时 3 个数据集有 10 个相同的标记。在所有的模拟场景下,都是共有 30 个标记。对于不同的数据集的标记集,模拟实验范围包含了全部、部分,以及非重叠情况。非零系数的绝对值由均匀分布 $U(0.4,1)$ 生成,其符号服从二项分布 $B(1,0.5)$,随机误差为标准正态分布。我们通过 AFT 模型模拟出截距为 0 的对数事件时间,对数删失时间服从独立均匀分布。删失率约为 35%。

模拟结果表明,这种方法的可运算成本是可行的。先设置固定的调整参数,在一个普通的个人电脑机上一次分析需要 15 秒。用真阳性数和假阳性数来评估标记的识别精度。此外,我们也需要评估预测性能,每一次模拟实验(训练数据)与 3 个额外的数据集(测试数据)都在相同设置下产生。用训练数据来进行估计,然后代入测试数据中进行预测。我们与 Huang,Ma(2010)一样,对于每一个对象,计算预测风险得分 $X^T\beta$;对于每个数据集,我们依据中位数把风险评分创建为两组。通过计算对数秩统计量可以看出两组是否有不同的生存函数。在每次试验中,计算出 3 个数据集的平均对数秩统计量。对数秩统计量服从自由度为 1 的 χ^2 分布,因此在 5% 的显著水平下,认为大于 3.84 的值显著。

表 2.6.1 汇总了 100 次重复实验结果。通过对比 gBridge 惩罚的方法,我们的结果给出了在 5 个 λ_2 值下(λ_1 由交叉验证确定)来得出对比惩罚的效应范围,同时将普通 gBridge 惩罚方法作为基准进行对比。表 2.6.1 表明,对比 gBridge 方法与

gBridge 惩罚方法识别了相似的真阳性数,如在异构性模型,实验(ii)情形下,真阳性数为 17.5(gBridge 方法),17.2,17.2,16.9,16.5 和 16.1(不同的 λ_2 下产生的对比 gBridge 惩罚方法)。但对比 gBridge 惩罚会使假阳性数量显著减少,如在异构性模型,实验(i)情形下,假阳性数为 23.9(gBridge 方法),17.0,14.2,12.4,9.8 和 9.0(不同的 λ_2 下产生的对比 gBridge 惩罚方法)。不同的方法中预测的对数秩统计量是相似的。由于所提方法鼓励跨数据集之间存在相似性,当 3 个标记集之间的重复程度增加时,所提方法的优势会更加明显。有趣的是,在异构性模型下,实验(iii)情形中,这 3 个数据集没有任何共同的标记,所提方法与普通 gBridge 惩罚方法产生相似的结果。因此,对于数据集相似性不明确的实际数据,本研究的方法仍然是比较"安全"的方法。与其他方法类似,所提方法的性能可以随着"信号"变强而提高(结果省略,如需要可以联系作者)。

表 2.6.1　模拟研究 1

组桥惩罚	对比 gBridge 惩罚				
	$\lambda_2=0.01$	$\lambda_2=0.1$	$\lambda_2=1$	$\lambda_2=10$	$\lambda_2=100$
异构性模型实验(i)					
23.0(1.9)	23.1(1.9)	23.0(2.0)	22.9(1.8)	22.7(2.0)	22.7(2.0)
23.9(22.0)	17.0(19.9)	14.2(15.0)	12.4(13.8)	9.8(11.1)	9.0(10.8)
8.3	12.2	10.3	9.7	12.6	10.0
异构性模型实验(ii)					
17.5(2.2)	17.2(2.1)	17.2(2.0)	16.9(2.2)	16.5(2.3)	16.1(2.5)
34.0(22.2)	26.6(19.2)	27.7(16.0)	27.3(15.2)	25.9(14.4)	22.9(14.5)
9.1	11.3	11.9	9.1	10.2	8.8
异构性模型实验(iii)					
11.8(2.3)	11.7(2.4)	11.7(2.4)	11.4(2.4)	10.7(2.3)	10.4(2.3)
33.5(18.5)	31.0(17.0)	33.0(14.1)	38.0(16.3)	31.0(11.9)	31.0(11.9)
8.2	10.9	9.4	7.4	8.7	7.9
同构性模型					
28.3(2.6)	28.3(2.5)	28.3(2.5)	28.2(2.4)	27.9(2.7)	27.9(2.6)
17.2(25.5)	15.9(25.0)	12.6(22.4)	10.2(17.0)	8.4(13.4)	7.7(12.7)
9.6	11.4	10.4	9.6	11.9	9.6

注:每个格子中的第一行:真阳性数(标准差);第二行:假阳性数(标准差);第三行:对数秩统计量。

2. 模拟研究 II

在这一组模拟中,我们采用了与许多其他文献相同的方法模拟参数模型的基因表达数据,模拟了 3 个数据集,每个数据集中有 100 个样本单元,每个样本单元中,1 000 个基因表达数据生成自多元正态分布,它的边缘均值为 0,协方差矩阵 $\boldsymbol{\Sigma}=(\sigma_{jk})_{d\times d}$ 满足 $\sigma_{jj}=1,j=1,\cdots,d,\sigma_{jk}=\rho_{jk},j\neq k$。针对 $\boldsymbol{\Sigma}$ 考虑以下几个相关结构:

第一个是自相关结构,即 $\rho_{jk}=\rho^{|j-k|}$ 中 $\rho=0.2$ 和 0.7 分别代表了弱相关性和强相关性。

第二个是带状相关结构,这里考虑两种带状相关性:

一是,当 $|j-k|=1$ 时,$\rho_{jk}=0.33$;当 $|j-k|$ 等于其他数值时,$\rho_{jk}=0$。

二是,当 $|j-k|=1$ 时,$\rho_{jk}=0.6$;当 $|j-k|=2$ 时,$\rho_{jk}=0.33$;当 $|j-k|$ 等于其他数值时,$\rho_{jk}=0$。

我们同时考虑同构性模型和异构性模型。在异构性模型下,3 个数据集共有 5 个相同的标记,而每个数据集又有 5 个数据集特异标记。在同构性模型下,数据集共有 10 个相同的标记。它们都是共有 30 个标记,对于第 m 个数据集,对数事件时间服从模型:

$$T^{(m)}=\beta_0^{(m)}+(\boldsymbol{X}^{(m)})^{\mathrm{T}}\boldsymbol{\beta}^{(m)}+\varepsilon^{(m)},\quad \beta_0^{(m)}=0.5,\quad \varepsilon^{(m)}\sim N(0,1).$$

3 组标记的回归系数分别为

$$(0.4,0.5,0.6,0.7,0.8,-0.4,-0.5,-0.6,-0.7,-0.8),$$
$$(0.4,-0.5,0.6,-0.7,0.8,-0.4,0.5,-0.6,0.7,-0.8),$$
$$(0.4,0.5,0.6,0.7,0.8,-0.4,-0.5,-0.6,-0.7,-0.8).$$

对于 3 个数据集共享的标记,不同的数据集中的回归系数可能有相同或不同的符号,删失时间服从独立均匀分布,删失率约为 30%。

100 次重复试验得到的统计结果如表 2.6.2,表 2.6.3 所示,分别表示异构性模型和同构性模型,形式上与表 2.6.1 相同。观察发现,对比惩罚方法得到的真阳性数与标准方法相似,但假阳性的数量有所减少,且对数秩统计量相似。

表 2.6.2 在异构性模型下的模拟研究 II

组桥惩罚	对比 gBridge 惩罚				
	$\lambda_2=0.01$	$\lambda_2=0.1$	$\lambda_2=1$	$\lambda_2=10$	$\lambda_2=100$
自回归性 $\rho=0.2$					
20.5(3.3)	20.4(3.4)	20.7(3.3)	20.8(3.2)	20.8(3.3)	20.6(3.2)
31.4(24.2)	30.5(23.6)	27.8(21.4)	26.2(18.7)	27.0(19.4)	24.2(18.0)
8.7	8.7	10.7	12.3	11.9	11.4
自回归性 $\rho=0.8$					
17.4(2.2)	17.5(2.4)	17.8(2.1)	17.9(2.2)	17.8(2.1)	17.7(2.1)
24.5(27.5)	18.1(20.8)	17.2(19.4)	17.9(18.2)	16.8(17.8)	14.5(16.2)
27.5	30.3	32.1	29.5	28.8	28.8

组桥惩罚	对比 gBridge 惩罚				
	$\lambda_2=0.01$	$\lambda_2=0.1$	$\lambda_2=1$	$\lambda_2=10$	$\lambda_2=100$
带状相关性情况一					
18.5(3.3)	18.5(3.1)	18.5(3.3)	18.8(3.1)	18.6(3.1)	18.7(3.1)
30.2(28.5)	26.2(25.7)	25.7(22.3)	26.4(22.1)	24.1(18.8)	22.9(19.2)
8.1	9.2	9.4	9.9	9.8	10.0
带状相关性情况二					
18.9(2.3)	19.1(2.3)	19.5(2.3)	19.0(2.1)	18.8(2.1)	18.8(2.3)
31.3(23.7)	26.6(20.1)	27.2(18.1)	25.2(17.2)	23.5(15.7)	22.6(14.7)
15.2	17.5	18.8	18.2	18.6	18.0

注:每个格子中的第一行:真阳性数(标准差);第二行:假阳性数(标准差);第三行:对数秩统计量。

表 2.6.3　在同构性模型下的模拟研究Ⅱ

组桥惩罚	对比 gBridge 惩罚				
	$\lambda_2=0.01$	$\lambda_2=0.1$	$\lambda_2=1$	$\lambda_2=10$	$\lambda_2=100$
自回归性 $\rho=0.2$					
25.0(4.5)	25.1(4.5)	25.1(4.5)	25.2(4.4)	25.1(4.5)	25.1(4.5)
27.9(29.3)	20.0(22.1)	20.9(24.1)	17.2(17.7)	16.1(18.2)	13.9(18.1)
59.8	61.1	63.1	66.2	61.9	65.4
自回归性 $\rho=0.8$					
22.4(4.5)	22.9(4.7)	23.1(4.5)	23.3(4.4)	22.9(4.2)	22.5(4.2)
24.0(25.0)	20.0(22.3)	15.7(18.2)	12.9(14.8)	11.4(12.1)	9.9(9.3)
51.6	53.7	53.3	53.0	48.9	50.6
带状相关性情况一					
24.7(4.9)	24.5(5.3)	24.4(5.4)	24.2(5.7)	24.2(5.6)	24.1(5.6)
37.4(28.0)	29.8(25.9)	27.9(26.0)	20.4(20.5)	18.8(18.8)	17.3(18.8)
57.2	57.7	61.0	59.8	57.6	58.4
带状相关性情况二					
21.9(4.5)	22.0(4.5)	21.9(4.3)	21.7(4.4)	21.6(4.5)	21.2(4.6)
25.9(22.5)	19.2(17.7)	15.2(14.7)	14.2(15.5)	13.0(14.2)	11.7(12.4)
70.3	70.9	69.7	68.4	62.5	66.1

注:在每个方格中的第一行:真阳性数(标准差);第二行:假阳性数(标准差);第三行:对数秩统计量。

表 2.6.4 模拟研究 1

真实的参数值	组桥惩罚			对比 gBridge 惩罚		
	数据集 1	数据集 2	数据集 3	数据集 1	数据集 2	数据集 3
0.4	0.186	0.391	0.112	0.302	0.292	0.317
0.5	0.349	0.400	0.465	0.411	0.428	0.537
0.6	0.587	0.244	0.392	0.553	0.461	0.587
0.7	0.592	0.746	0.553	0.637	0.659	0.695
0.8	0.683	0.769	0.698	0.617	0.661	0.732
−0.4	−0.302	−0.312	−0.187	−0.309	−0.253	−0.287
−0.5	−0.627	−0.519	−0.482	−0.599	−0.575	−0.502
−0.6	−0.558	−0.742	−0.514	−0.583	−0.568	−0.599
−0.7	−0.571	−0.576	−0.556	−0.557	−0.612	−0.600
−0.8	−0.635	−0.622	−0.495	−0.704	−0.624	−0.730

3. 结果评价

在某些模拟场景下,例如,在表 2.6.1 中实验(iii)的异构性模型,这种方法的性能似乎并不理想。整合分析的优点在于能够提取不同数据集中的共享信息。在实验(iii)中,3 个数据集没有任何共同的标记,这也就是性能不高的原因。与其他标记识别方法相比,这种方法的性能也取决于"信号"和"噪声"的相对水平。我们选择在性能最优条件下的模型设定(表 2.6.1 中的同构性模型)也有缺点,即只有一小部分的癌症标记基因被挑选出来。我们已经尝试了较大的非零系数值并观察到性能有所改进(此处省略)。所以所提方法对于标准方法的改进是有限的,也是合理的。对比 gBridge 惩罚对标准 gBridge 惩罚做了一定的补充,从而能够容纳更好的数据/模型结构。此外,假阳性数量的减少可以让我们更集中地进行假设测试和功能性研究,具有一定的实际意义。

2.6.5 数据分析 ▶

1. 肺癌数据研究

肺癌是美国男性和女性癌症死亡的主要原因,基因分析已被广泛应用于肺癌研究领域,用于找到与预后相关的标记。我们共收集并分析了 3 个肺癌预后数据集以及基因表达数据。癌症中心(密歇根大学)的数据集中共有 175 例患者,其中 102 例在随访期间死亡,随访时间的中位数为 53 个月。HLM(Moffitt 癌症中心)数据集共有 79 例患者,其中 60 例患者在随访期间死亡,随访时间的中位数为 39 个月。CAN/DF(Dana-Farber 癌症研究所)数据集共有 82 例患者,其中 35 例患者

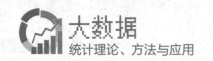

在随访期间死亡,随访时间中位数为 51 个月。我们在 Xie et al.(2011)的研究中找到了详细信息。对所有这 3 个数据集,我们共分析了 22 283 个探针组,对每个数据集的基因表达数据进行了标准化。为了降低计算成本,我们更关注那些数据变化较大的基因,依据数据方差对探针集进行排序,并筛选出前 2000 个进行分析。对每个数据集的基因表达数据进行标准化,使其均值为 0,方差为 1。

对比 gBridge 惩罚方法能够找出 8 个基因,这些基因及其估计结果如表 2.6.2 所示。PSPH 基因只在 HLM 和 CAN/DF 数据集中被选出,其他基因在 3 个数据集中都被选出。在对比 gBridge 惩罚方法中,一些基因在不同数据集中的估计回归系数非常接近甚至相同(例如基因 FOXM1,所有系数估计值都是 0.0175),而也有一些基因系数不同(例如基因 BMP2,回归系数估计值分别为:$-0.0167,-0.0167,0.0045$)。估计回归系数普遍较小,主要有两个原因:首先,经过对数变换的事件时间是"聚簇"后的数据。简单线性回归之后,重设量纲的事件时间会导致系数估计值的变大。另外,大多数的惩罚方法都是将估计值向零压缩。作为比较,gBridge 惩罚方法识别了 12 个基因,其中 2 个基因在 3 个数据集中均被选出,5 个基因在 2 个数据集中选出,其余 5 个存在于单一数据集中。与 gBridge 惩罚方法相比,对比 gBridge 惩罚方法在不同数据集中的标记基因集呈现出较强的连续性,gBridge 惩罚方法在不同数据集中呈现出明显的不同。例如 FOXM1 基因,估计回归系数分别为:$-0.0238,-0.0045,$ -0.0085。虽然这两组数据有很大的重叠部分,但这两种方法选出的基因集却有明显的不同。

为了详细描述选出的基因,我们需要计算出观察发生指数来评估它们的稳定性(Huang,Ma,2010)。每个数据集按照 3:1 比例随机分为两组,将所提方法应用到第一组数据集中并选出标记,重复 100 次试验以防止出现极端情况。对于某个基因,我们需要计算出 100 次重复试验中该基因出现的概率,这个概率被称为观察发生指数,并在 Huang,Ma(2010)的文章中对它进行了描述。表 2.6.2 显示,大多数选出基因的观察发生指数为 1,这表明模型具有很高的稳定性。出现在 HLM 和 CAN/DF 数据集中的 FOS 基因具有最低发生指数为 0.81。

预测性能也可以进行评估。由于没有独立的测试数据,我们再次采取随机拆分的方式(Huang,Ma,2010)。每个数据集按照 3:1 比例分为训练集和测试集。利用训练集进行参数估计,再对测试集进行预测。与模拟部分的方法相似,我们利用对数秩统计量评估预测结果。重复 100 次试验以防止出现极端情况,算出对数秩统计量的均值。这个步骤可以在计算观察发生指数的过程中同时进行,因此几乎不会造成多余的计算量。对数秩统计量的平均值分别为 9.112(对比 gBridge 惩罚方法,p 值为 0.0025)和 7.534(gBridge 惩罚方法,p 值为 0.0061)。可以发现,对比 gBridge 惩罚的方法改进了预测结果。

2. 乳腺癌数据研究

乳腺癌是仅次于肺癌的第二大癌症死亡原因,它是基因组时代研究最广泛的癌症之一。我们分析了 3 个基因表达数据及其相关研究。Huang et al.(2003)的研究中有 71 例数据,其中 35 例在随访期间死亡,随访时间的中位数为 39 个月。Sotiriou et al.(2003)的数据集有 98 例患者,45 例在随访期间死亡,随访时间的中位数为 67.9 个月。van 't Veer et al.(2002)的数据集有 78 例患者,34 例在随访期间死亡,随访时间的中位数为 64.2 个月。我们分析了 3 个数据集中的 2 555 个基因,并研究了相关文献。

我们使用对比 gBridge 惩罚估计方法,17 个基因在至少一个数据集中被确定(表 2.6.5)。其中,12 个基因被识别在所有 3 个数据集,4 个基因被识别在 2 个数据集,1 个基因被识别在 1 个数据集。其他研究发现类似肺癌数据集研究。gBridge 惩罚方法识别了 18 个基因,其中,8 个基因被识别在 3 个数据集,9 个基因被识别在 2 个数据集,1 个基因被识别在 1 个数据集。对比 gBridge 惩罚估计方法结果表明,大部分基因稳定性良好,除了在 Sotiriou et al.(2003)的数据集中,基因 hs.33287 的观测发生指数只有 0.3。使用肺癌数据研究中的方式对两种方法的预测性能进行评估,对数秩统计量的值是 6.264(对比 gBridge 惩罚方法,p 值为 0.012)和 0.072(组桥惩罚方法,p 值为 0.788)。使用对比 gBridge 惩罚预测显著,比 gBridge 惩罚要好得多。

表 2.6.5　利用对比 gBridge 惩罚方法对肺癌数据进行分析

基因序列	探针	UM	p	HLM	p	CAN/DF	p
FOXM1	202580_x_at	−0.017 5	1.00	−0.017 5	1.00	−0.017 5	1.00
CX3CL1	203687_at	0.007 9	1.00	0.007 9	1.00	0.007 9	1.00
PSPH	205048_s_at			−0.011 2	1.00	−0.011 1	1.00
BMP2	205289_at	−0.016 7	1.00	−0.016 7	1.00	−0.004 5	1.00
SCGB1A1	205725_at	−0.008 0	1.00	0.009 7	1.00	−0.008 0	1.00
MT1H	206461_x_at	−0.007 4	1.00	0.004 8	1.00	−0.007 4	1.00
FOS	209189_at	−0.016 7	1.00	−0.000 2	0.87	−0.000 2	0.87
PLA2G4A	210145_at	0.014 7	1.00	−0.007 6	1.00	0.014 7	1.00

注:UM (University of Michigan Cancer Center):密歇根大学癌症中心数据集,

　　HLM (Moffitt Cancer Center):Moffitt 癌症中心数据集,

　　CAN/DF (Dana-Farber Cancer Institute):Dana-Farber 癌症研究所数据集,

　　p 为观测发生指数。

表 2.6.6　利用对比 gBridge 惩罚方法对乳腺癌数据进行分析

去冗余之后得到的基因序列	基因序列	Huang	p	Sotiriou	p	Vantveer	p
Hs. 115907	DGKD	0.011 1	1.00	0.005 2	1.00	0.007 6	1.00
Hs. 117546	NNAT	0.013 7	1.00	0.012 1	1.00	−0.015 2	1.00
Hs. 155314	NUP93	−0.001 6	0.60			−0.002 8	0.64
Hs. 166204	PHF1	0.010 9	1.00	0.003 6	1.00	0.005 6	1.00
Hs. 19904	CTH	−0.017 0	1.00	0.005 9	1.00	−0.015 1	0.99
Hs. 23103	BET1	−0.001 0	0.99	0.020 7	1.00	0.002 6	1.00
Hs. 283565	FOSL1	−0.027 5	1.00	0.033 2	1.00	−0.027 7	1.00
Hs. 3136	PRKAG1	0.009 1	0.99	0.007 2	0.99	0.005 6	0.99
Hs. 33287	NFIB	0.016 3	1.00	−0.001 6	0.30		
Hs. 334534	GNS	0.007 2	1.00	0.009 7	1.00		
Hs. 433300	FCER1G	0.001 6	1.00				
Hs. 433714	KRAS	0.001 7	0.99	−0.001 3	0.96	0.000 9	0.98
Hs. 4980	LDB2	−0.013 5	1.00	−0.010 7	1.00	−0.009 3	1.00
Hs. 82002	EDNRB	−0.020 6	1.00	−0.005 3	0.93	−0.001 2	0.97
Hs. 82508	THAP11	−0.008 2	1.00	0.011 0	1.00	−0.003 5	1.00
Hs. 9629	PRCC	0.014 9	1.00	0.016 1	1.00	−0.006 2	1.00
Hs. 2055	UBA1			−0.017 9	1.00	−0.012 9	1.00

注：Huang：Huang et al.(2003)数据集，

Sotiriou：Sotiriou et al.(2003)数据集，

Vantveer：van 't Veer et al.(2002)数据集，

p 为观测发生指数。

2.6.6　小结

在高维遗传和基因组测量的癌症研究中，整合分析提供了一种有效的方法，能够从多个独立的数据集中提取有效信息，从而改进标记识别。在这项研究中，我们研究了整合分析和惩罚标记选择的异构性模型和同构性模型，主要采用了基于桥惩罚的复合惩罚方法。与其他现存方法不同的是，我们同时考虑了数据集内部结构与跨数据集结构，这种结构关注协变量与回归系数之间的相关性。与现有的研究，如 Liu et al.(2013a)的研究不同，我们提供了详细的惩罚方法，包含跨数据集结构。这种方法是合理的，可以用一个有效的迭代算法来实现。模拟结果表明，对比惩罚优于标准惩罚方法之处在于：它可以识别出相近的真阳性数，假阳性数有所减少。由于对比惩罚涉及二级数据结构，所观察到的改善可能不会很大。在实践中，假阳性数量的减少是非常有意义的。肺癌和乳腺癌的数据分析表明,这种方法可以识别出不同于标准方法的基因,并使产生的不同数据集中的基因更为一致,同时也增强了基因识别的稳定性,提高了预测性能。

在目前的研究中有很多种方法可以用来构造对比惩罚。例如,当处理数据集内部结构时,可以构造对比惩罚项 $\|\boldsymbol{\beta}_j\|_2 - \|\boldsymbol{\beta}_k\|_2$ 或 $\|\boldsymbol{\beta}_j - \boldsymbol{\beta}_k\|_2$。当处理跨数据集结构时,对比惩罚期望 $\beta_j^{(k)}$ 和 $\beta_j^{(l)}$ 结果相似。通常我们要求输出相同的多个数据集能够合理地归一化,但有时当多个数据集使用不同的方法得到时,不能进行合理的归一化,因此,促使 $\mathrm{sgn}(\beta_j^{(k)})$ 和 $\mathrm{sgn}(\beta_j^{(l)})$ 尽可能相似性是有意义的。我们已经尝试了这种思路,但由于符号函数不是连续函数,这种方法可能会产生巨大的计算量。找出一个适当的对比惩罚函数取决于数据、分析目标以及计算可行性。本研究用两个 gBridge 惩罚来构造这种对比惩罚,它也适用于其他复合惩罚方法。在数据分析中,我们用 AFT 模型来处理肺癌和乳腺癌数据。对比惩罚函数与损失函数的使用是相互独立的,所以我们也可以采用如 Cox 模型等其他模型。在未来的研究中,我们将进一步尝试将对比惩罚的方法应用到更多的模型和数据当中。我们对比了“组桥惩罚＋对比惩罚”方法与标准 gBridge 惩罚方法对比,建立了所提方法在对比惩罚项上的优越性。我们发现一些其他方法(如 GMCP 方法)也可以用来分析和模拟真实数据。然而,“gBridge 惩罚＋对比惩罚”方法与其他方法(如 GMCP 方法)的比较是不公平的,因为它们用来做标记选择的基础方法不同。本研究的局限性也包括缺乏理论研究以及更详细的标记基因分析。

2.7 总结与展望

2.7.1 总结 ▷

本章针对大数据的特殊性质,研究了处理大数据数据集的整合分析方法,具体包括以下内容:

2.1 节介绍了大数据的特征,总结了大数据处理的现状。大数据具有稀疏性,价值密度低,即信息的边际价值并未随数据量增加而提升;同时大数据的高维性突出,“去噪提纯”是亟待解决的问题。鉴于大数据的来源具有差异性、高维性、稀疏性等特点,如何对其充分利用和综合分析比新技术更为重要,因而在大数据时代下研究大数据数据集整合分析方法的意义重大。

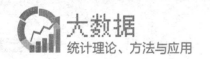

2.2节分三个部分介绍了目前的惩罚整合分析方法：模型基本形式、惩罚整合分析方法、计算问题，并分析了传统同构数据的整合分析方法的原理和特点。

2.3节研究了异构数据的整合分析，在 AFT 模型下建立了 SGMCP 惩罚，实现了异构性模型的双层选择，既能剔除对所有数据集都不显著的解释变量，又能得到显著的变量只对哪些数据显著。SGMCP 是可加型的惩罚函数，它的形式简单，可基于 GCD 算法求解。本书详细推导了参数估计过程，并归纳了算法的流程。该节最后做了充分的模拟分析，考虑了不同的变量相关性，对比了已有的变量选择方法，不仅分析了异构性模型，而且分析了同构性模型。模拟分析表明新方法不管对于异构性模型还是同构性模型，都具有更好的选择效果。

2.4节连接了多种类型的组学数据和癌症结果变量，在多种机制调控基因表达方针的引导下，考虑基因表达中的组关系，提出一种基于整合分析的正则化的标记选择和估计方法。这种方法创新性地包含了残差效应，具有良好的生物解释。在模拟研究中，该节所提出的方法，和其他相关的方法相比，展现出非常优秀的标示识别能力。在实际数据分析中，我们的方法所找到的标记不同于那些已有的方法，而且这些被识别的生物标记具有重要的生物意义以及令人满意的预测结果。

2.5节提出了有针对性的整合分析方法，进行标记选择或对与疾病或亚型有关的标记进行识别，针对多个癌症亚型预后数据进行了整合分析。整合分析可以同时对多个癌症亚型的相似性、异质性进行分析。该整合分析采用了异构性模型，并使用了混合惩罚函数对含有与预后有关的 SNPs 的基因进行识别。实际应用中高维数据类型众多，比如因变量连续或不连续、定类或定量，我们根据数据的特点来论证方法，以确保方法的应用范围更广。

2.6节研究了整合分析和惩罚标记选择的异构性模型和同构性模型，主要采用了基于桥惩罚的复合惩罚方法。与其他现存方法不同的是，本研究同时考虑了数据集内部结构与跨数据集结构，通过对比惩罚的方式使两者相结合，这种结构关注协变量与回归系数之间的相关分析性。

2.7.2　展望

对某些调查数据或者实验数据，由于成本和外界条件不可重复性会导致其获取困难，单一的获取途径往往难以得到充足的样本量，这种情况下数据可能来自不同的调查子总体，从而最终数据是多个数据集的综合。本章提出的异构性模型整合分析可用于分析这类数据。研究表明它比现有的同构性模型整合分析更具有一般性。在异构性模型下，我们提出了 SGMCP 惩罚实现多个独立数据集下的变量选择，对比已有的 MCP, GMCP 方法，各种相关性情形下本研究方法的效果都最好。它不仅能得到对所有数据集都显著的变量,还能得到仅对部分数据显著的变量。该类方法为解决小样本问题提供了新的思路。

在针对多种机制调控基因表达的研究中,我们所提出的一种基于整合分析的正则化的标记选择和估计方法与其他相关的方法相比,有非常优秀的标记识别性能。在实际数据分析中,我们的方法所找到的标记不同于那些已有的方法,而且这些被识别的生物标记具有重要的生物意义以及令人满意的预测结果。然而这项研究不可避免地具有限制。在模拟多组学数据时,这个建模可能不是最全面、最准确的。我们的模型尚有潜力被改善成适用于不均等的基因表达和调控效应数据。另外,我们也可以扩展模型以及考虑更一般的非线性效应,只需让 $y \sim \phi(x^{\mathrm{T}}V, \bar{x}, \tilde{z})$。在数据分析中,我们提出的方法找到了一些有意义的发现,这需要验证性的研究来支持我们的发现。

在高维遗传和基因组测量的癌症研究中,整合分析提供了一种有效的方法,能够对于多个独立的数据集提取有效信息,从而改进标记识别。在这项研究中,我们研究了整合分析和惩罚标记选择的异构性模型和同构性模型,通过对比惩罚的方式使数据集内部结构和跨数据集结构可以相结合。在目前的研究中,有很多种方法可以用来构造对比惩罚。在未来的研究中,我们将进一步尝试将对比惩罚的方法应用到更多的模型和数据当中。本研究的局限性也包括缺乏更详细的标识基因分析。

惩罚的整合分析方法方兴未艾,仍有许多更有效的方法等待研究者发现。基于网络的模型是另一个可能的改进方向。以网络结构分析为例,邻接矩阵的构造和 Laplacian 方法都只适用于无向网络。如何用惩罚的整合分析方法解决有向图问题依然没有明确的答案。

现有的整合分析方法的另一个局限性体现在理论方面:它的理论还没有被彻底证明。对于一些具体的模型(Liu et al.,2014b;Ma et al.,2012),我们已经证明整合分析方法在变量选择和估计方面具有一致性。特别是,当满足 $N, d \to 0$ 时,$\ln(d)/N \to 0$ 一致性成立,其中 N 是整合后的样本个数。但是,无论我们还是其他研究者都还没能从理论上证明整合分析方法在变量选择方面比元分析更具精确性。在现有的研究中,研究者仅通过模拟计算验证了整合分析的优越性,理论分析在未来的研究中不可或缺。

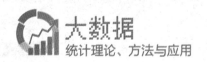

参 考 文 献

何平平,2007.我国医疗支出增长因素研究[D].北京邮电大学,2007.

Buhlmann P,van deGeer S,2011.Statistics for high-dimensional data:methods,theory and applications[M]. Berlin: Springer.

Campoli M,Ferrone S,2008.Hla antigen changes in malignant cells:epigenetic mechanisms and biologic significance[J]. Oncogene,27(45):5869-5885.

Chun H,Keles S,2010.Sparse partial least squares regression for simultaneous dimension reduction and variable selection [J].Journal of the royal statistical society: series B (statistical methodology),72(1):3-25.

Fan J,Han F,Liu H,2014.Challenges of big data analysis [J].National Science Review,1(2):293-314.

Fan J,Li R,2001. Variable selection via nonconcave penalized likelihood and its oracle properties [J]. Journal of the American Statistical Association, 96(456):1348-1360.

Fan J,Lv J,2008.Sure independence screening for ultrahigh dimensional feature space[J].Journal of the Royal Statistical Society: series B (statistical methodology),70(5):849-911.

Fan J,Lv J,2010.A selective overview of variable selection in high dimensional feature space[J]. Statistica Sinica,20(1): 101-148.

Fang K, Wang X, Zhang S,et al.,2014. Bi-level variable selection via adaptive sparse group Lasso[J]. Journal of Statistical Computation and Simulation. DOI: 10.1080/00949655.2014.938241.

Fang K,Shia B,Ma S,2012. Health insurance coverage and impact:a survey in three cities in China[J].PloS one,7 (6):e39157.

Frank E H,Robert M C,David B P,et al.,1982.Evaluating the yield of medical tests[J].Jama,247(18):2543-2546.

Frank L E,Friedman J H,1993.A statistical view of some chemometrics regression tools[J]. Technometrics,35(2): 109-135.

Geladi P,Kowalski B R,1986.Partial least-squares regression:a tutorial[J].Analytica chimicaacta,185:1-17.

Goh K I,Choi I G,2012.Exploring the human diseasome: the human disease network[J]. Brief Funct Genomics, 11(6): 533-542.

Gross S M,Tibshirani R,2015.Collaborative regression[J]. Biostatistics,16(2):326-338.

Guerra R,Goldsterin D R,2009.Meta-analysis and combining information in genetics and genomics[M]. Chapman and Hall/CRC.

Han X,Li Y,Huang J,et al.,2010.Identification of predictive pathways for non-Hodgkin lymphoma prognosis[J]. Cancer Informatics,9:281-292.

Hoerl A E,Kennard R W,1970. Ridge regression:biased estimation for nonorthogonal problems[J].Technometrics,12 (1):55-67.

Huang E,Cheng S,Dressman H,et al.,2003.Gene expression predictors of breast cancer outcomes[J].The Lancet,361: 1590-1596.

Huang J,Breheny P,Ma S,2012.A selective review of group selection in high-dimensional models [J].Statistical Science, 27(4):481-499.

Huang J,Horowitz J L,Ma S,2008.Asymptotic properties of bridge estimators in sparse high-dimensional regression models[J]. Ann. Stat., 36: 587-613.

Huang J,Ma S,2010.Variable selection in the accelerated failure time model via the bridge method[J]. Lifetime Data Anal,16：176-195.

Huang J,Ma S,Li H,et al.,2011.The sparse Laplacian shrinkage estimator for high-dimensional regression. Ann. Stat.,39：2021-2046.

Huang J,Ma S,Xie H,2006. Regularized estimation in the accelerated failure time model with high-dimensional covariates [J]. Biometrics,62：813-820.

Huang J,Ma S,Xie H,et al.,2009.A group bridge approach for variable selection [J].Biometrika,96：339-355.

Huang J,Wei F,Ma S,2010.Consistent group selection and estimation via normed minimax concave penalty[M].Unpublished manuscript.

Huang J,Wei F,Ma S,2012a.Semiparametric regression pursuit[J]. Statistica Sinica,22：1403-1426.

Huang Y,Huang J,Shia B C,et al.,2012b.Identification of cancer genomic markers via integrative sparse boosting[J]. Biostatistics,13：509-522.

Jennings E M,Morris J S,Carroll R J,et al.,2013.Bayesian methods for expression-based integration of various types of genomics data[J].EURASIP journal on bioinformatics and systems biology(1):13.

Journe F,Boufker H I,Kempen L,2011.Tyrp1 mrna expression in melanoma metastases correlates with clinical outcome [J].British journal of cancer,105(11):1726-1732.

Kim S,Xing E P,2010.Tree-guided group Lasso for multi-task regression with structured sparsity[R].Proceedings of the 27th International Conference on Machine Learning.

Kim Y W,Koul D,Kim S H,et al.,2013.Identification of prognostic gene signatures of glioblastoma:a study based on tcga data analysis[J]. Neuro-oncology,15(7):829-839.

Kristensen V N,Lingjærde O C,Russnes H G,et al.,2014.Principles and methods of integrative genomic analyses in cancer[J].Nature reviews cancer,14(5):299-313.

Lee M,Shen H,Huang J Z,2010.Biclustering via sparse singular value decomposition[J].Biometrics 66(4):1087-1095.

Li W,Zhang S,Liu C C,et al.,2012.Identifying multi-layer gene regulatory modules from multi-dimensional genomic data [J].Bioinformatics, 28(19):2458-2466.

Liu J,Huang J,Ma S, et al.,2013a.Incorporating group correlations in genome-wide association studies using group Lasso [J]. Biostatistics,14:205-219.

Liu J,Huang J,Ma S,2013b.Incorporating network structure in integrative analysis of cancer prognosis data [J].Genetic Epidemiology,37(2):173-183.

Liu J,Huang J,Ma S,et al.,2012.Incorporating group correlations in genome-wide association studies using smoothed group Lasso[J].Biostatistics,14(2):205-219.

Liu J,Ma S,Huang J,2014.Integrative analysis of cancer diagnosis studies with composite penalization[J].Scandinavian Journal of Statistics,41(1):87-103.

Ma S,Dai Y,Huang J,Xie Y,2012.Identification of breast cancer prognosis markers via integrative analysis[J].Computational Statistics and Data Analysis,56(9):2718-2728.

Ma S,Huang J,Moran M S,2009.Identification of genes associated with multiple cancers via integrative analysis[J].BMC genomics,10(1)：535.

Ma S,Huang J,Moran M S,2009.Identification of genes associated with multiple cancers via integrative analysis[J].BMC genomics10(1):535.

Ma S,Huang J,Shen S,2009.Identification of cancer-associated gene clusters and genes via clustering penalization[J].Statistics and its interface,2(1):1.

Ma S,Huang J,Song X,2011a.Integrative analysis and variable selection with multiple high-dimensional data sets[J].Biostatistics， 12(4):763-775.

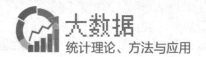

Ma S,Huang J,Wei F,et al.,2011b.Integrative analysis of multiple cancer prognosis studies with gene expression measurements [J]. Statistics in Medicine,30(28):3361-3371.

Ma S,Zhang Y,Huang J,2010.Identification of non-Hodgkin's lymphoma prognosis signatures using the CTGDR method [J].Bioinformatics,26:15-21.

Ma S,Zhang Y,Huang J,et al.,2009.Identification of non-Hodgkin's lymphoma prognosis signatures using the CTGDR method[J].Bioinformatics,26(1):15-21.

Mauerer A,Roesch A,Hafner C,2011.Identification of new genes associated with melanoma[J]. Experimental dermatology,20(6):502-507.

McBride T D,2005.Why are health care expenditures increasing and is there a rural differential? [M].RUPRI center for rural health policy analysis.

McNeal A S,Liu K,Nakhate V,2015.Cdkn2b loss promotes progression from benign melanocytic nevus to melanoma[J]. Cancer discovery,5(10):1072-1085.

Meier L,Geer S V D,Bühlmann P.The group lasso for logistic regression[J].Journal of the royal statistical society,70 (1):53-71.

Rangel J,Nosrati M,Leong S P L,2008.Novel role for rgs1 in melanoma progression[J].The American journal of surgical pathology,32(8):1207-1212.

Rhodes D R,Yu J,Shanker K,2004.Largescale meta-analysis of cancer microarray data identifies common transcriptional profiles of neoplastic transformation and progression[J].PNAS,101(25): 9309-9314.

Ruger J,Kim H,2007.Out-of-pocket healthcare spending by the poor and chronically ill in the Republic of Korea[J]. American journal of public health,97(5):804-811.

Shi X,Liu J,Huang J,et al.,2014.Integrative analysis of high-throughput cancer studies with contrasted penalization[J]. Genetic Epidemiology,38(2):144-151.

Shi X,Shen S,Liu J,et al.,2013.Similarity of markers identified from cancer gene expression studies: observations from GEO[J].Briefings in bioinformatics,15(5): 671-684.

Simon N,Friedman J,Hastie T,et al.,2013.A sparse Group lasso[J]. Journal of Computational and Graphical Statistics, 22(2): 231-245.

Simon N,Friedman J,Hastie T,et al.,2013.A sparse-group lasso[J].Journal of computational and graphical statistics,22 (2):231-245.

Sotiriou C,Neo S,McShane L,et al.,2003. Breast cancer classification and prognosis based on gene expression profiles from a population-based study[J]. Proc Natl. Acad. Sci.,100:10393-10398.

Stute W,1993.Consistent estimation under random censorship when covariables are present[J].Journal of multivariate analysis,45(1):89-103.

Stute W,1996.Distributional convergence under random censorship when covariates are present[J]. Scandinavian J. Stat., 23:461-471.

Tibshirani R,1996.Regression shrinkage and selection via the lasso: a retrospective[J].Journal of the royal statistical society,58(1):267-288.

Tseng P,2001.Convergence of a block coordinate descentmethod for nondifferentiable minimization[J]. J Optimization Theory Appl.,109: 475-494.

van 't Veer L J,Dai H,van de Vijver M J,et al.,2002.Gene expression profiling predicts clinical outcome of breast cancer [J]. Nature,415: 530-536.

van Iterson M,Bervoets S,de Meijer E J,et al.,2013.Integrated analysis of microrna and mrna expression: adding biological significance to microrna target predictions[J].Nucleic acids research,41(15):e146.

Wang W，Baladandayuthapani V，Morris J S，et al.，2013.Ibag：integrative Bayesian analysis of high-dimensional multi-platform genomics data[J].Bioinformatics,29(2):149-159.

Wit N J W，De Burtscher H J，Weidle U H，et al.，2002.Identified in human melanoma cell lines with different metastatic behaviour using high density oligonucleotide arrays[J].Melanoma research,12(1):57-69.

Witten D M，Tibshirani R，2009.Extensions of sparse canonical correlation analysis with applications to genomic data[J]. Statistical applications in genetics and molecular biology,8(1):1-27.

Witten D M，Tibshirani R，Hastie T，2009.A penalized matrix decomposition，with applications to sparse principal components and canonical correlation analysis[J]. Biostatistics,10(3):515-534.

Xie Y，Xiao G，Coombes K，et al.，2011.Robust gene expression signature from formalin-fixed paraffin-embedded samples predicts prognosis of nonsmall-cell lung cancer patients[J]. Clin Cancer Res, 17:5705-5714.

Yang D，Ma Z，Buja A，2014.A sparse singular value decomposition method for high-dimensional data[J].Journal of Computational and Graphical Statistics,23(4):923-942.

You X，Kobayashi Y，2011.Determinants of out-of-pocket health expenditure in China[J].Applied health economics and health policy,9(1):39-49

Yuan M，Lin Y，2006.Model selection and estimation in regression with grouped variables[J].Journal of the Royal Statistical Society：Series B,68:49-67.

Zhang C H，2010. Nearly unbiased variable selection under minimax concave penalty[J].Annals of Statistics,38(2):894-942.

Zhang Q，Zhang S，Liu J，et al.，2015[2019-3-30].Penalized integrative analysis under the accelerated failure time model [J/OL]. arXiv:1501.02458, 2015.

Zhang Y，Dai Y，Zheng T，et al.，2011.Risk factors of non-Hodgkin's lymphoma[J].Expert opinion on medical diagnostics, 5:539-550.

Zhao P，Rocha G，Yu B，2009.The composite absolute penalties family for grouped and hierarchical variable selection[J]. The annals of statistics,37(6A):3468-3497.

Zhao Q，Shi X，Huang J，et al.，2015.Integrative analysis of "-Omics" data using penalty functions[J].Wiley Interdisciplinary Reviews Computational Statistics,7: 99-108.

Zhao Q，Shi X，Xie Y，et al.，2015.Combining multidimensional genomic measurements for predicting cancer prognosis：observations from tcga[J].Briefings in bioinformatics,16(2):291-303.

Zhu Y，Qiu P，Ji Y，2014. Tcga-assembler：open-source software for retrieving and processing tcga data[J]. Nature methods,11(6):599-600.

Zou H，Hastie T，2005.Regularization and variable selection via the elastic net[J].Journal of the royal statistical society：series B (statistical methodology),67(2):301-320.

第三章

大数据下的高维变量选择方法

◄ 本章要点 ►

高维数据广泛出现在自然科学、人类学和工程学等领域,其主要特点有:

一是解释变量维度 p 很高,往往成千上万,且样本量 n 往往比 p 小;

二是噪声多,存在着许多跟因变量无关的解释变量。

由于高维回归模型中系数存在稀疏性(sparsity),即绝大部分解释变量的系数为 0,因此必须通过变量选择技术筛选出最优子集,提高模型解释能力和估计精度。本章主要研究基于惩罚因子的高维变量选择方法。将从三个方面展开研究:

一是基于组结构(group structure)的变量选择方法;

二是基于网络结构(network structure)的变量选择方法;

三是基于惩罚函数的比例结构识别模型。

本研究所作贡献如下:

- 针对基于组结构的变量选择方法,概括了线性模型框架下三类群组变量选择方法,包括处理高度相关变量、仅选择组变量、既选择组又选择单个变量的方法,着重比较了它们的统计性质和优缺点,总结了群组变量选择方法的应用情况,归纳了最新发展方向和所面临的挑战。将稀疏组最小绝对值收缩算子(sparse group Lasso,SGL)进行推广改进,提出了自适应稀疏组最小绝对值收缩和选择算子(adaptive sparse group Lasso,adSGL)进行双层变量选择。该方法在识别个体和组的差异、降低错误发现率和均方误差方面的效果均优于传统方法。

- 针对基于网络结构的变量选择方法,在充分考虑变量间的网络结构关系基础上,提出了网络结构逻辑斯蒂(Logistic)模型,通过惩罚方法同时实现变量选择和参数估计。模拟表明网络结构 Logistic 模型要优于其他方法。并将该方法应用到中国企业信用风险预警中,充分考虑财务指标间的网络结构关系,科学地选择评估指标,构建更加适合中国国情的企业信用风险预警方法。分析了混合分布数据协变量影响的比例结构,提出了采用惩罚的方法识别比例结构的方法,证明了该方法的统计性质,并将该方法用在中国健康与营养调查(CHNS)医疗费用数据分析和中国农村卫生调查(RCHS)健康保险费

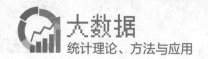
用数据分析中。

● 最后本课题基于惩罚函数建立比例识别模型，以此来确定两部分模型的比例结构。我们所采用的方法直观，且具有多种技术优势，适用于大量协变量的数据。此外，我们对所提方法的统计性质进行了研究，为该方法提供了坚实的理论基础。

3.1　背景和意义

Fan,Li(2010)指出,由于高维回归模型中系数存在稀疏性,即绝大部分解释变量的系数为 0,因此必须通过变量选择技术筛选出最优子集,提高模型的解释能力和估计精度。

变量选择在发展之初,p 往往低于 40,且样本量充足。最常用的方法有最优子集法、逐步(向前、向后)回归法(stepwise)、逐段法(stagewise)等。这些方法的实用性很强,但是也存在许多缺点。Fan,Li(2001)指出最优子集法遍历所有子集搜索最优解,因此计算成本高,特别是 p 很大时,基本不可能实现求解;Breiman(1996)指出逐步回归法缺乏稳定性,对数据的微小变动非常敏感。惩罚函数法是目前高维数据研究领域广受欢迎的一类方法,它通过对模型的回归系数进行约束,使部分系数压缩为零,进行变量选择,克服了传统方法计算量大和稳定性差等缺点。最早的惩罚函数方法是 Breiman(1995)提出的非负绞型法(non-negative garrote,NNG)方法,但是具有里程碑意义的方法是由 Tibshirani(1996)提出的 Lasso方法。基于 Lasso 的思想,学者们又相继提出了多种惩罚函数方法,例如桥惩罚(Bridge)、平滑剪切绝对偏差惩罚(SCAD)、最小最大凹惩罚(MCP)等。

某些先验信息能将解释变量分组,比如生物研究中路径(pathway)由具有相关协调功能的各种基因组控制,问卷调查中分类问题可由几个虚拟变量共同描述。组结构作为网络结构的特殊形式,理论上对同类变量应当同等对待,甚至在研究中将其作为一个整体,由此派生出两个问题:组间变量选择和重要组内变量选择。组间的变量选择将提高模型的解释性;重要组内变量的选择则通过考虑变量的重要程度对组内变量进行选择,提高变量选择的准确性。

变量之间除了隶属不同组别外,往往存在复杂的结构关系。变量往往是相互关联而非彼此独立的,当变量数目非常大时,关系图非常复杂,如网状。联系紧密的变量间往往存在着关联模式,尽管传统的变量选择方法考虑了多重共线性,但是并没有探索它们之间更为复杂的关系,更别说基于这层关系做变量选择。忽略了这些潜在的相关关系,研究缺少说服力与科学性。本研究将网络结构作为先验信息,基于稀疏拉普拉斯变量选择方法,研究高维数据变量选择问题。网络结构不仅能较全面地反映变量间的相互关系,而且能度量这种关系的强度,更真实地体现了大数据的复杂结构,结果更严谨、更贴近真实情况。同时,

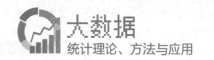

前期研究表明,考虑变量间的相关关系能更有效地选择变量,模型预测性能更佳。

3.2 高维数据的群组变量选择方法

3.2.1 引言

在某些实际应用中,解释变量呈现自然的分组结构,例如分类变量的不同水平可以用一组虚拟变量来描述,连续变量可以表示为一组基函数,再如生物统计中路径(pathway)由基因组决定。因此不少学者研究了群组变量选择(group variable selection)方法。本章在简单线性模型框架下,介绍群组变量选择的惩罚函数方法。

考虑如下模型,解释变量被分为 J 个互不重叠的组,即

$$y = X\beta + \varepsilon = \sum_{j=1}^{J} X_j \beta^{(j)} + \varepsilon, \tag{3-2-1}$$

其中 $y = (y_1, \cdots, y_n)^T$ 是 $n \times 1$ 维因变量,$X = (X_1, \cdots, X_J)$ 是 $n \times p$ 维设计矩阵,$\beta = ((\beta^{(1)})^T, \cdots, (\beta^{(J)})^T)$ 是 $p \times 1$ 维回归系数,$X_j = (x_{j1}, \cdots, x_{jp_j})$ 和 $\beta^{(j)} = (\beta_1^{(j)}, \cdots, \beta_{p_j}^{(j)})^T$ 分别是第 j 组的 $n \times p_j$ 维设计矩阵和 $p_j \times 1$ 维回归系数,误差 ε 满足经典假设,即 $\varepsilon \sim N(\mathbf{0}, \sigma^2 I_n)$。不失一般性,假设 y 和 X 已经过中心化处理,此时模型中不含常数项。

模型(3-2-1)的惩罚似然估计的一般形式如下:

$$\hat{\beta} = \underset{\beta}{\arg\min} \left\{ \frac{1}{2} \parallel y - \sum_{j=1}^{J} X_j \beta^{(j)} \parallel_2^2 + \sum_{j=1}^{J} P_\lambda(\mid \beta^{(j)} \mid) \right\}, \tag{3-2-2}$$

其中 $\parallel \cdot \parallel_2$ 为 l_2 范数,下文中出现 $\parallel \cdot \parallel_q$ 为 l_q 范数。通常单个变量选择的惩罚函数形式为 $P_\lambda(\mid \beta \mid) = \lambda \sum_{j=1}^{p} \mid \beta_j \mid^q, 0 < q \leqslant 2$。Frank,Friedman(1993)称其为桥(Bridge)回归。当 $q = 1$ 时,它又称为 Lasso 惩罚;当 $q = 2$ 时,即岭回归(Ridge)。不同的惩罚函数,变量选择的效果和参数估计的性质截然不同。λ 为调整参数(tuning parameter),通过选择合适的 λ 值,得到最优解。

3.2.2　处理高度相关数据的组变量选择方法

1. 弹性网

Zou,Hastie(2005)提出的弹性网(elastic net,EN)是最早具有群组变量选择功能的方法,其惩罚函数为 Lasso 和 Ridge 的线性组合。惩罚最小二乘估计为

$$\hat{\boldsymbol{\beta}}^{\text{EN}} = \underset{\boldsymbol{\beta}}{\arg\min}\left\{\frac{1}{2}\parallel \boldsymbol{Y}-\boldsymbol{X}\boldsymbol{\beta}\parallel_{2}^{2} + \lambda_{1}\sum_{j=1}^{p}\mid\beta_{j}\mid + \lambda_{2}\sum_{j=1}^{p}\beta_{j}^{2}\right\}。 \quad (3\text{-}2\text{-}3)$$

弹性网的优点表现在:式(3-2-3)中 Ridge 部分能很好地处理高度相关的数据,消除变量间的多重共线性;Lasso 部分使得它能够选择重要变量。它改善了 Lasso 存在的三个缺点:

一是,Lasso 最终选择的变量个数不会超过样本容量 n;

二是,Lasso 对高度相关的变量进行选择时,只选择其中一个,而不关心是哪一个;

三是,当 $n>p$ 时,解释变量高度相关时,经验表明 Lasso 预测性能很差。弹性网的缺点之一是往往会选择过多的变量组。

在统计性质方面,Jia,Yu(2010)指出在某些很强的条件下,弹性网具备谕示(Oracle)性质和相合性。关于它的求解,Zou,Hastie(2005)提出最小角回归-弹性网(LARS-EN)算法,Friedman et al.(2010)提出用坐标下降法求解弹性网,并开发了相关的 R 软件包 glmnet。

2. Mnet

最小最大凸惩罚结合岭惩罚(Mnet)是处理高度线性相关数据的另一种惩罚方法,其惩罚最小二乘估计为

$$\hat{\boldsymbol{\beta}}^{\text{Mnet}} = \underset{\boldsymbol{\beta}}{\arg\min}\left\{\frac{1}{2}\parallel \boldsymbol{Y}-\boldsymbol{X}\boldsymbol{\beta}\parallel_{2}^{2} + P_{\text{Mnet}}(\lambda,a,\mid\boldsymbol{\beta}\mid)\right\}, \quad (3\text{-}2\text{-}4)$$

$$P_{\text{Mnet}}(\lambda,a,\mid\boldsymbol{\beta}\mid) = \sum_{j=1}^{p}f_{\lambda_{1,a}}^{\text{MCP}}(\mid\beta_{j}\mid) + \frac{1}{2}\lambda_{2}\sum_{j=1}^{p}\beta_{j}^{2}, \quad (3\text{-}2\text{-}5)$$

其中 MCP 函数形式及其一阶导函数如下:

$$f_{\lambda,a}^{\text{MCP}}(\theta) = \begin{cases} \lambda\theta - \dfrac{\theta^{2}}{2a}, & \theta \leqslant a\lambda, \\ \dfrac{a\lambda^{2}}{2}, & \theta > a\lambda, \end{cases} \qquad f_{\lambda,a}^{\text{MCP}\prime}(\theta) = \begin{cases} \lambda - \dfrac{\theta}{a}, & \theta \leqslant a\lambda, \\ 0, & \theta > a\lambda。 \end{cases}$$

$$(3\text{-}2\text{-}6)$$

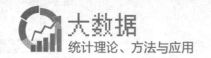
当 $|\beta_j|<a\lambda$ 时，MCP 函数的一阶导数随 $|\beta_j|$ 增大而减小，即 $|\beta_j|$ 越大，惩罚函数上升越缓慢；当 $|\beta_j|>a\lambda$ 时，惩罚函数的一阶导数为 0，即对大的回归系数不惩罚。这改善了 Lasso 过度惩罚大系数的缺点。其中如何选取 a 可参考文献 (Zhang，2010)。Huang et al.(2010)模拟分析表明，Mnet 方法在处理高度相关问题时比弹性网更具优势，并证明了在某些合理的条件下，Mnet 估计具有相合性，同时以很高的概率满足 Oracle 性质。由于目标函数是凸的，因此不存在局部最优解问题，Huang et al.(2010)采用坐标下降法求解 Mnet，即保持其他参数的值不变，每次优化一个参数，循环直到所有的参数收敛至给定精度。该方法特别适合求解一维情况下有解析解，但是高维情形下不存在解析解的优化问题。

Zeng，Xie(2012)提出的平滑剪切绝对偏差惩罚＋岭惩罚方法(SCAD_l_2)，组合 SCAD 函数和 Ridge 回归，惩罚最小二乘函数为

$$\frac{1}{2}\|y-X\beta\|^2+\sum_{j=1}^{p}f_{\lambda_1,a}^{\mathrm{SCAD}}(\beta_j)+\lambda_2\sum_{j=1}^{p}\beta_j^2, \tag{3-2-7}$$

其中 $a>2$，SCAD 函数形式如下：

$$f_{\lambda,a}^{\mathrm{SCAD}}(\beta)=\begin{cases}\lambda|\beta|, & \text{当 } 0\leqslant|\beta|<\lambda,\\ -\dfrac{\beta^2-2a\lambda|\beta|+\lambda^2}{2(a-1)}, & \text{当 }\lambda\leqslant|\beta|<a\lambda, \\ (a+1)\lambda^2/2, & \text{其他}.\end{cases} \tag{3-2-8}$$

Zeng，Xie(2012)模拟分析表明，对比 Lasso，SCAD 和弹性网，该方法不仅能降低预测误差、保留模型稀疏性，而且能揭露更多的分组信息。将该方法应用到基因表达数据时，发现当变量内部存在复杂的相互依赖关系时，该方法比现存方法更恰当。Zeng，Xie(2012)也证明了 SCAD_l_2 参数估计值的统计性质，发现估计值具有无偏性、连续性、稀疏性和群组效应。文中提出了两种算法，即组最小角回归(gLARS)和组岭回归(gRidge)算法，在选择变量的同时对它们进行分组，不需要任何关于分组的先验信息。对于如何分组的问题，文中规定满足以下两个准则的变量被归为同一组：

一是，它们都与响应变量或者当前残差高度相关；

二是，它们必须相互相关。

3.2.3　仅能选择组变量的方法

以上方法能够处理高度相关的数据，因而具有群组效应，但是变量的组结构并不明确。在某些情形下，先验信息使得我们已知解释变量的分组结构，这时我们希望同时选择或者删除这组变量。不少学者研究了这一问题。

1．Group Lasso

Yuan，Lin(2006)提出的群组最小绝对值收缩惩罚(Group Lasso)，是最早用于已知分组结构的变量选择方法，其惩罚最小二乘估计为

$$\hat{\boldsymbol{\beta}}^{\text{GLasso}} = \underset{\boldsymbol{\beta}}{\arg\min}\left\{\frac{1}{2}\parallel \boldsymbol{Y} - \boldsymbol{X}\boldsymbol{\beta}\parallel^{2}_{2} + \lambda\sum_{j=1}^{J}\parallel \boldsymbol{\beta}^{(j)}\parallel_{\boldsymbol{K}_{j}}\right\}, \tag{3-2-9}$$

其中 $\parallel \boldsymbol{\beta}^{(j)}\parallel_{\boldsymbol{K}_{j}} = ((\boldsymbol{\beta}^{(j)})^{\text{T}}\boldsymbol{K}_{j}\boldsymbol{\beta}^{(j)})^{1/2}$ 是 $\boldsymbol{K}_{j}$ 确定的椭圆范数，$\boldsymbol{K}_{j}$ 是 $p_{j}\times p_{j}$ 的正定对称矩阵。一个很关键的问题是如何选择 $\boldsymbol{K}_{j}$。Yuan，Lin(2006)建议使用 $\boldsymbol{K}_{j} = p_{j}\boldsymbol{I}_{p_{j}}$，式(3-2-9)变为以下形式：

$$\hat{\boldsymbol{\beta}}^{\text{GLasso}} = \underset{\boldsymbol{\beta}}{\arg\min}\left\{\frac{1}{2}\parallel \boldsymbol{Y} - \boldsymbol{X}\boldsymbol{\beta}\parallel^{2}_{2} + \lambda\sum_{j=1}^{J}\sqrt{p_{j}}\parallel \boldsymbol{\beta}^{(j)}\parallel_{2}\right\}. \tag{3-2-10}$$

若无特殊说明，下文所指 Group Lasso 均形如(3-2-10)式。

Group Lasso 的优点是目标函数是关于未知参数的凸函数，存在唯一的全局最小值。许多学者研究了它的性质。Bach(2008)发现对于确定的 p，在不可表条件的变形条件下，Group Lasso 在随机设计模型中具有组选择一致性；Nardi，Rinaldo(2008)研究了不可表条件下 Group Lasso 的一致性，以及在受限特征根条件下预测和估计误差的界值；Wei，Huang(2010)考虑了在稀疏里斯(Riesz)条件下，Group Lasso 预测和估计误差的稀疏性质和 l_{2} 界值。此外 Group Lasso 是 Lasso 在组结构下的扩展，Lasso 惩罚的解析解说明其参数估计值是有偏的，显然不具有 Oracle 性质，同理 Group Lasso 不具备该性质。

一个很自然的问题是，在什么条件下 Group Lasso 比 Lasso 好？Huang，Zhang(2010)提出了强群组稀疏性的概念，表明在强群组稀疏条件和其他某些条件下，Group Lasso 比 Lasso 更优良。Group Lasso 组间是 Bridge 惩罚，具有类似 Lasso 的缺点。Lasso 会过度压缩大系数，Group Lasso 对系数大的组也会过度压缩。Lasso 往往会选择不重要的变量进入模型，从而无法区分系数较小的变量和不重要变量，导致很高的假阳性。Group Lasso 的参数估计值偏差过大，也往往会选择过多的组。对于 Lasso 的求解，Efron et al.(2004)提出了最小角回归(LARS)算法，而 Yuan，Lin(2006)基于 LARS 算法提出组群最小角回归(Group LARS)算法，求解 Group Lasso。

2．CAP

Zhao et al.(2009)提出的复合绝对值惩罚(composite absolute penalty，CAP)方法也能很好地选择群组变量。该方法的主要特点是不同组的组内惩罚不同，为 $L_{\gamma_{j}}$ 范数。惩罚最小二乘估计为

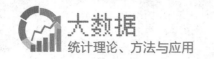
$$\hat{\boldsymbol{\beta}}^{\text{CAP}} = \underset{\boldsymbol{\beta}}{\arg\min}\left\{\frac{1}{2}\parallel \boldsymbol{y} - \boldsymbol{X\beta}\parallel_2^2 + \lambda \parallel (\parallel \boldsymbol{\beta}^{(1)}\parallel_{\gamma_1}, \cdots, \parallel \boldsymbol{\beta}^{(J)}\parallel_{\gamma_J})^{\text{T}}\parallel_{\gamma_0}^{\gamma_0}\right\},$$

$$(3\text{-}2\text{-}11)$$

其中 $\gamma_j > 1, j = 0, 1, \cdots, J$。该方法通过选择合适的组内惩罚和组间惩罚,达到群组变量选择的效果。可以看出当 $\gamma_1 = \cdots = \gamma_J = 2, \gamma_0 = 1$ 时,CAP 惩罚退化为 Group Lasso。CAP 方法的优点是允许组组之间存在重叠变量。因为 CAP 惩罚方法的目标函数是凸的,Zhao et al.(2009)用提升最小绝对值收缩(BLasso)算法求解该模型,该算法寻找目标函数下降最快的方向,移动适当的步长更新参数估计值。它的优点是通过不断调整步长来平衡精度和计算成本。对于 $\gamma_0 = 1, \gamma_j = \infty$, $j = 1, \cdots, J$ 的特殊情形,文中又提出了无穷复合绝对惩罚(iCAP)算法和分层无穷复合绝对惩罚(hiCAP)算法。

3.2.4 双层变量选择方法

Group Lasso 和 CAP 选择群组变量时具有"同进同出"(all-in-all-out)的特点,即一组变量要么全被选入要么全被剔除,而无法在组内选择重要的变量。但是在某些应用中,这类方法并不十分理想,例如研究某一疾病发病的影响因素,一个基因由一组变量来描述,很显然这组变量中并非每一个都会对该病有显著影响。分析这类问题最理想的方法是既能选择重要变量组又能在组内选择重要变量,因此产生了双层变量选择方法。

一类双层变量选择方法可以看作组间惩罚 ρ_{outer} 和组内惩罚 ρ_{inner} 的复合函数,如下文介绍的群组桥惩罚(Group Bridge)和群组最大最小凹惩罚(Group MCP)都是基于单个变量选择方法构建复合函数。对第 j 组变量,复合惩罚可以表示为

$$\rho_{\text{outer}}(\rho_{\text{inner}}(\mid \boldsymbol{\beta}\mid))。$$

Breheny, Huang(2009)基于该思想将方法一般化,若要达到双层选择效果,那么可以组内和组间都选择具有变量选择功能的惩罚函数,其中常用惩罚有 Lasso, SCAD, MCP 等。

另一类双层变量选择方法是构建单个变量惩罚和群组变量惩罚的线性组合,将选择单个变量和组变量的惩罚函数分开,Sparse Group Lasso 就是属于这类方法,Huang et al.(2012)将其归类为可加惩罚(additive penalty)。

1. Group Bridge

Huang et al.(2009)提出 Group Bridge,它是最早的双层变量选择方法。Group Bridge 在组内进行 Lasso 惩罚,组间进行 Bridge 惩罚,惩罚最小二乘估计

如下：

$$\hat{\boldsymbol{\beta}}^{\text{GBridge}} = \operatorname*{argmin}_{\boldsymbol{\beta}} \left\{ \frac{1}{2} \parallel \boldsymbol{y} - \boldsymbol{X}\boldsymbol{\beta} \parallel_2^2 + \sum_{j=1}^{J} \lambda p_j^{\gamma} \parallel \boldsymbol{\beta}^{(j)} \parallel_1^{\gamma} \right\}. \qquad (3\text{-}2\text{-}12)$$

由于 Lasso 和 Bridge 都具有单个变量选择的效果，因此 Group Bridge 具有双层选择功能。式(3-2-12)中 $0 < \gamma < 1$，Zhou et al.(2010)提出的方法就是 $\gamma = 0.5$ 时的 Group Bridge。

Huang et al.(2009)证明了当 $p \to \infty, n \to \infty$ 但 $p < n$ 时，在某些正则条件下，Group Bridge$(0 < \gamma < 1)$具有群组 Orcale 性质，即正确选择重要组变量的概率收敛到 1。Group Bridge 中组内大系数的存在可能阻止其他同类变量进入模型，因此尽管具有群组 Oralce 性质，但是在组内不具备相合性。值得注意的是，Group Bridge 的目标函数是非凸的，且在 $\beta_j = 0$ 处不可微，这在模型拟合中可能出现问题。因此 Huang et al.(2009)对目标函数作等价变换，转化到 Lasso 框架下用 LARS 算法求解。

2. Group MCP

Group Bridge 在某些点不可微，这为求解带来困难。因此 Breheny, Huang (2009)提出了 Group MCP，其组内和组间惩罚都是 MCP 函数，惩罚最小二乘估计为

$$\hat{\boldsymbol{\beta}}^{\text{GMCP}} = \operatorname*{argmin} \left\{ \frac{1}{2} \parallel \boldsymbol{y} - \boldsymbol{X}\boldsymbol{\beta} \parallel_2^2 + \sum_{j=1}^{J} f_{\lambda,b}^{\text{MCP}} \left(\sum_{k=1}^{p_j} f_{\lambda,a}^{\text{MCP}}(\mid \beta_k^{(j)} \mid) \right) \right\}.$$

$$(3\text{-}2\text{-}13)$$

由于当且仅当组内达到了最大值，组间惩罚达到最大值，因此 Breheny, Huang (2009)规定 $b = p_j a\lambda/2$。Group MCP 具有组内和组间的相合性。可综合局部逼近法和坐标下降法两种思想，采用局部坐标下降法(local coordinate descent)求解 Group MCP 惩罚模型。模拟分析表明即便 $p \geqslant n$，该算法也非常稳定和快速，同时该方法用于求解 Group Lasso 和 Group Bridge 惩罚时，速度比局部二次近似 (LQA)和局部线性近似(LLA)快几十甚至近百倍。

3. Sparse Group Lasso

Sparse Group Lasso 是 Lasso 和 Group Lasso 的线性组合，惩罚最小二乘估计为

$$\hat{\boldsymbol{\beta}}^{\text{SGLasso}} = \operatorname*{argmin}_{\boldsymbol{\beta}} \left\{ \frac{1}{2} \parallel \boldsymbol{y} - \boldsymbol{X}\boldsymbol{\beta} \parallel_2^2 + \lambda_1 \parallel \boldsymbol{\beta} \parallel_1 + \lambda_2 \sum_{j=1}^{J} \parallel \boldsymbol{\beta}^{(j)} \parallel_2 \right\}.$$

$$(3\text{-}2\text{-}14)$$

模型(3-2-14)的目标函数是凸函数，能避免求得局部最优解。式(3-2-14)中的

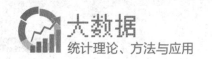
第一项惩罚是为了选择单个变量，因此具有单变量选择效果的方法，如 MCP，SCAD 等都可以代替它，理论上也会得到双层选择效果。同样地，第二项惩罚是为了选择重要的变量组，理论上任何具有组变量选择功能的方法都能代替该项。

关于 Sparse Group Lasso 求解，组坐标下降法不再适合。Friedman et al.(2010)提出用坐标下降法求解，Puig et al.(2011)也提出了类似的算法，但是这些算法涉及矩阵运算，在组数很大时，计算速度可能会很慢，因此 Simon et al.(2013)提出广义梯度下降算法，将似然函数进行二阶展开，然后加入惩罚函数找到最优的参数估计值，并确定移动步长和方向更新参数。此外，Zhou，Zhu(2010)也研究了该方法的算法，设计矩阵不满足标准正交时也适用。

3.2.5　方法应用　▶

本节提到的这些方法，都产生于线性模型框架，许多学者已将其进行推广。例如在广义线性模型中，Friedman et al.(2010)研究了 Logistic 回归下弹性网的求解问题，Meir et al.(2008)也将 Group Lasso 扩展到该模型下，并提出了适合分析高维数据的有效算法；Wang et al.(2009)提出了 Cox 模型下的分层组变量选择方法；Simon et al.(2013)将 Sparse Group Lasso 扩展到 Logistic 回归和 Cox 模型。另外在多任务学习研究中，许多学者将解释变量在多个线性模型中的回归系数作为一组参数，采用 Group Lasso 方法同时估计多个线性模型。在半参数模型和非参数模型下，例如部分线性模型、可加模型，不少学者也将组变量选择技术用于模型估计，由于非参数部分可以展开为基函数的线性组合，因此可以此构建变量组，估计各个系数。

在解决实际问题中，变量选择的惩罚方法主要用于求解高维模型，在生物统计中应用非常广泛。例如临床上为了预防、控制或治疗某一重大疾病，了解发病原理，往往从成千上万基因中筛选出起决定作用的显著性基因，而其数目可能仅仅几十个，变量选择惩罚方法能很好地处理此类问题。组变量选择技术在基因数据中的应用文献非常多。此外 Chatterjee et al.(2012)在研究气候问题时，用 K 均值(K-means)聚类的方法将与海洋气候相关的变量分组，建立 Sparse Group Lasso 惩罚模型，研究陆地温度等相关问题。在经济金融领域，Liu，Zhang(2009)在分析波士顿房价影响因素时，解释变量为 10 个连续型变量，通过建立非参数可加模型，用 Group Lasso 估计基函数的系数。Yuan，Lin(2006)预测新生儿的出生体重时，对 6 个类别解释变量构建组结构，用 Group Lasso 惩罚估计模型的参数值。

3.2.6 小结

高维数据的变量选择问题是近二十多年来统计学研究的热点,在生物统计、医学统计和经济统计中都有广泛的应用。本章介绍了群组变量选择方法,详细讨论了这些方法的参数估计性质和算法研究,并从理论和实际应用两个方面总结了目前组变量选择方法的应用情况。该领域已有许多成果,但是也存在诸多待解决的问题,未来可能的研究方向可以概括为:

(1) 组变量选择方法是在生物统计下产生的,基因数据呈现出自然的分组结构。本节总结的这些方法大多数是已知变量的分组结构,如何将这些方法推广到未知组结构的变量选择问题,还有待进一步研究。

(2) 在许多应用中,组间存在自然的重叠,例如在基因组分析中,许多重要的基因同时跟多个路径有关,基于路径形成的组结构因而会存在重叠。本节介绍的方法中只有 CAP 是能处理重叠组情形,这方面还有待深入研究,特别是非凹函数下重叠组变量选择方法。

(3) 调整参数的选择。文献中用到的方法通常是 AIC,BIC,GCV 和 CV,但是在高维情形下这些准则不一定可行,例如 Yuan,Lin(2006)用最小二乘估计来估计 BIC 准则中的自由度,而当 $p \geqslant n$ 时我们无法求解最小二乘估计。同时没有严格的标准来比较这些准则的优劣性。特别是存在多个调整参数时,例如 Sparse Group Lasso 中,最优的 (λ_1, λ_2) 怎么选择,还有待探索新的方法。

3.3 基于自适应稀疏组 Lasso 的双层变量选择

3.3.1 引言

在许多回归模型中,协变量具有自然的组结构。例如,一个绝对的变量可以被表示为一组虚拟变量,一个非参的协变量的影响可以被表示为一组基函数。此外,相互联系的协变量或者高相关的协变量也可以组成组。考虑以下 J 阶无重合组的线性回归模型:

$$y = X\beta + \varepsilon = \sum_{j=1}^{J} X_j \beta^{(j)} + \varepsilon,$$

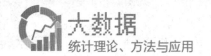

其中，$\boldsymbol{y}=(y_1,\cdots,y_n)^{\mathrm{T}}$ 是 $n\times1$ 维的响应变量，$\boldsymbol{X}=(\boldsymbol{X}_1,\cdots,\boldsymbol{X}_J)$ 是 $n\times p$ 维的设计矩阵，$\boldsymbol{\beta}=((\boldsymbol{\beta}^{(1)})^{\mathrm{T}},\cdots,(\boldsymbol{\beta}^{(J)\mathrm{T}})^{\mathrm{T}})^{\mathrm{T}}$ 是 $p\times1$ 维的回归系数向量，$\boldsymbol{X}_j=(\boldsymbol{X}_{j1},\cdots,\boldsymbol{X}_{jp_j})$ 和 $\boldsymbol{\beta}^{(j)}=(\beta_1^{(j)},\cdots,\beta_{p_j}^{(j)})^{\mathrm{T}}$ 分别是第 j 组中的 $n\times p_j$ 维的设计矩阵和 $p_j\times1$ 维的回归系数向量。误差向量 $\boldsymbol{\varepsilon}=(\varepsilon_1,\cdots,\varepsilon_n)^{\mathrm{T}}$ 包含均值为 0、方差为 σ^2 的独立同分布的随机误差。不失一般性，假设数据是中心化的，则可剔除截距项的影响。

一个好的方法应该能够进行双层变量选择。这意味着，这一方法不仅能够寻找出重要的组，还能够选择出重要的组内变量。例如，在基因相关研究中，解释变量为虚拟变量，代表了不同标记的遗传变异。如果某个基因上的遗传性变型跟某一疾病密切相关，那么由于解释变量的组性质，这个基因上的其他遗传性变型跟这个疾病可能也有关系。然而，并不是这个基因上的所有遗传性变型都跟这个疾病有关系。在这个研究中，应用双层选择进行变量选择，效果会比较好。

基于双层选择的必要性，Huang et al.(2009)提出组桥回归。该方法将桥惩罚应用到组系数的 l_1 范数中，同时鼓励组内和组间系数的稀疏性在较宽松条件下，该方法在组水平上满足 Oracle 性质。Breheny，Huang(2009)构造了 Group MCP 方法。另一种类型的处理方法是再添加惩罚项，例如，Friedman et al.(2010)提出的 SGL(sparse group Lasso)就是在 GL(group Lasso)后又增加了 l_1 惩罚已达到双层变量选择的目的。

Lasso 类型的方法满足的优点包括计算简单、数值性质好等，但是仍然具有缺点。在进行单个变量的变量选择时，Lasso 对回归系数的收缩是相同的。这将增重数值大的系数的惩罚，导致模型选择的不一致性和有偏性。作为一个改进的方法，适应性最小绝对值压缩(adaptive Lasso)(2006)克服了上述缺点，并满足了 Lasso 方法并不满足的 Oracle 性质。作为 Lasso 方法的组推广，GL 同样面临着上述问题。根据 Adaptive Lasso 同样的思想，Wang，Leng(2008)提出了适应性群组最小绝对值压缩(adaptive GL)并从理论上证明了该方法的一致性和有效性。Wei，Huang(2010)证明了一般情况下，GL 方法不具备选择的一致性，而且往往会将并不重要的组选进模型中。另一个相似的组合是弹性网和改进的适应性弹性网(adaptive elastic net)，这两种方法都用于解决共线性的问题。Zou，Hastie(2005)提出，弹性网并不具备 Oracle 性质。适应性弹性网将 Adaptive Lasso 方法和 l_2 惩罚结合起来。Zou，Zhang(2009)证明了在某些弱正则条件下，其满足 Oracle 性质。SGL 方法是建立在 GL 和 Lasso 方法之上的。自然而然的，它将面临 Lasso，GL 和弹性网同样的问题。类比于 Adaptive Lasso 方法的成功，很自然地可以将 Adaptive GL 和 Adaptive Lasso 两种方法结合起来，即得到了本节中 adSGL 方法，它是改善加强了的 SGL 方法。

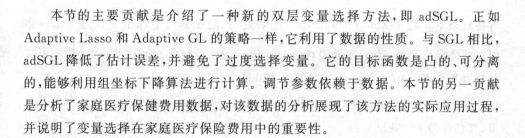

　　本节的主要贡献是介绍了一种新的双层变量选择方法,即 adSGL。正如 Adaptive Lasso 和 Adaptive GL 的策略一样,它利用了数据的性质。与 SGL 相比, adSGL 降低了估计误差,并避免了过度选择变量。它的目标函数是凸的、可分离的,能够利用组坐标下降算法进行计算。调节参数依赖于数据。本节的另一贡献是分析了家庭医疗保健费用数据,对该数据的分析展现了该方法的实际应用过程,并说明了变量选择在家庭医疗保险费用中的重要性。

3.3.2　AdSGL

1. 惩罚与选择

　　对于线性回归模型,Friedman et al.(2010)提出 SGL 及以下目标函数:

$$\frac{1}{2}\parallel \boldsymbol{y}-\sum_{j=1}^{J}\boldsymbol{X}_{j}\boldsymbol{\beta}^{(j)}\parallel_{2}^{2}+\lambda(1-\alpha)\sum_{j=1}^{J}\parallel\boldsymbol{\beta}^{(j)}\parallel_{2}+\lambda\alpha\parallel\boldsymbol{\beta}\parallel_{1},$$

其中,$\parallel\cdot\parallel_{q}$ 是 l_{q} 范数,$\alpha\in[0,1]$。惩罚是 GL 与 Lasso 的凸组合。当 $\alpha=0$ 和 1时,它将分别变为 GL 和 Lasso。λ 是依赖的调整参数。在 SGL 中,GL 惩罚项可以识别出重要的组,Lasso 惩罚项可以在重要的组中识别出重要的变量。

　　GL 惩罚将同样的惩罚加到所有的组上,Lasso 惩罚将同样的惩罚加到所有的变量上,这将会导致 Lasso 和 GL 面临对数值较大的系数过度收缩的问题。这相当于将同样的调节参数应用到所有的变量中,而不考虑它们之间的相对重要性。基于这个原因,我们提出了 adSGL 方法,它的目标函数为

$$\frac{1}{2}\parallel \boldsymbol{y}-\sum_{j=1}^{J}\boldsymbol{X}_{j}\boldsymbol{\beta}^{(j)}\parallel_{2}^{2}+\lambda(1-\alpha)\sum_{j=1}^{J}w_{j}\parallel\boldsymbol{\beta}^{(j)}\parallel_{2}+\lambda\alpha\sum_{j=1}^{J}(\boldsymbol{\xi}^{(j)})^{\mathrm{T}}\mid\boldsymbol{\beta}^{(j)}\mid。$$

(3-3-1)

　　令 $\boldsymbol{W}=(w_{1},\cdots,w_{J})^{\mathrm{T}}\in\mathbb{R}_{+}^{J}$ 代表解释变量的组的权向量,令 $\boldsymbol{\xi}^{\mathrm{T}}=((\boldsymbol{\xi}^{(1)})^{\mathrm{T}},\cdots,(\boldsymbol{\xi}^{(J)})^{\mathrm{T}})=(\xi_{1}^{(1)},\cdots,\xi_{p_{1}}^{(1)},\cdots,\xi_{1}^{(J)},\cdots,\xi_{p_{J}}^{(J)})\in\mathbb{R}_{+}^{p}$ 作为单变量的权重向量。对于不同的组,惩罚的水平是不同的。通过对数值较大的系数采取较小的惩罚,adSGL 可以提高变量选择的正确率和降低模型误差。

　　基于 Group Bridge 方法,定义权重为

$$w_{j}=\left(\parallel\hat{\boldsymbol{\beta}}^{(j)}(\mathrm{GB})\parallel_{1}+\frac{1}{n}\right)^{-1},\quad\xi_{i}^{(j)}=\left(\mid\hat{\beta}_{i}^{(j)}(\mathrm{GB})\mid+\frac{1}{n}\right)^{-1}。$$

和 Adaptive Lasso 的思想一样,这里也是通过权重来调整惩罚项。鉴于 Breheny, Huang(2009)提到的 Group Bridge 方法得到的估计值具有的良好性质,我们这里应用了 Group Bridge 方法得到的估计值。已经发布的学术研究中指出,恰当的权重应该具有估计的一致性,然而有很多方法都不满足这一要求。Group Bridge 具

有稀疏表示。基于 Zou,Zhang(2009)的研究,我们在分母上加了 $\frac{1}{n}$ 以避免出现除以 0 的情况。另外,为了减少因 Group Bridge 的估计结果而造成的误差,我们不直接放弃那些 Group Bridge 的估计结果为 0 的变量。

在式(3-3-1)中的目标函数是凸的,可通过次梯度方程求解该问题。对于第 k 组,其估计量 $\hat{\boldsymbol{\beta}}^{(k)}$ 满足

$$(\boldsymbol{X}_k)^{\mathrm{T}}\left(\boldsymbol{y}-\sum_{j=1}^{J}\boldsymbol{X}_j\hat{\boldsymbol{\beta}}^{(j)}\right)=(1-\alpha)\lambda w_k \boldsymbol{u}_k+\alpha\lambda\boldsymbol{\xi}^{(k)}\circ\boldsymbol{v}_k, \tag{3-3-2}$$

其中 $\boldsymbol{u}_k$ 和 $\boldsymbol{v}_k$ 分别是 $\|\boldsymbol{\beta}^{(k)}\|_2$ 和 $\|\boldsymbol{\beta}^{(k)}\|_1$ 的次梯度。当 $\hat{\boldsymbol{\beta}}^{(k)}\neq\boldsymbol{0}$ 时,$\boldsymbol{u}_k=\hat{\boldsymbol{\beta}}^{(k)}/\|\hat{\boldsymbol{\beta}}^{(k)}\|_2\in\mathbb{R}^{p_k}$,否则是一个向量且 $\|\boldsymbol{u}_k\|_2<1$。$\boldsymbol{v}_k=(v_{k1},\cdots,v_{kp_k})^{\mathrm{T}}$,当 $\hat{\beta}_j^{(k)}\neq0$ 时,$v_{kj}=\mathrm{sign}(\hat{\beta}_j^{(k)})$,否则 v_{kj} 满足 $|v_{kj}|\leqslant1$。

根据 Yuan,Lin(2006)中的命题 2.1 和 Friedman et al.(2010),Simon et al.(2013)的分析,$\hat{\boldsymbol{\beta}}^{(k)}=\boldsymbol{0}$ 的充分必要条件是

$$\|K(\boldsymbol{X}_k^{\mathrm{T}}\boldsymbol{\gamma}_{(-k)},\alpha\lambda\boldsymbol{\xi}^{(k)})\|_2\leqslant(1-\alpha)\lambda w_k, \tag{3-3-3}$$

其中 $\boldsymbol{\gamma}_{(-k)}=\boldsymbol{y}-\sum_{j\neq k}\boldsymbol{X}_j\hat{\boldsymbol{\beta}}^{(j)}$ 是局部残差。函数 $K:\mathbb{R}^m\times\mathbb{R}^m\to\mathbb{R}^m$ 定义为

$$K(\boldsymbol{a},\boldsymbol{b})=(K(\boldsymbol{a},\boldsymbol{b})_1,\cdots,K(\boldsymbol{a},\boldsymbol{b})_m),$$
$$K(\boldsymbol{a},\boldsymbol{b})_i=\mathrm{sign}(a_i)\{\max\{0,|a_i|-b_i\}\}。 \tag{3-3-4}$$

如果 $\hat{\boldsymbol{\beta}}^{(k)}\neq\boldsymbol{0}$,则 $\hat{\beta}_i^{(k)}$ 的次梯度条件为

$$(\boldsymbol{X}_{ki})^{\mathrm{T}}\left(\boldsymbol{y}-\sum_{j=1}^{J}\boldsymbol{X}_j\boldsymbol{\beta}^{(j)}\right)=(1-\alpha)\lambda w_k u_{ki}+\alpha\lambda\xi_i^{(k)}v_{ki}, \tag{3-3-5}$$

在组内,单个变量的系数 $\hat{\beta}_i^{(k)}=0$ 的充要条件是

$$(\boldsymbol{X}_{ki})^{\mathrm{T}}\boldsymbol{\gamma}_{(-k,i)}\leqslant\alpha\lambda\xi_i^{(k)}, \tag{3-3-6}$$

其中,$\boldsymbol{\gamma}_{(-k,i)}=\boldsymbol{\gamma}_{(-k)}-\sum_{l\neq i}(\boldsymbol{X}_{kl})^{\mathrm{T}}\hat{\boldsymbol{\beta}}_l^{(k)}$ 是残差。

对于 $\hat{\beta}_i^{(k)}\neq0$,$\hat{\beta}_i^{(k)}$ 满足

$$\hat{\beta}_i^{(k)}=\underset{\beta_i^{(k)}}{\mathrm{argmin}}\left\{\frac{1}{2}\|\boldsymbol{y}-\sum_{j=1}^{J}\boldsymbol{X}_j\boldsymbol{\beta}^{(j)}\|_2^2+(1-\alpha)\lambda w_k\|\boldsymbol{\beta}^{(k)}\|_2+\alpha\lambda(\boldsymbol{\xi}^{(k)})^{\mathrm{T}}|\boldsymbol{\beta}^{(k)}|\right\}。$$
$$\tag{3-3-7}$$

上述的目标函数是凸可微函数(前两项)和可分离的惩罚之和。

2. 计算算法

我们使用块坐标下降法计算 adSGL。在优化目标函数时,每次都将目标函数看作单参数的,每次只优化一个参数,反复循环直到所有的参数都收敛。我们的问

题在每一个组里都有简单的封闭解,所以块坐标下降法是适用的。具体算法如下所示:

第一步　从初始值 $\hat{\boldsymbol{\beta}} = \boldsymbol{\beta}_0$ 开始。

第二步　对 $k = 1, \cdots, J$,根据式(3-3-3)检验是否第 k 组的系数都是 0。如果是,则 $\hat{\boldsymbol{\beta}}^{(k)} = \mathbf{0}$;否则,转第三步。

第三步　在第 k 组中,对 $i = 1, \cdots, p_k$,如果式(3-3-6)成立,则 $\hat{\beta}_i^{(k)} = 0$;否则,利用式(3-3-7)得到 $\hat{\beta}_i^{(k)}$。

第四步　重复第二步和第三步直至收敛。在数值分析中,我们将估计值的绝对差小于 0.01 作为收敛准则。

现在我们建立了收敛的算法。目标函数可以写成

$$f(\boldsymbol{\beta}) = f_0(\boldsymbol{\beta}) + \sum_{j=1}^{J} f_j(\boldsymbol{\beta}),$$

其中

$$f_0(\boldsymbol{\beta}) = \frac{1}{2} \left\| \boldsymbol{y} - \sum_{j=1}^{J} \boldsymbol{X}_j \boldsymbol{\beta}^{(j)} \right\|_2^2,$$

$$f_i(\boldsymbol{\beta}) = (1-\alpha)\lambda w_j \| \boldsymbol{\beta}^{(j)} \|_2 + \alpha\lambda (\boldsymbol{\xi}^{(j)})^{\mathrm{T}} | \boldsymbol{\beta}^{(j)} |, \quad i = 1, \cdots, J.$$

f_0 是严格凸的,不可微分的部分 $\sum_{j=1}^{J} f_i(\boldsymbol{\beta})$ 是可分离的,算法保证了最后结果收敛到全局最优解。模拟结果也验证了该性质。

3. 调节参数的选择

调节参数 λ 和 α 共同调节了稀疏性和拟合优度。对于充分大的 λ,模型(3-3-1)中的系数将都变成 0。计算结果的参数路径为 $\lambda_{\min} \leqslant \lambda_L \leqslant \cdots \leqslant \lambda_{\max}$,$\lambda_{\max}$ 定义为

$$\lambda_{\max} = \max_{k=1,\cdots,K} \{\lambda_k\} = \max[\inf\{\lambda > 0 : \| K(\boldsymbol{X}_k^{\mathrm{T}} \boldsymbol{y}, \alpha\lambda \boldsymbol{\xi}^{(k)}) \|_2 \leqslant (1-\alpha)\lambda w_k\}].$$

$$(3\text{-}3\text{-}8)$$

其含义是存在无数的调节参数值,使得模型的所有参数值为 0,$\lambda_{\max}$ 是满足这一条件的最小值。我们选择 $\lambda_{\min}$ 是 $\lambda_{\max}$ 的一部分。在数值模拟中,我们选择 $\lambda_{\min} = 0.01\lambda_{\max}$。最优的调节参数的值 $\lambda_{\text{best}} \in [\lambda_{\min}, \lambda_{\max}]$ 通过交叉验证法获得。至于 α,根据 Friedman et al. (2010) 和 Simon et al. (2013),在期望强的组间稀疏性和弱的组内稀疏性的情况下,取 $\alpha = 0.05$。另一方面,如果我们更关心单个变量的变量选择,那可以增加 α 的值。

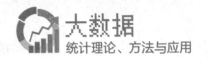
3.3.3　模拟

　　我们通过模拟结果来对比 adSGL 方法同 GL,SGL 方法的效果。GL 和 SGL 方法是分别通过 R 包 grepreg 和 SGL 来计算的。所有的调节参数都是通过交叉验证法得到的。我们共模拟了两种情况下的 4 个例子。在第一种情况下,例 1～例 3 都是 $p < n$。在例 1 中,组的大小是相等的,同一组的协变量是相关的,而不同组的变量是不相关的。在例 2 中,不同组的大小可能是不相同的,变量的生成方式同例 1。在例 3 中,相同组的非 0 系数可以是不同的。

　　在第二种情况下,我们设置 $p > n$。对于所有的例子,我们取样本容量为 $n = 100,200$。每一个例子都重复 500 次。

　　例 1　共有 $J = 10$ 组,每组 5 个变量。为了生成协变量 $X_1,\cdots,X_{50}$,我们首先生成 50 个随机变量 $R_1,\cdots,R_{50}$,它们都独立地服从 $N(0,1)$。生成服从多元正态分布的 $Z_j,j = 1,\cdots,10$,其均值为 $0,\mathrm{cov}(Z_{j_1},Z_{j_2}) = 0.6^{|j_1 - j_2|}$,则协变量为

$$X_{5(j-1)+k} = \frac{Z_j + R_{5(j-1)+k}}{\sqrt{2}},\quad 1 \leqslant j \leqslant 10,1 \leqslant k \leqslant 5。$$

Y 由线性模型产生,其误差服从 $N(0,4)$,回归系数为

$$\boldsymbol{\beta}^{(1)} = (0.5,1,1.5,2,2.5)^{\mathrm{T}},\quad \boldsymbol{\beta}^{(2)} = (2,2,2,2,2)^{\mathrm{T}},$$
$$\boldsymbol{\beta}^{(3)} = \cdots = \boldsymbol{\beta}^{(10)} = (0,0,0,0,0)^{\mathrm{T}}。$$

　　例 2　共有 $J = 6$ 组,组的变量数目分别为 $10,10,10,4,4,4$。为了生成 $p = 42$ 个变量,首先生成服从正态分布 $N(0,1)$ 的 $R_1,\cdots,R_p$,生成服从多元正态分布的 $Z_j,j = 1,\cdots,6$,其均值为 $0,\mathrm{cov}(Z_{j_1},Z_{j_2}) = 0.6^{|j_1 - j_2|}$,则 $X_1,\cdots,X_p$ 分别为

$$X_k = \frac{Z_{g_k} + R_k}{\sqrt{2}},\quad 1 \leqslant k \leqslant p,$$

其中 $(g_1,\cdots,g_p) = (\underbrace{1,\cdots,1}_{10},\underbrace{2,\cdots,2}_{10},\underbrace{3,\cdots,3}_{10},\underbrace{4,\cdots,4}_{4},\underbrace{5,\cdots,5}_{4},\underbrace{6,\cdots,6}_{4}$ 表明了组结构。同一组的协变量是相关的,而不同组的变量是不相关的。Y 由线性模型产生,其误差服从 $N(0,4)$,回归系数为

$$\boldsymbol{\beta}^{(1)} = (1,-2,1.25,1,-1,1,3,-1.5,2,-2)^{\mathrm{T}},$$
$$\boldsymbol{\beta}^{(2)} = (-1.5,3,1,-2,1.5,0,0,0,0,0)^{\mathrm{T}},$$
$$\boldsymbol{\beta}^{(3)} = (0,\cdots,0)^{\mathrm{T}},$$
$$\boldsymbol{\beta}^{(4)} = (2,-2,1,1.5)^{\mathrm{T}},$$
$$\boldsymbol{\beta}^{(5)} = (-1.5,1.5,0,0)^{\mathrm{T}},$$
$$\boldsymbol{\beta}^{(6)} = (0,0,0,0)^{\mathrm{T}}。$$

例 3　共有 $J=10$ 组,其中 5 组变量数为 5,5 组变量数为 3。为了生成 $p=40$ 个变量,首先生成服从 $N(0,1)$ 的 $R_1,\cdots,R_{40}$,生成服从多元正态分布的 $Z_j,j=1,\cdots,10$,其均值为 $0,\mathrm{cov}(Z_{j_1},Z_{j_2})=0.6^{|j_1-j_2|}$,则 $X_1,\cdots,X_{40}$ 为

$$X_{5(j-1)+k}=\frac{Z_j+R_{5(j-1)+k}}{\sqrt{2}},\quad 1\leqslant j\leqslant 5,1\leqslant k\leqslant 5,$$

$$X_{3(j-6)+25+k}=\frac{Z_j+R_{3(j-6)+25+k}}{\sqrt{2}},\quad 6\leqslant j\leqslant 8,1\leqslant k\leqslant 3。$$

Y 由线性模型产生,其误差服从 $N(0,4)$,回归系数为

$$\boldsymbol{\beta}^{(1)}=(1,1,1,1,1)^{\mathrm{T}},$$
$$\boldsymbol{\beta}^{(2)}=(1,1,1,1,0)^{\mathrm{T}},$$
$$\boldsymbol{\beta}^{(3)}=(1,1,1,0,0)^{\mathrm{T}},$$
$$\boldsymbol{\beta}^{(4)}=(1,1,0,0,0)^{\mathrm{T}},$$
$$\boldsymbol{\beta}^{(5)}=(1,0,0,0,0)^{\mathrm{T}},$$
$$\boldsymbol{\beta}^{(6)}=\cdots=\boldsymbol{\beta}^{(10)}=(0,0,0)^{\mathrm{T}}。$$

例 4　考虑 $p\geqslant n$ 的高维情况。共有 210 个组,每组的变量可能不同,变量的生成与例 3 相同。系数分别为

$$\boldsymbol{\beta}^{(1)}=(0.5,1,1.5,2,2.5)^{\mathrm{T}},$$
$$\boldsymbol{\beta}^{(2)}=(2,2,2,2,2)^{\mathrm{T}},$$
$$\boldsymbol{\beta}^{(3)}=(-1,0,1,2,3)^{\mathrm{T}},$$
$$\boldsymbol{\beta}^{(4)}=(-1.5,2,0,0,0)^{\mathrm{T}},$$
$$\boldsymbol{\beta}^{(5)}=\cdots=\boldsymbol{\beta}^{(100)}=(0,0,0,0,0)^{\mathrm{T}},$$
$$\boldsymbol{\beta}^{(101)}=(2,-2,1)^{\mathrm{T}},$$
$$\boldsymbol{\beta}^{(102)}=(0,-3,1.5)^{\mathrm{T}},$$
$$\boldsymbol{\beta}^{(103)}=(-1.5,1.5,2)^{\mathrm{T}},$$
$$\boldsymbol{\beta}^{(104)}=(-2,-2,-2)^{\mathrm{T}},$$
$$\boldsymbol{\beta}^{(105)}=\cdots=\boldsymbol{\beta}^{(210)}=(0,0,0)^{\mathrm{T}}。$$

为了衡量变量选择的效果,我们列出了非 0 参数数目平均值(nvars)、非 0 的组数目平均值(ngroups)、正确识别出组系数结构的频率(Cgroups)、未能识别重要变量的错误比例(FNR)和将实际并不重要的变量错认为重要变量的比例(FDR)。特别地,对于每个拟合的模型,记错误识别的重要的变量数目为 FP,错误识别的不重要的变量数目为 FN,真正重要的变量数目为 TP,真正不重要的变量数目为 TN,则

$$\mathrm{FNR}=\mathrm{FN}/(\mathrm{TP}+\mathrm{FN}),\quad \mathrm{FDR}=\mathrm{FP}/(\mathrm{FP}+\mathrm{TP})。$$

具体结果如表 3.3.1 所示。

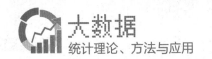

第一,从所有的 4 个例子的正确挑选出组的比例来看,adSGL 要优于 GL 和 SGL。

第二,从所有的 4 个例子来看,GL 选择不收敛且倾向于多选择不重要的组。在 $p \geqslant n$ 的情况下,SGL 会倾向于选择不重要的组。

第三,从例 1～例 3 的均方误差来看,adSGL 的表现要优于 GL 和 SGL。

第四,如果样本容量增加,所有模型的效果都会变好。

表 3.3.1　基于 500 次模拟的结果

		n	navrs	ngroups	Cgroups	FNR	FDR	MSE
例 1	真实模型		10	2	100	0	0	0
	GL	100	20.29	4.05	79.42	0.00	0.26	0.73
		200	19.28	3.85	81.44	0.00	0.23	0.39
	SGL	100	10.18	2.21	97.9	0.00	0.01	1.77
		200	10.20	2.14	98.62	0.00	0.01	0.88
	adSGL	100	11.38	2.18	89.8	0.00	0.05	0.57
		200	11.2	2.27	92.86	0.00	0.03	0.27
例 2	真实模型		21	4	100	0	0	0
	GL	100	37.99	5.33	77.77	0.00	0.81	1.58
		200	37.31	5.24	79.40	0.00	0.78	0.89
	SGL	100	24.07	5.42	76.17	0.07	0.22	4.3
		200	23.88	5.09	81.8	0.01	0.14	2.55
	adSGL	100	25.76	4.43	94.3	0.00	0.23	1.2
		200	24.81	4.1	98.4	0.00	0.18	0.62
例 3	真实模型		15	5	100	0	0	0
	GL	100	32.07	6.41	85.78	0.00	0.49	1.28
		200	31.86	6.37	86.28	0.00	0.48	0.73
	SGL	100	18.96	5.58	94.14	0.00	0.11	1.62
		200	18.87	5.52	94.78	0.00	0.11	0.80
	adSGL	100	18.58	5.17	96.16	0.00	0.11	0.99
		200	17.98	5.05	99.42	0.00	0.09	0.49
例 4	真实模型		27	8	100	0	0	0
	GL	100	97.18	25.47	91.64	0.00	0.09	4.29
		200	51.38	13.46	97.40	0.00	0.03	3.08
	SGL	100	49.48	30.78	88.27	0.01	0.04	10.75
		200	37.27	19.06	94.70	0.00	0.02	9.54
	adSGL	100	27.53	8.78	96.10	0.01	0.01	13.09
		200	26.2	7.61	99.13	0.01	0.00	7.99

注:MSE 是均方误差。

3.3.4　家庭医疗保健支出数据分析

2007 年,世界卫生组织(world health organization,WHO)对全球 190 个国家的医疗情况进行了排序,中国位于 144 位。经济发展同医疗制度发展之间存在着明显的不符,这敦促中国政府进行医疗制度改革。目前,中国的医疗保险体系包括基础医疗保险和商业医疗保险,其组织结构同多数国家相似。基础医疗保险由中央和地方政府管理,针对三种人群,共有三种计划,且在农村和城市的形式也不同。在中国农村,新农村合作医疗制度(NRCMS)在 2003 年由中央政府推行,共同帮助和保卫医疗的制度,缓和了目前高医疗费用的情况。此制度采取自愿的模式进行推广。2010 年,中央政府报告参加新农合的人数达到了 8.35 亿,占农村总人口数的 96.3%。近些年来,越来越多的人开始研究中国的医疗条件、医疗保险和医疗费用。医疗体系和其他因素会影响医疗费用是被普遍认可的,一些研究也证实了包括医疗体系在内的一些因素对中国医疗费用存在影响。

1. 数据收集

厦门大学数据挖掘中心在 2012 年 7 月~8 月对此进行了调查。该调查选择了福建省五个城市的农村作为调查区域,这五个城市分别为:福州、泉州、漳州、南平和三明。该调查共搜集了 727 个家庭的数据,回收率为 76%。在中国,家庭是收入和支出的基本功能单位,因此我们在家庭层面上对该数据进行分析。这同 Wang et al.(2006)和 Fang et al.(2012)的想法是一致的。

在进行每次调查之前,对各家庭基础信息进行分析以确定是否将其纳入调查范围内。一个家庭如果有以下情况之一则不会列为调查目标:

(i) 被访问者拒绝参加;

(ii) 被访问者小于 18 周岁;

(iii) 被访问者不能提供关于其家庭的真实有效的信息。

该调查包括"快照"题(如人口信息和保险信息)和"累积"题(12 个月的平均收入和支出)。

2. 分析结果

首先我们检查数据是否存在明显不符合实际的情况。家庭医疗保健支出作为相应变量,更确切地说,保险受理后的医疗支出是在医疗保险覆盖之后的平均 12 个月的医疗支出。Fang et al.(2012)提出,总的医疗支出与在保险受理后的医疗

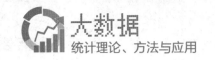

支出存在很大的差距,鉴于保险受理后的医疗支出更能展现医疗带给家庭的经济压力,因此我们选择保险受理后的医疗支出作为研究对象。协变量共有 50 个,被分为 5 组,共有 34 个独立的变量。这 5 组都是虚拟变量,由 5 个单选问题产生。这 5 个问题分别是:

  (i)婚姻状况(单身、结婚、离婚、配偶死亡);

  (ii)家主的职业(公务员、企业家、企业职工、自由职业者、农民、退休或其他);

  (iii)家主的受教育水平(初中及以下、高中、大学、研究生及以上);

  (iv)参加新农合的人数(只有老年人、只有中年人、只有年轻人、全部);

  (v)偏爱的医院(小诊所、县医院、市医院、省医院、自己解决)。

34 个独立的变量包括家庭大小、收入、基础支出、门诊病人数目、住院病人数目等。

  我们用上文提到的 adSGL 方法进行变量选择。将 α 设置为 0.05。婚姻状态这一组中的离婚,偏爱的医院这一组中的省医院被选出,此外还选出了 7 个独立的变量。接下来我们对选出的变量进行了线性回归,最终的结果如表 3.3.2 所示。从回归结果中,我们可以得到 6 个结论:

  第一,家主的年龄每增加 1 个单位,家庭医疗保健费用的支出增加 0.36 个单位,这是因为随着年龄的增加,患病概率增加,则家庭医疗保健费用也会增加。

  第二,如果家庭收入、储蓄或者投资增加,则家庭医疗保健费用也会增加,这同Mcbride(2005)的发现是一致的。新农合的报销比例为 20%,其余的来自投保人的收入、储蓄或者投资。

  第三,有一个很有趣的现象,离婚家庭的医疗保健费用高于其他家庭。

  第四,如果农产品支出增加,则家庭医疗保健费用会降低。这是因为对于农村家庭来讲,农产品支出占总支出的很大的一部分。

  第五,若该家庭的慢性病人数、住院病人数或者门诊病人数增加,则该家庭的家庭医疗保健支出也会增加,这同 Fang et al.(2012)的结果是一致的。

  第六,如果偏爱的医院是省医院的话,其家庭医疗保健支出也会增加。这是因为在省医院会有更彻底的检查,更权威的专家会诊和更好的医疗设备。

表 3.3.2　数据分析结果

协变量	系数	标准差	p 值
截距项	−0.431	0.103	<0.001
家主年龄	0.360	0.095	<0.001
家庭收入	0.059	0.023	0.009
婚姻状态:离婚	1.506	0.182	<0.001

续表

协变量	系数	标准差	p 值
储蓄或投资	0.068	0.023	0.003
农产品支出	−0.078	0.022	<0.001
偏爱医院:省医院	0.052	0.023	0.024
慢性病人数	0.108	0.041	0.008
住院病人数	0.712	0.022	<0.001
门诊病人数	0.197	0.022	<0.001
调整后的 R^2	0.675		
F 统计量	168.6***		

注: *** 在 0.001 水平上显著。

3.3.5　小结

在本节中,我们提出了一种新的双层选择的方法。提出的 adSGL 方法具有构造简单和方便实现的优点。模拟结果显示该方法的结果优于 GL 和 SGL。在家庭医疗保健费用的数据分析中,应用该方法得到了有用的结果。adSGL 方法同现存的某些方法不同,例如,它利用了数据的性质。与 SGL 相比,adSGL 降低了估计误差,并避免了过度选择变量。它同 Group Bridge 方法也是不同的。Group Bridge 是将惩罚复合,而 adSGL 则是两种惩罚之和。另外,Lasso 类型的惩罚更容易计算。本文的不足之处是没有建立理论性质。需要注意的是,组惩罚的相关研究是比较前沿的。这些模型(即使是不考虑利用数据的性质而加入权重的模型)的理论性质并没有被建立的。我们推测,在相同条件下,如果权重是一致的,那么其性质不会发生改变。我们将在以后的研究中继续探究相关的理论证明。

3.4　基于网络结构 Logistic 模型的企业信用风险预警

3.4.1　引言

随着国际形势的变化与中国经济改革的深化,上市公司遭遇前所未有的挑战,面临的风险越来越大。信用风险已经成为金融机构、投资者、政府监管部门所面临的核心风险,而企业的信用风险通常的表现形式就是财务困境。一旦上市公司遇到财务困境,将给投资者带来巨大的损失,也给公司带来巨大的生产经营压力。不过,企业财务陷入危机是一个渐进的过程,不但具有先兆,而且可以通过财务指标

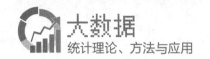

分析进行危机预警。建立一套有效的信用风险预警模型,能帮助公司经营者改善公司的经营状况和财务状况,还能使借贷者避免高风险贷款,投资者避免或减少投资损失。

上市公司信用风险预警是通过财务比率数据来分析和预测企业出现财务危机的可能性。从方法角度来看,信用风险预警方法主要有多元线性判别分析、机器学习、Logistic 回归等,但是这些方法均存在不同程度的缺陷。多元线性判别分析对预测变量有着严格的联合正态分布要求,或者要求协方差矩阵相等,然而大量实证结果表明多数财务比率数据并不满足这一假设条件。机器学习模型除存在过度拟合问题外,需大量样本数据,而信用风险企业数据由于其自身的特殊性,使得收集较为困难。对于传统的 Logistic 模型,随着计算机和互联网的发展,企业搜集的信息纷繁复杂、变量众多,对建模带来较大的难度。此外,各财务指标之间的关系也错综复杂,彼此之间往往呈网络结构关系。本节在充分考虑变量间网络结构关系的基础上,提出了网络结构 Logistic 模型,通过惩罚方法同时实现变量选择和参数估计,并将之应用到中国企业信用风险预警中,充分考虑企业财务指标间的网络结构关系,科学地选择评估指标,以期构建更加适合中国国情的企业信用风险预警方法。

3.4.5 节是本节小结与讨论。

3.4.2 网络结构 Logistic 模型

1. 网络结构 Logistic 模型介绍

假设有独立同分布的观测值 $(\boldsymbol{x}_i, y_i)$,$i=1,\cdots,n$,其中 $\boldsymbol{x}_i$ 是解释变量,y_i 是二元离散被解释变量,即 $y_i \in \{0,1\}$,则 Logistic 线性回归模型为

$$\ln\left(\frac{p_\beta(\boldsymbol{x}_i)}{1-p_\beta(\boldsymbol{x}_i)}\right) = \eta_\beta(\boldsymbol{x}_i),$$

其中 $\eta_\beta(\boldsymbol{x}_i) = \beta_0 + \boldsymbol{x}_i^{\mathrm{T}}\boldsymbol{\beta}$,$i=1,\cdots,n$,$\boldsymbol{\beta} = (\beta_1,\cdots,\beta_p)$。

采用网络结构 Logistic 模型对 $\boldsymbol{\beta}$ 进行估计:

$$\hat{\boldsymbol{\beta}} = \underset{\boldsymbol{\beta}}{\arg\min}\left\{\frac{-l(\boldsymbol{\beta})}{n} + P_{\lambda_1,\lambda_2,\gamma}(\boldsymbol{\beta})\right\}, \tag{3-4-1}$$

其中 $l(\boldsymbol{\beta})$ 是 Logistic 回归的对数似然函数,即

$$l(\boldsymbol{\beta}) = (\boldsymbol{X}\boldsymbol{\beta})^{\mathrm{T}}\boldsymbol{y} - \boldsymbol{1}_n^{\mathrm{T}}\ln(\boldsymbol{1}_n + \exp(\boldsymbol{X}\boldsymbol{\beta})), \tag{3-4-2}$$

$\boldsymbol{X} = (\boldsymbol{x}_1,\cdots,\boldsymbol{x}_n)^{\mathrm{T}}$,$\boldsymbol{y} = (\boldsymbol{y}_1,\cdots,\boldsymbol{y}_n)^{\mathrm{T}}$,$P_{\lambda_1,\lambda_2,\gamma}(\boldsymbol{\beta})$ 是由 MCP 惩罚和网络结构惩罚两部分构成的惩罚函数,即

$$P_{\lambda_1,\lambda_2,\gamma}(\boldsymbol{\beta}) = \sum_{j=1}^{p} \rho(|\beta_j|;\lambda_1,\gamma) + \frac{1}{2}\lambda_2 \sum_{1 \leqslant j \leqslant k \leqslant p} |a_{ij}|(\beta_j - s_{jk}\beta_k)^2 \text{。} \quad (3\text{-}4\text{-}3)$$

式(3-4-3)中，$\rho(t;\lambda_1,\gamma) = \lambda_1 \int_0^{|t|} \left(1 - \dfrac{x}{(\gamma\lambda_1)}\right)_+ \mathrm{d}x$ 为 MCP 惩罚项；等号右边第二项非负二次型为网络结构惩罚项；a_{ij} 为自变量之间网络结构关系的一种度量，即相邻矩阵(adjacency matrix)的元素；$s_{ij} = \mathrm{sgn}(a_{ij})$。MCP 惩罚项是对回归系数稀疏性的惩罚，通过控制 λ_1 和 γ，对回归系数 $\boldsymbol{\beta}$ 进行压缩。随着 λ_1 的增大，$\boldsymbol{\beta}$ 逐渐被压缩至 $\boldsymbol{0}$。网络结构惩罚项的主要作用是对回归系数进行平滑。根据 Huang et al.(2011)的研究结论，可用自变量协方差矩阵的 3 次幂表示自变量之间的网络结构关系，即 $(a_{ij})_{i,j=1,\cdots,p} = (\mathrm{cov}(\boldsymbol{X}))^3$。网络结构惩罚项使正相关的自变量的回归系数趋同，而使负相关变量的回归系数符号存在相异趋势。

2. 回归系数 β 的估计

本节采用坐标下降法(coordinate descent，CD)对参数进行估计。该算法每次变化 $\hat{\boldsymbol{\beta}}$ 中的一个系数 β_k，而令其他系数 $\beta_k(j \neq k)$，$j = 1,\cdots,p$ 不变，寻找 β_k 的最优值使目标函数达到最小。遍历每一回归系数寻找最优 $\hat{\boldsymbol{\beta}}$。重复上述过程直到 $\hat{\boldsymbol{\beta}}$ 收敛。为了与 CD 算法对应，本节对目标函数做如下整理：

$$R(\beta_k) = -l(\boldsymbol{\beta})/n + \rho(|\beta_k|;\lambda_1,\gamma) + \frac{1}{2}\lambda_2 \sum_{1 \leqslant j < k \leqslant p} |a_{jk}|(\beta_k - s_{jk}\beta_j)^2 ,$$

$$(3\text{-}4\text{-}4)$$

其中

$$\frac{-l(\boldsymbol{\beta})}{n} = \frac{1}{n}\left[\mathbf{1}_n^{\mathrm{T}}\ln(\mathbf{1}_n + \exp(\boldsymbol{X}_{-k}\boldsymbol{\beta}_{-k} + \boldsymbol{X}_k\beta_k))\right] - \frac{1}{n}\beta_k\boldsymbol{X}_k^{\mathrm{T}}\boldsymbol{y} + c ,$$

$$\rho(|\beta_k|;\lambda_1,\gamma) = \left(\lambda_1|\beta_k| - \frac{\beta_k^2}{2\gamma}\right)I(|\beta_k| < \lambda_1\gamma) + \frac{\lambda_1^2\gamma}{2}I(|\beta_k| > \lambda_1\gamma) ,$$

$$\frac{1}{2}\lambda_2 \sum_{1 \leqslant j < k \leqslant p} |a_{jk}|(\beta_k - s_{jk}\beta_j)^2 = \frac{1}{2}\lambda_2\left(\sum_{j \neq k}|a_{jk}|\beta_k^2 - 2\beta_k\sum_{j \neq k}a_{jk}\beta_j\right) ,$$

则 CD 算法可表示为

第一步　初始化 $\boldsymbol{\beta}$，令 $\boldsymbol{\beta} = (0,\cdots,0)^{\mathrm{T}}$；

第二步　对于 $k = 1,\cdots,p$，若

$$\left|\boldsymbol{x}_k^{\mathrm{T}}(\boldsymbol{y} - \boldsymbol{p}_{\beta_k}) + \lambda_2\sum_{j \neq k}a_{kj}\beta_j\right| < \lambda_1 ,$$

则 $\beta_k = 0$，否则 $\beta_k = \mathrm{argmin}(R(\beta_k))$；

第三步　更新 β_0，$\beta_0 = \mathrm{argmin}(R(\beta_0))$；

第四步　重复第二步，直到该过程收敛。

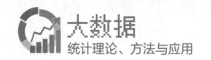
其中 p_{β_k} 为 $\beta_k = 0$ 时 $y = 1$ 的概率值，$\left| x_k^{\mathrm{T}}(y - p_{\beta_k}) + \lambda_2 \sum\limits_{j \neq k} a_{kj}\beta_j \right| < \lambda_1, \beta_k = 0$ 为 KKT(Karush-Kuhn-Tucker)条件。

3. 调和参数 λ_1, λ_2 的选择

考虑到传统的交叉验证(cross validation, CV)参数选择方法计算量太大的问题，以及基于 AIC/BIC 准则将忽略掉网络结构惩罚项使 λ_2 趋于 0 的情况，本章提出了双层参数选择法。具体方法如下：

第一步 设定 λ_2 取值范围，在每一 λ_2 下采用 AIC/BIC 准则选择最优 λ_1 的值，形成参数对 (λ_1, λ_2)；

第二步 采用 CV 参数选择法，选择最优参数对。

双层参数选择方法既避免了 AIC/BIC 准则对参数 λ_2 处理上的偏误，相比 CV 参数选择法又减少了计算复杂度。本节以 k 折为例，说明计算复杂度的减少。采用 CD 算法重复次数作为计算复杂度的度量。设备选参数 λ_1 的个数为 L_1，备选参数 λ_2 的个数为 L_2，对于单纯的 k 折方式选择参数，计算复杂度为 kL_1L_2，而采用双层变量选择法计算复杂度为 $L_2(L_1 + k)$。

对于正则化参数 γ，就 MCP 模型而言 Zhang(2010)建议采用

$$\gamma = 2 / \left(1 - \max_{j \neq k} |(x_j)^{\mathrm{T}} x_k| / n\right),$$

而在 Breheny, Huang(2011)的模拟中建议 $\gamma = 3$，并且他们还试了几个不同的值，得出的结论基本是一样的。Shi et al.(2015)中设 $\gamma = 6$，并认为结果对 γ 的取值并不敏感。本节为了降低计算难度，取 $\gamma = 5$，同时我们也取了几个不同的值，结果基本是一致的。

3.4.3 模拟实验

本节通过蒙特卡罗模拟方法比较网络结构 Logistic 模型，MCP Logistic 模型，SCAD Logistic 模型，Lasso Logistic 模型的优劣。数值分析模型为

$$\ln\left\{\frac{p(Y=1 \mid X)}{1 - p(Y=1 \mid X)}\right\} = \eta_\beta(X) = X^{\mathrm{T}}\beta 。 \tag{3-4-5}$$

本节进行了例 1 和例 2 两组模拟，两组模拟的主要区别为真实回归系数不同。基于双层参数选择法选择调和参数，其备选集合为

$$\lambda_1 \in \{k \cdot 10^l : k = 1,3,5,7,9; l = \cdots, -1, 1, \cdots\},$$
$$\lambda_2 \in \{k \cdot 10^l : k = 1,2,3,7,9; l = \cdots, -1, 1, \cdots\}.$$

由于模型结果对正则化参数不敏感，考虑计算的简便性，取正则参数 $\gamma = 5$。取样本容量 $n = 100$，每种情况重复 100 次试验。选择所选显著变量个数(num)，1000

个样本外因变量的错误识别率（ER），显著变量的错误发现率（FDR）、假阴性率（FNR）作为比较网络结构 Logistic 模型，MCP Logistic 模型，SCAD Logistic 模型，Lasso Logistic 模型的指标。

例 1　设除常数项外自变量个数为 $p,p\in\{50,100,200\}$，真实回归系数取 $\boldsymbol{\beta}=(0,1,1,\cdots,1,0,\cdots,0)$，真实模型的显著变量个数为 25 个，且取值都为 1。除常数项外，自变量服从标准正态分布，且每 5 个自变量为一组，组内自变量 x_i 与 x_j 之间的相关系数为 $\rho^{|i-j|}$，$\rho\in\{0.5,0.9\}$，组间变量相互独立。模拟结果见表 3.4.1。

表 3.4.1　模拟结果（1）（均值（标准差））

	ρ	0.5				0.9			
		num	ER	FDR	FNR	num	ER	FDR	FNR
$p=50$	网络结构	22.25 (4.321)	0.143 (0.041)	0.058 (0.056)	0.165 (0.155)	24.84 (1.562)	0.066 (0.016)	0.006 (0.021)	0.013 (0.056)
	MCP	12.82 (1.579)	0.236 (0.032)	0.244 (0.093)	0.614 (0.059)	9.34 (1.597)	0.150 (0.025)	0.326 (0.094)	0.075 (0.041)
	SCAD	12.51 (1.630)	0.242 (0.029)	0.256 (0.092)	0.629 (0.057)	8.94 (1.476)	0.149 (0.019)	0.305 (0.088)	0.754 (0.037)
	Lasso	35.02 (2.843)	0.183 (0.025)	0.405 (0.050)	0.17 (0.067)	25.45 (2.739)	0.114 (0.016)	0.37 (0.063)	0.362 (0.072)
$p=100$	网络结构	21.16 (6.766)	0.181 (0.049)	0.132 (0.099)	0.284 (0.188)	24.70 (2.397)	0.069 (0.016)	0.013 (0.034)	0.027 (0.084)
	MCP	13.31 (1.988)	0.262 (0.343)	0.385 (0.107)	0.675 (0.061)	9.71 (1.539)	0.160 (0.024)	0.432 (0.088)	0.783 (0.027)
	SCAD	12.30 (1.691)	0.272 (0.037)	0.394 (0.124)	0.706 (0.055)	9.10 (1.460)	0.162 (0.027)	0.405 (0.103)	0.788 (0.024)
	Lasso	39.48 (4.685)	0.205 (0.025)	0.519 (0.057)	0.248 (0.070)	26.90 (3.363)	0.126 (0.022)	0.445 (0.061)	0.406 (0.072)
$p=200$	网络结构	19.62 (6.567)	0.218 (0.059)	0.221 (0.097)	0.402 (0.169)	25.31 (4.360)	0.080 (0.025)	0.059 (0.067)	0.054 (0.134)
	MCP	14.26 (2.891)	0.287 (0.036)	0.481 (0.108)	0.708 (0.066)	10.27 (1.890)	0.166 (0.028)	0.479 (0.101)	0.792 (0.021)
	SCAD	11.77 (1.503)	0.294 (0.036)	0.453 (0.104)	0.744 (0.054)	8.93 (1.760)	0.168 (0.028)	0.416 (0.100)	0.797 (0.016)
	Lasso	47.95 (4.409)	0.232 (0.029)	0.632 (0.044)	0.299 (0.072)	33.72 (4.330)	0.144 (0.023)	0.593 (0.057)	0.456 (0.075)

例 2　设除常数项外自变量个数为 $p,p\in\{50,100,200\}$，真实回归系数取

$\boldsymbol{\beta} = (0,1,\cdots,1,-3,\cdots,-3,1,\cdots,1,-3,\cdots,-3,1,\cdots,1,0,\cdots,0)$。除常数项外，共 25 个显著变量，每 5 个为 1 组，第 1 组、第 3 组、第 5 组变量的系数均为 1，第 2 组、第 4 组变量的系数均为 -3，其余变量系数均为 0。自变量服从标准正态分布，组内自变量 x_i 与 x_j 之间的相关系数为 $\rho^{|i-j|}$，$\rho \in \{0.5, 0.9\}$，组间变量相互独立。模拟结果见表 3.4.2。

表 3.4.2　模拟结果(2)(均值(标准差))

ρ		0.5				0.9			
		num	ER	FDR	FNR	num	ER	FDR	FNR
$p=50$	网络结构	14.74 (2.884)	0.117 (0.023)	0.042 (0.057)	0.437 (0.104)	18.58 (4.686)	0.075 (0.029)	0.006 (0.018)	0.261 (0.188)
	MCP	11.35 (1.654)	0.200 (0.029)	0.248 (0.093)	0.66 (0.056)	8.21 (0.998)	0.126 (0.021)	0.28 (0.094)	0.764 (0.035)
	SCAD	10.80 (1.531)	0.207 (0.029)	0.255 (0.098)	0.68 (0.053)	7.82 (1.058)	0.132 (0.024)	0.27 (0.096)	0.773 (0.037)
	Lasso	31.75 (2.969)	0.142 (0.023)	0.388 (0.049)	0.226 (0.075)	22.64 (2.443)	0.089 (0.015)	0.34 (0.058)	0.407 (0.006)
$p=100$	网络结构	14.22 (3.135)	0.136 (0.026)	0.094 (0.083)	0.49 (0.097)	16.87 (4.976)	0.087 (0.031)	0.014 (0.036)	0.334 (0.197)
	MCP	13.42 (2.207)	0.212 (0.029)	0.392 (0.099)	0.677 (0.058)	9.70 (1.703)	0.140 (0.027)	0.45 (0.108)	0.791 (0.036)
	SCAD	11.35 (2.143)	0.224 (0.029)	0.387 (0.111)	0.746 (0.052)	8.73 (1.900)	0.146 (0.032)	0.413 (0.128)	0.799 (0.043)
	Lasso	34.45 (3.981)	0.159 (0.023)	0.513 (0.057)	0.334 (0.079)	23.30 (3.192)	0.100 (0.020)	0.423 (0.737)	0.467 (0.068)
$p=200$	网络结构	14.57 (3.418)	0.152 (0.032)	0.177 (0.125)	0.53 (0.090)	15.97 (4.080)	0.091 (0.027)	0.049 (0.066)	0.394 (0.158)
	MCP	14.18 (2.819)	0.237 (0.040)	0.503 (0.121)	0.722 (0.078)	10.87 (2.200)	0.154 (0.028)	0.527 (0.114)	0.8 (0.043)
	SCAD	11.10 (2.172)	0.248 (0.035)	0.48 (0.126)	0.773 (0.057)	9.16 (2.370)	0.160 (0.029)	0.507 (0.136)	0.827 (0.040)
	Lasso	42.79 (5.461)	0.182 (0.029)	0.64 (0.053)	0.39 (0.077)	28.33 (4.000)	0.115 (0.021)	0.558 (0.063)	0.504 (0.072)

从表 3.4.1、表 3.4.2 可以看出，网络结构 Logistic 模型识别的显著变量个数较其他模型更接近真实情况(真实显著变量数是 25 个)，Lasso 选择的变量数往往过多，而 MCP 和 SCAD 选择的变量数往往偏少。与其他模型相比，网络结构 Logistic 模型的因变量错误识别率(ER)，显著变量的错误发现率(FDR)、假阴性率

(FNR)都是最低的,尤其是当变量间存在高度相关性时,网络结构 Logistic 模型的优越性更加突出,相应的 ER,FDR,FNR 都远远低于其他方法,说明网络结构 Logistic 模型在变量选择上远远好于其他方法。随着变量数量 p 的增大,网络结构 Logistic 模型比其他方法表现得更稳定。

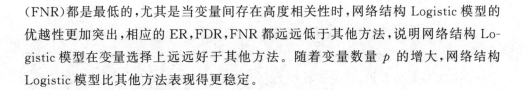

3.4.4　企业信用风险预警分析

过去四十多年来,公司信用危机预警研究受到了会计和财务理论界、实务界的重视。国内以往的研究多以"特殊处理公司/正常公司"作为财务困境/非财务困境的代表样本,除经特殊处理公司外,目前还难以从公开的报告中获得较多的其他类型的财务困境公司样本(如破产公司),所以本节仍沿用以特殊处理的公司作为财务困境公司样本的方式。考虑到样本收集的难度,本节仅以被*ST 的上市公司作为财务困境公司的样本。

1. 样本数据说明

根据中国上市公司的有关监管政策,上市公司被*ST 包括两年亏损、信息披露违规、资产缩水等原因,本节仅考虑因财务状况异常而被*ST 的上市公司。根据中国上市公司年报披露制度,上市公司 $t-1$ 年财务报告的对外公告与 t 年是否被*ST 几乎是同时发生的,如果直接采用 $t-1$ 年财务报告数据预测 t 年是否被*ST 没有太多实际意义,所以本节采用 $t-2$ 年的财务数据来预测上市公司 t 年是否被*ST。本节收集了 2014 年被*ST 并且前 5 年没有被 ST 处理的上市公司,并剔除非财务原因而被*ST,以及删除数据不完整的样本,最后共收集到了 25 家有财务困境的公司。为避免因财务困境公司过度抽样而导致高估财务困境公司正确判别率的问题,本节采用 Shi et al.(2005)提出的配比选择方法,对 1:2,1:3,1:5 的财务困境和正常公司的配对比按照 3:1 的训练集、测试集比例进行拟合,得到测试集拟合在 1:2 配对比下准确率为 89.78%,1:3 配对比下准确率为 90.67%,1:5 配对比下准确率为 90.28%。最终,本节采用 1:3 作为财务困境公司与正常公司的配对比,共收集了 100 家上市公司的财务比率数据。财务困境公司与其配对公司属于相同行业(中证指数行业分类),且在 $t-3$ 年总资产额相似。

2. 财务指标选取

不同的财务指标从不同的侧面反映企业的财务状况和经营业绩。在已有文献的基础上,本节共选择了涵盖每股指标、盈利能力、偿债能力、成长能力、营运能力、资产结构等方面的 48 个指标。变量的分类、名称和符号具体详见表 3.4.3。因变量定义为 0-1 分类变量:1 为*ST 公司,0 为非*ST 公司。本节研究的财务指标数

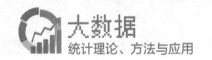

据与 *ST 公司相关资料均来自 RESSET 数据库。

各财务指标之间的相关关系错综复杂,本节以相关系数作为指标之间依赖关系的度量,绘制了网络关系图(见图 3.4.1)。该图在绘制过程中,变量之间的毗邻程度以相关系数为权重,相关系数越大表示变量与变量之间的关系越紧密。设 ρ 为判定变量之间存在相依关系的临界值,当相关系数小于 ρ 时,则认为变量之间关系不重要。图 3.4.1 为当临界值 $\rho=0.5$ 时财务指标变量之间的网络结构关系图。从图 3.4.1 可以看出,48 个企业财务指标存在复杂的网络结构关系,而且这种网络结构往往又分成几个不同的子网络结构。

表 3.4.3　财务指标表

指标分类	指标名称	变量符号	指标分类	指标名称	变量符号
每股指标	每股收益	X_1	营运能力指标	营业周期(天/次)	X_{26}
	每股净资产	X_2		存货周转率(次)	X_{27}
	每股营业收入	X_3		存货周转天数(天/次)	X_{28}
	每股营业利润	X_4		应收账款周转率(次)	X_{29}
	每股资本公积金	X_5		应收账款周转天数(天/次)	X_{30}
	每股盈余公积金	X_6		应付账款周转率(次)	X_{31}
	每股公积金	X_7		应付账款周转天数(天/次)	X_{32}
	每股未分配利润	X_8		流动资产周转率(次)	X_{33}
	每股留存收益	X_9		固定资产周转率(次)	X_{34}
	每股经营活动现金流量	X_{10}		股东权益周转率(次)	X_{35}
	每股净现金流量	X_{11}		总资产周转率	X_{36}
资产结构指标	资产负债率	X_{12}	成长能力指标	每股收益增长率	X_{37}
	非流动资产/总资产	X_{13}		营业收入增长率	X_{38}
	固定资产比率	X_{14}		净利润增长率	X_{39}
	股东权益/全部投入资本	X_{15}		净资产增长率	X_{40}
	权益乘数	X_{16}		资产总计相对年初增长率	X_{41}
	营运资金	X_{17}			
盈利能力指标	净资产收益率	X_{18}	偿债能力指标	流动比率	X_{42}
	资产报酬率	X_{19}		速动比率	X_{43}
	资产净利率	X_{20}		产权比率	X_{44}
	投入资本回报率	X_{21}		股东权益/负债合计	X_{45}
	销售净利率	X_{22}		有形净值债务率	X_{46}
	销售成本率	X_{23}		经营净现金流量/负债合计	X_{47}
	营业总成本/营业总收入	X_{24}		经营净现金流量/流动负债	X_{48}
	净利润	X_{25}			

3. 准确率对比与变量选择

将财务指标进行标准化之后,利用传统的全变量 Logistic 模型、Lasso Logistic 模型、MCP Logistic 模型、SCAD Logistic 模型和本节提出的网络结构 Logistic 模型进行建模与预测分析。首先,将样本数据按 3∶1 比例进行划分,每次随机抽取 75 个样本作为训练样本,剩余 25 个样本作为测试样本进行样本外预测检验。将该过程重复 100 次,计算模型的平均预测准确率。表 3.4.4 给出了显著变量个数及模型预测准确率,图 3.4.2 给出了 5 种方法在 100 次的预测准确率的箱线图。

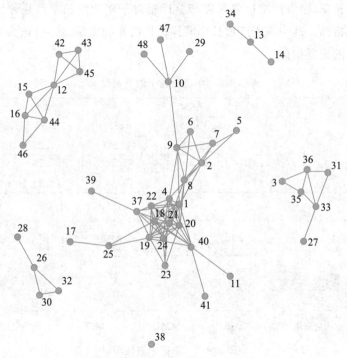

图 3.4.1　变量间的网络关系图

从表 3.4.4 和图 3.4.2 可以看出,传统的全变量 Logistic 回归的平均预测准确率远远低于基于惩罚项的 MCP,SCAD,Lasso 和网络结构 Logistic 回归,而且标准差也是最大的,这说明将传统的全变量 Logistic 回归直接应用到企业信用分析预警上往往效果欠佳。网络结构 Logistic 回归的预测准确率是所有方法中最高的,这说明考虑了变量间网络结构关系可以大大提高 Logistic 回归的预测准确率。然后我们利用网络结构 Logistic 回归对全部 100 家上市公司的信用情况进行预警分析,变量的筛选结果和对应的系数估计结果见表 3.4.5。从所选指标所属分类上看,每股指标、盈利能力指标、成长能力指标对财务困境的预测是显著的。每股收益、每股净资产、每股营业利润、每股资本公积金、每股公积金、每股未分配利润

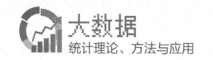

和每股留存收益越小,则企业遇到财务危机的可能性越大。

赵健梅,王春莉(2003)通过对 40 家 ST 企业的分析得到每股净资产是反应企业财务危机状况的显著性指标,佐证了本节所得指标的显著性。净资产收益率、资产报酬率、资产净利率、投入资本回报率和销售净利率越高,销售成本率和营业总成本/营业总收入越低,说明企业的盈利能力越强,则企业面临财务危机的可能性越小。陈静(1999)提出净资产收益率显著反映企业财务状况,这说明盈利能力对企业的财务状况影响较大,与本节结论类似。此外,本节认为反映企业成长能力的每股收益增长率、净资产增长率和资产总计相对于年初增长率都是评价企业财务状况的重要指标。其中净资产增长率同样被杨海军和太雷(2009)选为预测上市公司财务困境的重要指标。

表 3.4.4　显著变量个数及准确率

	全变量	LASSO	SCAD	MCP	网络结构
显著变量个数	49	15.55	6.28	5.95	15.76
	—	(2.58)	(1.26)	(1.2)	(5.91)
准确率	70.28	87.56	89.24	89.76	90.56
	(8.3)	(6.7)	(5.8)	(6.2)	(5.3)

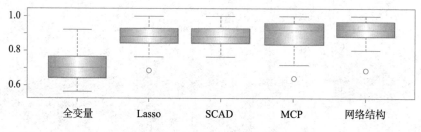

图 3.4.2　准确率对比图

表 3.4.5　网络结构 Logistic 模型系数估计结果

变量	系数	变量	系数	变量	系数
截距项	−2.743 9	X_8	−0.254 8	X_{22}	−0.346 2
X_1	−0.330 7	X_9	−0.235 4	X_{23}	0.326 5
X_2	−0.322 6	X_{18}	−0.358 3	X_{24}	0.333 9
X_4	−0.324 8	X_{19}	−0.349 1	X_{37}	−0.325 2
X_5	−0.394 8	X_{20}	−0.345 9	X_{40}	−0.383 8
X_7	−0.378 4	X_{21}	−0.348 1	X_{41}	−0.513 9
X_0	−2.743 9	X_8	−0.254 8	X_{22}	−0.346 2

4. 稳健性分析

现实中,大企业和中小企业在信用风险特征上可能有所不同。比如,大企业和中小企业在资本结构上不同,以及中小企业相对于大企业借贷较难等。因此,本节参考工信部联合企业(2011)300 号文件确定的中小企业的认定标准来划分大型企业与中小企业。我们发现只有城城股份、新都酒店、华东数控三家被划分为中小型企业,因此,我们对剩下的 22 家大型上市公司按照采用 1∶3 作为财务困境公司与正常公司的配对比,共收集了 88 家大型上市企业的财务比率数据。然后,每次随机地从中抽取 66 个样本作为训练样本,剩余 22 个样本作为测试样本进行样本外预测检验。将该过程重复 100 次,计算模型的平均预测准确率。表 3.4.6 是大型上市企业的显著变量个数及模型预测准确率,表 3.4.7 是利用网络结构 Logistic回归对全部 88 家大型上市公司的变量的筛选结果和对应的系数。从表 3.4.6 和表 3.4.7 可以看出,网络结构 Logistic 回归的预测效果也是最好的,这说明本节提出的网络结构 Logistic 回归的预测具有很好的稳健性。由于本节收集到的数据里只有 3 家中小企业上市公司,样本量过小,没法针对中小企业的财务困境进行分析。但我们相信本节提出的网络结构 Logistic 回归方法同样适合于中小企业的财务困境预警。

表 3.4.6　大型上市公司显著变量个数及准确率

	全变量	Lasso	SCAD	MCP	网络结构
显著变量个数	49	13.90	5.94	5.48	12.71
	—	(2.15)	(1.15)	(1.04)	(6.90)
准确率	66.40	88.50	90.46	90.17	90.87
	(10)	(6.4)	(5.1)	(4.7)	(5.3)

表 3.4.7　大型上市公司网络结构 Logistic 模型系数估计结果

变量	系数	变量	系数	变量	系数
截距项	-2.4554	X_9	-0.2138	X_{24}	0.2716
X_1	-0.2704	X_{18}	-0.2967	X_{25}	-0.2926
X_2	-0.2488	X_{19}	-0.2903	X_{37}	-0.2939
X_4	-0.2670	X_{20}	-0.2824	X_{38}	-0.2687
X_5	-0.2754	X_{21}	-0.2876	X_{39}	-0.3240
X_7	-0.2700	X_{22}	-0.2782	X_{40}	-0.2952
X_8	-0.2252	X_{23}	0.2628	X_{41}	-0.2845

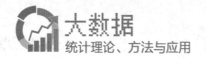
3.4.5 小结

本节在考虑变量间网络结果关系的基础上提出了网络结构 Logistic 回归,具有同时实现变量选择和系数估计的特点,并将该方法应用到中国上市公司信用风险预警中,充分考虑各财务比率指标之间的网络结构关系,对企业信用风险进行预测。

本节的主要贡献和结论有:

第一,本节构建了针对二元离散变量的网络结构 Logistic 模型,该方法在进行系数压缩时充分考虑了变量之间的网络结构,使变量筛选更具科学性,并且为降低该方法的计算复杂性,我们提出了双层变量选择法,降低了计算难度。

第二,根据蒙特卡罗模拟结果,当变量之间存在紧密相依关系时,网络结构 Logistic 模型比 MCP,SCAD,Lasso 模型的变量选择和预测效果更好,尤其是当变量间相关系数很大时,网络结构 Logistic 模型的变量选择和预测结果表现更为突出。

第三,本节对中国企业财务危机预测的实证分析中,发现财务指标之间存在显著的网络结构关系,传统的全变量 Logistic 模型表现远远差于其他方法,说明现在企业最常用的全变量 Logistic 企业信用预警方法是有问题的。而网络结构 Logistic 模型预测准确率是最高的,通过该模型的分析发现每股指标、盈利能力指标和成长能力指标是影响企业信用风险的主要因素。

第四,我们将上市公司进一步细分为大型上市公司和中小型上市公司,发现网络结构 Logistic 模型对大型上市公司的预测准确率也是最高的,说明该方法在信用风险预测方面具有较好的稳健性。

此外,虽然本节主要的研究基于 MCP 惩罚下的网络结构 Logistic 模型,但是该方法同样可以扩展到泊松回归、有序 Logistic 回归、条件 Logistic 回归等其他广义线性模型中,同时也可以在广义线性模型中考虑其他惩罚方法以及研究这些方法在不同的经济管理领域中的应用。这将是我们下一步的研究方向。

3.5 用惩罚方法来识别两部分模型的比例结构

3.5.1 引言

实际分析中经常遇到混合分布的数据。一个特殊的例子是零膨胀数据。它是指一定比例的响应值取零,其余的都服从连续分布的数据;如第 3.5.4 节给出的 CHNS 医疗费用数据中分析的家庭医疗支出的数据集。这个数据集来自中国健康与营养调查(CHNS)研究。此项研究由位于北卡罗来纳大学教堂山分校的卡罗来纳人口中心、中国疾病控制和预防中心的国家营养与健康研究所共同执行。在数据预处理后,可以观察到,超过 70% 的家庭在研究期间没有医疗支出,其余的有连续分布式支出(见本节 3.5.6 附录中图 3.5.1)。在文献中也可以查找到大量的零膨胀数据的例子,例如 Cheung(2002),Agarwal et al.(2002),Deb et al.(2006),Bratti,Miranda(2011),Maruotti et al.(2015)等。

经典的模型假设响应值中零值和非零值均来自相同的数据生成过程,但它不适合零值过多的数据。针对零值较多的数据,已有多种模型被提出。其中,著名的方法有可以对数据零值进行计数的障碍(hurdle)模型(Mullahy,1986)。在障碍模型下,两个数据的生成过程不需要相同。其基本思想是利用一个伯努利概率来决定计数变量取值为零或者为正数。如果取值为正,则障碍是交叉的,并且正数的条件分布由一个被截断的零计数数据模型来决定。另一个是零膨胀模型(Lambert,1992),它是将响应变量建模为伯努利分布(质点在零)和泊松分布(或另一个支持非负整数的计数分布)的混合模型。障碍模型和零膨胀模型本质上都是两部分模型(Han,Kronmal,2006;Liu et al.,2012)。在两部分模型中,第一部分描述了是否采取零响应值(Manning et al.,1987;Olsen,Schafer,2001),而对于那些非零的响应值,该模型的第二部分描述了它们的分布。两部分模型是解释说明上更直观、数据生成机制中的假设弱等。近期有关两部分模型的文献中,已经考虑了更加复杂的数据结构。一个例子是纵向数据,它既有组内相关性也有组间异质性,并需要容纳随机效应(Min,Agresti,2005;Greene,2009;Alfó,Maruotti,2010)。对于上述模型,许多估计的方法被提出,例如拟似然方法(McCulloch,Searle,2001)、惩罚拟似然方法(Yau,Lee,2001)、贝叶斯方法(Ghosh et al.,2006)等。然而在现有的大多数研究中,研究重点一直放在建模和估计方面,而对于协变量回归系数的结构

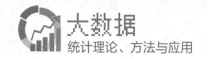

关系不够重视。

本文在建立两部分模型时,同时考虑协变量对两部分模型的影响。模型两个部分的协变量集合通常会有较大的重叠,而且往往是相同的。尽管这两部分有不同的形式,但事实上,它们描述了高度相关的过程:响应值从零增加到非零(类似于障碍模型),并从一个较小的非零值增加到较大的非零值。因此检查模型中两个部分的协变量的回归系数是部分的还是完全成正比的,即协变量影响的比例结构,成为一个非常有趣的话题。关于比例结构的研究可以追溯到 Cragg(1971)。Lambert(1992)讨论了零膨胀泊松模型的比例约束问题;Han, Kronmal(2006)提出了一种基于假设检验的方法来确定模型中哪些变量成比例;Liu et al.(2011)提出了一种基于向前逐步假设检验的思想,并采用自助法来计算比例值的显著性水平。基于模型选择的方法也被提出。Liu, Chan(2011)基于边际似然提出模型选择准则;Liu et al.(2012)采用似然性交叉验证思想提出比例选择方法。

研究比例结构在很多方面是有用的。在统计上,如果满足部分或全部成比例,那么该模型相较于无约束模型的未知参数数量更少,这可能会提高(较小的变化)估计的有效性。这已经被 Han, Kronmal(2006)严格证明了。Liu et al.(2011)利用广泛的数值研究也证明了这一点。实际上,比例研究可能有利于深入了解潜在的数据生成机制。考虑部分比例的情景,协变量可以分为两类:一类在模型的两个部分中的回归系数有比例效应,并控制两个基本的数据生成过程(从零到非零,并从一个较小非零到一个大非零),而另一类在两部分过程中回归系数不成比例。这可以帮助洞察协变量之间及其与响应变量之间的关系。

虽然现有的确定比例结构的方法已经取得了相当大的成功,但它们也有局限性。具体而言,以假设检验为基础的方法是计算密集型的。逐步的方法可能是不稳定的(对于小的数据变化也是敏感的)。当存在中至大量的协变量时,以 BIC 为基础的方法计算成本很高。在现存方法中,一个常见的共同限制是在计算上它们都不上"规模"。也就是说,随着协变量数量的增加,它们的计算成本增加得很快。大多数现有的研究一直专注于方法论的发展,而统计特性并没有得到很好的建立。

在这项研究中,我们提出采用惩罚方法来确定两部分模型的比例结构。针对惩罚方法存在大量的文献。本研究的目标并不是开发一个新的惩罚函数,而是将惩罚方法应用到一种新的统计问题中。所采用的方法有直观的形式,及多种技术优势。该方法计算简单。随着协变量数量的增加,计算成本的增长相对缓慢。因此,所提出的方法可以适用于拥有大量协变量的数据。此外,我们通过严格的推导,给出了该方法的渐近性质,为该方法提供了坚实的理论基础。此外,我们的数值研究也表明了惩罚方法的优越的有限样本下的性质。

3.5.2　用惩罚函数来识别比例结构 ▶

1. 两部分模型和比例结构

受到第 3.5.4 节数据分析的启发，我们考虑如下响应变量 Y 的分布：

$$f(y) = (1 - \phi)1_{(y=0)} + [\phi \times N(y; \mu, \sigma^2)]1_{(y>0)}, \quad y \geqslant 0, 0 \leqslant \phi \leqslant 1.$$

$$(3\text{-}5\text{-}1)$$

在这种模型下，$P(Y=0) = 1 - \phi$。根据 3.5.6 节附录中的直方图，我们采用均值为 μ、方差为 σ^2 的正态分布来描述 Y 的正数部分。

对于主体 $i(=1, \cdots, n)$，令 $\boldsymbol{x}_i \in \mathbb{R}^p$ 表示协变量向量，$\boldsymbol{X} = (\boldsymbol{x}_1, \cdots, \boldsymbol{x}_n)^{\mathrm{T}}$ 表示设计矩阵。加入协变量影响后，考虑如下模型：

$$\begin{cases} \text{第一部分}: g(\phi_i) = \alpha_1 + \boldsymbol{x}_i^{\mathrm{T}} \boldsymbol{\beta}, \\ \text{第二部分}: y_i \mid y_i > 0 = \alpha_2 + \boldsymbol{x}_i^{\mathrm{T}} \boldsymbol{\delta} + \varepsilon_i. \end{cases} \quad (3\text{-}5\text{-}2)$$

在模型的第一部分，g 是已知的联系函数。logit, probit, log-log 等函数都是可供选择的联系函数形式。在本研究中，我们选择了常见的 logit 联系函数，即

$$\phi_i = 1/(1 + \exp(-\alpha_1 - \boldsymbol{x}_i^{\mathrm{T}} \boldsymbol{\beta})), \quad (3\text{-}5\text{-}3)$$

其中，α_1 是截距项，$\boldsymbol{\beta} = (\beta_1, \cdots, \beta_p)^{\mathrm{T}}$ 是回归系数向量。在模型的第二部分，$\boldsymbol{\delta} = (\delta_1, \cdots, \delta_p)^{\mathrm{T}}$ 是回归系数向量，α_2 是截距项，而 ε_i 是均值为 0、方差为 σ^2 的随机误差项。为了简化符号，我们假设这两个部分的协变量相同。对所提模型进行简单修改，可适应部分匹配变量的情况。

考虑一个简单的例子，有三个协变量 X_1, X_2 和 X_3，两部分模型中协变量影响分别为 $2X_1 + X_2 + X_3, 6X_1 + 2X_2 + 3X_3$，其中第二个协变量影响可以改写成 $3(2X_1 + X_2 + X_3) - X_2$ 或者 $2(2X_1 + X_2 + X_3) + 2X_1 + X_3$。如文献 Liu et al. (2011) 中指出的观点一样，存在模型可识别性问题，因此额外的约束是必要的。根据 Liu et al. (2011) 的概念，我们需要固定一个在模型两部分中都具有非零系数的锚协变量。为了不失一般性，锚变量表示为 X_1。许多已发表的研究提供了选择锚变量的建议，并认为在数据分析时锚变量的选择是可行的。在 3.5.3 节中也提供了实用的讨论。重写 $\delta_1 = \tau \beta_1 (\tau \neq 0)$，在许多情况下，合理的结果要求 $\tau > 0$。于是，将模型的第二部分重写为

$$y_i \mid y_i > 0 = \alpha_2 + \tau(\boldsymbol{x}_i^{\mathrm{T}} \boldsymbol{\beta}) + \tilde{\boldsymbol{x}}_i^{\mathrm{T}} \boldsymbol{\gamma} + \varepsilon_i, \quad (3\text{-}5\text{-}4)$$

其中，$\tilde{\boldsymbol{x}}_i = (x_{i2}, \cdots, x_{ip})^{\mathrm{T}}$，$\boldsymbol{\gamma} = (\gamma_2, \cdots, \gamma_p)^{\mathrm{T}}$。设 $\boldsymbol{\theta} = (\boldsymbol{\beta}^{\mathrm{T}}, \tau, \alpha_1, \alpha_2, \sigma^2, \boldsymbol{\gamma}^{\mathrm{T}})^{\mathrm{T}}$，则对数似然函数为

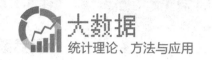
$$l(\boldsymbol{\theta}) = -\frac{n_1}{2}\ln\sigma^2 - \frac{n_1}{2}\ln 2\pi - \sum_i \ln(1 + \exp(\alpha_1 + \boldsymbol{x}_i^{\mathrm{T}}\boldsymbol{\beta})) + \sum_{i,y_i>0}\alpha_1$$

$$+ \sum_{i,y_i>0}\boldsymbol{x}_i^{\mathrm{T}}\boldsymbol{\beta} - \frac{1}{2\sigma^2}\sum_{i,y_i>0}(y_i - \alpha_2 - \tau\boldsymbol{x}_i^{\mathrm{T}}\boldsymbol{\beta} - \tilde{\boldsymbol{x}}_i^{\mathrm{T}}\boldsymbol{\gamma})^2, \tag{3-5-5}$$

其中,$n_1 = \#\{y_i > 0\}$。

忽略掉截距项,根据 Liu et al.(2012)的定义,如果 $\boldsymbol{\gamma}=\boldsymbol{0}$,则两个协变量的效应完全成正比。如果 $\boldsymbol{\gamma}$ 的一些成分是零,那么两部分模型协变量的效应部分成比例。因此,确定比例结构,相当于确定 $\boldsymbol{\gamma}$ 的哪些成分是零。我们将确定比例结构的问题转化为模型(变量)选择问题。

2. 惩罚估计

我们采用惩罚的方法确定比例结构。考虑惩罚的目标函数:

$$Q(\boldsymbol{\theta}) = l(\boldsymbol{\theta}) - P(\lambda, |\boldsymbol{\gamma}|), \tag{3-5-6}$$

其中,$P(\lambda, |\boldsymbol{\gamma}|) = n\sum_{j=1}p(\lambda, |\gamma_j|)$ 是惩罚函数,$\lambda > 0$ 是调节参数。对于惩罚函数,我们采用 MCP 形式:

$$p_a(\lambda_v) = \begin{cases} \lambda v - \dfrac{v^2}{2a}, & v < a\lambda, \\ \dfrac{1}{2}a\lambda^2, & v \geqslant a\lambda, \end{cases} \tag{3-5-7}$$

其中,$a > 0$ 是正则化参数。MCP 也可由其他惩罚函数代替。$\hat{\boldsymbol{\theta}}$ 表示使 $Q(\boldsymbol{\theta})$ 最大化的值。检查 $\hat{\boldsymbol{\gamma}}$ 的哪些成分等于零能够帮助识别哪些协变量有成比例效应。

计算时,考虑以下的迭代算法:

第一步　计算初始值。当协变量的数量相较于样本数量比较小时,初始值的可行选择为无惩罚估计,如 MLE。

第二步　优化 $\boldsymbol{\gamma}$。$l(\boldsymbol{\theta})$ 是连续可微的,惩罚项是可分的。因此,使用坐标下降的方法可以较好地实现这一步的优化。

第三步　优化其他未知参数。可以使用 Newton-Raphson 方法实现。

第四步　重复第二步和第三步,直至收敛。

根据 Tseng(2001)可以建立第三步中坐标下降的收敛性。在第三步中可以看到目标函数是非增的,因此整体收敛可用。在我们所有的数值研究中,收敛可以通过较少的迭代次数达到。

以上所采用的惩罚估计涉及两个调节参数。根据 Breheny,Huang(2011)的观点,设 $a=3$。在数值研究中,我们还尝试了一些其他的 a 值,只要 a 不是太大或太小,可以得出相似的结果。为了选择 λ,我们尝试了 AIC,BIC 和 GCV 准则。实验模拟结果显示 AIC 和 BIC 的效果类似,而 GCV 效果较差。又考虑到 CV 准则计算量大,我们选择 BIC 方法选择最优 l:

$$\mathrm{BIC}(\lambda) = -l(\boldsymbol{\theta})/n + \ln(n)df(\lambda)/n, \tag{3-5-8}$$

其中,$df(\lambda)$ 是在给定了一个 λ 值后的非零系数的个数。

注　公式(3-5-6)适用于协变量维度较低的情况,它适用于第 3.5.4 节中的数据。在下一节将会研究它的统计特性。在可能的情况下,所提方法也适用于含大量协变量的数据。在本节 3.6.5 附录中,我们修改了公式(3-5-6),以适应高维的协变量情况。

方差估计　虽然我们在下一节中给出了估计的渐近分布,但估计值的方差的估计非常困难。为了进行推断,我们采用了在 Huang et al.(2006)等文献中应用的 0.632 自助(bootstrap)对方差进行了估计,具体步骤为:

第一步　从原始数据中不放回抽样生成了 B 个自助样本,每个大小为 $0.632n$。

第二步　在每个自助样本上进行惩罚估计。为了降低计算成本,将调节参数值固定在采用原始数据选择出的 λ 的水平。

第三步　汇集以上自助估计值来生成方差估计。

虽然这种方法实际上相当于非参数自助法,但它通过分析更少的对象提高了计算效率。

3. 统计性质

用 z 表示 $\boldsymbol{\theta}$ 的维度,m 表示 $(\boldsymbol{\beta}^{\mathrm{T}}, \tau, \alpha_1, \alpha_2, \sigma^2)^{\mathrm{T}}$ 的维度。假设 $\gamma_2, \cdots, \gamma_{s+1}$ 的真实值是非零的,而 $\gamma_{s+2}, \cdots, \gamma_p$ 的真实值等于零。设 $\boldsymbol{\gamma}_1 = (\gamma_2, \cdots, \gamma_{s+1})^{\mathrm{T}}$,$\boldsymbol{\gamma}_2 = (\gamma_{s+2}, \cdots, \gamma_p)^{\mathrm{T}}$,$\boldsymbol{\theta}_1 = (\boldsymbol{\beta}^{\mathrm{T}}, \tau, \alpha_1, \alpha_2, \sigma^2, \boldsymbol{\gamma}_1^{\mathrm{T}})^{\mathrm{T}}$,$\boldsymbol{\theta}_2 = \boldsymbol{\gamma}_2$。

用下标"0"来表示真实参数值。记 $I(\boldsymbol{\theta}_0)$ 为 $\boldsymbol{\theta}$ 在 $\boldsymbol{\theta}_0$ 处的费希尔(Fisher)信息矩阵,记 $I(\boldsymbol{\theta}_{10})$ 为 $\boldsymbol{\theta}_1$ 在 $\boldsymbol{\theta}_{10}$ 处的费希尔信息矩阵。此外 $\boldsymbol{\theta}_2 = \boldsymbol{0}$。首先,我们说明存在收敛率为 $O_P(n^{-1/2} + a_n)$ 的惩罚最大似然估计,其中 $a_n = \max_j \{p'_\lambda(|\gamma_{j0}|) : \gamma_{j0} \neq 0\}$,这里 $p'_\lambda(v)$ 是 $p_a(\lambda, v)$ 对 v 的导数。给定了惩罚函数的具体形式,这意味着随着 $n \to \infty$,若 $\lambda \to 0$,则惩罚的估计是 $\sqrt{n}$ 一致的。此外,我们建立了这样一个满足 $\hat{\boldsymbol{\theta}}_2 = \boldsymbol{0}$ 的 $\sqrt{n}$ 一致的估计值,随着 $n \to \infty$,如果 $n^{1/2}\lambda \to \infty$,则 $\hat{\boldsymbol{\theta}}_1$ 是协方差矩阵为 I_1^{-1} 的渐近正态的。这意味着,惩罚最大似然估计的执行情况与提前知道 $\boldsymbol{\theta}_2 = \boldsymbol{0}$ 时一样。

定理 3.5.1　令 $\boldsymbol{V}_i = (\boldsymbol{x}_i, y_i)$,$i = 1, \cdots, n$,假设 $\boldsymbol{V}_i$ 独立同分布,且密度函数为 $f(\boldsymbol{V}, \boldsymbol{\theta}_0)$。进一步假设 3.5.6 节附录中的(i)—(iii)条件满足。如果

$$\max_j \{p''_\lambda(|\gamma_{j0}|) : \gamma_{j0} \neq 0\} \to 0,$$

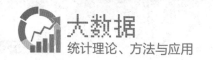

其中 p''_λ 是 $p_a(\lambda,v)$ 对于 v 的二阶导,则存在使 $Q(\boldsymbol{\theta})$ 局部最大化的 $\hat{\boldsymbol{\theta}}$,使得

$$\parallel \hat{\boldsymbol{\theta}} - \boldsymbol{\theta}_0 \parallel = O_P(n^{-1/2} + a_n)。$$

证明过程详见 3.5.6 节附录,定理 3.5.1 表明选择了一个适当的 λ 后,惩罚估计值是 $\sqrt{n}$ 一致的。接下来,我们给出模型稀疏性定理。

引理 3.5.1 假设 3.5.6 节附录中的条件(i)—(iii)满足,并且有

$$\liminf_{n\to\infty} \liminf_{v\to 0^+} p'_\lambda(v)/\lambda > 0。$$

当 $n \to \infty$ 时,若 $\lambda \to 0$,且 $\sqrt{n}\lambda \to \infty$,则有趋近于 1 的概率满足:对于任意满足 $\parallel \boldsymbol{\theta}_1 - \boldsymbol{\theta}_{10} \parallel = O_P(n^{-1/2})$ 的 $\boldsymbol{\theta}_1$,及任意固定的 C,有

$$Q\left(\begin{pmatrix}\boldsymbol{\theta}_1 \\ \mathbf{0}\end{pmatrix}\right) = \max_{\parallel \boldsymbol{\theta}_2 \parallel \leqslant Cn^{-1/2}} Q\left(\begin{pmatrix}\boldsymbol{\theta}_1 \\ \boldsymbol{\theta}_2\end{pmatrix}\right)。$$

设

$$\boldsymbol{\Sigma} = \mathrm{diag}\{0,\cdots,0,p''_\lambda(|\gamma_{20}|),\cdots,p''_\lambda(|\gamma_{(s+1)0}|)\},$$

$$\boldsymbol{b} = (0,\cdots,0,p'_\lambda(|\gamma_{20}|)\mathrm{sgn}(\gamma_{20}),\cdots,p'_\lambda(|\gamma_{(s+1)0}|)\mathrm{sgn}(\gamma_{(s+1)0}))^T,$$

这里 $\mathrm{sgn}(\cdot)$ 是符号函数。

定理 3.5.2 假设 3.5.6 节附录中的条件(i)—(iii)满足,并且有

$$\liminf_{n\to\infty} \liminf_{v\to 0^+} p'_\lambda(v)/\lambda > 0。$$

当 $n \to \infty$ 时,若 $\lambda \to 0$,且 $\sqrt{n}\lambda \to \infty$,则定理 3.5.1 中的 $\sqrt{n}$ 一致的估计有趋近于 1 的概率满足:

(i) 稀疏性:$\hat{\boldsymbol{\theta}}_2 = \mathbf{0}$。

(ii) 渐近正态性:在分布上,

$$\sqrt{n}(I_1(\boldsymbol{\theta}_{10}) + \boldsymbol{\Sigma})[\hat{\boldsymbol{\theta}}_1 - \boldsymbol{\theta}_{10} + (I_1(\boldsymbol{\theta}_{10}) + \boldsymbol{\Sigma})^{-1}\boldsymbol{b}] \to N(\mathbf{0}, I_1(\boldsymbol{\theta}_{10}))。$$

3.5.3 模拟

1. 锚变量的选择

面对一个实际数据集,需要确定锚变量。正如 Liu et al.(2011)的建议,可能有多个协变量可以作为锚变量。数值上,我们已经尝试了以下方法:

第一种 匹配无约束模型,并选择在两模型间有更强效应的协变量。

第二种 Liu et al.(2012)提出的校正偏差的均方误差(MSE_C)方法。定义

$$\mathrm{MSE}_C = \frac{1}{n_1}\sum_{i=1}^n (\hat{\phi}_i\hat{\mu}_i - y_i)^2,$$

其中，$\hat{\phi}_i$ 和 $\hat{\mu}_i$ 分别表示一个非零响应值的预测概率和对主体 i 的值。在模拟中，我们生成一个与训练集设置相同的独立测试数据集，并选择令 $\mathrm{MES_c}$ 最小的协变量作为测试集的锚变量。在真实的数据分析中，这个标准可以利用交叉验证来实现。

第三种　与第二种方法相似，但选择准则不同。新的标准是将第二部分的模型误差定义为

$$\mathrm{ME_2} = (\hat{\boldsymbol{\delta}} - \boldsymbol{\delta}_0)^\mathrm{T} \mathrm{E}(\boldsymbol{X}^\mathrm{T}\boldsymbol{X})(\hat{\boldsymbol{\delta}} - \boldsymbol{\delta}_0).$$

我们的模拟表明，第三种方法拥有最佳的性能（细节省略）。在我们的模拟和数据分析中，将 $\mathrm{ME_2}$ 作为选择锚变量的标准。

2. 模拟环境

在这里，为了与实际数据分析相匹配，我们考虑协变量相对较少的例子。在 3.5.6 节附录中，我们还提出了针对高维协变量的模拟。在所有的例子中，我们都从一个边际均值为 0、方差为 1 的多元正态分布中来产生协变量。第 j 个和第 k 个变量之间的相关系数为 $0.5^{|j-k|}$，$\sigma = 0.5$。响应值是从 3.5.2 节中描述的模型产生的。

例 1　已知 $p=8, \tau_0 = 0.2$，考虑一种 5 个协变量具有成比例效应的部分比例结构，它的回归系数参数是

$$\boldsymbol{\beta}_0 = (-1.5, -1.0, -0.5, 0.5, 1.0, 1.5, 1.7, 1)^\mathrm{T},$$
$$\boldsymbol{\delta}_0 = (-0.3, -0.2, -0.1, -0.1, 0.2, 1.8, 3.34, 2.2)^\mathrm{T},$$
$$\boldsymbol{\gamma}_0 = (0, 0, 0, 0, 1.5, 3, 2)^\mathrm{T}.$$

例 2　已知 $p=12, \tau_0 = 0.2$，前三个协变量有成比例效应。回归系数参数为

$$\boldsymbol{\beta}_0 = (\underbrace{1, \cdots, 1}_{8}, \underbrace{-1, \cdots, -1}_{4})^\mathrm{T},$$
$$\boldsymbol{\delta}_0 = (0.2, 0.2, 0.2, -0.8, -0.6, -0.4, -0.2, 0.7, 0.3, 0.5, 0.3, 0.9)^\mathrm{T},$$
$$\boldsymbol{\gamma}_0 = (0, 0, -1, -0.8, -0.6, -0.4, 0.5, 0.5, 0.7, 0.9, 1.1)^\mathrm{T}.$$

例 3　考虑一个 $p=40$ 更高维度的问题，设回归系数参数为

$$\boldsymbol{\beta}_0 = (\underbrace{0, \cdots, 0}_{10}, 0.5, 0.6, 0.7, 0.8, 0.9, 1.0, 1.1, 1.2, 1.3, 1.4, \underbrace{0, \cdots, 0}_{10},$$
$$0.4, 0.5, 0.6, 0.7, 0.8, 0.9, 1.0, 1.1, 1.2, 1.3)^\mathrm{T},$$
$$\boldsymbol{\delta}_0 = (\underbrace{0.3, \cdots, 0.3}_{10}, \underbrace{1, \cdots, 1}_{10}, \underbrace{-0.3, \cdots, -0.3}_{10}, \underbrace{-1, \cdots, -1}_{10})^\mathrm{T}.$$

大约有一半的协变量其效应是成比例的。将 X_1 设为锚变量，$\tau_0 = 0.3$，

$$\boldsymbol{\gamma}_0 = (\underbrace{0, \cdots, 0}_{9}, 0.85, 0.82, 0.79, 0.76, 0.73, 0.7, 0.67, 0.64, 0.61, 0.58, \underbrace{0, \cdots, 0}_{10}, -1.12,$$
$$-1.15, -1.18, -1.21, -1.24, -1.27, -1.3, -1.33, -1.36, -1.39).$$

在所有的例子中，我们设置的样本大小分别为 $n = 200, 400$ 和 800。对于每个模拟

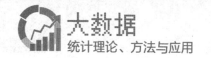
数据集(训练集),测试数据集是在相同的设定下独立产生的,并用于评估预测性能。

3. 分析结果

我们把所提出的方法应用于模拟数据。除了 MCP 惩罚函数,我们也将应用 Lasso 惩罚函数,它比 MCP 更受欢迎,可以被看作一个极端的例子。为了比较,我们考虑无约束的方法(不施加任何比例结构)和 Han,Kronmal(2006)提出的逐步方法(2006)。为了评估变量选择和模型的识别性能,我们计算了比例约束数量(Pro. C)、假阴性率(FNR)和假发现率(FDR)。为了评估预测性能,利用独立的测试数据计算出之前定义的 ME_2 和 MSE_c。经过 200 次重复,我们计算出 Pro. C 的中位数(标准差)和其他测量指标的均值(标准差),结果如表 3.5.1 所示。

表 3.5.1　例 1～3 的模拟结果:Pro.C 的中位数(标准差)及其他测量指标的均值(标准差)

	方法	n	Pro. C	FNR	FDR	ME_2	MSE_c
	真实模型		4				
	无约束	200	—	—	—	0.039(0.032)	3.011(0.798)
		400	—	—	—	0.165(0.112)	2.821(0.765)
		800	—	—	—	0.143(0.105)	2.417(0.443)
例 1	逐步方法	200	8(0.000)	0.000(0.000)	0.397(0.110)	0.028(0.025)	3.154(0.892)
		400	6(0.171)	0.400(0.032)	0.500(0.050)	0.136(0.128)	2.720(0.778)
		800	6(0.000)	0.400(0.000)	0.500(0.000)	0.143(0.082)	2.245(0.489)
	Lasso	200	7(0.930)	0.000(0.143)	0.429(0.242)	0.033(0.024)	1.788(0.488)
		400	6(1.799)	0.250(0.236)	0.429(0.278)	0.019(0.011)	1.810(0.362)
		800	4(1.656)	0.250(0.193)	0.000(0.294)	0.008(0.006)	1.667(0.281)
	MCP	200	7(1.427)	0.000(0.557)	0.429(0.314)	0.032(0.028)	1.755(0.536)
		400	4(0.943)	0.000(0.000)	0.000(0.202)	0.017(0.012)	1.654(0.385)
		800	4(0.100)	0.000(0.025)	0.000(0.000)	0.007(0.005)	1.587(0.227)
	真实模型		2				
	无约束	200	—	—	—	0.141(0.035)	1.021(0.108)
		400	—	—	—	0.120(0.029)	0.803(0.088)
		800	—	—	—	0.105(0.024)	0.597(0.059)
例 2	逐步方法	200	7(1.887)	1.000(0.363)	0.167(0.062)	0.123(0.039)	0.945(0.312)
		400	7(2.020)	1.000(0.452)	0.200(0.054)	0.107(0.073)	0.772(0.391)
		800	5(0.500)	1.000(0.045)	0.200(0.028)	0.082(0.061)	0.563(0.113)
	Lasso	200	2(3.214)	0.750(0.347)	0.000(0.494)	0.037(0.025)	0.527(0.204)
		400	2(2.030)	0.500(0.298)	0.000(0.359)	0.018(0.010)	0.464(0.100)
		800	2(0.580)	0.500(0.290)	0.000(0.000)	0.008(0.004)	0.416(0.047)
	MCP	200	2(2.141)	0.000(0.151)	0.000(0.310)	0.037(0.025)	0.523(0.134)
		400	2(0.000)	0.000(0.000)	0.000(0.000)	0.015(0.007)	0.419(0.068)
		800	2(0.000)	0.000(0.000)	0.000(0.000)	0.007(0.004)	0.425(0.051)

续表

	方法	n	Pro. C	FNR	FDR	ME_2	MSE_C
	真实模型		19				
		200	—	—	—	0.277(0.133)	13.586(3.038)
	无约束	400	—	—	—	0.195(0.106)	6.605(1.488)
		800	—	—	—	0.114(0.058)	3.120(0.725)
		200	39(0.234)	0.000(0.000)	0.077(0.004)	0.273(0.109)	13.122(3.118)
	逐步方法	400	39(0.287)	0.000(0.000)	0.077(0.004)	0.168(0.855)	6.108(1.532)
例3		800	39(0.132)	0.000(0.000)	0.077(0.002)	0.091(0.617)	3.054(0.822)
		200	4(5.748)	0.789(0.188)	0.000(0.091)	0.145(0.040)	6.771(2.891)
	Lasso	400	15(4.905)	0.211(0.258)	0.000(0.000)	0.058(0.015)	4.006(1.440)
		800	17(1.443)	0.105(0.076)	0.000(0.000)	0.029(0.008)	3.135(0.722)
		200	33(5.184)	0.000(0.101)	0.441(0.117)	0.152(0.058)	8.328(2.380)
	MCP	400	19(3.392)	0.000(0.127)	0.000(0.162)	0.055(0.015)	4.011(1.553)
		800	19(0.200)	0.000(0.043)	0.000(0.045)	0.025(0.006)	2.572(0.590)

我们观察到,所提出的方法令人满意地识别出了比例结构,错误结果数量非常少。随着样本量的增加,性能进一步提高。在这 3 个模拟的例子中,对于 400 的样本量来说,性能是足够令人满意的。其中,MCP 比 Lasso 具有更精确的辨识结果,惩罚方法变量选择更加准确,故优于逐步方法。所提出方法的优越的模型识别性能也带来了优越的预测性能。

我们还评估了 0.632 自助的性能。例 1 的结果如表 3.5.2 所示,其他两个例子的结果类似,所以在这里省略了。设置 200 次重复,每次重复进行 500 次自助,我们看到,自助法标准差估计值和观察到的标准偏差匹配良好,这表明了自助法具有令人满意的性能。

表 3.5.2　例 1 中 0.632 自助的模拟结果

	n		δ_1	δ_2	δ_3	δ_4	δ_5	δ_6	δ_7	δ_8
	200	SD est	0.077	0.078	0.076	0.079	0.087	0.086	0.087	0.075
		平均标准差	0.080	0.076	0.070	0.071	0.081	0.087	0.088	0.078
Lasso	400	SD est	0.041	0.041	0.040	0.036	0.041	0.043	0.044	0.031
		平均标准差	0.038	0.040	0.037	0.038	0.039	0.044	0.043	0.034
	800	SD est	0.029	0.026	0.027	0.029	0.024	0.031	0.029	0.030
		平均标准差	0.028	0.027	0.025	0.028	0.025	0.030	0.029	0.031
	200	SD est	0.053	0.058	0.047	0.042	0.060	0.072	0.063	0.062
		平均标准差	0.051	0.059	0.049	0.044	0.055	0.076	0.061	0.059
MCP	400	SD est	0.035	0.037	0.036	0.037	0.035	0.041	0.042	0.040
		平均标准差	0.037	0.038	0.037	0.034	0.033	0.041	0.039	0.037
	800	SD est	0.026	0.026	0.025	0.026	0.026	0.032	0.033	0.029
		平均标准差	0.025	0.028	0.027	0.025	0.028	0.032	0.032	0.28

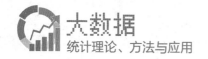
3.5.4 数据分析 ▶

1. CHNS 医疗费用数据

在多个亚洲国家,高医疗成本一直是贫困的重要成因,而在中国,医疗成本一直在显著上升(Fang et al.,2012)。分析中国医疗成本的相关因素是有趣的,此处数据从中国健康和营养调查(CHNS)数据库中提取(http://www.cpc.unc.edu/projects/china[引用时间 2014-12-10]),这些数据已在多个发表的研究中分析。在我们的分析中,医疗费用包括自我保健、住院治疗及一些附加费用。一个调查对象是否有非零的医疗费用取决于他/她在数据收集之前的四周期间是否有病或受伤。潜在的相关变量包括月收入(包括第一职业、第二职业各自的工资、补贴和奖金),受教育的年数(从0~26),年龄(18~76),年龄的平方,户口(0:城市,1:农村),性别(男性作为参照),目前健康状况(优秀、良好、一般和糟糕),婚姻状况(未婚、已婚、离婚)和医疗保险(0:无,1:有)。前4个协变量是连续的,"目前健康状况"是定序变量,其余的是定类变量。将定序和定类的协变量转化为虚拟变量,删除那些无效值和缺失值后,我们获得了396个观测样本。其中,有280(占70.7%)个的对象医疗费用为零。表3.5.6(3.5.6节附录)中提供了描述性统计资料。图3.5.1中的直方图显示数据具有零膨胀性。根据图3.5.1,我们建议对响应变量进行对数变换。

应用此方法时,由于模拟结果表明 MCP 的性能优于 Lasso,故我们只应用 MCP 惩罚函数。利用第3.5.3节中所描述的方法,选择"年龄的平方"作为锚变量。7个其他的协变量,即收入、受教育年数、年龄、户口、性别、婚姻状况(未婚)和医疗保险,被确定为具有成比例效应。在比例结构下,这些协变量可以潜在地被视为形成一个隐性变量(或复合指数)影响着医疗成本。其他的协变量也影响成本,但是渠道不同。所提出方法的估计表明,一个高收入的对象更可能有非零的医疗成本或较高的医疗成本。教育与成本非零的概率及非零成本的价值是负相关的。年龄和年龄的平方都有正效应,本节结论与一些文献结论相似(Quan,Ai,2008;Fang et al.,2012)。生活在农村地区的对象不太可能有非零的医疗成本或高医疗成本,这个观察与文献一致(Lin,Ai,2008)。女性更可能有非零或更高的医疗成本。健康状况与医疗成本的概率和花费呈负相关。那些从未结过婚的对象医疗成本非零的概率较高;那些有保险的人医疗成本非零的概率很高,他们也倾向于花费更多的钱。估计值的"方向"符号直观理解。

除了上面所提出的方法,我们也应用了逐步法和无约束模型分析该数据。应用逐步法的结果显示,所有的协变量都有成比例效应。这3种方法的估计值和标准误差详见表3.5.3。不同的方法导致了不同的约束结构。例如,对于可变的健

表 3.5.3　采用不同方法分析 CHNS 数据集的估计值(标准差)

变量	所提方法		逐步方法		无约束方法	
	logit	线性部分	Logit	线性部分	logit	线性部分
截距项	0.925(0.453)	3.233(0.290)	0.645(0.485)	5.015(0.861)	0.981(0.772)	2.905(0.873)
收入	0.016(0.252)	0.006(0.089)*	0.010(0.256)	0.003(0.087)*	0.005(0.288)	0.066(0.143)
教育	−0.098(0.104)	−0.037(0.111)*	−0.092(0.110)	−0.024(0.123)*	−0.091(0.122)	−0.081(0.205)
年龄	0.060(0.118)	0.023(0.049)*	0.070(0.119)	0.018(0.056)*	0.066(0.128)	0.011(0.197)
年龄的平方	0.268(0.127)	0.102(0.101)*	0.281(0.132)	0.074(0.094)*	0.278(0.198)	0.065(0.134)
户口(农村)	−0.605(0.232)	−0.229(0.217)*	−0.610(0.239)	−0.160(0.226)*	−0.606(0.242)	−0.234(0.351)
性别(女)	0.007(0.198)	0.002(0.051)*	0.012(0.207)	0.003(0.084)*	−0.017(0.216)	0.169(0.325)
健康优秀	−2.652(0.362)	−0.053(0.347)	−2.518(0.618)	−0.661(0.806)*	−2.636(0.633)	0.067(0.945)
健康良好	−2.144(0.369)	−0.050(0.375)	−2.014(0.602)	−0.529(0.628)*	−2.126(0.621)	−0.163(0.743)
健康一般	−1.541(0.357)	−0.134(0.269)	−1.403(0.498)	−0.369(0.483)*	−1.522(0.641)	0.072(0.645)
未婚	0.629(0.197)	0.238(0.216)*	0.622(0.323)	0.163(0.263)*	0.576(0.546)	0.578(0.304)
已婚	−0.023(0.459)	1.467(0.188)	0.150(0.476)	0.039(0.175)*	−0.059(0.517)	1.672(0.235)
医保(有)	0.459(0.223)	0.174(0.203)*	0.450(0.221)	0.118(0.312)*	0.419(0.325)	0.365(0.319)
σ	1.697(0.081)		1.753(0.081)		1.690(0.086)	
τ	0.379(0.377)		0.263(0.506)			
CE_1	0.309(0.031)		0.310(0.029)		0.312(0.031)	
ME_2	3.811(1.289)		3.854(1.544)		4.077(0.838)	
MSE_C	5.247(0.583)		5.341(0.502)		5.966(1.771)	

注:* 成比例影响。

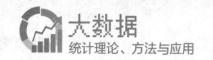

康状况(良好),模型的 logit 部分 3 个估计值分别是 -2.144,-2.014 和 -2.126。所提方法具有更小的标准差,这表明该方法的估计更有效,并能适应于已发表的研究中所观察到的模式。例如,对于上述的估计,标准差分别为 0.621,0.602 和 0.369。改进的效率源自较少的待估参数数量以及估计的正则化性质。为了进一步比较这 3 种方法,我们采用了基于交叉验证的方法来评估它们的预测性能。除了上文所述的 ME_2 和 $MSEc$,我们还计算了 CE_1,即模型 logit 部分的预测误差。表 3.5.3 表明,虽然在进行方差分解时,我们的方法在预测改进方面不显著,但此方法具有最好的预测性能。

2. RCHS 健康保险费用数据

中国是拥有世界上最大的健康保险系统的国家之一。在中国农村,商业健康保险还很不发达,基本医疗保险的主要形式是新型农村合作医疗制度(以下简称新农合)。中国农村卫生调查(RCHS)研究在 2012 年由厦门大学数据挖掘研究中心实施。在这项研究中,我们感兴趣的是确定与健康保险支出相关的因素。

这项调查是在福建省五个城市的农村地区展开的,包括福州、泉州、漳州、南平和三明。由于家庭仍然是中国农村医疗保险和卫生支出的基本单位,所以数据收集和分析还是基于家庭层面。该调查有令人满意的回应率 76%。删除无效的意见和缺失值后,我们得到了 561 个有效的样本。响应变量是在调查前的 12 个月期间的家庭健康保险费用,总共有 228 个(40.6%)零值。图 3.5.2(见 3.5.6 节附录)中的直方图显示了数据的零膨胀性质,应进行对数变换。分析中包括以下协变量:家庭规模、65 岁以上的家庭成员的数量、家庭户主的教育水平、家庭户主的婚姻状况、十二个月内的家庭收入、参保人数和户主健康状况。描述性统计如表 3.5.7 所示(见 3.5.6 节附录)。Yi et al. (2016)也对该数据集进行了分析。

根据 3.5.3 节锚变量选择方法,"家庭收入"被选择作为锚变量。6 个协变量被确定为有成比例效应,包括家庭规模、65 岁以上家庭成员的数量、婚姻状况(未婚、已婚、离婚)和投保人数。详细的估计值和推断结果如表 3.5.4 所示。可以观察到,家庭户主的教育水平、家庭收入、参保人数与非零的健康保险支出的概率成正比,教育提高了家庭户主的风险意识,更高的收入提高了一个家庭的购买力,支出随着被保险人数增加而增加,未结婚的家庭户主有更高的医疗保险支出概率以及更高的花费金额。以上观察与之前的观点是一致的。离婚的家庭户主是最不可能在健康保险上花费的,而且花费数额也较低。健康状况与医疗保险支出的概率呈负相关,健康状况更糟糕的人更可能购买保险。65 岁以上的家庭成员的数量与健康保险支出的概率和数额呈负相关。在当前新农合制度下,老年人只需支付很少的费用就可以获得基本的医疗保险,而其余的溢价由政府支付。总体而言,本节的研究结果与文献和直觉是一致的。

在表 3.5.4 中,我们还展示了使用两种可供选择的方法得到的分析结果。模

表 3.5.4　采用不同方法分析 RCHS 数据集的估计值(标准差)

变量	所提方法		逐步方法		无约束方法	
	logit	线性部分	Logit	线性部分	logit	线性部分
截距项	−0.085(0.149)	5.031(0.204)	−0.131(0.126)	5.026(0.221)	−0.472(0.201)	5.112(0.179)
家庭规模	0.006(0.010)	0.027(0.041)*	0.005(0.013)	0.017(0.044)*	0.124(0.040)	−0.040(0.042)
65＋家庭成员数量	−0.029(0.009)	−0.128(0.038)*	−0.037(0.012)	−0.12(0.035)*	0.079(0.042)	−0.149(0.033)
户主教育	0.391(0.033)	0.111(0.025)	0.059(0.021)	0.182(0.032)*	0.420(0.264)	0.115(0.025)
户主未婚	0.101(0.063)	0.434(0.250)*	0.143(0.082)	0.471(0.262)*	−0.007(0.179)	0.442(0.209)
户主已婚	0.074(0.051)	0.316(0.187)*	0.096(0.061)	0.312(0.193)*	−0.075(0.351)	0.299(0.162)
户主离婚	−0.059(0.056)	−0.258(0.251)*	−0.073(0.081)	−0.22(0.24)*	−0.121(0.029)	−0.263(0.207)
家庭收入	0.132(0.029)	0.576(0.028)	0.178(0.035)	0.567(0.031)*	0.101(0.029)	0.574(0.030)
参保人数	0.040(0.013)	0.173(0.039)*	0.051(0.014)	0.164(0.041)*	−0.010(0.039)	0.174(0.044)
户主健康	−0.244(0.039)	0.128(0.036)	−0.019(0.008)	0.064(0.032)	−0.237(0.040)	0.123(0.030)
σ	1.327(0.024)		1.328(0.016)		1.33(0.014)	
τ	4.528(1.055)		3.332(0.795)			
CE_1	0.399(0.058)		0.398(0.064)		0.405(0.060)	
ME_2	1.854(0.374)		1.977(0.361)		1.858(0.359)	
MSE_c	11.362(0.996)		11.696(1.117)		13.052(1.646)	

注：* 成比例影响。

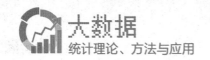
式类似于之前的数据集。所提出方法的标准差一般来说较小,这表明它的估计性能更加有效。在预测性能的评估上,本节方法的 CE_1 类似于逐步方法,而小于无约束模型的 CE_1,并且它具有最小的 ME_2 和 MSE_c。

3. 评价

在已发表的研究中已经对以上两个数据集进行过分析,其中包含更详细的研究设计和数据收集的信息。在本节研究中,分析过程采取了一个不同的角度,重点在于研究协变量影响的比例结构,并提供现有研究之外的其他见解。在这两个数据集中,响应变量都是支出。3.5.6 节附录中的直方图 3.5.1 和 3.5.2 表明,对数变换是合理的。为了更简单地解释,我们应用了这种变换,然后为正响应值采用了一个正态模型。我们注意到,这样的转换和模型可能不是最适应此数据的。本研究的局限性在于,我们无法找到一个简单而又可解释的替代模型。在已发表的研究中也是采用了对数变换和正态模型。

3.5.5　论述

两部分模型是分析零膨胀数据和其他混合分布的数据类型的有效工具。在许多情况下面对这样的数据,我们对检查其协变量效应的比例结构感兴趣。一个适当的比例结构可能会带来更有效的估计,并也可能有重要的科学意义。在这项研究中,我们应用惩罚函数来识别比例结构,而所提出的方法有一个直观的形式和计算优势。如 3.5.6 节附录中第一部分"适应高维变量"所示,它可以很容易地应用在其他方法所不能处理的高维数据上。我们通过严格的推导给出了估计的一致性。在其他的研究中,重心主要集中在方法论的发展。有了坚实的理论基础,本节所提出的方法可以优于其他的替代方法,而模拟结果也表明了本方法优越的性能。在数据分析中,该方法可以生成解释性更强和更有效的估计。此外,它也有着令人满意的预测性能。

为了进行数据分析,我们采用了 Logistic 和线性模型,这两个模型可以被替换为其他模型。具体而言,有大量的广义线性模型可以用来对二元响应值建模。当非零的响应值是用于计数时(与大量已发表的研究中提到的一样),该模型的第二部分可以被替换为泊松回归或其他形式。一旦正确构造出了似然函数,所提出的方法就可以使用了。本节采用的 MCP 也可以由其他的惩罚函数代替。我们的理论研究建立了渐近估计和比例结构的一致性。当所分析数据集的协变量较少时,我们把重点放在"古典的"渐近性上。高维数据的理论研究将会在未来进一步探究。

3.5.6 附录

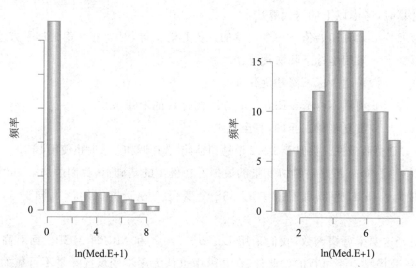

图 3.5.1 CHNS 数据分析

所有主体直方图(左),非零花费直方图(右),Med.E:响应变量。

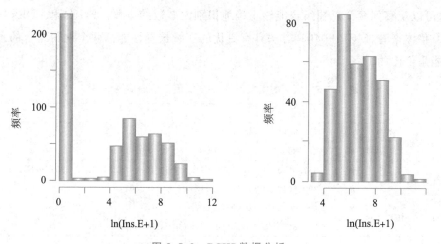

图 3.5.2 RCHS 数据分析

所有主体直方图(左),非零花费直方图(右),Ins.E:响应变量。

1. 适应高维变量

在公式(3-5-6)中,我们采用正则化的形式确定 γ 的比例结构。当协变量的数

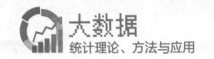

量很大时,则需要正则化估计参数。此外,不是所有的协变量都与响应变量相关,变量选择也是必要的。出于这样的考虑,我们有以下的目标函数:

$$Q(\boldsymbol{\theta}) = l(\boldsymbol{\theta}) - P_1(\lambda_1, |\boldsymbol{\gamma}|) - P_2(\lambda_2, |\boldsymbol{\beta}|), \qquad (3\text{-}5\text{-}9)$$

其中,P_1 和 P_2 是两个惩罚函数。为了简化计算,我们都采用 MCP 形式。

计算时,考虑以下的迭代算法:

第一步　计算初始值。一个简单的选择是岭估计,对 $\boldsymbol{\beta}$ 和 $\boldsymbol{\gamma}$ 都施加平方惩罚。

第二步　采用坐标下降法优化 $\boldsymbol{\gamma}$。

第三步　采用坐标下降法优化 $\boldsymbol{\beta}$。

第四步　利用 Newton-Raphson 方法优化其他未知参数。

第五步　重复步骤二至四,直至收敛。

因此可以建立收敛性。类似于 3.5.2 节惩罚估计,选择调和参数时也使用 BIC。

例 4(模拟)　考虑高维协变量的模拟。在例 1 的基础上,我们添加了 360 个零元素到 $\boldsymbol{\beta}$,$\boldsymbol{\gamma}$ 和 $\boldsymbol{\delta}$,所以现在总共有 368 个变量。协变量值的产生同例 1,设 $n = 200$。

对于这两个惩罚函数,我们采用 Lasso＋Lasso 和 MCP＋MCP。面对高维数据,无约束模型是不可行的。此外,在文献中也认为逐步变量选择是不可靠的。因此,它们都不适用。模拟表明,惩罚方法在计算上是可行的:在一台普通的笔记本电脑上分析一次重复大约需要 200 秒。在表 3.5.5 中报告了 $\boldsymbol{\gamma}$ 和 $\boldsymbol{\beta}$ 的变量选择结果,可以观察到两个惩罚组合能够正确地识别大多数的零值。FNRs 和 FDRs 比较低。整体来看,MCP＋MCP 方法具有更优的变量选择性能。两个惩罚组合的预测性能是可比的。

表 3.5.5　例 4 的模拟结果:200 次重复下均值(标准差)

方法	参数	零元素个数	FNR	FDR	ME_2	MSE_C
*真实模型	γ	364				
	β	360				
*Lasso＋Lasso	γ	353.0(10.9)	0.03(0.03)	0(0)	0.255(0.185)	6.884(9.238)
	β	299.4(42.5)	0.169(0.118)	0.001(0.001)		
*MCP＋MCP	γ	362.9(0.8)	0.003(0.002)	0(0)	0.315(0.283)	5.655(2.456)
	β	325.8(74.2)	0.106(0.201)	0.011(0.008)		

2. 证明

在证明之前,我们首先介绍充分的正则性条件。用 Ω 表示 $\boldsymbol{\theta}$ 的参数空间。

表 3.5.6　CHNS 数据分析:描述性统计

变量	均值	最小值	最大值
医疗费用	122.654	0	3 500
收入	1 313.000	110	18 000
教育	15.030	0	26
年龄	40.580	18	76
户口(农村)	0.318	0	1
性别(女)	0.374	0	1
健康状况(优秀)	0.189	0	1
健康状况(良好)	0.523	0	1
健康状况(一般)	0.255	0	1
未婚	0.116	0	1
已婚	0.854	0	1
医疗保险(有)	0.674	0	1

表 3.5.7　RCHS 数据分析:描述性统计

变量	均值	最小值	最大值
健康保险支出	1 526.922	0	70 000
家庭规模	4.333	1	11
65＋家庭成员	0.504	0	4
户主教育程度	2.961	1	6
户主未婚	0.023	0	1
户主已婚	0.920	0	1
户主离婚	0.014	0	1
家庭收入	55 220.000	1 000	300 000
参保人数	4.164	0	11
户主健康状况	1.000	3.57	5

(i) V_i 的观测值是独立同分布的,其关于测度 μ 的密度函数为 $f(V,\theta_0)$。对 $\theta \in \Omega, f(V,\theta)$ 有一个共同的支持,且模型是可识别的。此外,f 的对数函数的一阶和二阶导数满足:

$$\mathrm{E}_{\boldsymbol{\theta}}\left(\frac{\partial \ln f(\boldsymbol{V},\boldsymbol{\theta})}{\partial \theta_j}\right)\bigg|_{\boldsymbol{\theta}=\boldsymbol{\theta}_0}=0,$$

$$I_{tj}(\boldsymbol{\theta}_0)=\mathrm{E}_{\boldsymbol{\theta}}\left(\frac{\partial \ln f(\boldsymbol{V},\boldsymbol{\theta})}{\partial \theta_t}\cdot\frac{\partial \ln f(\boldsymbol{V},\boldsymbol{\theta})}{\partial \theta_j}\right)\bigg|_{\boldsymbol{\theta}=\boldsymbol{\theta}_0}=-\mathrm{E}\left(\frac{\partial \ln f(\boldsymbol{V},\boldsymbol{\theta})}{\partial \theta_t \partial \theta_j}\right)\bigg|_{\boldsymbol{\theta}=\boldsymbol{\theta}_0}。$$

(ii)费希尔信息矩阵

$$I(\boldsymbol{\theta}_0)=\mathrm{E}\left[\left(\frac{\partial \ln f(\boldsymbol{V},\boldsymbol{\theta})}{\partial \boldsymbol{\theta}}\right)\left(\frac{\partial \ln f(\boldsymbol{V},\boldsymbol{\theta})}{\partial \boldsymbol{\theta}}\right)^{\mathrm{T}}\right]\bigg|_{\boldsymbol{\theta}=\boldsymbol{\theta}_0}$$

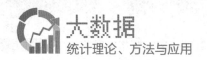

是有限且正定的。

(iii) 存在 Ω 的一个开子集 ω，ω 包括了真参数值 $\boldsymbol{\theta}_0$。这样，对于几乎所有的 $\boldsymbol{V}$，密度函数 $f(\boldsymbol{V},\boldsymbol{\theta})$ 存在三阶导数 $\dfrac{\partial^3 \ln f(\boldsymbol{V},\boldsymbol{\theta})}{\partial \theta_t \partial \theta_j \partial \theta_k}$，$\forall \boldsymbol{\theta} \in \omega$。此外，存在函数 M_{tjk} 满足：

$$\left| \frac{\partial^3 \ln f(\boldsymbol{V},\boldsymbol{\theta})}{\partial \theta_t \partial \theta_j \partial \theta_k} \right| \leqslant M_{tjk}(\boldsymbol{V}), \quad \forall \boldsymbol{\theta} \in \omega.$$

定理 3.5.1 的证明　设 $\alpha_n = n^{-1/2} + a_n$，我们需要推导对于任何给定的 $\eta > 0$，都存在一个固定值 C，使得

$$P\left\{ \sup_{\|\boldsymbol{u}\|=C} Q(\boldsymbol{\theta}_0 + \alpha_n \boldsymbol{u}) < Q(\boldsymbol{\theta}_0) \right\} \geqslant 1 - \eta.$$

这意味着，至少有 $1 - \eta$ 的概率，在 $\{\boldsymbol{\theta}_0 + \alpha_n \boldsymbol{u} : \|\boldsymbol{u}\| \leqslant C\}$ 中存在一个局部最大值。因此，存在一个使局部最大化的值，使得 $\|\hat{\boldsymbol{\theta}} - \boldsymbol{\theta}_0\| = O_p(\alpha_n)$。

利用 $p_a(\lambda, 0) = 0$，可以得到

$D_n(\boldsymbol{u}) \equiv Q(\boldsymbol{\theta}_0 + \alpha_n \boldsymbol{u} - Q(\boldsymbol{\theta}_0))$

$\leqslant l(\boldsymbol{\theta}_0 + \alpha_n \boldsymbol{u}) - l(\boldsymbol{\theta}_0) - n \sum\limits_{j=m+1}^{m+s} [p_a(\lambda, |\theta_{j0} + \alpha_n u_{j1}|) - p_a(\lambda, |\theta_{j01}|)]$.

设 $l'(\boldsymbol{\theta}_0)$ 为 l 的梯度向量，在 $\boldsymbol{\theta}_0$ 处对 $l(\boldsymbol{\theta}_0 + \alpha_n \boldsymbol{u})$ 进行 Taylor 展开，得到

$$D_n(\boldsymbol{u}) \leqslant \alpha_n l'(\boldsymbol{\theta}_0)^{\mathrm{T}} \boldsymbol{u} - \frac{1}{2} \boldsymbol{u}^{\mathrm{T}} I(\boldsymbol{\theta}_0) \boldsymbol{u} n \alpha_n^2 \{1 + O_P(1)\}$$

$$- \sum\limits_{j=m+1}^{m+s} [n\alpha_n p'_\lambda(|\theta_{j0}|) \mathrm{sgn}(\theta_{j0}) u_j + n\alpha_n^2 p''_\lambda(|\theta_{j0}|) u_j^2 \{1 + O_P(1)\}].$$

注意到，$n^{-1/2} l'(\boldsymbol{\theta}_0) = O_P(1)$，因此，上式不等号右边的第一项的阶数为 $O_P(n^{1/2}\alpha_n) = O_P(n\alpha_n^2)$。通过选择一个足够大的 C，令 $\|\boldsymbol{u}\| = C$，第二项占优于第一项。注意不等式中的第三项是有界的：

$$\sqrt{s} \, n\alpha_n a_n \|\boldsymbol{u}\| + n\alpha_n^2 \max_j \{|p''_\lambda(|\theta_{j0}|)| : \theta_{j0} \neq 0, j = m+1, \cdots, m+s\} \|\boldsymbol{u}\|^2.$$

它同样被第二项占优。因此，通过选择一个足够大的 C，我们得到

$$P\left\{ \sup_{\|\boldsymbol{u}\|=C} Q(\boldsymbol{\theta}_0 + \alpha_n \boldsymbol{u}) < Q(\boldsymbol{\theta}_0) \right\} \geqslant 1 - \eta.$$

引理 3.5.1 的证明　当 $n \to \infty$，有接近 1 的概率对于任何 $\boldsymbol{\theta}_1$，都满足

$$\|\boldsymbol{\theta}_1 - \boldsymbol{\theta}_{10}\| = O_P(n^{-1/2}).$$

对于一些较小的 $\xi_n = Cn^{-1/2}$，$j = m+s+1, \cdots, z$，有

$$\frac{\partial Q(\boldsymbol{\theta})}{\partial \theta_j} \begin{cases} < 0, & \text{对于 } 0 < \theta_j < \xi_n, \\ > 0, & \text{对于 } -\xi_n < \theta_j < 0. \end{cases}$$

为了证明第一个不等号，通过 Taylor 展开可以得到

$$\frac{\partial Q(\boldsymbol{\theta})}{\partial \theta_j} = \frac{\partial l(\boldsymbol{\theta})}{\partial \theta_j} - n p'_\lambda(\mid \theta_j \mid)\mathrm{sgn}(\theta_j)$$

$$= \frac{\partial l(\boldsymbol{\theta})}{\partial \theta_j}\bigg|_{\boldsymbol{\theta}=\boldsymbol{\theta}_0} + \sum_{t=1}^{z} \frac{\partial^2 l(\boldsymbol{\theta})}{\partial \theta_j \partial \theta_t}(\theta_t - \theta_{t0})\bigg|_{\boldsymbol{\theta}=\boldsymbol{\theta}_0}$$

$$+ \sum_{t=1}^{z}\sum_{k=1}^{z} \frac{\partial^3 l(\boldsymbol{\theta})}{\partial \theta_j \partial \theta_t \partial \theta_k}(\theta_t - \theta_{t0})(\theta_k - \theta_{k0})\bigg|_{\boldsymbol{\theta}=\boldsymbol{\theta}^*}$$

$$- n p'_\lambda(\mid \theta_j \mid)\mathrm{sgn}(\theta_j),$$

其中,$\boldsymbol{\theta}^*$ 介于 $\boldsymbol{\theta}$ 和 $\boldsymbol{\theta}_0$ 之间。根据基本理论,

$$\frac{1}{n}\frac{\partial l(\boldsymbol{\theta})}{\partial \theta_j}\bigg|_{\boldsymbol{\theta}=\boldsymbol{\theta}_0} = O_P(n^{-\frac{1}{2}}),$$

$$\frac{1}{n}\frac{\partial^2 l(\boldsymbol{\theta})}{\partial \theta_j \partial \theta_t}\bigg|_{\boldsymbol{\theta}=\boldsymbol{\theta}_0} = \mathrm{E}\left(\frac{\partial^2 l(\boldsymbol{\theta})}{\partial \theta_t \partial \theta_j}\right)\bigg|_{\boldsymbol{\theta}=\boldsymbol{\theta}_0} + O_P(1).$$

由假设 $\parallel \boldsymbol{\theta} - \boldsymbol{\theta}_0 \parallel = O_P(n^{-1/2})$,我们得到

$$\frac{\partial Q(\boldsymbol{\theta})}{\partial \theta_j} = n\lambda \left[-\lambda^{-1}p'_\lambda(\mid \theta_j \mid)\mathrm{sgn}(\theta_j) + O_P(n^{-1/2}/\lambda)\right].$$

当 $\liminf\limits_{n\to\infty} \liminf\limits_{v\to 0+} p'_\lambda(v)/\lambda > 0$,其导数符号由 θ_j 的符号决定。

定理 3.5.2 的证明 容易证明定理 3.5.1 中存在一个 $\hat{\boldsymbol{\theta}}_1$ 是 $Q\left(\boldsymbol{\theta} = \begin{pmatrix}\boldsymbol{\theta}_1 \\ 0\end{pmatrix}\right)$ 的 $\sqrt{n}$ 一致优化值,且满足似然方程:

$$\frac{\partial Q(\boldsymbol{\theta})}{\partial \theta_j}\bigg|_{\boldsymbol{\theta}=\begin{pmatrix}\hat{\boldsymbol{\theta}}_1 \\ \boldsymbol{\theta}\end{pmatrix}} = 0, \quad j = 1, \cdots, m+s。$$

根据 $\hat{\boldsymbol{\theta}}_1$ 的一致性,对于 $j = m+1, \cdots, m+s$,

$$\frac{\partial l(\boldsymbol{\theta})}{\partial \theta_j}\bigg|_{\boldsymbol{\theta}} = \hat{\boldsymbol{\theta}}_0 - n p'_\lambda(\mid \hat{\theta}_j \mid)\mathrm{sgn}(\hat{\theta}_j)$$

$$= \frac{\partial l(\boldsymbol{\theta})}{\partial \theta_j}\bigg|_{\boldsymbol{\theta}=\boldsymbol{\theta}_0} + \sum_{t=1}^{m+s}\left(\frac{\partial^2 l(\boldsymbol{\theta})}{\partial \theta_j \partial \theta_t}\bigg|_{\boldsymbol{\theta}=\boldsymbol{\theta}_0} + O_P(1)\right)(\hat{\theta}_t - \theta_{t0})$$

$$- n\left[p'_\lambda(\mid \theta_{j0} \mid)\mathrm{sgn}(\theta_{j0}) + (p''_\lambda(\mid \theta_{j0} \mid) + O_P(1))(\hat{\theta}_j - \theta_{j0})\right] = 0,$$

对于 $j = 1, \cdots, m$,

$$\frac{\partial l(\boldsymbol{\theta})}{\partial \theta_j}\bigg|_{\boldsymbol{\theta}=\boldsymbol{\theta}_0} = \frac{\partial l(\boldsymbol{\theta})}{\partial \theta_j}\bigg|_{\boldsymbol{\theta}=\boldsymbol{\theta}_0} + \sum_{t=1}^{m+s}\left(\frac{\partial^2 l(\boldsymbol{\theta})}{\partial \theta_j \partial \theta_t}\bigg|_{\boldsymbol{\theta}=\boldsymbol{\theta}_0} + O_P(1)\right)(\hat{\theta}_t - \theta_{t0}) = 0。$$

根据 Slutsky 理论和中心极限理论,在分布上有

$$\sqrt{n}\,(I_1(\boldsymbol{\theta}_{10}) + \boldsymbol{\Sigma})\left[\hat{\boldsymbol{\theta}}_1 - \boldsymbol{\theta}_{10} + (I_1(\boldsymbol{\theta}_{10}) + \boldsymbol{\Sigma})^{-1}\boldsymbol{b}\right] \to N(\boldsymbol{0}, I_1(\boldsymbol{\theta}_{10}))。$$

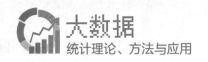

3.6 总结与展望

3.6.1 总结

本章主要研究基于惩罚因子的高维变量选择方法,具体包括以下内容:

(ⅰ) 介绍了群组变量选择方法,详细讨论了这些方法的参数估计性质和算法研究,并从理论和实际应用两个方面总结了目前组变量选择方法的发展情况。

(ⅱ) 提出了 adSGL 双层变量选择方法,该方法具有构造简单和方便实现的优点。它利用数据的性质降低了估计误差,并避免了过度选择变量。

(ⅲ) 构建了针对二元离散变量的网络结构 Logistic 模型。对中国企业财务危机预测的实证分析中发现,财务指标之间存在显著的网络结构关系,传统的全变量 Logistic 模型表现远远差于其他方法,说明现在企业最常用的全变量 Logistic 企业信用预警方法是有问题的,而网络结构 Logistic 模型预测准确率是最高的。通过该模型的分析,我们发现"每股指标""盈利能力指标""成长能力指标"是影响企业信用风险的主要因素。

(ⅳ) 应用惩罚函数来识别比例结构,有直观的形式和计算优势。将该方法应用到 CHNS 医疗费用数据分析,我们发现一个高收入的对象更可能有非零的医疗成本和较高的医疗成本。教育与成本非零的概率及非零成本的取值是负相关的。年龄和年龄的平方都有正效应。同时我们将该方法用于 RCHS 健康保险费用数据分析,发现"家庭户主的教育水平""家庭收入""参保人数"与"非零的健康保险支出"的概率成正比,教育提高了家庭户主的风险意识,更高的收入提高了一个家庭的购买力,支出随着被保险人数增加而增加,未结婚的家庭户主有更高的医疗保险支出的概率以及更高的花费金额。

3.6.2 展望

对于高维的变量选择方法,该领域已有许多成果,但是也存在诸多待解决的问题,未来可能的研究方向可以概括为:

(ⅰ) 组变量选择方法是在生物统计下产生的,基因数据呈现出自然的分组结构。本章涉及的这些方法大多数是已知变量的分组结构,如何将这些方法推广到未知组结构的变量选择问题还有待进一步研究。在许多应用中,组间存在自然的重叠,非凹函数下重叠组变量选择方法有待深入研究。

（ii）调整参数的选择。调整参数的选择方法通常是 AIC,BIC,GCV 和 CV,但是在高维情形下这些准则不一定可行,同时没有严格的标准来比较这些准则的优劣性。特别是存在多个调整参数时,最优的参数怎么选择,这还有待探索新的方法。

（iii）高维数据的理论研究将会在未来进一步发展。

<h1 style="text-align:center">参 考 文 献</h1>

陈静,1999.上市公司财务恶化预测的实证分析[J].会计研究(4):31-38.

杨海军,太雷,2009.基于模糊支持向量机的上市公司财务困境预测[J].管理科学学报,12(3):102-110.

赵健梅,王春莉,2003.财务危机预警在我国上市公司的实证研究[J].数量经济技术经济研究(7):134-138.

Agarwal D K,Gelfand A E,Citron-Pousty S,2002.Zero-inflated models with application to spatial count data[J].Environmental and ecological statistics,9(4):341-355.

Alfò M,Maruotti A,2010.Two-part regression models for longitudinal zero-inflated count data[J].Canadian jourbal of statistics,38(2):197-216.

Bach F R,2008.Consistency of the group lasso and multiple kernel learning[J].Journal of machine learning research,9 (Jun):1179-1225.

Bratti M,Miranda A,2011.Endogenous treatment effects for count data models with endogenous participation or sample selection[J].Health Economics,20(9):1090-1109.

Breheny P,Huang J,2009.Penalized methods for bi-level variable selection [J].Stat. Interface,2(3):369-380.

Breheny P,Huang J,2011.Coordinate descent algorithms for nonconvex penalized regression, with applications to biological feature selection[J].Annals applied statistics,5(1):232-253.

Breiman L,1995.Better subset regression using the nonnegative garrote[J].Technometrics, 37(4): 373-384.

Breiman L,1996.Heuristics of instability and stabilization in model selection[J].Annals of statistics,24(6):2350-2383.

Chatterjee S,Steinhaeuser K,Banerjee A,et al.,2012.Sparse group Lasso:consistency and climate applications[C].SDM. SIAM:47-58.

Cheung Y B,2002.Zero-inflated models for regression analysis of count data: a study of growth and development [J].Statistics in medicine,21(10):1461-1469.

Cragg J G.1971.Some statistical models for limited dependent variables with application to the demand for durable goods [J].Econometrica (pre-1986),39(5):829.

Deb P,Munkin M K,Trivedi P K,2006.Bayesian analysis of the two-part model with endogeneity:application to health care expenditure[J].Journal of applied econometrics,21 (7):1081-1099.

Efron B,Hastie T,Johnstone I,et al.,2004.Least angle regression[J].Annals of statistics,32(2): 407-499.

Fan J,Li R,2011.Variable selection via nonconcave penalized likelihood and its oracle properties [J].Journal of the American statistical association,96(456): 1348-1360.

Fan J,Lv J,2010.A selective review of variable selection in high dimensional feature space [J].Statistica Sinica,20(1): 101-148.

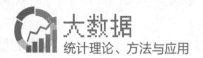
Fang K, Shia B C, Ma S, 2012. Health insurance coverage and impact: a survey in three cities in China[J]. PloS One, 7 (6): e39157.

Fang K, Wang X, Zhang S, et al., 2014. Bi-level variable selection via adaptive sparse group Lasso[J]. Journal of statistical computation and simulation, 85(1): 1-11.

Frank L E, Friedman J H, 1993. A statistical view of some chemometrics regression tools[J]. Technometrics, 35(2): 109-135.

Friedman J, Hastie T, Tibshirani R, 2010[2019-3-30]. A note on the group lasso and a sparse group lasso[J/OL]. https://arxiv.org/abs/1001.0736.

Ghosh S K, Mukhopadhyay P, Lu J C, 2006. Bayesian analysis of zero-inflated regression models[J]. Journal of statistical planning and inference, 136(4): 1360-1375.

Greene W, 2009. Models for count data with endogenous participation[J]. Empirical economics, 36 (1): 133-173.

Han C, Kronmal R, 2006. Two-part models for analysis of Agatston scores with possible proportionality constraints [J]. Communications in Statistics-Theory and Methods, 35(1): 99-111.

Huang J, Breheny P, Ma S, 2012. A Selective review of group selection in high-dimensional models[J]. Statistical science, 27(4): 481-499.

Huang J, Breheny P, Zhang C H, et al., 2016. The Mnet method for variable selection [J]. Statistica Sinica, 26(3): 903-923.

Huang J, Ma S G, Li H Z, et al., 2011. The sparse Laplacian shrinkage estimator for high-dimensional regression[J]. Annals of Statistics, 39(4): 2021-2046.

Huang J, Ma S, Xie H, 2006. Regularized estimation in the accelerated failure time model with high-dimensional covariates [J]. Biometrics, 62(3): 813-820.

Huang J, Ma S, Xie H, et al., 2009. A group bridge approach for variable selection[J]. Biometrika, 96(2): 339-355.

Jia J Z, Yu B, 2010. On model selection consistency of the elastic net when $p \gg n$ [J]. Statistica sinica, 20(2): 595-611.

Lambert D, 1992. Zero-inflated Poisson regression with an application to defects in manufacturing [J]. Technometrics, 34 (1): 1-14.

Lin X, Ai C, 2008. Determinants of Chinese residents demand for medical care: an application of semiparametric estimation of ordered probit model[J]. Statistical research, 25: 40-45.

Liu A, Kronmal R, Zhou X, et al., 2011. Determination of proportionality in two-part models and analysis of Multi-Ethnic Study of Atherosclerosis (MESA)[J]. Statistics and its interface, 4(4): 475-487.

Liu H, Chan K, 2011. Generalized additive models for zero-inflated data with partial constraints[J]. Scandinavian journal of statistics, 38: 650-665.

Liu H, Ma S, Kronmal R, et al., 2012. Semiparametric zero-inflated modeling in multi-ethnic study of atherosclerosis[J]. Annals of applied statistics, 6(3): 1236-1255.

Liu H, Zhang J, 2009. Estimation consistency of the group lasso and its applications[C]. International conference on artificial intelligence and statistics: 376-383.

Liu J, Ma S, Huang J, 2014. Integrative analysis of cancer diagnosis studies with composite penalization [J]. Scandinavian Journal of Statistics, 41(1): 87-103.

Ma S, Huang J, Song X, 2011a. Integrative analysis and variable selection with multiple high-dimensional data sets[J]. Biostatistics, 12(4): 763-775.

Ma S, Huang J, Wei F, et al., 2011b. Integrative analysis of multiple cancer prognosis studies with gene expression measurements[J]. Statistics in medicine, 30(28): 3361-3371.

Manning W G, Duan N, Rogers W H, 1987. Monte Carlo evidence on the choice between sample selection and two-part models[J]. Journal of econometrics, 35 (1): 59-82.

Maruotti A，Raponi V，Lagona F，2016．Handling endogeneity and nonnegativity in correlated random effects models：evidence from ambulatory expenditure [J]．Biometrical journal，58(2)：280-302．

McCulloch C E，Searle S R，2001．Generalized，linear，and mixed models[M]．New York，Chichester：John Wiley & Sons．

Meier L，Van De Geer S，Bühlmann P，2008．The group Lasso for logistic regression[J]．Journal of the royal statistical society：series B (statistical methodology)，70(1)：53-71．

Min Y，Agresti A，2005．Random effect models for repeated measures of zero-inflated count data[J]．Statistical modelling：5 (1)：1-19．

Mullahy J，1986．Specification and testing of some modified count data models [J]．Journal of econometrics，33(3)：341-365．

Nardi Y，Rinaldo A，2008．On the asymptotic properties of the group lasso estimator for linear models[J]．Electronic journal of statistics，2：605-633．

Olsen M K，Schafer J L，2001．A two-part random-effects model for semicontinuous longitudinal data[J]．Journal of the American statistical association，96 (454)：730-745．

Pan W，Shen X，2007．Penalized model-based clustering with application to variable selection[J]．Journal of machine learning research，8：1145-1164．

Puig A T，Wiesel A，Fleury G，et al．，2011．Multidimensional shrinkage-thresholding operator and group LASSO penalties [J]．IEEE signal processing letters，18(6)：363-366．

Shi X，Liu J，Huang J，et al．，2014．Integrative analysis of high-throughput cancer studies with contrasted penalization [J]．Genetic epidemiology，38(2)：144-151．

Shi X，Zhao Q，Huang J，2015．Deciphering the associations between gene expression and copy number alteration using a sparse double Laplacian shrinkage approach[J]．Bioinformatics，31(24)：3977．

Simon N，Friedman J，Hastie T，et al．，2013．A sparse-group lasso[J]．Journal of computational and graphical statistics，22 (2)：231-245．

Tibshirani R，1996．Regression shrinkage and selection via the lasso[J]．Journal of the royal statistical society：series B (methodological)，58(1)：267-288．

Tseng P，2001．Convergence of a block coordinate descent method for nondifferentiable minimization[J]．Journal of optimization theory and applications，109(3)：475-494．

Wang H，Leng C，2008．A note on adaptive group lasso[J]．Computational statistics and data analysis，52(12)：5277-5286．

Wang H，Zhang L，Hsiao W，2006．Ill health and its potential influence on household consumptions in rural China[J]．Health policy，78(2)：167-177．

Wang S，Nan B，Zhu N，et al．，2009．Hierarchically penalized Cox regression with grouped variables[J]．Biometrika，96(2)：307-322．

Wei F，Huang J，2010．Consistent group selection in high-dimensional linear regression[J]．Bernoulli：official journal of the Bernoulli Society for mathematical statistics and probability，16(4)：1369-1384．

Yao M，Pi D，Cong X，2012．Chinese text clustering algorithm based k-means[J]．Physics Procedia，33：301-307．

Yau K K W，Lee A H．2001．Zero-inflated Poisson regression with random effects to evaluate an occupational injury prevention programme[J]．Statistics in medicine，20(19)：2907-2920．

Yi H，Zhang J，Ma C，et al．，2016．Utilization of the NCMS and its association with expenditures：observations from rural Fujian，China[J]．Public health，130：84-86．

Yuan M，Lin Y，2006．Model selection and estimation in regression with grouped variables [J]．Journal of the royal statistical society：series．B，68(1)：49-67．

Zeng L，Xie J，2012．Group variable selection methods for data with dependent structures [J]．Journal of statistical compu-

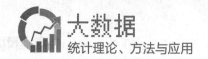

tation and simulation，82(1)：95-106．

Zhang C H，2010．Nearly unbiased variable selection under minimax concave penalty[J]．Annals of Statistics，38(2)：894-942．

Zhang Q G，Zhang S G，Liu J，et al.，2015[2019-3-30]．Penalized integrative analysis under the accelerated failure time model[J/OL]．https://arxiv.org/abs/1501.02458．

Zhao P，Rocha G，Yu B，2009．The composite absolute penalties family for grouped and hierarchical variable selection [J]．Annals of Statistics，37(6A)：3468-3497．

Zhao P，Rocha G，Yu B，2009．The composite absolute penalties family for grouped and hierarchical variable selection[J]．Annals of statistics，37(6A)：3468-3497．

Zhou N，Zhu J，2010[2019-3-30]．Group variable selection via a hierarchical lasso and its oracle property[J]．arXiv preprint arXiv：1006.2871．

Zou H，2006．The adaptive lasso and its oracle properties[J]．Journal of the American statistical association，101(476)：1418-1429．

Zou H，Hastie T，2005．Regularization and variable selection via the elastic net [J]．Journal of the royal statistical society：series B，67：301-320．

Zou H，Zhang H H，2009．On the adaptive elastic-net with a diverging number of parameters[J]．Annals of Statistics.，37(4)：1733-1751．

第四章

大数据下的统计方法
并行计算

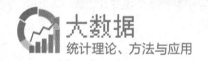

▷本章要点◁

随着社交网络、电子商务、微博、音视频分享、金融、生物科技等互联网领域以及研究机构科学实验的发展和普及,大量的数据源源不断地产生,而巨大计算量使得传统的数据挖掘算法已经无法有效地从这些大数据中挖掘出有价值的信息。前面提及的在大数据统计分析中遇到的高维数据特征选择、组合分类等,都需要高效的大数据处理算法。如果能够充分利用映射-回归(Map-Reduce)分布式集群强大的计算能力,将能够对传统的数据挖掘算法注入新的血液,使其能够用来有效地分析大数据。与现有的同类研究相比,本章的重要价值在于:

第一,支持向量机(support vector machine,SVM)、对带噪声空间数据的基于密度的聚类(density-based spatial clustering of applications with Noise,DBSCAN)算法、分类和回归树(classification and regression tree,CART)、贝叶斯网络(Bayesian network,BN)、频繁模式增长(frequent pattern growth,FP-Growth)算法是被广泛使用的数据挖掘算法,将这些算法进行 Map-Reduce 化对很多领域来说具有重要价值,特别是那些积累了大量数据的传统领域和新兴领域。

第二,SVM,DBSCAN,CART,BN 和 FP-Growth 这五类经典算法已经包含分类、聚类、回归和关联规则分析等数据挖掘常见任务,对这些典型算法的 Map-Reduce 化研究能够启发其他研究者,将本研究中用到的类似的算法改进思想应用到其他数据挖掘算法上。

第三,SVM,DBSCAN 和 BN 这三类算法基于迭代法,CART 和 FP-Growth 这两类算法基于递归法,对这些算法进行并行化是比较困难的。当前已有一些相关研究讨论了这五类算法的并行化,但并行效果并不理想,而且很少有将其应用到 Map-Reduce 这一新的分布式框架上的。

第四,现在一些简单的数据挖掘算法已经被很好地 Map-Reduce 化了,例如 K-Means 聚类算法、协同过滤算法等。现阶段,对复杂的数据挖掘算法进行 Map-Reduce 化,并探索在 Map-Reduce 下复杂数据挖掘算法的加速性能等研究方向,对大数据分析和挖掘无疑是具有重大意义。

4.1 背景和意义

近几年来,随着计算机和信息技术的迅猛发展和普及应用,行业应用系统的规模迅速扩大,行业应用所产生的数据呈爆炸性增长。动辄达到数百 TB 甚至数十至数百 PB 规模的行业/企业大数据已远远超出了现有传统的计算技术和信息系统的处理能力,因此,寻求有效的大数据处理技术、方法和手段已经成为现实世界的迫切需求。据世界权威信息技术信息咨询分析公司互联网数据中心(IDC)研究报告预测:全世界数据量 10 年将增长 44 倍,年均增长 40%。

大数据这个概念早在 2008 年就已被提出。2008 年,在谷歌成立 10 周年之际,著名的《自然》杂志出版了一期专刊,专门讨论未来的大数据处理相关的一系列技术问题和挑战,其中就提出了"Big Data"的概念。由于大数据处理需求的迫切性和重要性,近年来大数据技术已经在全球学术界、工业界和各国政府得到高度关注和重视,全球掀起了一个可与 20 世纪 90 年代的信息高速公路相提并论的研究热潮。美国和欧洲一些发达国家政府都从国家科技战略层面提出了一系列的大数据技术研发计划,以推动政府机构、重大行业、学术界和工业界对大数据技术的探索研究和应用。

大数据在带来巨大技术挑战的同时,也带来巨大的技术创新与商业机遇。不断积累的大数据包含着很多在小数据量时不具备的深度知识和价值,大数据分析挖掘将能为行业/企业带来巨大的商业价值,实现各种高附加值的增值服务,进一步提升行业/企业的经济效益和社会效益。由于大数据隐含着巨大的商业价值,美国政府认为大数据是"未来的新石油",对未来的科技与经济发展将带来深远影响。因此,在未来,一个国家拥有数据的规模和运用数据的能力将成为综合国力的重要组成部分,对数据的占有、控制和运用也将成为国家间和企业间新的争夺焦点。

由于大数据行业应用需求日益增长,未来越来越多的研究和应用领域将需要使用大数据并行计算技术,大数据技术将渗透到每个涉及大规模数据和复杂计算的应用领域。不仅如此,以大数据处理为中心的计算技术将对传统计算技术产生革命性的影响,广泛影响计算机体系结构、操作系统、数据库、编译技术、程序设计技术和方法、软件工程技术、多媒体信息处理技术、人工智能以及其他计算机应用技术,并与传统计算技术相互结合产生很多新的研究热点和课题。

并行计算机从 20 世纪 70 年代的开始,到 80 年代蓬勃发展和百家争鸣,再到

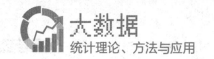

90 年代体系结构框架趋于统一，近年来快速发展，并行机技术日趋成熟。市场的需求一直是推动并行计算机发展的主要动力，大量实际应用部门，如天气预报、核武器、石油勘探、地震数据处理、飞行器数值模拟以及其他大型事务处理等，都需要每秒执行数十万亿次乃至数百万亿次浮点运算的计算机，基于这些应用问题本身的限制，并行计算是满足它们的唯一可行途径。而分布式计算技术随着云计算的兴起，也逐渐趋于成熟。分布式计算技术是把网络上分散于各处的资源汇聚起来，利用空闲的计算容量完成各种大规模、复杂的计算和数据处理任务。

Map-Reduce 是一种简单的并行计算模型，它将简单的业务逻辑从复杂的实现细节中分离出来，提供了一系列简单强大的接口，通过这些接口可以实现大规模计算的自发的并发和分布执行。Map-Reduce 的这种特性使得它成为了云计算的首要选择。它不仅仅是编程模型，还是优秀的任务调度模型，其作业调度问题已成为业内最热烈的讨论话题之一，并成为云计算系统高效稳定运行的关键技术。Hadoop（一种分布式计算）是对谷歌公司 Map-Reduce 模型的开源实现，它已成为当前应用最广泛的开源云计算平台，但 Hadoop 发展时间较短，仍有许多不足的地方需要改进。本章对云计算的关键技术之一 Map-Reduce 编程模型做了深入的研究，并在 Hadoop 平台上对 Map-Reduce 的典型应用进行了关键性能指标的测试，科学地检测了 Map-Reduce 在公平性、可扩展性、加速比等关键指标上的性能。我们通过实验分析和对 Hadoop 调度算法的研究提出了一种创新的调度算法，命名为"基于优先级加权的滑动窗口调度算法"。它通过滑动窗口技术动态地监控系统中执行作业的数量，自适应地管理系统负载平衡，利用优先级来为不同类型的作业提供差别服务。我们还对 Hadoop 原始的推测执行算法进行了改进。新的算法采用更精确的方法来判断影响系统响应时间的掉队者任务，大大提高了掉队任务的命中率，从而有效地提高了系统的响应能力。最后该算法考虑 Hadoop 计算平台中集群的异构性，根据每个计算节点的处理能力合理地分配任务。本章在最后用实验比较了该算法和 Hadoop 的先进先出（first in first out，FIFO）调度算法的性能差异。通过实验验证了新算法具有更好的响应时间和公平性，有着良好的负载均衡，并且大大提高了 Hadoop 系统在异构平台上的性能。

Hadoop 作为目前主流的云计算平台，也得到了广泛的认可和应用。Hadoop 是一种高可用性、高伸缩性、高扩展性的高性能大数据处理平台，同时又兼具低成本和开源优势。它的实现有两个核心：Hadoop 分布式文件系统（Hadoop distributed file system，HDFS）和 Map-Reduce。HDFS 是一个支持超大文件、流式访问，并具有高吞吐量的分布式文件系统。Map-Reduce 是一个将所有并行实现透明化，只为用户提供简单接口，并具有快速并行计算能力的并行编程模型。本章首先介绍了 Hadoop 平台的背景,包括它在技术上的产生与发展,以及应用上的使用与前景,之后对 Hadoop 的关键技术 HDFS,Map-Reduce 和调度程序(scheduler)进行研究分析。在此研究基础之上,本章指出 Map-Reduce 应用可在程序、参数和系统三个层面进行优化。程序和参数两个层面实现优化的可选项很多,本章在第三节对此做了详细阐述。Hadoop 在管理资源中将内存和中央处理器(CPU)两种计算资源捆绑在一起,然后再根据任务类型分为映射槽(map slot)和归约槽(reduce slot)两种资源模型。这种管理机制实现简单,但是存在资源囤积现象,降低了资源利用率。本章在第四节对这两种计算资源进行松绑,并定义了内存槽(mem slot)和中央处理器槽(CPU slot)两种资源模型。在资源分配时,根据 Map-Reduce 的实际需求来派发两种资源。在 7 节点的个人计算机(PC)集群上对 21GB 的日志数据进行处理,改进方案实现了内存利用率提升 3.5%,CPU 利用率提升 4.3%,有效解决了资源囤积现象。Map-Reduce 应用在运行中会有大量的排序操作,这些排序大多又是迭代执行,资源消耗较大。本章第五节以此为切入点,重新梳理了混排阶段的执行流程,研究了以更加高效的计数排序代替快速排序。同时我们根据组合器的定义对混排执行进行分支。一个分支删去了溢出阶段的分区内快速排序和组合器阶段的归并排序,减少资源消耗。另一分支提前执行组合器,提升数据处理效率。两个分支在 7 节点的 PC 集群上对 21GB 的日志数据进行处理,都实现了约半小时的效率提升。

4.2 综述

4.2.1 重点内容

针对 SVM,DBSCAN,CART,BN 和 FP-Growth 这五类算法的不同特点,我们将重点研究:

第一,二次凸优化算法的并行化。SVM 模型最终需要求解一个二次凸优化问题,如何对求解该二次凸优化问题的算法进行并行化是实现对 SVM 模型并行化的关键。

第二,DBSCAN 密度可达计算和寻找核心的并行化。密度可达和核心是 DBSCAN 算法里面的两个重要概念。基于这两个概念,DBSCAN 算法能够发现任意形状的簇。整个 DBSCAN 算法是基于距离的聚类,主要的复杂度来源于邻域的计算。这部分计算是用来计算密度可达和发现核心的,如何对这部分计算进行拆解

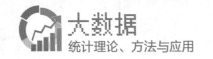

和并行化是实现 DBSCAN 算法并行化的关键。

第三，CART 节点分裂过程的并行化。CART 模型的学习过程实际上是一棵树进行节点分裂的生长过程，每个节点进行分裂时都要计算最优分裂点。因此，如何对 CART 树的节点分裂过程或最优分裂点计算过程进行并行化是 CART 模型并行化的关键。

第四，BN 结构学习、参数学习的并行化。BN 模型作为一种概率图模型，其学习过程主要包含两个过程：网络结构的学习和网络参数的学习。当 BN 模型学习完后，其预测过程是 BN 的概率推理过程。结构学习、参数学习的并行化是整个 BN 模型并行化的关键。

第五，频繁模式挖掘过程的并行化。FP-Growth 算法包含两个主要步骤：FP-Tree 的构建和在 FP-Tree 上挖掘频繁模式。FP-Tree 为后面的频繁模式挖掘提供一种紧凑有效的数据结构，在 FP-Tree 上的频繁模式挖掘过程是 FP-Growth 算法的核心。如何将 FP-Growth 算法的频繁模式挖掘过程并行化是整个 FP-Growth 算法并行化的关键。

4.2.2 研究框架

1. 二次凸优化算法的并行化

求二次凸优化问题的数值优化算法绝大部分都是迭代算法，对这些迭代算法进行并行化研究是一大难点。值得注意的是，线性 SVM 和非线性 SVM 所产生的优化问题的求解难度差别很大，将求解这两类优化问题的算法分开考虑并行化将会是比较合理的研究思路。

对于大数据，采用划分数据块然后并行地处理这些数据块的思路是一个常用的方法。经过多次迭代，数值优化算法能够逐渐达到收敛。求解二次凸优化问题自然避免不了要进行迭代，所以对二次凸优化算法进行并行化的三个关键点是：

首先，并行化的优化算法应有较快的收敛速度，这样能够用较少的迭代次数来达到收敛，从而加快算法运行速度；

其次，在每一步的迭代中，每个子问题并行处理各自的数据块，这些子问题必须能够被有效地解决；

最后，如何在每一步迭代完后进行子问题信息的汇总和处理是决定算法有效性和收敛性的一个关键。

可以对上述三个关键点进行更细化的研究。

对于 SVM 的多分类问题，可以使用一对多（one-against-all）或者一对一（one-

against-one)方法,这两种简单方法都可以采用并行的形式来训练多个分类器。

2. DBSCAN 密度可达计算和核心寻找的并行化

DBSCAN 利用类似广度优先搜索的方式扩展被发现的簇,直接对算法本身进行并行化是比较困难的,可以采用的方法是对数据进行划分,并行地对每份数据进行局部聚类,最后再对局部聚类的结果进行合并,从而找到全局意义下的簇。

对数据进行划分,每个划分都得保留有一些冗余(相邻划分之间有数据交集),这些冗余对于簇的划分是必要的。考虑两个相邻的局部聚类结果,其得到的簇分别是 C_i, C_j,如果 C_i 和 C_j 在全局数据下是同一个簇,那么 C_i 和 C_j 必然有交集,而且交集中的点至少存在一个核心点,我们将利用这个点来合并这两个簇。由于簇 C_i 和 C_j 的交集必处在这两个相邻划分的边界处,所以我们需要对数据划分进行必要的冗余来保证能找出这些交集。这样,该方法的关键就在于如何划分数据,如何增加每个数据划分的冗余,对每个数据划分使用 DBSCAN 算法时需要保留哪些信息来为后面的合并服务,以及如何合并各个局部的聚类结果。另外,在划分时如果出现数据严重不均匀,将对结果造成很大的影响,会使局部 DBSCAN 在最大的划分上耗费太多的时间,导致整体并行性能下降。

3. CART 节点分裂过程的并行化

在 CART 的节点分裂过程中,只要相互之间不是具有祖先-后代关系的节点,就可以并行地进行分裂,因为它们的分裂过程是相互独立的。因此可以建立一个队列存放节点分裂任务,初始时只有根节点的分裂任务。当一个节点分裂任务结束时,可能产生两个子节点,也就向队列提交两个子任务。队列中的任务可以并行执行。然而该简单思路可能会出现加速效果不理想的情况。例如一个节点只分裂为两个子节点,两个子节点的数据量分布不均匀,其中一个子节点的任务运行时间长于另一个节点,进而在整个决策树的生成过程中,耗时较大的任务基本上是在某个叶子节点到根节点的路径上,而这些节点的分割任务具有依赖关系,无法并行。上述问题可以从设计新的分裂准则入手,如设计出可以对单个分裂任务进行并行的分裂准则。提高单个任务加速效果。也可以设计多叉树的分裂准则。当前的分裂准则以二叉树较多,使用多叉树的分裂准则,可以将数据分割得更细,也能增加每个节点的子节点平均数量,降低决策树的高度,提高整体的加速效果。

4. BN 结构学习、参数学习的并行化

BN 网络结构是用有向无环图来表示的,表示了变量之间的条件相关性。BN 结构学习问题已经被证明是一个非确定多项式困难(non-deterministic polynomial-hard,NP-Hard)问题,所以采用确定性的精确算法求解最优网络结构

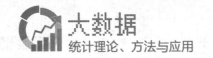

通常是不可行的,故一般采用启发式搜索算法来对其进行求解。BN 结构学习方法主要分成两类:基于条件独立性测试的方法(based on conditional independence)、基于搜索和评分的方法(based on scoring)及两者混合的方法。基于条件独立性的方法把贝叶斯网络看作编码了的变量间独立性关系的结构,学习的目的是根据条件独立性关系(如 χ^2 检验)对变量分组。这种方法能并行的地方主要在条件独立性测试的计算上。基于搜索和评分的方法把贝叶斯网络看作含有属性间联合概率分布的结构,学习的目的是搜索和数据拟合得最好的结构。这种方法能并行的地方主要在评分和搜索过程上,因为这里用到的搜索主要采用的是一些元启发式算法,例如遗传算法、蚁群算法、模拟退火算法等,这些经典的元启发式算法已有相关的并行化研究。而设计一些更合理、更有效、更易于并行化的评分方法也是一个值得尝试的研究思路。

BN 参数学习的目标是:给定网络拓扑结构 G 和训练样本集 D,利用先验知识,确定贝叶斯网络模型各节点处的条件概率密度,即 $p(\theta|D,G)$。常见的参数学习方法有:最大似然估计算法、贝叶斯估计算法等。在最大似然估计方法中,参数是通过计算给定父节点集的值时,节点不同取值的出现频率,并以之作为该节点的条件概率参数。该方法的基本原理就是试图寻找使得似然函数最大的参数。贝叶斯估计方法假定一个固定的未知参数 θ,考虑给定拓扑结构 G 下,参数 θ 的所有可能取值,利用先验知识,寻求给定拓扑结构 G 和训练样本集 D 时具有最大后验概率的参数取值。由贝叶斯规则,可以得出

$$p(\theta|D,G)=\frac{p(D|\theta,G)p(\theta|G)}{p(D|G)},$$

其中 $p(\theta|G)$ 为拓扑结构 G 下参数 θ 的先验概率,$p(D|G)$ 与具体参数取值无关。在这些估计方法中,都必须求解让后验概率最大时的参数,常用的求解算法是期望最大化(expectation maximization,EM)算法。EM 算法符合统计查询模型的特征,而这类模型的算法已有相关研究对其进行了并行化研究。对参数学习的其他求解算法的并行化研究也是一个值得探索的方向。

5. 频繁模式挖掘过程的并行化

FP-Growth 算法的第一个步骤是 FP-Tree 的构建,FP-Tree 为后面的频繁模式挖掘提供了一种紧凑有效的数据结构。FP-Tree 的构建首先需要统计所有项(item)出现的次数,而计数这一任务本身是 Map-Reduce 所擅长的一个传统应用,可以简单地被并行。FP-Growth 算法的第二个步骤是在 FP-Tree 上挖掘频繁模式,也是 FP-Growth 算法的核心步骤。频繁模式挖掘任务本身的计算量是很大的,对这一过程进行并行化的思路在于将这一挖掘任务划分成多个互相独立的挖

掘子任务,从而并行地执行这些子任务。可以先对所有项进行分组,然后根据这些分组对数据进行预处理,生成每个分组所需要的所有数据,最后把每个分组和对应该分组要处理的生成数据作为一个子任务,这样,每个子任务之间就是相互独立的,可以并行执行。每个子任务使用传统的串行 FP-Growth 算法构建局部 FP-Tree 并递归地构建相应的条件子树。每个子任务都可以挖掘出一些频繁模式。如果只想得到每个项的支持度最大的 K 个频繁模式,则可以在子任务中使用最小堆来维护当前对于每个项所找到的支持度最大的 K 个频繁模式,最后再并行地对每个项维护一个最小堆来汇总每个子任务得到的频繁模式,获得最终结果。

频繁模式挖掘过程的并行化关键点在于任务的分解。由于分解而成的子任务之间是相互独立的,可以并行执行。不过当子任务划分不均匀,即子任务的计算量不均匀引起子任务运行时间不均匀时,将会降低整个并行 FP-Growth 算法的并行效率。因此,另一个研究思路是如何平衡地分解任务以及进一步深入挖掘 FP-Growth 算法的可并行部分。

4.3　基于 Map-Reduce 的马尔可夫毯贝叶斯网络学习

4.3.1　引言

近年来,由于硬件技术发展停滞不前,集群计算吸引了众多科学家和工程师的关注。集群计算在处理大数据时表现出卓越的效率优势,然而现行的一些优秀的算法并不适合并行计算的要求,因此改变这些算法的实现势在必行。Hadoop 克服了传统集群的一些缺陷,现在被广泛地应用于并行计算。

贝叶斯网络模型一直是最受欢迎的数据挖掘技术之一。贝叶斯网络(Bayesian network),又称信念网络或是有向无环图模型,是一种概率图形模型,借由有向无环图中得知一组随机变量及其 n 组条件概率分配的性质。一般而言,贝叶斯网络的有向无环图中的节点表示随机变量,它们可以是可观察到的变量,抑或是隐变量、未知参数等。连接两个节点的箭头代表两个随机变量是具有因果关系或是非条件独立的,而节点中变量间若没有箭头相互连接一起的情况就称其随机变量彼此间为条件独立。研究变量之间的预测能力在许多领域都有重要意义,通过这种研究,能够揭示变量之间的制约机制。贝叶斯网络是研究变量之间预测能力的有力工具。贝叶斯网络预测使用联合概率的最优压缩展开式进行预测,保证不丢失有用信息,但保留着展开式中的冗余项,降低了预测效率,并且产生对数据

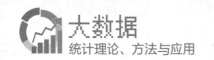

的过度拟合现象。贝斯网络中的马尔可夫毯(Markov blanket)屏蔽被预测变量与其他变量之间的联系,具有更简单的结构,因此,不会降低预测的准确性,避免对数据的过度拟合,能显著提高预测效率。

在实际应用中,人们已经提出了许多学习算法,例如基于打分(score-based),基于马尔可夫(Markov-based)。文献提出了连续时间贝叶斯网络及其分类器的推理和学习算法,也已经开发相应的软件实现。另外,研究人员也提出了一些新颖的贝叶斯网络来处理不同的任务。

Bromberg 和 Margceritis(2007)提出了基于增长收缩推理的马尔可夫网络(grow shrink inference based Markov network,GSIMN)学习算法,其从离散数据中学习马尔可夫网络的结构。另外,GSIMN 还利用 Pearl 著名的条件独立关系,从已知的独立性中推断新的独立性,从而避免了不必要的测试。然而,与大多数数据挖掘算法相似,仍有两个瓶颈无法突破,即潜在巨大的数据集大小以及计算和内存资源的需求。这促使学者们对并行和分布式算法进行研究,以在可接受的计算时间内挖掘出有用的知识。Map-Reduce 模型是由谷歌在分布式环境中引入的并行计算的软件框架。基于 Map-Reduce 框架已经开发了一些数据挖掘算法。文献(He et al.,2010;2013)开发了一种基于 Map-Reduce 的平行增量极值 SVM 分类器和并行极值学习机回归算法。文献(Zhang,Li,Jests,2012)提出了一个有效的并行 K 最近邻(K-nearest neighbor,KNN)连接以处理 Map-Reduce 上的大数据。文献(Gonzalez et al.,2009)调查了信念传播的并行实现及其扩展限制,置信传播算法使用中央处理器-图形处理器(CPU-GPU)异构系统和(GPU)来加速。

文献(Basak et al.,2012)提出了基于使用 Hadoop 和 Map-Reduce 的期望最大化算法来加速贝叶斯网络参数学习。然而,对于马尔可夫毯贝叶斯网络(Markov blanket Bayesian network,MBBN),到目前为止,大型数据集并没有有效的并行实现。基于上述分析,本章提出了基于 Map-Reduce 框架的并行实现 MBBN 来处理大规模数据集。

1. Map-Reduce 和 Hadoop

Map-Reduce 是一个用于处理大数据集的编程模型。输入数据类型是键/值对,输出数据类型也是键/值对。该模型使用用户编写的两个函数:Map 和 Reduce。

Map 函数在各种任务跟踪器中运行,每个跟踪器的执行都处理输入数据的一部分,并使用这些键/值对来生成中间键/值对。

Reduce 函数在一个或多个任务跟踪器中运行。Map-Reduce 框架收集 Map 的所有输出,并通过键将其分组到相应的输出集合,其中每个集合具有相同键的键/值对。每个 Reduce 处理来自 Map 的一组输出,并生成最终的键/值对。

Hadoop 是 Map-Reduce 的开源实现。它受到 Map-Reduce 和谷歌文件系统的文章启发,并在 Java 中实现。命名节点监视数据跟踪器,记录集群中的数据位置,调度和调度读取,将请求写入数据跟踪器。数据跟踪器存储数据,从 Namenode 执行读写命令。

作业跟踪器监视任务跟踪器,接受作业提交,任务调度和分配任务到任务跟踪器,检查每个任务跟踪器的任务进度和状态,启动新的任务跟踪器,以加快进度缓慢的任务,并重新启动新的任务跟踪器执行其他跟踪器的失败任务。任务跟踪器执行 Map 函数和 Reduce 函数。

2. 统计查询和求和表

Sutter 和 Larus(2005)指出,当核心之间的通信很少时,多核系统可以大大受益于并发应用。在文章 *Map-Reduce for Machine Learning on Multicore* 中,他们介绍了 Hadoop 在机器学习中的应用,并使用了 Kearns 的统计查询模型。给出输入数据的函数 F,它计算数据的统计值,因此我们可以将数据分割成小部分,以适应每个任务跟踪器的 CPU 和内存。每个部分的统计值可以合计为最终值。该模型适合 Map-Reduce 框架。Map 任务计算每个部分的统计值,并将任务聚合 Map 函数的输出汇总到最终结果。

3. MBBN 和独立测试

MBBN 算法用来确立贝叶斯网络结构中变量之间的独立关系。统计检验如 χ^2 或 G 检验通常用于搜索节点之间的独立关系,作为构建贝叶斯网络结构的约束。Aliferis et al.(2003)提出了一种用于学习 MBBN 的希尔顿(HITON)算法。HITON 使用统计独立性测试来推断每个可变对之间的连接或未连接关系。可以通过称为条件变量集合的各种变量推断可能的独立关系,因此它可以更好地对应相应数量的记录,以确保测试返回正确的状态,并且需要条件组合搜索空间尽可能大。因此,MBBN 具有比朴素贝叶斯和树增强型朴素贝叶斯更高的计算复杂度,限制了 MBBN 的应用。克莱门特(Clementine)机器学习手册顺序实现了 MBBN。

4.3.2 条件独立性检验 ▶

χ^2 检验就是统计样本的实际观测值与理论推断值之间的偏离程度,实际观测值与理论推断值之间的偏离程度决定了 χ^2 值的大小:χ^2 值越大,越不符合;χ^2 值越小,偏差越小,越趋于符合;若两个值完全相等时,χ^2 值就为 0,表明理论值与实际观测值完全符合。

假定 S 是条件变量集合，X 和 Y 是集合中的两个变量，$O(x_i,y_j)$ 是满足 $X=x_i,Y=y_j$ 的观察值，$E(x_i,y_j)$ 为满足 $X=x_i,Y=y_j$ 的样例个数期望值，前提是 X 和 Y 相互独立。x_i,y_j,s_k 对应变量的第 i，第 j 和第 k 个值或值的组合。N 是数据集 D 的大小。也就是说，$N(x_i),N(y_j)$ 和 $N(x_i,y_j)$ 分别表示变量值为 x_i，$y_j,(x_i,y_j)$ 的样例个数。$N(x_i,s_k),N(y_j,s_k)$ 和 $N(x_i,y_j,s_k)$ 类似定义，v 是 χ^2 分布的自由度。

首先，计算两变量的 χ^2 分布，以及自由度 v 和 $\chi^2(X,Y)$ 的 P 值：

$$\chi^2(X,Y) = \sum_{i,j} \frac{[O(x_i,y_j) - E(x_i,y_j)]^2}{E(x_i,y_j)}$$
$$= \sum_{i,j} \frac{[N(x_i,y_j) \cdot N(x_i,y_j) - N(x_i) \cdot N(y_j)]^2}{N(x_i) \cdot N(y_j) \cdot N(x_i,y_j)}。$$

$$\tag{4-3-1}$$

$$v = (|X|-1)(|Y|-1), \tag{4-3-2}$$

$$P(U > \chi^2(X,Y))。 \tag{4-3-3}$$

然后，基于上述的独立性测试，进行条件独立性检验。

$$\chi^2(X,Y \mid S) = \sum_{i,j} \frac{[O(x_i,y_j \mid s_k) - E(x_i,y_j \mid s_k)]^2}{E(x_i,y_j \mid s_k)}$$
$$= \sum_{i,j,k} \frac{[N(s_k) \cdot N(x_i,y_j,s_k) - N(x_i,s_k) \cdot N(y_i,s_k)]^2}{N(x_i,s_k) \cdot N(y_j,s_k) \cdot N(s_k)},$$

$$\tag{4-3-4}$$

$$v = (|X|-1)(|Y|-1)|S|, \tag{4-3-5}$$

$$P(U > \chi^2(X,Y \mid S)), \tag{4-3-6}$$

其中公式(4-3-6)是 $\chi^2(X,Y|S)$ 的 p 值。公式(4-3-7)利用贝叶斯模型计算对于样例 X_P 属于各类别的概率，由此得条件概率表。公式(4-3-8)是联合概率分布计算公式：

$$p(Y=y_c \mid X_P=x_p) = \frac{p(Y=y_c,X_P=x_p)}{\sum_{y_c} p(Y=y_c,X_P=x_p)}, \tag{4-3-7}$$

其中

$$p(Y=y_c,X_P=x_p) = c \cdot p(Y=y_c \mid \pi_y = \pi_{y|p}) \prod_{i \in x_p} p(X_i=x_i \mid \pi_i = \pi_{i|P},y=y_c)。$$

$$\tag{4-3-8}$$

4.3.3　MBBN

MBBN 网络结构构建分为四步：

第一步　学习不完全贝叶斯网络 M。

Algorithm 1 Unconditional independence test algorithm

Input: variable list M, data set D, significance level α

Output: variable independence relations G of M

1: Initialize G as a fully connected graph of M

2: Map data set D into key/value pairs

3: Get statistics of $\mathbf{N}$, $\mathbf{N}(x_i)$, $\mathbf{N}(y_i)$, $\mathbf{N}(x_i, y_i)$ in each map node

4: Reduce $\mathbf{N}$, $\mathbf{N}(x_i)$, $\mathbf{N}(y_i)$, $\mathbf{N}(x_i, y_i)$

5: For each variable pair$(\mathbf{X}, \mathbf{Y})$ do

　　Calculate its chi-square test statistic by equation(1)

　　Calculate its degrees of freedom by equation(2)

6: Calculate its p-value by equation(3), when p-value of$\langle\mathbf{X}, \mathbf{Y}\rangle$ is larger than a given significance level α, $\langle\mathbf{X}, \mathbf{Y}\rangle$ is treated as independence, and remove edge of$\langle\mathbf{X}, \mathbf{Y}\rangle$ in G

第二步　去除 M 中的条件独立性关系。

Algorithm 2 Conditional independence test algorithm

Input: variable list M, data set D, significance level α, variable independence relations G of M, max condition set size MCS

Output: variable independence relations G of M

1: For each condition set S in[1, MCS]do

2: Find all condition set {CS} with S of each non-independence variable pair in G

3: Split {CS} into {SA}, each SA contains one or more CSs, so each SA could be processed in a task tracker and the intermediate data of processing SA will not exceed the limit of each task tracker

4: Take {SA} as MapReduce's **Input**, data set D's path and other metadata of **Input** as part of job's configuration

5: Map statistics to the required value of each condition set in SA of mapper, use equations(4)-(6)to test whether each condition set CS can make a pair of variable independent under CS, **Output** each condition set and its independence test result

6: In master node, check each independence test result of$\langle\mathbf{X}, \mathbf{Y}\rangle$ and its condition set CS, remove edge of$\langle\mathbf{Y}, \mathbf{Y}\rangle$ in G if$\langle\mathbf{X}, \mathbf{Y}\rangle$ are independent under CS

第三步　计算马尔可夫毯。

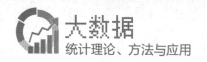

Algorithm 3 Markov Blanket Structure Learning Algorithm

Input：variable independence relations G，class variable Y，condition set size limit CSS

Output：Markov blanket(MB)

1： Initialize MB as a directed graph and no arc in MG

2： **For** each independence relation⟨**X**，**Y**⟩in G and its condition set CS **do**

    3： **For** each variable C in CS **do**

    4： **if** C and X are not independent in G **then**

    5： add an arch from C to X in MG

    6： **if** C and Y are not independent in G **then**

    7： add an arch from C to Y in MG

8： **For** each non-independence variable pair⟨**X**，**Y**⟩in G **do**

    9： **If** there are no arc from X to Y or arc from Y to X in MG，**then**

    10： **if** X's indegree is less than CSS **then**

    11： add an arch from Y to X in MG

    12： **if** Y's indegree is less than CSS **then**

    13： add an arch from X to Y in MG

14： Define Y's direct parent in MG as π_Y，all direct children of Y in MG as $\mathbf{X_{Ch}}$，and all direct parents of $\mathbf{X_{Ch}}$ in MG as π. $Y \cup \pi_Y \cup \mathbf{X_{Ch}} \cup \pi$ and their arcs inherited in MG define the Markov Blanket(MB)

第四步　计算概率分布表，构建分类器。

Algorithm 4 Parameter learning algorithm

Input：data set D，Markov blanket MB

Output：Markov blanket Bayesian network model

1： **For** each variable v in MB **do**

    2： let direct node of x in MB as x's condition set $\mathbf{X_P}$

3： Learn CPT of$\{\mathbf{x}\} \cup \mathbf{X_P}$ using equations(7)and(8)

4： Combine CPTs of MB to form the classifier

4.3.4 算法复杂度分析 ▶

假设数据集具有 M 个变量和 N 行记录，其中 $N \gg M$，每个变量具有小于 R 个离散值。集群将数据分解成 P 部分。表 4.3.1 表示 MBBN 中使用的所有算法的计算复杂度，其中 MCS 表示最大条件集大小。其他符号如前所述。

在表 4.3.1 中,可以发现步骤 3 的计算复杂度最高,并行化之后提高了 MBBN 的性能。步骤 2 中的 Map 数量很大,但它是一个理论值。非独立变量对将在执行进度中或多或少地减少,因此每个可变对条件集合通常都小于理论值的大小。

表 4.3.1　时间复杂度分析

时间复杂度	每个映射函数	映射数目	归约函数	主节点
步骤 1	$O\left(\dfrac{M^2 N}{P}\right)$	P	$O(R^2 MP)$	$O(R^2 M^2)$
步骤 2	$O(N)$	$O\left(\sum\limits_{CS=1}^{MCS} R^2 C_R^{CS}\right) = O\left(R^2 \sum\limits_{CS=1}^{MCS} C_R^{CS}\right)$	$O(1)$	$O\left(R^2 \sum\limits_{CS=1}^{MCS} C_R^{CS}\right)$
步骤 3	0	0	0	$O(R^2 \cdot MCS)$
步骤 4	$O(N \cdot MCS)$	M	0	$O(1)$

4.3.5　数据实验对比

测试数据使用的是 UCI 机器学习数据库(http://archive.ics.uci.edu/ml/datasets.html)[引用时间 2019-3-30]中的 4 个大数据集。其中 census income kdd 数据集被分为训练集和测试集,其余 3 个数据集使用 5 折交叉验证进行测试(CV5)。表 4.3.2 是这 4 个数据集的基本情况。

表 4.3.2　数据大小

数据集大小	变元的数目	数据的数目	训练数据的大小	测试数据的大小
census income kdd	42	299 285	199 523	99 762
covertype	55	581 012	CV5	
PAMAP2Optional	53	977 972	CV5	
PAMAP2Protocol	53	2 872 533	CV5	

实验环境是具有 6 台计算机的集群,每台计算机具有 Intel i7-3820 CPU 和 8GB 物理内存。操作系统是 Ubuntu 12.04。

表 4.3.3 显示了不同 CPU 数量下的加速结果。表单元是使用相应数量 CPU 的相应数据集的训练分类器的平均花费时间(单位:min)。从表 4.3.3 可以看出,该算法的并行性可以加快计算速度。但是由于某些条件的限制(网络输入/输出(input/output,I/O),任务失败等),当 CPU 数量增加时,加速的效果将会降低,如图 4.3.1 和图 4.3.2 所示。

表 4.3.3　不同数量 CPU 下加速效果对比

平均运行时间/min	CPU 的数目					
	1	2	3	4	5	6
census income KDD	9	6	5	5	5	5
covertype	403	206	141	109	89	76
PAMAP2 Optional	2928	1473	990	747	602	505
PAMAP2 Protocol	2768	1407	954	729	595	502

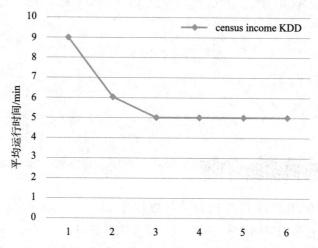

图 4.3.1　census income KDD 数据集在不同数量 CPU 下的加速效果

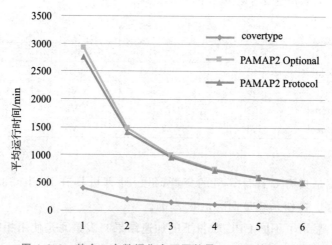

图 4.3.2　其余 3 个数据集在不同数量 CPU 下的加速效果

　　为了验证贝叶斯网络的效果,我们将其与朴素贝叶斯、TAN 分类学习(TAN-cl)、TAN 和 MBBN 进行比较,其中 TAN 表示增强的朴素贝叶斯。表 4.3.4 和图

4.3.3 报告了不同算法的准确率。从图 4.3.3 中我们可以看出，MBBN 比其他三种贝叶斯算法更好，优势明显。

表 4.3.4　准确率比较

准确率	模型			
	NB	TAN_cl	TAN	MBBN
census income kdd	0.746	0.906	0.906	0.939
covertype	0.681	0.688	0.689	0.737
PAMAP2-Optional	0.836	0.895	0.895	0.935
PAMAP2-Protocol	0.702	0.798	0.800	0.850
平均	0.741	0.822	0.823	0.865

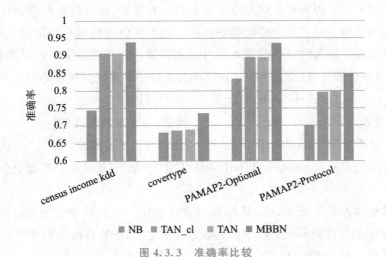

图 4.3.3　准确率比较

4.3.6　小结 ▶

　　马尔可夫毯贝叶斯网络已被广泛应用于机器学习领域。然而，它的计算复杂性限制了其在大数据处理方面的应用。Map-Reduce 通常用于大量数据的并行计算。本节研究了基于 Map-Reduce 框架的 MBBN 的实现。就我们所知，本节是首个使用 Map-Reduce 实现 MBBN 的工作。四大数据集用于测试 MBBN 的性能。计算结果表明，与马尔可夫毯贝叶斯网络相比，基于 Map-Reduce 实现的 MBBN 计算速度更快。特别地，MBBN 比朴素贝叶斯和 TAN 获得更高的准确率。

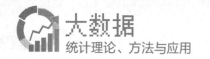

4.4 基于 Hadoop 的并行关联规则挖掘方法

4.4.1 引言

当今,存储在数据库或数据仓库中的大量数据,其规模呈指数级增长。在这种情况下,挖掘关联规则需要足够的硬件资源(例如处理器),而分布式系统可以提供可能的解决方案。因为许多数据库本质上是分布式的,所以这些数据库可以很好地支持这些集群。百货公司可能会在不同的站点存储大量的交易记录,所以有必要研究数据库挖掘关联规则的有效的分布式算法。分布式系统的高灵活性、可扩展性、低成本性能比,以及易连接性使其成为挖掘关联规则的理想平台。基于先验算法,Agrawal 和 Shafer(1996)提出了三种并行算法:

(i) 计数分布(count distribution,CD)算法(基于复制候选集);

(ii) 数据分布(data distribution,DD)算法(基于候选集的部分);

(iii) 候选分布(candidate distribution,CaD)算法(基于主要信息结合分割数据和候选人)。

与其他两种算法相比,CD 算法具有最佳性能。并行数据挖掘(parallel data mining,PDM)算法是另一个版本的关联规则算法。DHP 算法也是基于同源算法的并行算法。PDM 算法和 CD 算法之间的最大区别是,PDM 算法并行构建哈希表。智能数据分布(intelligent data distribution,IDD)算法是 DD 算法的改进版本。在 IDD 算法中,处理器通过检查位图来检查事务的每个项目,如果处理器不包含从事务项目开始的候选者,则跳过处理步骤。简而言之,IDD 算法通过使用优化的通信来减少通信开销和冗余的工作。多局部频繁模式树(multiple local frequent pattern tree,MLFPT)是基于 FP-Tree 的关联规则挖掘算法的并行实现。MLFPT 可以通过扫描数据库两次来避免产生大量候选集。此外,MLFPT 可以通过在挖掘过程的不同阶段使用不同的分区策略实现最佳的负载平衡。研究人员通过观察本地和全局大项集之间的属性,提出了一种基于分布式系统的关联规则快速分布式挖掘(fast distribution mining,FDM)算法。FDM 算法通过生成较少的候选集来减少在挖掘关联规则期间需要处理的大量数据。

快速并行挖掘(fast parallel mining,FPM)算法是挖掘关联规则的另一种有效的并行算法。它采用计数分配方式、分布式和全局修剪技术。该算法具有简单实用的通信方案。同时通过使用主成分分析来改进数据分布,显著提高了 FPM 算法的性能。通过分析现有的并行挖掘算法,我们发现 FPM 算法在处理大量数据时具有更好的性能,但仍有一些缺点:

(i) 当数据源中存在大量相同的事务数据时,这些算法无法以适当的方式处理事务数据,从而导致不必要的操作。

(ii) 这些算法多次访问数据库(特别是共享访问系统),并且频繁的 I/O 操作将大大降低算法的效率。

(iii) 这些算法无法实现最大并行效率,不能很好地实现动态负载平衡。

因此,本节提出了基于云计算平台(Hadoop)挖掘关联规则的并行算法(基于 Hadoop 的并行关联规则,associate based on Hadoop)。ABH 算法仅访问数据库一次,使用 0/1 数组表示一个事务并记录同一个事务的频率。此外,通过利用阵列的随机访问特征和频繁项集的特殊性,ABH 算法有效减少了频繁候选项集的数量,可以快速找到频繁项集。我们通过实验比较了 ABH 算法与两种经典算法 CD 算法和 DD 算法,我们发现 ABH 算法优于 CD 算法和 DD 算法,达到了优化目标。

4.4.2　云计算平台

分布式并行计算、分布式存储和分布式数据管理是实现云技术的关键。Hadoop 是一个开源框架,类似于谷歌云计算系统。从云计算架构的角度观察 Hadoop 云计算环境,我们可以发现 Hadoop 是云架构的一种平台,即服务技术。Hadoop 可以为用户提供分布式存储和分布式计算编程环境。分布式文件系统(Hadoop distributed file system,HDFS)和分布式编程模型(Map-Reduce)是 Hadoop 的核心。

Hadoop 分布式文件系统 HDFS 提供对应用程序数据的高吞吐量访问,并将数据存储在许多节点中。HDFS 创建数据块的多个副本,然后将其存储到集群中,Map-Reduce 处理这些集群中的数据。所以 HDFS 提高了 I/O 的吞吐量。由于可靠性的原因,Hadoop 能处理某些子节点无法使用的情况,所以 Hadoop 具有很高的容错能力。

Map-Reduce 框架主要依靠两个功能来完成大型集群中的并行计算,它们是 Map 和 Reduce。Map 功能将一个任务分成多个子任务;Reduce 函数收集子任务的结果,然后获取最终结果。从 HDFS 和 Map-Reduce 的角度,我们可以了解 Hadoop 的结构。在 Hadoop 集群中,有一个主站,其主要职责是管理命名节点的工作和作业跟踪器的工作。作业跟踪器的主要职责是启动、跟踪和调度每个从站的任务执行。在群集中,将有许多从站,每个从站通常都负责数据节点和任务跟踪器。任务跟踪器根据应用需求和本地数据执行 Map 任务或 Reduce 任务。

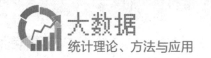

4.4.3 并行关联规则数据挖掘算法(ABH)

定义 1(项目和项集) 设通用集 $I = \{I[1], I[2], \cdots, I[m]\}$ 是一组 m 个不同的常量,元素 $I[k](k = 1, 2, \cdots, m)$ 称为项目。项目集是一个包含 0 或多个项目的集合,包含 k 个项目的项目集称为 k 项目集。而 L_k 表示具有最小支持度 K 的频繁 k 项目集的集合。

定义 2(事务数组) 根据阿拉伯数字(例如,升序或降序)排列项目集中的项目。在事务数组中,我们使用 0/1 字符来指示事务是否包含一个项目,"0"表示事务不包含项目,"1"表示事务包含项目。而数组中的倒数第二个位置记录了事务支持度,数组中的最后一个位置记录了同一个事务的数量。例如,假设在事务集合中有 5 个相同的事务。

通用集 $I = \{I[1], I[2], I[3], I[4], I[5]\}$,$T = \{I[1], I[3], I[5]\}$,所以这个事务数组可以显示 $\{1, 0, 1, 0, 1, 3, 5\}$。在大量数据中有许多相同的事务,因此这可以减少大量不必要的操作,并通过在事务数组中记录相同事务的数量大大提高处理效率。

定义 3(事务支持度) 事务支持度是指事务数组中从第一个位置到倒数第三个位置的"1"的数量。

定义 4(样例支持度) 样例支持度是指包含该样例的事务数量。

定义 5(最小支持度) 支持度是重要的衡量标准,生成具有高于特定阈值的事务支持的所有项目组合,称为最小支持度。

定义 6(内联操作) 如果频繁 $(k-1)$ 项集(标记为 L_{k-1})中的两个元素 $l1$ 和 $l2$ 满足条件

$$I_1[1] = I_2[1] \& I_1[2] = I_2[2] \& \cdots \& I_1[k-2]$$
$$= I_2[k-2] \& I_1[k-1] = I_2[k-1],$$

则 $l1$ 和 $l2$ 之间的内连接的结果是

$$\{I_1[1], I_1[2], \cdots, I_1[k-2], I_1[k-1], I_2[k-1]\}.$$

定义 7(K-内连接集的集合 N_k) 根据下面的属性 4 将排除一些频繁 $(k-1)$ 特征集。在下一步中将由内连接处理的剩余频繁项集的集合称为 K-内连接集(K-inner-joint-sets)的集合(标记为 N_k)。

定义 8(候选 k 项集的集合 C_k) 由集合 N_k 中的元素之间的内连接操作产生的 k 个项集的集合被称为候选 k 项集的集合,并且将其标记为 C_k。

由于使用事务数组,频繁项集具有 4 个属性。ABH 利用这些属性,简化了挖

掘关联规则的过程,有效提高了挖掘关联规则的效率。4 个属性为:

属性 1 如果一些项目的支持度小于最小支持度,则该项目肯定不会出现在任何频繁项目集中。

属性 2 当寻找频繁 k 项集(即 L_k)的集合时,如果一些事务支持度小于最小支持度,则该事务中的任何项目的组合肯定不属于 L_k。

属性 3 如果 F_k 是 L_k 中的 k 个频繁项集,则包含 $k-1$ 项的 F_k 的所有子集属于 F_{k-1}。

属性 4 令 lc 是 L_{k-1} 的元素,并且至少有一个项满足 $i \in lc$,使得 $|L_{k-1}(i) < k-1|$。因此,lc 和 L_{k-1} 的任何其他元素之间的内连接结果肯定不属于 L_k。$|L_{k-1}(i)|$ 表示包含项目 i 的 L_{k-1} 的元素的数量。

下面给出 ABH 算法的伪代码:

Algorithm 1:ABH(D,minsup)

Input:set of transactions(marked as D);the minimum support(marked as minsup)

Output:set of frequent itemsets(marked as L)

```
1:   l₁←initial(D);
     /* l₁ represents the set of frequent 1-itemsets,and the Map function takes the
transaction as key. Then it gets the collection of the transaction arrays */
2:   for(k=2;L≠Φ;k++){
3:     N_{k-1}←get_Inner(L_{k-1});
4:     If(N_{k-1}≠Φ)
5:     C_k←get_Candidate(N_{k-1});
6:     else break;
7:     if(C_k≠Φ)
8:     L_k←get_Frequent(C_k,minsup);
9:     else break;
10:    return L_k;}
```

(i)算法 ABH 的子程序 get_Inner(L_{k-1})。

Algorithm 2:get_Inner(L_{k-1})

Input:L_{k-1}

Output:N_{k-1}

```
     / * The array N is used to record the quantity of every item i  * /
1:    N_{k-1} ← L_{k-1};
2:    for each itemset I ∈ L_{k-1}
3:        for each item i ∈ I
4:            N[i]++;
     / * In order to improve the efficiency of ABH,the step 2,3,4 can be done by"get_Fre-
quent()" * /
5:    for(j=1;j<N. length;j++)
6:        if(N[j]<k-1)
7:            for each itemset I ∈ L_{k-1}
8:                if(j∈I)
9:                    N_{k-1} ← N_{k-1}-{I};
10:   return N_{k-1};
```

(ii)算法 ABH 的子程序 get_Candidate(N_{k-1})。

Algorithm 3：get_Candidate(N_{k-1})

Input：N_{k-1}

Output：set of candidate k-itemset(marked as C_k)

```
1:    for each itemset   I_1 ∈ N_k
2:        for each itemset   I_2  ∈ N_k
3:            If(I_1[1]=I_2[1]&I_1[2]=I_2[2]…&I_1[k-2]=I_2[k-2]&I_1[k-1]=I_2[k-1])
     / * Determine whether the result of inner-join meet the Property 2  * /
4:            {
5:                c ← I_1 ∪ I_2;
6:                flag ← true;
7:                for each(k-1)-subset s of c
8:                    if(s ∉ L_{k-1})flag ← false;
9:                    if(flag)C_k ← C_k ∪ {c};
10:           }
11:   return C_k;
```

(iii) 算法 ABH 的子程序 get_Frequent(C_k,minsup)。

子程序 get_Frequent(C_k,minsup)由 Map 函数、Combine 函数和 Reduce 函数组成。Map 函数通过参数(即 Configuration)获取候选项集,然后逐一检查事务数

组,以查看它是否包含某些候选项集。然后,Map 功能发送对(〈key,value〉,"key"表示该组合项集中的一个,"value"分配给"1")。

Algorithm 4:map(key,value,context)

Input:transaction arrays(get from"value")

Output:〈key,value〉)

/ * "key"represents the element of set of candidate itemsets,and"value"represents the quantity of transaction arrays which contain the element. * /

/ * C_k is displayed in the format of array. * /

1: $C_k \leftarrow$ conf. get(C_k);

/ * Get the set of candidate of itemsets * /

2: Item,countItem,sameItem$\leftarrow$ value;

/ * Get one transaction(marked as Item)which is displayed in the format of array, the transaction support (marked as countItem), and the quantity of transaction(marked as sameItem)which is similar to this transaction * /

3: **if**(countItem$>$k)

/ * According to Property 2 * /

4: {

5: flag$\leftarrow$true;

6: **for**(i=0;flag&&i$<$ C_k. length;i++)

7: {

/ * check up the transaction array to see whether it contains some candidates. And C_k. length represents the scale of set of candidate itemsets * /

8: **for**(j=0;j$<$ C_k[i]. length;j++)

9: **if**(item[C_k[i][j]$\neq$1)flag$\leftarrow$false;

10: **if**(flag)context. write(C_k[i],sameItem)

11: }

12: }

组合函数从 Map 函数接收对(即〈key,value〉),然后每个节点分别根据相同的"key"求和"value",并输出结果(〈key,value〉对,"key"表示一个候选项集,"value"表示包含"key"的事务数量)。

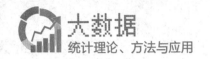
Algorithm 5:combine(key,values,ouput,context)

Input:⟨key,values⟩(the pairs came from Map function and"values"is displayed in the format of list)

Output:⟨key,quantity⟩

1: for(val :values) quantity←quantity+val. get();

/ * sum the"value"according to the same"key" * /

2: **Output**. collect(key,quantity);

Hadoop 集群将根据"键值"对组合功能的输出进行排序,并将中间结果发送到 Reduce 函数。Reduce 函数根据相同的"键"对"值"列表中的"值"进行求和。而如果相应的"键"的和大于最小支持度,Reduce 函数将"密钥"放入频繁项集中。因此,算法可以通过递归调用子过程来获得频繁 k 项集的集合。

Algorithm 6:reduce(key,values,context)

Input:⟨key,values⟩

Output:set of frequent k-itemsets(marked as L_k)

1: **for**(val :values)sum←sum+val. get();

/ * sum the"value"according to"key" * /

2: **if**(sum >=minSup){

3:    L_k. add(key);

4:    context. write(L_k,sum);

5: }

4.4.4 算法分析 ▶

1. 复杂度分析

事务元组被转换为数组的格式,它是计数和确定项目集是否属于频繁项目集集合的表示方法。通过使用这种方法,ABH 算法可以有效地获得所有的频繁项目集。利用 Map-Reduce 框架的简单计算模式,很容易理解和实现 ABH。

仔细检查后,ABH 算法只访问一次数据库,此步骤的时间复杂度为 $O(|D|/p)$(p 表示 Hadoop 集群中的节点数,$|D|$ 也指访问时间数据库)。在每个迭代阶段,ABH 算法仅遍历每个事务数组一次,减少了处理所有事务元组的时间。

因此,ABH 算法的时间复杂度不会随着交易量的增加而线性增加。根据频繁项集的属性,ABH 算法需要复杂度 $O(|N_{k-1}| * |N_{k-1}|)$ 找到候选 k 项集($N_{k-1}<=L_{k-1}$)的集合,而这些候选项集的规模小于 CD 算法。然后,ABH 算法采用复杂度 $O(c * |C_k|)$ 生成频繁项集(c 表示访问事务数组的时间),c 远小于 $|D|$。重要的是,通过使用组合功能对项目集合和数据进行计数,大量减少了网络流量和网络 I/O 操作的消耗。

2. 实验结果

我们设计实验来比较 ABH 算法、CD 算法和 DD 算法之间的执行时间和一些属性。在 3 台个人计算机(HP DV2000,其内存为 256 MB,操作系统为 Ubuntu10.4)上进行了一系列实验,Hadoop 版本为 1.0.0。实验数据来自某百货公司的交易数据,有 22 个数据项。实验结果如图 4.4.1 所示。从图 4.4.1 中可以看出,当数据量增加时,ABH 算法不会随着交易量的增加而线性增加。所以 ABH 算法具有处理大规模数据的优点,很好地解决了处理大量数据时并行算法的性能瓶颈。当最小支持度低时,CD 和 DD 算法将比 ABH 算法花费更多的时间。总之,ABH 算法具有比 CD 和 DD 算法更好的性能。

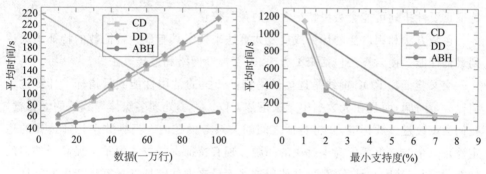

图 4.4.1　不同算法随数据量变化的时间消耗情况

4.4.5　小结

基于云计算平台的关联规则挖掘算法(ABH)将事务元组转换为数组的格式,通过在确定项目集属于频繁项目集时利用数组的属性来提高查找所有频繁项目集的效率。同时,我们发现频繁项目集的一些属性,并且通过使用这些属性,候选项集的数量减少很多。通过实验,我们发现 ABH 算法在时间效率方面胜过 CD 算法和 DD 算法。

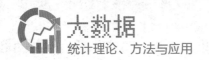

4.5 基于分类问题的特征排序算法

4.5.1 引言

随着大数据时代的到来,在多媒体和生物信息学研究中往往会出现高维度数据,有时它被称为维度诅咒。由于计算能力和过拟合问题的限制,为了提高效率,需要将高维度降低到低维度,这在机器学习研究中通常被称为特征选择。减少维数在分类或聚类的预处理中至关重要,降低维度的方法通常有两类:

一类是过滤方法;

一类是包装方法。

过滤方法总是采用特殊的统计度量来过滤掉无用的特征,如信息增益(InfoGain),Relief-F,Markov Blanket,FCBF 等方法。其缺点是,根据这些度量进行特征重要性排列可能会丢失特征之间的关联信息。

包装方法利用广泛的计算或启发式算法来搜索具有最少特征数的特征子集达到最佳性能。搜索算法包括聚类方法、人工神经网络和遗传算法等。

交叉验证和 ROC 曲线是选择最优特征子集的常用性能测量指标。计算过程消耗大量时间,而且在大数据中无法正常工作。为了处理多媒体等领域的大数据,我们尝试改进过滤标准,并将特征之间的关系考虑在内。高维数据特征选择的稳定性是一个非常重要但尚未解决的问题。现有特征选择方法侧重于提高分类器的性能,如预测精度和计算效率,并使用这些度量来评估特征选择算法产生的特征子集的质量。不幸的是,特征选择算法的结果可能在高维空间中是不稳定和不可靠的,因为它们对数据的不同和变化非常敏感。为了提高特征选择算法的稳定性和可靠性,我们尝试通过观察高维空间中的训练数据分布来分析不稳定性的主要原因,并将所提出的方法应用于图像分类和蛋白质交互预测研究。维度减少被广泛应用于多媒体、自然语言处理和生物信息学领域。由于图像可以被视为高维度词汇矢量,因此降低高维度是视觉搜索、视觉压缩、图像理解和遥感中最重要的问题。生物信息学一直被认为是自然语言处理中的句子,蛋白质或脱氧核糖核酸(DNA)序列作为词频矢量。由于词汇量大,特征向量通常会变得很高。因此,维数降低用于遗传调控网络的识别、蛋白质分类、蛋白质远端同源性检测、非编码核糖核酸(RNA)鉴定和家族预测和基因表达分析。为了说明我们提出的方法具有广泛的应用性,我们对图像分类和蛋白质相互作用预测进行了实验。

在本节中,我们提出了一种最大相关-最大距离(max relevance-max distance,MRMD)特征排序方法,平衡了特征排名和预测任务的准确性和稳定性。为了证明该方法的有效性,我们在两个不同的数据集上测试了该方法:

第一个是图像分类,它是具有高维度的基准数据集;

第二个是蛋白质相互作用预测数据,来自我们以前的个人研究,并且实例数量巨大。

实验证明,我们的方法在两个大数据集上的实验都保持一定的稳定性。此外,相比其余方法,如最大相关最大冗余和信息增益,我们的方法运行速度更快。

4.5.2 MRMD 维度下降算法

大多数降低维度的方法集中在那些与目标类别具有最高相关性的特征上。然而,两种特征之间的距离并没有引起很大的关注。当两个特征高度依赖于彼此时,它们对区分目标类别的贡献不能是简单的累加。因此,我们提出了一种基于距离函数来衡量特征独立性的方法。距离越远,独立性就越高。

MRMD 主要是从两个方面搜索特征排序标准:

一是子特征集与目标类之间的相关性;

二是子特征集的冗余。

在本节中,利用皮尔逊相关系数来衡量相关性以及三种距离函数来计算冗余度。随着皮尔逊相关系数的增加,特征与目标类之间的相关性就越高。特征距离越大,子特征集的冗余度就越小。相关性高且距离大的特征将被选择到最终子特征集中。最后,由 MRMD 生成的子特征具有很低的冗余性和与目标类的强相关性。

为了表示我们的算法,我们列出了本节中的一些数学符号。给定输入数据 D,其中包含 N 个实例,M 个特征 $F=\{f_i, i=1, \cdots, M\}$ 和目标类 c,我们的目的是从 M 维原始空间 $\mathbb{R}^M$ 找到 m 个特征的子空间 $\mathbb{R}^m$,从而能更好地分类预测。

1. 最大相关算法

最好的分类结果通常意味着最小的分类误差。最小误差通常需要在子空间 $\mathbb{R}^m$ 上的目标类 c 的最大相关性,这需要我们选择与目标类 c 具有最高相关性的特征集。皮尔逊相关系数可以确定正相关和负相关。因为它适合于计算连续变量并且计算方便,所以我们选择皮尔逊相关系数作为特征与目标类 c 之间的相关性度量。

给定向量 $\boldsymbol{X}$ 和 $\boldsymbol{Y}$,它们的皮尔逊相关系数定义如下:

$$\text{PCC}(\boldsymbol{X}, \boldsymbol{Y}) = \frac{S_{XY}}{S_X S_Y}, \qquad (4\text{-}5\text{-}1)$$

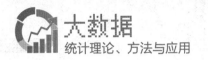
其中

$$S_{XY} = \frac{1}{N-1} \sum_{k=1}^{N} (x_k - \bar{x})(y_k - \bar{y}), \tag{4-5-2}$$

$$S_X = \sqrt{\frac{1}{N-1} \sum_{k=1}^{N} (x_k - \bar{x})^2}, \tag{4-5-3}$$

$$S_Y = \sqrt{\frac{1}{N-1} \sum_{k=1}^{N} (y_k - \bar{y})^2}, \tag{4-5-4}$$

$$\bar{x} = \frac{1}{N} \sum_{k=1}^{N} x_k, \tag{4-5-5}$$

$$\bar{y} = \frac{1}{N} \sum_{k=1}^{N} y_k. \tag{4-5-6}$$

x_k 和 y_k 分别是向量 X 和 Y 的第 k 个元素，X 和 Y 相当于每个实例特征组合向量。特征 i 最大相关（max relevance，MR）值的定义为

$$\max MR_i = | PCC(F_i, C) |, \quad 1 \leqslant i \leqslant M, \tag{4-5-7}$$

其中 F_i 是由每个实例的第 i 个特征构成的 M 维向量，C 是 M 维向量，它的每个元素来自目标类 c 的每个实例。

在许多以前的研究中，取 MR 的降序排序中的前 m 个特征为最好的特征，然而，已经证明这 m 个最好特征并不是最好的。一些研究人员提出减少特征之间的冗余，以最小的冗余选择特征。因此，我们提出了一种基于距离函数实现最小冗余的新方法。

2. 最大距离算法

虽然当 M 足够大时，最大相关性特征选择方法对于选择出小部分特征子集是很有效的，但是并不能达到较高的分类精度。最小化冗余度将能更好地使选择出的特征子集表示整体数据集。我们使用最大距离算法来测量两个特征向量之间的相似度水平。

我们选择了欧几里得距离、余弦相似度和谷本（Tanimoto）系数，这几种距离计算方法易于理解且简单易行。

与常用的方法相比，欧氏距离是最简单、最常见的距离计算方法：

$$ED(X, Y) = \sqrt{\sum_{k=1}^{N} (x_k - y_k)^2}. \tag{4-5-8}$$

不同于欧氏距离，余弦相似度表示的是两向量之间的角度：

$$COS(X, Y) = \frac{X \cdot Y}{\| X \| \cdot \| Y \|}, \tag{4-5-9}$$

其中，

$$\boldsymbol{X} \cdot \boldsymbol{Y} = \sum_{k=1}^{N} x_k y_k, \tag{4-5-10}$$

$$\| \boldsymbol{X} \| = \sqrt{\sum_{k=1}^{N} x_k^2}, \quad \| \boldsymbol{Y} \| = \sqrt{\sum_{k=1}^{N} y_k^2}. \tag{4-5-11}$$

Tanimoto 系数也称为广义的杰卡德(Jaccard)系数,是二元情况下的 Jaccard 系数:

$$\mathrm{TC}(\boldsymbol{X}, \boldsymbol{Y}) = \frac{\boldsymbol{X} \cdot \boldsymbol{Y}}{\boldsymbol{X}^2 + \boldsymbol{Y}^2 - \boldsymbol{X} \cdot \boldsymbol{Y}}. \tag{4-5-12}$$

根据上述三种距离计算的方法,对于每种特征 i,它们的距离定义如下:

$$\mathrm{ED}_i = \frac{1}{M-1} \sum_{k=1}^{M} \mathrm{ED}(\boldsymbol{F}_i, \boldsymbol{F}_k), \quad k \neq i, \tag{4-5-13}$$

$$\mathrm{COS}_i = \frac{1}{M-1} \sum_{k=1}^{M} \mathrm{COS}(\boldsymbol{F}_i, \boldsymbol{F}_k), \quad k \neq i, \tag{4-5-14}$$

$$\mathrm{TC}_i = \frac{1}{M-1} \sum_{k=1}^{M} \mathrm{TC}(\boldsymbol{F}_i, \boldsymbol{F}_k), \quad k \neq i. \tag{4-5-15}$$

根据公式(4-5-13),(4-5-14)和(4-5-15),我们有 4 种方式来得到最终的最大距离(max distance,MD)值:

$$\mathrm{maxMD}_i = \mathrm{ED}_i, \quad 1 \leqslant i \leqslant M, \tag{4-5-16}$$

$$\mathrm{maxMD}_i = \mathrm{COS}_i, \quad 1 \leqslant i \leqslant M, \tag{4-5-17}$$

$$\mathrm{maxMD}_i = \mathrm{TC}_i, \quad 1 \leqslant i \leqslant M, \tag{4-5-18}$$

$$\mathrm{maxMD}_i = \mathrm{mean}, \quad 1 \leqslant i \leqslant M, \tag{4-5-19}$$

其中,

$$\mathrm{mean} = \frac{1}{3}(\mathrm{ED}_i + \mathrm{COS}_i + \mathrm{TC}_i), \quad 1 \leqslant i \leqslant M. \tag{4-5-20}$$

通过计算最大距离,我们可以得到前 m 个具有最高独立性的特征,也就是说,它们具有最小冗余性。

3. 最大相关-最大距离算法

将最大相关和最大距离组合起来,可获得最大相关-最大距离"方法。完成上述所有准备工作后,我们可以开始选择特征子空间 $\mathbb{R}^m$。假设我们已经选择了一个具有 $m-1$ 个特征的特征子集。接下来是从剩余的特征集中选择第 m 个特征。本算法考虑最大相关和最大距离两个要素,将原先单个的只考虑相关性的算法改进如下:

$$\max(\mathrm{MR}_i + \mathrm{MD}_i). \tag{4-5-21}$$

公式(4-5-21)认为特征的最大相关性和最大距离对与特征选择的重要性一样,这是一种特殊情况。然而,在具体问题上,我们的重点是不同的。因此,我们通

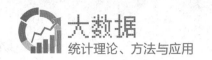
过加权来优化原来的标准。新标准重新定义如下：

$$\max(w_r * \mathrm{MR}_i + w_d * \mathrm{MD}_i),\qquad(4\text{-}5\text{-}22)$$

其中，变量 $w_r,0<w_r\leqslant1$ 和 $w_d,0<w_d\leqslant1$ 分别是 MR 和 MD 的权重。

4. 时间复杂度分析

我们假设需要处理的数据集有 n 个特征和 m 个实例，则 MRMD 算法的时间复杂度为 $O(m*n^2)$。因为 MRMD 算法包含很多向量操作，所以使用 MATLAB 更容易实现。实验部分显示，尽管输入数据集较大，但是运行 MRMD 算法不会花费太多时间。

4.5.3 实验分析 ▶

为了验证我们提出算法的性能，我们对两种不同类型的数据集进行实验：第一个是图像分类，第二个是蛋白质相互作用预测，这是生物信息学研究中的一个重要问题。使用不同区域数据集的目的是验证我们的方法在不同类型问题下的优越性。

1. 数据集

（1）图像分类。

我们在图像分类中使用的数据集是 Caltech-101，它包含 9 144 张图片，分为 101 个类别，每个类别大约有 40～800 张图片。它被广泛应用于目标识别和目标检测领域，可以从每张图片中提取 21 504 维特征向量。另一个图像数据集 Caltech-256 大于 Caltech-101，其中包含 30 608 张图像，分为 256 个类别，每个类别至少有 80 张图像。21 504 维特征向量也可以从 Caltech-101 等图像中提取出来。

（2）蛋白质相互作用数据集。

用于蛋白质相互作用的数据集包含 13 322 个实例。生成蛋白质相互作用 （protein protein interaction，PPI）数据集有两个来源。

正例来自蛋白质相互作用数据库（database of interacting protein，DIP）。DIP 通过实验确定蛋白质之间的相互作用。它充分利用来自各种来源的信息来创建单一的、一致的蛋白质相互作用数据集。它提供了一整套工具用于查看和提取科学界的蛋白质相互作用网络信息。我们从所有数据库 76 126 条蛋白质相互反应中随机选择 6 873 对为正数据集。

负数据集称为德国慕尼黑蛋白质序列信息中心（Munich information center for protein sequences，MIPS）。我们使用的是 Negatome 数据库 2.0。Negatome 是不可能通过直接物理手段相互作用的蛋白质对的数据集。目前，数据库的来源主要有两种方式：手动注释文献数据和根据蛋白质数据库（protein data base，

PDB)蛋白质复合物的特征。它们都是通过实验支持的。我们的负例从手动注释和 PDB 中得到,共 6 449 个。

原始 PPI 数据集是蛋白质序列,我们利用两种策略来提取特征。

第一种方法称为 n 元语言模型(n-gram),术语 n-gram 定义为 n 个连续符号,可以是字符或单词。对于蛋白质序列,n-gram 是所有可能的 n 个连续氨基酸的集合。1-gram 是指 20 个氨基酸,2-gram 是指 400 维,以此类推,n-gram 是数量达 20^n 维的 n 肽,特征的维数将以 n 为指数增长。当 n 大于 3 时,它就已经相当大了。然后,n-gram 方法计算每个片段的出现次数作为其属性,以生成 20^n 维特征。例如,存在如下蛋白质序列:

MAHAGRTGYDNREIVMKYIHYKLSQRGYEWDAGDVGAHYK。

1-gram 是从 A 到 Y 的蛋白质序列中的氨基酸。计算每种氨基酸的出现次数就得到 20 维特征[4,0,3,2,0,5,3,2,3,1,2,1,0,1,3,1,1,2,1,5],最后的特征向量是结合了 1-gram 和 2-gram 的 420 维。

第二种方法类似于 2-gram,称为 2-gram-k-skip。2-gram 和 k-skip(k 相隔)之间的主要区别在于,2-gram-k-skip 计算相隔 x 个氨基酸的 2 个连续符号,x 是不大于 k 的整数变量。例如,有一个蛋白质序列:ACDEF,2-skip 集合指的是 AC,AD,AE,CD,CE,CF,DE,DF,EF。当 $k=0$ 时,0-skip 与 2-gram 相同,因此它们的集合都是 AC,CD,DE,EF。与 k-skip 相比,n-gram 生成的特征更为稀疏。为了充分利用蛋白质序列的信息,我们组合了 0-skip,1-skip 和 2-skip 来生成 1 200 维特征向量。

假设有蛋白质对 A 和 B,分别从 n-gram 和 k-skip 方法得到特征 A 和特征 B,A_i 和 B_i 分别是特征 A 和特征 B 的第 i 个特征。特征 C 结合了特征 A 和特征 B,定义如下:

$$l_2 \text{ 范数(2-norm)}:\ C_i = \sqrt{A_i^2 + B_i^2}, \tag{4-5-23}$$

$$\text{算术平均(arithmetic average,AA)}:\ C_i = \frac{A_i + B_i}{2}, \tag{4-5-24}$$

$$\text{调和平均(harmonic average,HA)}:\ C_i = \frac{2}{\dfrac{1}{A_i} + \dfrac{1}{B_i}}。 \tag{4-5-25}$$

如果 A_i 和 B_i 等于 0,公式(4-5-25)的值直接得 0,在 n-gram 中 $1 \leqslant i \leqslant 20$,在 k-skip 中 $1 \leqslant i \leqslant 1000$。

2. 分类器

在本节中,我们利用了线性分类器库来进行实验。线性分类器库由台湾大学林志仁教授研究开发。线性分类器库主要用于解决大规模数据分类问题。与支持向量库(即非线性分类器库)相比,线性分类器库具有相同的性能,且计算时间更

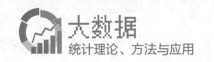
短,复杂度更低。值得一提的是,对于一些大的数据,它们表现出类似的性能,不管是否为非线性映射。不使用内核的话,我们可以通过线性分类器快速训练一个更大的数据集。

3. 结果和讨论

我们利用数据挖掘工具怀卡托智能分析环境(Waikato environment for knowledge analysis,WEKA)进行实验,使用 LibLINEAR 分类器进行 10 折交叉验证实验。分析实验结果的评价指标是分类准确率。权重 w_r 和 w_d 均为 1。

(1)图像分类实验。

最小冗余–最大相关性(mRMR)是特征选择的一种方法,它包含两个条件:最小冗余是选择一个在剩余特征中具有最小冗余度的特征,而最大相关性是选择与目标类最相关的特征。信息增益(information gain,InfoGain)用于选择给定的一组特征中的某些特征,这些特征可用于区分类别标签。

我们进行了几项测试,以评估使用不同距离计算方法时,MRMD 在 Caltech-101 和 Caltech-256 数据集上的性能。从图 4.5.1 中我们可以看出,虽然维度减小了 72.1%,但 Caltech-101 数据集的平均精度只有 5% 或 6% 的损失;Caltech-256 数据集较大,减少了 3% 或 4%。我们可以推断出使用 MRMD 方法来处理高维数据可以显著降低存储成本,并且不会降低准确率。此外,如图 4.5.2 所示,使用平均距离 mean 与 TC 的结果几乎相同,这表明 ED 余弦和 TC 的平均值的性能与 TC 相同。

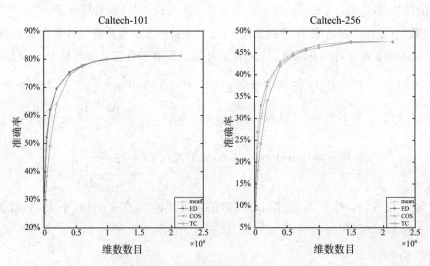

图 4.5.1　不同距离函数下的精度比较

另外,我们还比较了不同的特征选择方法。如图 4.5.3 所示,在 Caltech-101 数据集上,随着维度从 21 504 降到 6 000,mRMR 算法精度不断上升。当维度为

6 000时,精度达到 92.26％。这表明特征向量在降维之前包含大量冗余信息,干扰了分类器的性能。特征选择会删除组合冗余数据,不仅提高了分类速度,而且提高了精度。因此,mRMR 适用于需要高精度的分类问题。我们还可以发现,当尺寸下降到某个阈值时,mRMR 的精度下降。然而,对于 MRMD 和 InfoGain,它们的下降趋势比较平缓。mRMR 的问题是时间消耗在大数据上表现不佳。Caltech-256 数据集太大,无法由 mRMR 程序运行得到结果。尽管结果显示 MRMD 类似于 InfoGain,但 MRMD 不需要离散化。MRMD 避免了离散化和预处理工作量。因此,当数据集较大,且对精度的期望较低,而又更关心分类效率时,我们的方法具有优势,因为可以大规模地减小维数,但不会降低分类精度。

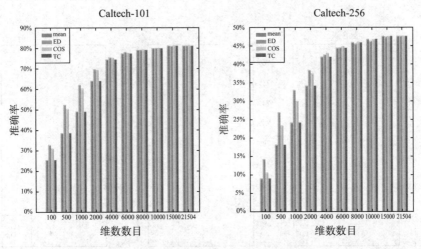

图 4.5.2　不同距离函数下的精度比较

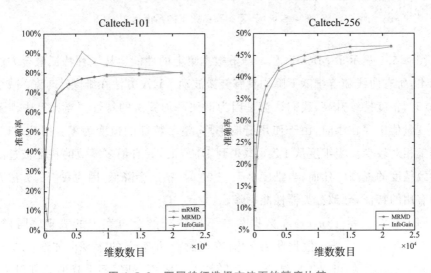

图 4.5.3　不同特征选择方法下的精度比较

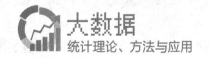

（2）蛋白质相互作用预测实验。

与图像数据集相比，我们构建的 PPI 数据集特征向量维数更少。我们分析了上述高维数据和大数据集特征选择度量的性能。分析结果表明，MRMD 在精度和稳定性方面具有明显的优势。本部分实验分为两部分，讨论的两个数据集是使用不同的特征提取方法 n-gram 和 k-skip 生成的。

图 4.5.4 表示的是，使用不同距离函数时，n-gram 数据集在不同特征融合方法下 MRMD 算法的性能。从该图可以看出，尽管随着维度的下降精度呈现波动性，但是预测精度总体呈下降趋势。此外，我们还可以发现，该数据集中 TC 距离函数比其他三个距离函数更稳定。可以得出结论，针对不同的数据集，应选择相应的距离函数。

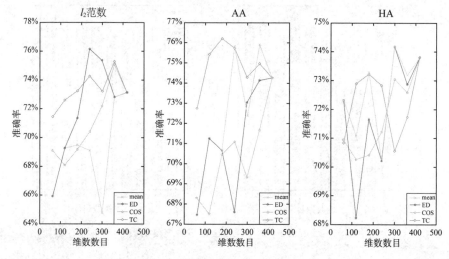

图 4.5.4　不同距离函数下的精度比较

图 4.5.5 显示了 MRMD 在 k-skip 数据集上的性能。从三种特征融合方法可以看出，所有曲线随着维度下降均具有轻微波动。HA 方法在维度从 1 200 减少到 1 100 时，精度持续升高，我们认为是因为谐波平均算法的特性。当计算中涉及的两个变量值中存在零时，由于使用谐波平均，整个特征的值变为零。因此，HA 的数据集相对较少。当维度从 1 200 减少到 1 100 时，具有最多零值的特征被过滤掉并导致精度的提高。然而，当维度小于 1 100 时，精度会降低，因为我们的方法开始删除有用的特征，导致分类器性能下降。

图 4.5.6 显示了 n-gram 数据集在不同特征融合方案上的表现。同样地，图 4.5.7 给出了 k-skip 数据集在不同特征融合方案上的表现。如图 4.5.6 和图 4.5.7所示，我们可以得出结论：精度随维度下降而下降，而下降的幅度很小，这

在生物信息学领域是可以接受的。生物信息学领域的数据集相当大,通常用人工方法辅助验证实验结果。

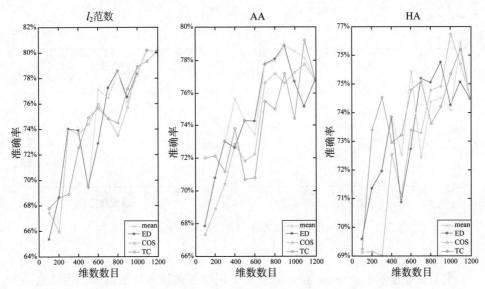

图 4.5.5 k-skip 数据集在不同距离函数下的精度比较

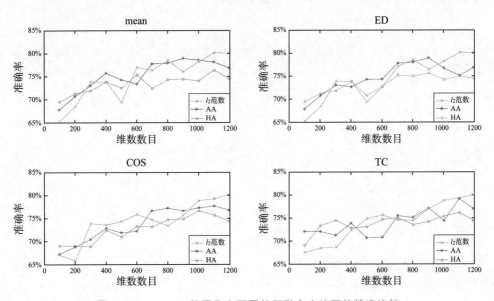

图 4.5.6 n-gram 数据集在不同特征融合方法下的精度比较

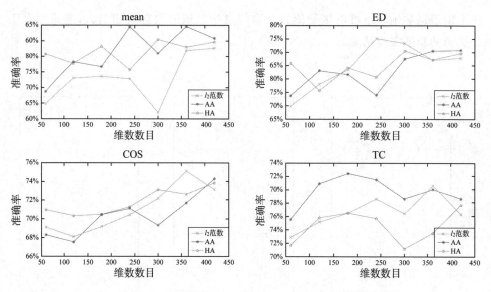

图 4.5.7　*k*-skip 数据集在不同特征融合方法下的精度比较

图 4.5.8 显示了 *n*-gram 和 *k*-skip 的不同特征选择方法的结果。尽管这些方法的性能几乎相同,但与 mRMR 相比,MRMD 消耗的时间更短。在没有进行诸如离散化的预处理的情况下,MRMD 更加快捷。

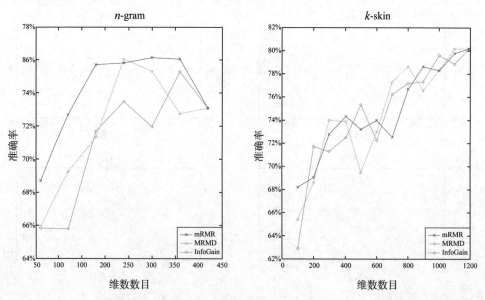

图 4.5.8　*n*-gram 和 *k*-skip 数据集在不同特征选择方法下的精度比较

4.5.4 小结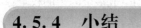

在本节中,我们提出了一种新的特征提取方法:最大相关-最大距离,它提供了一种提高分类效率的方法,并且保证分类精度不会显著下降。我们的方法避免了复杂的计算,使用新的度量索引来对特征进行排序,并确保特征选择的稳定性。本方法对图像分类和 PPI 数据集进行了实验。我们通过比较两种特征提取方法来分析不同数据对方法的影响。实验结果表明,我们的方法在高维和大规模实例的数据集上具有更大的优势。

4.6 模糊时间序列预测模型

4.6.1 引言

时间序列预测研究了随时间推移的连续历史数据集合对预测未来值之间的关系。传统预测中已经使用了许多工具,如回归分析、移动平均、指数移动平均和自回归移动平均值等。然而,这些分析模型高度依赖于历史数据,并且数据需要遵循正态分布才能获得相对较好的预测性能。此外,传统的时间序列预测方法通常不适用于由语言值所表示的历史数据。为了解决这些问题,用模糊时间序列方法用来预测,得到越来越多的关注。已经证明,模糊时间序列可以适用于语言值的数据集,生成高精度的预测规则。

过去几十年来,模糊时间序列方法已经有了一定的发展,自 1993 年由 Song 和 Chissom 首次引入。不同的模糊时间序列模型已被应用于解决各个领域出现的问题,例如利用模糊时间序列模型来预测大学的入学率。为提高预测值的准确性,可以使用自相关函数来测量模糊数据之间的依赖关系,用于选择模糊时间序列的论域。总之,模糊时间序列预测方法的发展情况总结如下:

(i) 利用加权模糊时间序列模型来预测中国台湾加权股票指数(TAIEX),后来又通过引入启发式函数来高阶预测模型,以利用启发式知识提高 TAIEX 预测精度;

(ii) 基于模糊聚类和模糊规则插值技术的多变量模糊预测方法;

(iii) 基于分布长度和基于平均长度的方法来调和间隔长度对模糊时间序列中的预测精度的影响;

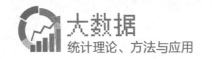
（iv）通过适应性神经-模糊推理系统预测债务的模型；

（v）预先采用模糊时间序列预测 TAIEX 的新方法，并自动生成多个因子的权重；

（vi）基于多重分割和高阶模糊时间序列的预测计算方法；

（vii）利用自动聚类技术来克服分割的缺点；

（viii）利用粒子群优化技术和支持向量机预测 TAIEX 的模糊时间序列预测方法；

（ix）基于模糊时间序列理论与人工神经网络（artificial neural network, ANN）的混合模型；

（x）利用模糊平滑方法来克服规则冗余问题；

（xi）基于 n 期移动平均模型的混合自适应神经网络的模糊推理系统（adaptive network-based fuzzy inference system, ANFIS）来预测 TAIEX 股票；

（xii）基于粒度计算的股票价格预测的混合模糊时间序列模型。

在采用模糊时间序列模型的同时，合理分配论域可以显著提高预测的准确性，文献已提出了不同的模型来解决此问题，其中，高阶模糊逻辑关系方法和多因素预测方法被广泛应用于混合模型中，但是这两类方法有自己的缺陷：

一方面，高阶方法在训练数据未达到理想大小时，无法达到高阶模糊逻辑关系的预期覆盖范围；

另一方面，多因子预测方法受第二个因子的限制。

此外，当考虑更多的因素时，这种多因素方法也引入额外的噪声。据我们所知，与几种单变量模型相比，多因素预测方法几乎不能显著提高预测结果的准确性。

考虑到上述问题，本节重点关注两个问题：

问题一，搜索适当的分区；

问题二，更好地利用高阶数据。

我们提出了一个混合模型来解决这两个问题以提高预测精度。为了分割论域，尽管许多统计方法已经获得了一些成果，但我们认为通过采用元启发式优化算法，如蚁群优化（ACO），仍然有很大的提升空间。ACO 算法常用于解决优化问题。由于分区问题可以定义为图搜索问题，而 ACO 算法通常被认为是善于解决这类问题的。为提高历史高阶数据的应用，有学者提出了结合自回归方法的模糊时间序列模型（Stevenson，Porter，2009），使用百分比变化作为论域。为了验证提出模型的性能，将 TAIEX 用作实验数据集，并与多个模糊时间序列模型作对比。实验结果表明，提出模型的平均预测准确率高于其他现有模型。

本节采用 ACO 算法，用蚂蚁搜索每个区间的边界，最终获得更好的分区。为了充分利用历史高阶数据，我们提出了一种模糊时间序列模型与自回归方法相结合的模型,使用百分比变化作为论域。实验结果表明,此模型的平均预测准确率高于其他现有模型。

4.6.2 概念综述

如图 4.6.1 所示,我们提出的模型采用 ACO 算法为高阶模糊时间序列模型搜索最优分区,然后采用列文伯格-马夸尔特(Levenberg-Marquard,LM)算法优化模糊时间序列模型的系数。

图 4.6.1　模型结构

1. 模糊时间序列

近年来,时间序列研究在处理精确数据方面取得了一定的进展。然而,在现实世界中,人们往往会遇到大量含有噪声的随机模糊序列。在这种情况下,基于传统时间序列的预测方法无能为力。幸运的是,科学界意识到模糊数学在解决这些问题上有很大的优势,将模糊数学的概念引入时间序列,提出了模糊时间序列的概念。与模糊时间序列相关的概念和符号如下:

设 U 是论域,$U=\{u_1,u_2,\cdots,u_n\}$,论域中的一个模糊集 A 可以定义为

$$A=f_A(u_1)/u_1+f_A(u_2)/u_2+\cdots+f_A(u_n)/u_n, \qquad (4\text{-}6\text{-}1)$$

其中 f_A 表示模糊集 A 的隶属函数。$f_A:U\to[0,1]$,$f_A(u_i)$ 表示 u_i 对模糊集 A 的隶属度,其中 $f_A(u_i)\in[0,1]$,$1\leqslant i\leqslant n$。

定义 1(模糊时间序列)　实数的一个子集 $Y(t)(t=0,1,2,\cdots)$ 是论域。假设 $f_i(t),i=0,1,2,\cdots$ 定义在 $Y(t)$ 上,$F(t)$ 是 $f_1(t),f_2(t),\cdots$ 的集合,则 $F(t)$ 被称为 $Y(t)$ 上的模糊时间序列。

定义 2　假设 $F(t)$ 仅由 $F(t-1)$ 决定,表示为 $F(t-1)\to F(t)$,则这种关系可以表示为 $F(t)=F(t-1)\circ R(t,t-1)$,称为 $F(t)$ 的一阶模型,$R(t,t-1)$ 是 $F(t)$ 和 $F(t-1)$ 之间的模糊关系,"$\circ$"是 Max-Min 组合算子。

定义 3　令 $R(t,t-1)$ 为 $F(t)$ 的一阶模型。如果对于任何 t,

$$R(t,t-1)=R(t-1,t-2),$$

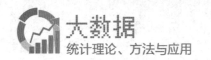

则称 $F(t)$ 为时序不变的模糊时间序列。否则，称它为时序可变的模糊时间序列。

定义 4 如果 $F(t)$ 由 $F(t-1), F(t-2), \cdots, F(t-k)$ 决定，则它们之间的模糊逻辑关系可以由高阶模糊逻辑关系表示。例如，k 阶模糊逻辑关系可以表示为

$$F(t-k), \cdots, F(t-2), F(t-1) \rightarrow F(t)。 \qquad (4\text{-}6\text{-}2)$$

定义 5 如果 $F(t)$ 由 $F(t-1), F(t-2), \cdots, F(t-k)$ 和 $G(t-1)$, $G(t-2), \cdots, G(t-j)$ 共同决定，其中 $G(t)$ 是另一个模糊时间序列，则将它们之间的模糊逻辑关系定义为多变量高阶模糊逻辑关系。

通常，模糊时间序列预测模型步骤如下：

第一步 确定和分割论域的间隔；

第二步 定义论域的模糊集，构造模糊时间序列；

第三步 派生模糊时间序列中存在的模糊关系；

第四步 对未来进行预测和模糊化。

在文献中，模糊关系 $R_{ij}(t, t-1)$ 通常由模糊对数关系规则表示，即如果……则……(if-then)IF-THEN 规则，通过将模糊逻辑关系分组成规则，然后应用"表查询"方法来进行预测。

2. 蚁群优化算法

元启发式优化（ACO）算法是一种相对较新的解决问题的方法，这种算法借鉴了昆虫或其他动物的社会行为。使用 ACO 算法解决组合优化问题最初被用来解决旅行商问题（traveling salesman problem，TSP）：一个旅行商要到访 n 个城市，如何安排路线以最小化总距离的问题，这是 NP-hard 问题。

ACO 算法的灵感来自蚂蚁搜索食物的方式。蚂蚁在寻找食物时，会在地面上留下一种称为信息素的化学踪迹。信息素的作用是通知其他蚂蚁此地食物的充足程度，蚂蚁则根据信息素的浓度选择路径。

ACO 算法如图 4.6.2 所示，步骤如下：

Step 1：Initialization.
Initialize the pheromone trail.
Step 2：Iteration.
For each Ant Repeat.
 — Solution construction using the pheromon trail.
 — Update the pheromone trail.
Until stopping criterria.

图 4.6.2 蚁群算法

第一步 初始化信息素踪迹。

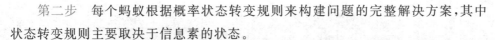

第二步　每个蚂蚁根据概率状态转变规则来构建问题的完整解决方案,其中状态转变规则主要取决于信息素的状态。

第三步　更新信息素的数量。整体的信息素更新规则分为两个部分:

(i) 部分信息素蒸发;

(ii) 每个蚂蚁释放和解的适应度成比例的信息素。

该迭代过程不断进行,直到满足停止标准为止。

3. LM 算法

LM 算法是高斯-牛顿法的一个常见替代方法,用来计算函数 $F(x,\boldsymbol{\beta})$ 的最小值,$F(x,\boldsymbol{\beta})$ 是非线性函数 $f_i(x,\boldsymbol{\beta})$ 的平方和,即

$$F(x,\boldsymbol{\beta}) = \sum_{i=1}^{m} [f_i(x,\boldsymbol{\beta})]^2 \text{。} \tag{4-6-3}$$

最小化过程开始之前,用户必须初始化参数向量 $\boldsymbol{\beta}$。在只有一个最小值的情况下,像 $\boldsymbol{\beta}^{\mathrm{T}} = (1,1,\cdots,1)$ 这样的初始化可以正常工作;在具有多个最小值的情况下,仅当初始猜测已经在某种程度上接近最终解时才会收敛。让 $\boldsymbol{J}_i$ 表示函数 $f_i(x,\boldsymbol{\beta})$ 的 Jacobian 矩阵 $\boldsymbol{J}_i = \dfrac{\partial f_i(x,\boldsymbol{\beta})}{\partial \boldsymbol{\beta}}$,然后 LM 算法在 (4-6-4) 式中的解 p 的方向上搜索:

$$(\boldsymbol{J}_k^{\mathrm{T}} \boldsymbol{J}_k + \lambda_k \boldsymbol{I}) \boldsymbol{\rho}_k = -\boldsymbol{J}_k^{\mathrm{T}} \boldsymbol{f}_k \text{,} \tag{4-6-4}$$

其中 λ_k 是非负标量,$\boldsymbol{I}$ 是单位矩阵,给定估计参数向量 $\boldsymbol{\beta}$ 的增量 $\boldsymbol{\rho}_k$。值得一提的是,该方法具有很好的属性:对于某些与 λ_k 有关的标量 ε,向量 $\boldsymbol{\rho}_k$ 是最小化约束子问题的解:

$$\min(\| \boldsymbol{J}_k \boldsymbol{\rho} + \boldsymbol{f}_k \|^2 / 2) \text{,} \tag{4-6-5}$$

$$\| \boldsymbol{\rho} \|_2^2 \leqslant \varepsilon \text{。} \tag{4-6-6}$$

当最小参数向量 $\boldsymbol{\beta} + \boldsymbol{\delta}$ 的平方和减少到预定值时,迭代停止,最后一个参数向量 $\boldsymbol{\beta}$ 被认为是最优参数。LM 算法被认为比高斯-牛顿法更为鲁棒,并且通常只需要更少的迭代就可以找到最优解。

4.6.3　高阶自回归模糊时间序列模型

本节详细介绍新型高阶模糊时间序列模型,并与传统的高阶模型进行比较。实验过程如图 4-6-3 所示,步骤如下:

第一步　将训练数据的股票收盘价的日变化(%)作为论域进行计算和使用。日变化百分比计算如下:

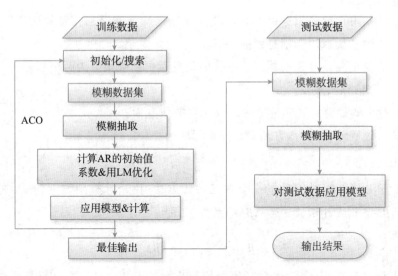

图 4.6.3 算法流程图

$$百分比变化_t = \frac{收盘_t - 收盘_{t-1}}{收盘_{t-1}}。 \tag{4-6-7}$$

那么论域的范围是由域的最大值和最小值来确定的。令 $D_{\max}$ 和 $D_{\min}$ 分别为百分比变化的最大值和最小值,则论域范围 $U = [D_{\min}, D_{\max}]$。

第二步 用 ACO 算法生成一个合适的论域分区。在 4.6.4 节中描述 ACO 的具体计算过程。这里,假设已经算出论域的分区,n 是间隔的数量,并且每个间隔被表示为 $u_1, u_2, u_3, \cdots, u_n$。

对于超出边界 $D_{\min}$ 和 $D_{\max}$ 的某些测试数据,我们定义两个间隔 u_0 和 u_{n+1},其中 $u_0 \in (-\infty, D_{\min})$,$u_{n+1} \in (D_{\max}, +\infty)$,并且这些模糊项的值属于这两个间隔,$m_0$ 和 m_{n+1} 分别表示 $D_{\min}$ 和 $D_{\max}$。

第三步 用模糊集表示的时间序列 $A_1, A_2, A_3, \cdots, A_n$ 定义如下:

$$A_1 = 1/u_1 + 0.5/u_2 + 0/u_3 + 0/u_4 + \cdots + 0/u_{n-1} + 0/u_n,$$
$$A_2 = 0.5/u_1 + 1/u_2 + 0.5/u_3 + 0/u_4 + \cdots + 0/u_{n-1} + 0/u_n,$$
$$A_3 = 0/u_1 + 0.5/u_2 + 1/u_3 + 0.5/u_4 + \cdots + 0/u_{n-1} + 0/u_n,$$
$$\cdots$$
$$A_n = 0/u_1 + 0/u_2 + 0/u_3 + 0/u_4 + \cdots + 0.5/u_{n-1} + 1/u_n。$$

每个历史数据被模糊化成一个模糊集。如果一个数据属于 u_i,则该数据被模糊化为 A_i,其中 $1 \leqslant i \leqslant n$。例如,当域分割如下时:
$$U = [-1.93\%, -1\%] \cup (-1\%, 0\%] \cup (0\%, 1\%] \cup (1\%, 2\%] \cup (2\%, 2.91\%]。$$
2000 年 1 月中国台湾股市收盘价被模糊化如表 4.6.1 所示。

表 4.6.1　中国台湾股市收盘价模糊化结果

日期$_t$	索引$_t$	收盘$_t$	百分比变化	模糊值
2000—1—4	1	8756.55	——	——
2000—1—5	2	8849.87	1.07%	A_4
2000—1—6	3	8922.03	0.82%	A_3
2000—1—7	4	8845.47	−0.86%	A_2
2000—1—10	5	9102.6	2.91%	A_5
2000—1—11	6	8927.03	−1.93%	A_1
2000—1—12	7	9144.65	2.44%	A_5
2000—1—13	8	9107.19	−0.41%	A_2
2000—1—14	9	9023.24	−0.92%	A_2
2000—1—15	10	9191.37	1.86%	A_4
2000—1—17	11	9315.43	1.35%	A_4
2000—1—18	12	9250.19	−0.70%	A_2
2000—1—19	13	9151.44	−1.07%	A_1
2000—1—20	14	9136.95	−0.16%	A_2
2000—1—21	15	9255.94	1.30%	A_4
2000—1—24	16	9387.07	1.42%	A_4
2000—1—25	17	9372.37	−0.16%	A_2
2000—1—26	18	9581.96	2.24%	A_5
2000—1—27	19	9628.98	0.49%	A_3
2000—1—28	20	9696.91	0.71%	A_3
2000—1—29	21	9636.38	−0.62%	A_2
2000—1—31	22	9744.89	1.13%	A_4

第四步　以上的步骤类似于模糊时间序列中使用的传统模糊化方法。

传统的高阶方法构建高阶模糊逻辑关系并进行预测的过程如下。

如果使用 k 阶模糊时间序列,则在时间 $t-k,\cdots,t-2,t-1$ 的模糊值分别是 $A_{i,k},\cdots,A_{i,2},A_{i,1}$,模糊逻辑关系组中只有一个模糊逻辑关系,如下所示:

$$A_{i,k},\cdots,A_{i,2},A_{i,1} \rightarrow A_{j,1}(x_1),A_{j,2}(x_2),A_{j,3}(x_3),\cdots,A_{j,p}(x_p),$$

其中 x_l 表示模糊逻辑关系 $A_{i,k},\cdots,A_{i,2},A_{i,1} \rightarrow A_{j,l}$ 出现次数的权值,那么在时间 t 的预测值计算如下:

$$\frac{x_1 \times m_{j,1} + x_2 \times m_{j,2} + \cdots + x_p \times m_{j,p}}{x_1 + x_2 + \cdots + x_p}, \tag{4-6-8}$$

其中 $m_{j,1},m_{j,2},\cdots,m_{j,p}$ 分别表示间隔 $u_{j1},u_{j2},\cdots,u_{jp}$ 的中间值。

假设存在 n 个模糊集,那么在一阶模糊时间序列模型中将存在 n^2 个可能的模糊逻辑关系,n 个可能的左侧规则(→在模糊关系中左边的公式)。为了确保每个可能的左侧规则至少出现一次,时间序列长度要求至少为 $n+1$。对于二阶模糊时间序列模型,它需要的长度至少为 n^2+2,并且在 k 阶模型中,它需要的长度至少为 n^k+k。即使一个数据集可以涵盖所有左边的规则,但更重要的是产生逻辑关系的准确权重,这样才能获得更好的预测结果,如此就需要更大的数据集。因此,传统的三阶或更高阶模糊时间序列模型难以产生好的预测结果。

为了解决上述传统高阶模糊时间序列模型的缺点,并利用历史信息,我们引入自回归模型的概念。该模型被称为高阶 AR 模糊时间序列模型。

根据传统的一阶模糊时间序列模型,我们可以在每个时间 t 生成 $F(t-1) \rightarrow F(t)$ 的模糊逻辑关系,并计算它们各自的权重。然后,我们可以根据公式(4-6-7)计算预测值 $\hat{y}_{t,1}$。如果我们考虑 $F(t-2)$ 和 $F(t)$ 之间的关系,它类似于生成 $F(t-2) \rightarrow F(t)$ 的模糊逻辑关系,并获得另一个预测值 $\hat{y}_{t,2}$,那么到 k 阶关系 $F(t-k) \rightarrow F(t)$,我们可以得到预测值 $\hat{y}_{t,k}$。

利用 k 阶 AR 模糊时间序列 $\hat{y}_{t,1}, \hat{y}_{t,2}, \cdots, \hat{y}_{t,k}$ 进行计算,模型的最终预测值计算如下:

$$\text{predicted}_t = \phi_1 \hat{y}_{t,1} + \phi_2 \hat{y}_{t,2} + \phi_k \hat{y}_{t,k}, \tag{4-6-9}$$

其中 ϕ_i 表示 $\hat{y}_{t,i}$ 的系数,$\phi_1 + \phi_2 + \cdots + \phi_k = 1$。第 l 个滞后系数代表了第 l 个滞后历史数据对预测结果的贡献程度。为了获得适当系数,自相关计算如下:

$$\hat{\rho}_l = \frac{\sum_{t=1}^{n-l}(y_t - \bar{y})(y_{t+l} - \bar{y})}{\sum_{t=1}^{n}(y_t - \bar{y})^2}, \tag{4-6-10}$$

其中 $\hat{\rho}_l$ 表示第 l 个滞后自相关,y_t 表示时间序列的值,$\bar{y}$ 表示时间序列的平均值。在得到 $\hat{\rho}_1, \hat{\rho}_2, \cdots, \hat{\rho}_k$ 后,系数 ϕ_i 的初始值计算如下:

$$\phi_i = \frac{\hat{\rho}_i}{\hat{\rho}_1 + \hat{\rho}_2 + \cdots + \hat{\rho}_k}。 \tag{4-6-11}$$

在获得系数的初始值之后,我们的模型采用 Levenberg-Marquardt 算法,通过不断的迭代进行系数优化,如图 4.6.3 所示。

4.6.4 ACO 分区算法

本小节介绍如何运行 ACO 算法搜索整个论域的合适分区。

如上一小节所述,论域可以表示为 $U = [D_{\min}, D_{\max}]$,其中 $D_{\max}$ 和 $D_{\min}$ 分别是百分比变化的最大值和最小值。假设论域可以分为 n 个间隔:$u_1, u_2, u_3, \cdots, u_n$,表示为

$$U = [D_{\min}, v_1] \bigcup (v_1, v_2] \bigcup \cdots \bigcup (v_{n-2}, v_{n-1}] \bigcup (v_{n-1}, D_{\max}].$$

$$(4\text{-}6\text{-}12)$$

为了对论域的分区进行编码,我们使用了基于 n 个浮点值的上升排列的表示方法:

$$s = (v_1, v_2, \cdots, v_{n-1}),$$

$$(4\text{-}6\text{-}13)$$

其中 v_i 表示间隔的边界。

为了应用 ACO 算法,通过将论域划分成相等长度的 m 个间隔来构建搜索图,然后获得 $m-1$ 个分割点:

$$M = (p_1, p_2, \cdots, p_{m-1}),$$

$$(4\text{-}6\text{-}14)$$

其中 p_i 表示第 i 个分割点, $m \gg n$。因此,分区的每个解决方案 s 可以是 M 的子集。在蚁群系统中,如图 4.6.4 所示,解决方案可以构造为:每个蚂蚁从 $D_{\min}$ 点开始,通过 $n-1$ 个分割点到达 $D_{\max}$ 点,其中 n 不是固定值。

图 4.6.4 蚁群建立分区过程

1. 初始化

上述讨论表明,在搜索图中存在 $m+1$ 个点(包括 $D_{\min}$ 和 $D_{\max}$),从而可以构建信息素的 $(m+1) \times (m+1)$ 矩阵。在迭代之前,信息素 F 的矩阵初始化如下:

$$\tau_{i,j}^0 = \tau_0, \quad i, j \in \{1, \cdots, m+1\},$$

$$(4\text{-}6\text{-}15)$$

其中, τ_0 是一恒定值。

2. 解构造

假设一只蚂蚁(解)通过点 $j, D_{\min}, v_1, v_2, \cdots, v_{j-1}$ 按升序排列,然后蚂蚁到下一个点有两种选择方式:

方式一　随机选择下一个点;

方式二　以一定概率选择与相关信息素成正比的下一个点:

$$\rho_{v_{j-1}, l} = \frac{\tau_{v_{j-1}, l}^k}{\sum_{r \neq v_{j-1}} \tau_{v_{j-1}, r}^k}, \quad l \in \{1, \cdots, m+1\}.$$

$$(4\text{-}6\text{-}16)$$

蚂蚁选择第一种方式的概率为 0.1,选择第二种方式的概率为 0.9。值得注意的是,在选择过程中,允许蚂蚁选择较小值。然而,当一个蚂蚁选择了一个值较小的点时,结束计算,然后 $D_{\max}$ 将自动添加到解决方案中,这样更有利于在一个大的搜索空间内找寻问题的最优解。

3. 更新信息矩阵

首先,我们模拟蒸发过程以更新信息素矩阵,通过以下公式减小矩阵值 F:

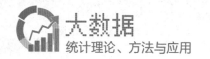
$$\tau_{i,j}^{k+1} = (1-\alpha)\tau_{i,j}^{k}, \quad i,j \in \{1,\cdots,m+1\}, \tag{4-6-17}$$

其中 $0<\alpha<1$(在我们的实验中 $\alpha=0.1$,值得注意的是实验结果表明它不是重要因素),k 表示迭代次数。如果 α 接近 0,信息素的影响将持续很长时间,否则它很快就会消失。

其次,信息素是解的强化函数,需要计算找到解的适应度值。我们将解(一种论域的分割)应用于高阶 AR 模糊时间序列模型来预测训练数据。预测后,均方误差(mean square error,MSE)计算如下:

$$\text{MSE} = \frac{\sum\limits_{t=1}^{N}(\text{actual}_t - \text{predicted}_t)^2}{N}, \tag{4-6-18}$$

其中 actual_t 表示实际值,predicted_t 表示预测值,N 表示训练数据的长度。显然,具有更多间隔的模糊时间序列模型更容易过度拟合,而间隔较短的模型具有更强的泛化性。所以 BIC(贝叶斯信息准则)被采用,计算如下:

$$\text{BIC} = \ln(\text{MSE}) + n\frac{\ln(N)}{N}, \tag{4-6-19}$$

其中 n 表示解(分区)的间隔数。BIC 越小,解越好。信息素值 F 的更新公式是:

$$\tau_{i,j}^{k+1} = (1-\alpha)\tau_{i,j}^{k} + \frac{\tau_0}{\text{BIC}}, \quad i,j \in \{1,\cdots,m+1\}。 \tag{4-6-20}$$

4. 停止准则

当最佳解未更新或过程达到最大迭代次数时,迭代过程将结束,然后采用具有最小 BIC 的解(分区),用于高阶 AR 模糊时间序列模型。

4.6.5 实验结果 ▶

1. 数据集

为了验证所提出的模型的有效性,需要大量的数据进行模拟测试。为此,本文将 1990 年至 2004 年期间的每日 TAI-EX 收盘价用作验证数据集,可从 http://finance.yahoo.com/网站下载[引用时间 2019-3-30]。然后将模型的性能与现有传统模糊时间序列模型的性能进行比较。每年 1 月至 10 月的数据用于建模,11 月和 12 月的数据用于预测。为了验证模型的预测性能,我们采用均方根误差(root mean square error,RMSE)的指标作为比较模型的评估指标,定义如下:

$$\text{RMSE} = \sqrt{\frac{\sum\limits_{t=1}^{N}(\text{actual}_t - \text{predicted}_t)^2}{N}}, \tag{4-6-21}$$

其中 N 表示需要预测的总天数，$predicted_t$ 表示第 t 天的预测值，$actual_t$ 表示第 t 天的实际值，$1 \leqslant t \leqslant N$。

为了确定高阶 AR 时间序列模型的最优解，我们对不同阶数的性能进行了比较。论域分为 7 个等长的间隔，然后计算出 TAIEX 预测结果的平均 RMSE。从图 4.6.5 可以看出，随着阶从 1 到 4 的增加，平均 RMSE 减小。然而，对于高于 4 的阶，效果开始变差，因为它们产生了过度拟合。而且，阶数越高，越容易出现过度拟合。因此，我们采用 4 阶 AR 模糊时间序列模型预测 TAIEX。

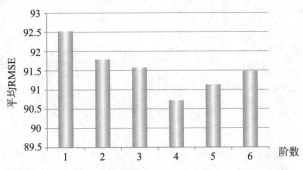

图 4.6.5　不同阶数的平均 RMSE 比较(1990—2004)

2. 算法性能

将提出的模型应用于 1990 年到 1999 年的 TAIEX 预测，并将模型的预测结果与传统模型、加权模型等 5 个模型进行比较，如表 4.6.2 所示。可以看出，我们提出的模型在所有 4 个测试区间都具有最小的 RMSE。对于平均 RMSE 来看，我们提出的模型获得最小值为 89.44，远远超过其他比较模型。

表 4.6.2　不同模型的 RMSE 比较(1990—1999 年)

	1990	1991	1992	1993	1994	1995	1996	1997	1998	1999	平均
传统模型 (Nodelman et al.,2003)	220.00	80.00	60.00	110.00	112.00	79.00	54.00	148.00	167.00	149.00	117.90
带权模型 (Nodelman et al.,2003)	227	61	67	105	135	70	54	133	151	142	114.5
陈和陈 (陈 & Larus,2005)	172.89	72.87	43.44	103.21	78.63	66.66	59.75	139.68	124.44	115.47	97.70
陈(Qin et al.,2011)	174.62	43.22	42.66	104.17	94.6	**54.24**	50.5	138.51	117.87	101.33	92.17
陈(Ghemawat,2003)	**156.47**	56.50	**36.45**	126.45	**62.57**	105.52	51.50	125.33	**104.12**	**87.63**	91.25
提出的模型	187.10	**39.58**	39.37	**101.80**	76.32	56.05	**49.45**	**123.98**	118.41	102.34	**89.44**

注：加粗的数字表示误差在所有的方法中是最小的。

在表 4.6.3 中,我们将 6 个模型进行了比较。对于 TAIEX 数据集(1999—2004),我们提出的模型优于现有预测模型。

表 4.6.3 不同模型的 RMSE 比较(1999—2004 年)

	1999	2000	2001	2002	2003	2004	平均
Yu(The Apache Software Foundction,2010)(U_FTS)	120.00	176.00	148.00	101.00	74.00	84.00	117.40
Huarng(Dean & Ghern awat, 2004)(use NASDAQ & DOW Jones & MIB)	N/A	154.42	124.02	95.73	70.76	72.35	103.46
Yu(SPSS,2007)(B_NN_FTS_S)	112	131	130	80	58	67	96.4
Chen and Chang(Fan & Shelton, 2009)(use NASDAQ & DOW Jones & MIB)	111.70	129.42	113.67	66.82	56.10	64.76	90.41
陈和陈(Sutter & Larus,2005)(use NASDAQ & DOW Jones)	116.64	123.62	123.85	71.98	58.06	57.73	91.98
陈(Qin et al.,2011)(use NASDAQ & DOW Jones)	101.33	**121.27**	114.48	67.18	52.72	52.27	84.88
陈(Ghe mawat et al.,2003)(PSO & SVM)	**87.63**	125.34	114.57	76.86	54.29	58.17	86.14
提出的模型	102.22	131.53	**112.59**	**60.33**	**51.54**	**50.33**	**84.75**

注:加粗的数字表示误差在所有的方法中是最小的。

为了进一步揭示提出模型的优点,查看我们改进的显著性,我们进行了 T 检验。令 d_j 表示改进率:

$$d_j = \frac{\overline{\text{RMSE}_j} - \text{RMSE}_j}{\overline{\text{RMSE}_j}}, \tag{4-6-22}$$

其中 RMSE_j 表示模型第 j 年的 RMSE,$\overline{\text{RMSE}_j}$ 表示要比较模型的第 j 年的 RMSE。然后,使用以下公式估计观察到的改善率的总体方差:

$$\sigma_d^2 = \frac{\sum_{j=1}^{k}(d_j - \overline{d})}{k(k-1)}, \tag{4-6-23}$$

其中 $\overline{d}$ 表示平均改善率。对于这种方法,我们需要使用 t 分布来计算间隔为 d 的置信区间:

$$d = \overline{d} \pm t_{(1-\alpha),(k-1)} * \sigma_d。 \tag{4-6-24}$$

从两个参数,即其置信水平为 $1-\alpha$ 和自由度为 $k-1$ 的 t 分布概率表中获得系

数 $t_{(1-a),(k-1)}$。

根据上述公式,在 95% 置信水平下,d 的置信区间可以这样计算:

$$d_{1990-1999} = 0.038 \pm 2.262 * 0.005,$$

$$d_{1999-2004} = 0.017 \pm 2.571 * 0.006。$$

两个置信区间均高于零,所以提出模型的改进具有统计学意义。

3. 预测细节

了解整体表现后,进一步探讨预测的细节,我们将 2012 年 1 月至 10 月期间 TAI-EX 收盘价作为训练数据,对 2012 年 11 月至 2013 年 1 月这三个月进行价格预测。这 3 个月的 RMSE 分别为 64.11,47.48 和 48.94,而三个月的 RMSE 平均值为 53.51。在图 4.6.6 中,可以看出预测值和实际值非常接近,股票价格趋势预测比较准确。

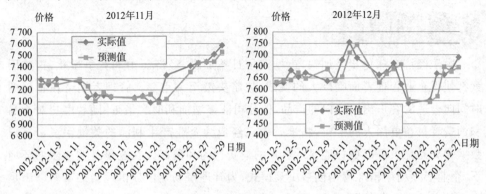

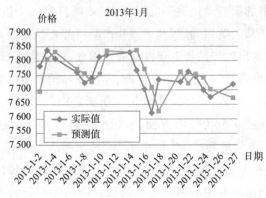

图 4.6.6　模型预测值与真实值的比较

4.6.6　小结 ▶

本节提出了一种基于模糊时间序列预测 TAIEX 的新模型。为克服传统高阶

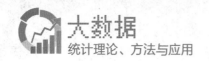

模糊时间序列模型的缺点,本节提出了 AR 高阶模糊时间序列模型。在采用经典 AR 模型概念的同时,我们的高阶模型更有效地利用了历史数据,被验证更适合于实际应用。本节还提出了一种基于 ACO 算法的新的启发式方法来分割论域,这是模糊时间序列模型的主要问题。与多因素模型相比,提出的模型是单变量模型,将 ACO 和 AR 算法结合,取得了较好的效果。实验结果表明,我们模型的平均预测准确率高于其他现有模型。

4.7 精准营销决策框架

4.7.1 引言

由于经济全球化步伐加快,市场竞争日益加剧,经济压力和竞争激化,这些因素都使得企业管理者面临巨大的挑战,战略决策至关重要。管理者期待在正确的时间向合适的客户出售定向的产品,使公司能够增加利润。最近,随着客户对产品和消费者权益更深入的了解,精准营销已经成为企业产生利润的关键手段。客户数据和交易记录可以更好地显示客户的消费行为和偏好。在竞争日益激烈的环境下,企业必须利用精准营销创造决策模式,为管理市场定位提供适当的策略以满足客户的需求。本节的研究动机源于实际项目,该项目是一个供应商或制造商为零售客户提供不同产品的营销问题,其中一些产品可能在某些客户群体中销售良好,有些可能不会,未售出的产品将退还供应商。因此,供应商需要找到一个良好的营销策略,尽量减少库存货物,并满足供应商、零售商和消费者的需求。

由于广泛的现实应用,近年来决策技术受到重视。学者们对决策技术进行了大量的研究。这些技术分为三个方面:多标准决策技术(multipe criteria decision making,MCDM),数学规划技术(mathematical programming,MP)和数据挖掘技术。MCDM 是一种方法框架,旨在为决策者提供建设性的替代方案。如今,数据挖掘可以从大数据提取有用的客户信息发现隐藏的客户行为,对指导决策和预测决策效果有很大的帮助。在做最终的决策时,人工智能(artificial intelligence,AI)也扮演了很重要的角色,AI 的决策支持框架被认为是使用遗传算法(genetic algorithm,GA)、人工蜂群优化等人工智能技术获取与历史数据集相关的信息的主要工具和数据挖掘技术。

然而,在实践中,选择一个好的数据挖掘工具并非易事,因为每个数据挖掘工具都有自己的优势和劣势。例如,人工神经网络(artificial neural network,ANN)

涉及太多的隐藏神经元和训练参数,计算量大并有可能出现过度拟合。然而,ANN 的优点是它具有检测目标和自变量之间复杂的非线性关系的能力。决策树易于使用和理解,与其他决策工具相比,它有许多优势,然而,决策树不够稳定且运算性能较低。最近,研究人员试图将各自模型的优点结合在一起,如多变量智能决策方法或两阶段群体决策方法等。

据我们所知,本节考虑的营销问题是一个新问题。为此,本节提出了一种结合各种数据挖掘算法以实现真实产品精准营销的决策框架。我们从中国的一家公司收集了包括历史每月供应量和每个客户信息的现实数据,目标是找到一个可以对目标客户进行分类并预测供应量的模型,然后提供精确营销策略,即决定每个商店所需的产品数量。根据营销模式各阶段的不同特征和要求,决策框架采用了 4 种数据挖掘模型,即 K 均值(K-means)算法、决策树、帕累托(Pareto)比率、RFM(recency,frenquency,monetary,最近一次消费,消费频率,消费金额)模型。总体而言,此决策框架结合了预测模型、聚类和分类模型的特点,预测更加准确。此外,所提出的框架工作将 RFM 模型和帕累托比率整合到客户分类过程中,使生成的策略更有说服力。

4.7.2　相关工作

由于单一的数据挖掘模型只能适用于特定问题,如预测、聚类或分类,在提出的框架中,我们结合了 4 种数据挖掘模型或算法,为企业制定精确的营销策略。

1. K-means 算法

将物理或抽象对象的集合分成由类似的对象组成的多个类的过程被称为聚类。由聚类所生成的簇是一组数据对象的集合,这些对象与同一个簇中的对象彼此相似,与其他簇中的对象相异。

聚类算法 K-means 是在 1967 年被首次提出的,该算法的有效性取决于初始化和簇数。K-means 的基本思想是发现 k 个簇,使得每个簇中的记录彼此相似,并且与其他簇中的记录不同。

K-means 是一种迭代算法:首先定义一组初始集合,然后重复更新簇,直到分类结果趋于恒定(或迭代次数超过指定阈值)为止。

K-means 算法由于其简单性和高效率而被广泛用于数据预处理和聚类中。K-means 已被学者用于识别有价值的客户并制定相关的营销策略的研究中。2009 年有学者使用 RFM 模型和 K-means 进行客户关系管理。实验结果表明,该模型能有效分析客户。

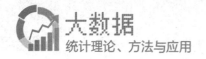

2. 决策树

决策树是一种十分常用的分类方法,是一种监管学习。它易于理解和实现,人们在学习过程中不需要了解很多的背景知识,这使它能够直接体现数据的特点,只要通过解释后使用者都有能力去理解决策树所表达的意义。

本研究使用 χ^2 自动相互作用检测器(Chi-squared automatic interaction detector,CHAID)决策树,这是一种数据库分割的决策树算法。CHAID 的概念首次在 1980 年被提出,用于预测和分类。像其他决策树一样,CHAID 的优势在于它的输出,高度可视化并易于解释。CHAID 类似于 RFM 方法,因为它可以识别在预期的利润和成本方面均衡的终端节点。因此,CHAID 被广泛应用于客户分类与输入和输出变量之间关联规则的提取。当在不确定性水平下形成客户细分时,CHAID 优于 RFM 和逻辑回归。此外,CHAID 还可以评估其对数据准确性问题的鲁棒性。所以在我们的研究中,使用 CHAID 来进行客户分类。

3. 帕累托比率

帕累托比率的概念来自"帕累托原则"(也称为 80-20 规则,重要的少数法则或因子稀疏原则)。这一规则是意大利经济学家帕累托在 1895 年首次提出的。这一规则也被称作"帕累托原则"。Pareto 注意到,在他所在的那个社会中,人自然地分成"重要的少数"(以金钱和社会影响来衡量占 20% 的上层社会优秀分子)和"不重要的多数"(底层的 80%)。他后来发现,实际上所有的经济活动都服从这一帕累托原则。例如 20% 的活动获得的成果在总成果中占 80%,20% 的客户占 80% 的销售量,20% 的产品或服务占 80% 的利润,20% 的任务占 80% 的价值,如此等等。这项研究使用营销订单百分比和客户比例(即帕累托比率),按类别来区分客户,较高的比率表示较大类别的客户。我们的实证研究表明,帕累托比率在实验中表现相当好。

4. RFM 模型

RFM 模型在 2000 年被提出,该模型在客户价值分析中很受欢迎,并被广泛应用于衡量客户终身价值和客户细分行为分析。RFM 模型也被用于多种情况,特别是选择聚类指标。最近研究人员利用 RFM 属性和 K-means 方法来改善企业的客户关系管理。在本节中,我们使用 RFM 模型来选择聚类变量,以便客观地建立聚类标准。

RFM 分割模型根据 3 个变量区分重要客户:消费间隔、消费频率和消费金额,其中

(i) R 表示"新近度",定义为最新消费行为与当前的时间间隔;间隔越短,R 值越大;

（ii）F 表示"频率"，定义为一段时间内的消费行为频繁次数；

（iii）M 代表"金额"，定义为一段时间内消费的金额。

研究表明，R 和 F 的值越大，相应的客户与该企业保持越频繁的贸易往来；此外，M 的值越大，相应的客户越有可能再次光顾该企业的产品和服务。

RFM 方法在客户细分方面非常有效。首先通过消费数据对客户进行排序，将最新的客户定位在前面，将客户分为几个组。然后，以与上述相同的方式对 F 和 M 进行标准化和分类，将每个客户定位在三维空间中，对应于 R，F 和 M 的坐标，最后降序排列这些 RFM，对客户进行分类。

4.7.3　决策框架

本节详细介绍了采用的方法。确定客户每周产品供应量的决策框架包括以下 4 个部分：

（i）数据准备：准备和分析客户的质量，以确定其目标；

（ii）供应量预测：用适当的模型预测每月供应量；

（iii）客户分类：使用 RFM 模型、聚类算法、决策树算法和帕累托比率对客户信息的每个维度进行分析，对客户进行分类；

（iv）市场决策：根据各种客户类别的特点做出适当的供应决策。

如图 4.7.1 所示。

图 4.7.1　决策框架

1. 数据

为了对客户进行分类，本节着重于以前订购产品的客户。因此，我们在构建决策模型之前对数据进行预处理。首先，其订单数量或订单次数为零的客户数据被丢弃。接下来，我们选择将在数据挖掘过程中使用的属性。基于 RFM 分析，选择用于聚类客户的输入属性。

2. 供应量预测

有许多数据挖掘算法如支持向量机（support vector machine，SVM）、神经网络和自回归积分滑动平均（autoregressive integrated moving average，ARIMA），可

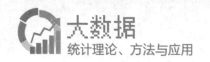

用于预测每月供应量。然而,我们的实验研究表明,这些算法不适合用于季节性特征来预测每月供应量,因为每个产品的供应数据不足,无法用于学习和测试。

在此,我们提出一个预测每月供应量的趋势模型。该模型根据供给数据的历史趋势,预测供应量。这个趋势是由平均值的变化来表示的,例如,预测第 m 年第 j 个月供货量,方法如下:

第一步 使用本年度供给数据,计算当前第 j 个月供应量的平均值。我们将平均值设为 $A[j]$,即

$$A[j] = \frac{S[m-3,j] + S[m-2,j] + S[m-1,j]}{3},$$

其中 $S[m,j]$ 表示第 m 年第 j 个月的供应量。

第二步 使用过去三年的供给数据计算第 $(j-1)$ 个月供应量的平均值,即通过步骤一计算 $A[j-1]$。

第三步 计算预测供应量 = 上个月的供应量 + $(A[j] - A[j-1])$,即

$$F[m,j] = F[m,j-1] + A[j] - A[j-1],$$

其中 $F[m,j]$ 表示第 m 年第 j 个月的预测供应量。值得注意的是,这种模式可以连续预测几个月的值。

上述模型考察了不同年份同一月份历史数据之间的关系,具有良好的预测性能。4.7.4 节将介绍不同预测模型之间的详细比较,以验证此模型的性能。

3. 消费者分类

客户分类使用 K-means、CHAID 和帕累托比率算法,如图 4.7.1 所示。K-means 算法使用基于 RFM 分析选择的属性对零售客户进行聚类。之后聚类结果为 CHAID 算法提供决策属性。对于 CHAID 算法的结果,如果客户类别中的客户数量非常多,并且在该客户类别中有一些高质量的客户,则我们进一步将该客户类别划分为更多子类别以优化分类性能。

首先,我们选择客户类别中影响客户业务结构的属性作为一个稳定的属性。然后,通过计算此属性的每个维度中的帕累托比率来细分此客户类别中的客户。最后,我们在这个属性的每个维度上使用帕累托比率来细分这些客户,以对比该客户类别的帕累托平均值(该属性的所有维度中的所有帕累托比率的平均值),其中帕累托比率计算如下:

$$帕累托比率 = \frac{营销百分比}{客户百分比}。$$

4. 市场决策

根据客户分类结果,每个客户类别的每周供应量策略可能不同。例如,如果关

键客户的累积订单数量跨度大且分散,那么分类策略就是尽可能地满足关键客户的需求。然而,这个策略不适用于其他类别的客户,因为他们的需求与主要客户相比更小。因此,供应商的供应量应根据其累积订购数量决定。推导这些客户策略的步骤如下:

第一步 确定哪个属性是参考属性。

第二步 找出属性值满足供应目标的参考属性值的客户,并计算这些客户的总和及其订单数量,总和及其订单数量分别表示为 S 和 OQ。

第三步 计算交叉供给量百分比(SQP)如下:

$$SQP = \frac{OQ}{SOQ},$$

其中 SOQ 表示指定客户类别中的客户的所有订单数量。

第四步 计算交叉供给量(IQ)如下:

$$IQ = \frac{SQ \cdot SQP}{S}。$$

第五步 供给量等于 IQ 的整数部分加 1。

4.7.4 实验结果

本节中使用的数据是从中国的一家公司获得的,数据包括六个产品:Smith,Howard,David,Edward,Yun,Edward1。生产信息包括每月供货量、订单量、订单次数、周数差、客户的级别、商业活动、经营规模、商业环境和营销类型等。详细情况见表 4.7.1。事实上,对这些数据进行了预处理,以确保公司业务信息的机密性。

表 4.7.1 产品属性信息

属性	描述	范围
订单量	一到六月,客户购买累积的订单量	数值
订单次数	一到六月,客户购买累积的订单次数	数值
周数差	客户最后一次订货距离 6 月 30 日之间的周数(简称周数差)	数值
客户的级别	客户运营的级别	1,2,3,4,5
商业活动	客户商业活动类型,如超市、专卖店等	A,…,Q 被用作表示每种类型
经营规模	客户经营规模	大、中、小规模
商业环境	客户商业环境的类型	a,…,k 被用作表示每种类型
营销类型	客户经营的位置	城市、乡村

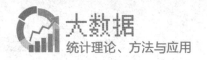

1. 预测模型比较

为了验证我们设计的趋势预测模型的性能,我们使用 Eviews(SARIMA),SPSS(SARIMA)和支持向量机(SVM)来预测不同产品的供应量。选择相对误差作为度量,计算如下:

$$相对误差率 = \frac{|F[m,j] - R[m,j]|}{R[m,j]} \times 100\%,$$

其中 $F[m,j]$ 表示第 m 年第 j 个月的预测供应量,$R[m,j]$ 表示第 m 年第 j 个月的实际供应量。2007 年 1 月至 2010 年 12 月的六种产品(Smith,Howard,David,Edward,Yun,Edward1)的数据用于预测 2011 年 1 月至 6 月的六个月值。不同模型的相对误差率显示在表 4.7.2 中。

表 4.7.2　供应量预测误差率

产品名称	SPSS(SARIMA)/%	Eviews(SARIMA)/%	SVM/%	趋势模型/%
Smith	24%	53%	21%	13%
Howard	12%	41%	22%	17%
David	70%	33%	17%	13%
Edward	149%	55%	102%	33%
Yun	29%	38%	38%	33%
Edward1	85%	30%	61%	13%
平均	62%	42%	43%	20%

表 4.7.2 中的数据显示,四种预测方法中我们设计的趋势模型的平均误差率最低,优于现有模型。其原因可能是 Eviews,SPSS 和 SVM 需要更多的历史供应量数据来构建良好的预测模型。

2. 实例研究

不失一般性,我们选择 Smith 商品来展示决策框架的使用过程。

基于 RFM 分析,我们评估了客户满意度、订单频率和购买时间间隔的重要性,因此这 3 个变量被用作聚类索引。更重要的是,CHAID 决策树的目标是确定订购量高的客户的活动。"客户级别""商业活动"和"运营规模"这 3 个属性被用作独立变量。该模型的输入属性如表 4.7.1 所示。

分析数据后,我们发现在 24 624 个客户中,有 451 个客户从未订购任何产品,即累积订单数量或累积订单次数为零。我们忽略这 451 位客户,仅将 24 173 名客户视为本案例客观客户。

3. 分类结果

从这个实验中发现,当聚成 3 类时,关键客户的"商业活动"的分布分散。相反,当我们分为 4,5 类时,关键客户的"商业活动"集中明确。分 4 类和 5 类的结果分别如表 4.7.3、表 4.7.4 所示,其中值是客户数。

表 4.7.3 K-means 聚类结果(4 类)

			属性		
			累积的订单量	累积的订单次数	周数差
类别 1	总计		2 028	2 028	2 028
	平均值		102	19	3
	最大值		61	27	24
	最小值		260	1	0
类别 2	总计		82	82	82
	平均值		382	20	1
	最大值		897	27	18
	最小值		262	4	0
类别 3	总计		2	2	2
	平均值		1 472	27	0
	最大值		1 669	27	0
	最小值		1 275	27	0
类别 4	总计		22 061	22 061	22 061
	平均值		16	7	8
	最大值		64	27	26
	最小值		1	1	0
总的	总计		24 173	24 173	24 173
	平均值		24	8	8
	最大值		1 669	27	26
	最小值		1	1	0

表 4.7.4 K-means 聚类结果(5 类)

			属性		
			累积的订单量	累积的订单次数	周数差
类别 1	总计		120	120	120
	平均值		331	21	2
	最大值		705	27	0
	最小值		223	4	18

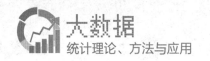

续表

		属性		
		累积的订单量	累积的订单次数	周数差
类别 2	总计	1	1	1
	平均值	1 669	27	0
	最大值	1 669	27	0
	最小值	1 669	27	0
类别 3	总计	2	2	2
	平均值	1 007	22	0
	最大值	1 275	27	0
	最小值	879	16	0
类别 4	总计	21 616	21 616	21 616
	平均值	15	7	8
	最大值	58	27	26
	最小值	1	1	0
类别 5	总计	2 435	2 435	2 435
	平均值	92	18	3
	最大值	222	27	24
	最小值	54	1	0
总的	总计	24 173	24 173	24 173
	平均值	24	8	8
	最大值	1 669	27	26
	最小值	1	1	0

表 4.7.3 中的平均值显示,第 2 类和第 3 类客户是主要客户,而第 1 类和第 4 类客户分别是中、小企业(即不重要的客户)。为了确定关键客户的"商业活动",我们使用"客户级别""商业活动"和"经营规模"作为 CHAID 决策树的输入属性。图 4.7.2 中显示了 4 个类别的决策树结果图的一部分。

基于图 4.7.2,我们确定节点 4 包含属于第 3 类的所有客户以及几乎三分之一的第 2 类的客户。这些客户的"商业活动"包括在下列集合中:D,H,K,N,Q(见表 4.7.1)。其他客户的"商业活动"显著分散。

从表 4.7.4 的平均值来看,我们确定第 2 类和第 3 类客户是主要客户,第 1 类,第 4 类和第 5 类的客户是小客户。然后,我们使用 CHAID 算法来确定关键客户的商业活动。图 4.7.3 中显示了 5 类决策树结果图的一部分。

根据图 4.7.3,我们发现节点 4(D,H,K,N,Q)包含属于第 2 类和第 3 类的所有客户。他们的"商业活动"包括在下列集合中:D,H,K,N,Q。其他客户的"商业活动"显著分散。

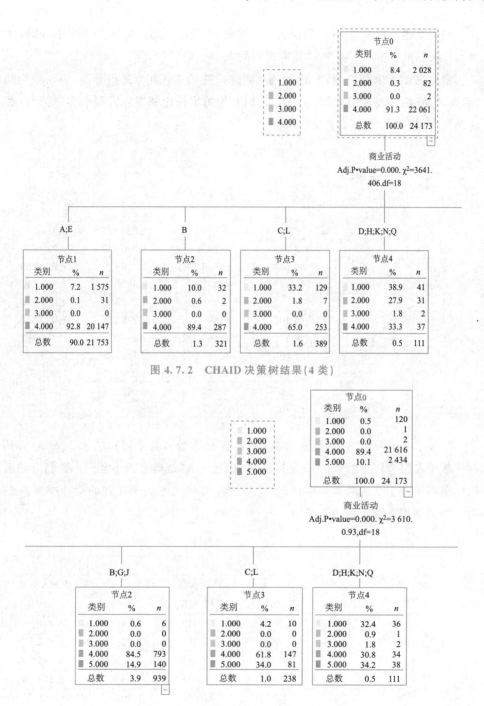

图 4.7.2　CHAID 决策树结果(4 类)

图 4.7.3　CHAID 决策树结果(5 类)

根据上述分析结果,我们确保第 1 类客户(关键客户)的"商业活动"是 D,H,K,N 和 Q。该类别有 111 个客户,占所有客户的 0.46%,其订单量占总数的 3.9%。

删除这 111 个客户,剩下的 24 062 名用户按帕累托比率进行分类,因为他们的"商业活动"的分布显著分散。因此,我们利用帕累托比率来分析剩余客户的"商业活动"。分析结果如表 4.7.5 所示。

表 4.7.5　每个商业活动的帕累托比率

商业活动	客户数量	订单数量	客户占比	订单量占比	帕累托值
A	21 445	471 620	89.123 9%	83.444 2%	0.936 272
B	321	8 274	1.334 1%	1.463 9%	1.097 353
C	126	6 981	0.523 6%	1.235 2%	2.358 755
E	308	5 712	1.28%	1.010 6%	0.789 538
F	887	35 588	3.686 3%	6.296 6%	1.708 109
G	496	15 147	2.061 3%	2.68%	1.300 112
I	151	7.876	0.627 5%	1.3935%	2.220 570
J	122	4 407	0.507%	0.779 7%	1.537 868
L	112	8 457	0.465 5%	1.496 3%	3.214 652
M	66	893	0.274 3%	0.158%	0.576 028
O	22	140	0.091 4%	0.024 8%	0.270 920
P	6	97	0.024 9%	0.017 2%	0.688 266
总数	24 062	565 192	100%	100.0%	—

从表 4.7.5 可以看出,商业活动"A"的客户数量占其余客户的 89.123 9%,其订单数量占整个订单数量的 83.444 2%。因此,"A"是典型的小客户。我们对帕累托比率不超过 1.0 的第 3 类客户进行了分类,并将比率大于 1.0 的第 2 类客户归类。详细结果总结在表 4.7.6 中。

表 4.7.6　客户分类结果

类别	个案汇总					
	商业活动	客户数量	客户占比	订单数量	订单量占比	帕累托类别比率
1	D	45	0.19%	12 676	2.16%	11.579 54
	H	11	0.05%	1 420	0.24%	5.306 609
	K	41	0.17%	5 628	0.96%	5.642 762
	N	13	0.05%	2 798	0.48%	8.847 607
	Q	1	0.00%	329	0.06%	13.524 38
	总数	111	0.46%	22 851	3.90%	44.900 9

续表

类别	个案汇总					
	商业活动	客户数量	客户占比	订单数量	订单量占比	帕累托类别比率
2	B	321	1.33%	8 274	1.41%	1.059 576
	C	126	0.52%	6 981	1.19%	2.277 553
	F	887	3.67%	35 588	6.05%	1.649 307
	G	496	2.05%	15 147	2.58%	1.255 355
	I	151	0.62%	7 876	1.34%	2.144 126
	J	122	0.50%	4 407	0.75%	1.484 926
	L	112	0.46%	8 457	1.44%	3.103 986
	总数	2 215	9.15%	86 730	14.76%	12.974 83
3	A	21 445	88.71%	471 620	80.20%	0.904 04
	E	308	1.27%	5 712	0.97%	0.762 358
	M	66	0.27%	893	0.15%	0.556 197
	O	22	0.09%	140	0.02%	0.261 593
	P	6	0.02%	97	0.02%	0.664 572
	总数	21 847	90.36%	478 462	81.36%	3.148 76
总的	A	21 445	88.71%	471 620	80.20%	0.904 04
	B	321	1.33%	8 274	1.41%	1.059 576
	C	126	0.52%	6 981	1.19%	2.277 553
	D	45	0.19%	12 676	2.16%	11.579 54
	E	308	1.27%	5 712	0.97%	0.762 358
	F	887	3.67%	35 588	6.05%	1.649 307
	G	496	2.05%	15 147	2.58%	1.255 355
	H	11	0.05%	1 420	0.24%	5.306 609
	I	151	0.62%	7 876	1.34%	2.144 126
	J	122	0.50%	4 407	0.75%	1.484 926
	K	41	0.17%	5 628	0.96%	5.642 762
	L	112	0.46%	8 457	1.44%	3.103 986
	M	66	0.27%	893	0.15%	0.556 197
	N	13	0.05%	2 798	0.48%	8.847 607
	O	22	0.09%	140	0.02%	0.261 593
	P	6	0.02%	97	0.02%	0.664 572
	Q	1	0.004%	329	0.06%	13.524 38
	总数	24 173	100.0%	588 043	100.0%	—

表 4.7.6 显示：

第 1 类的 111 个客户占所有客户的 0.46%,但订单数量为整个订单数量的 3.90%。第 1 类客户的"商业活动"的帕累托比率非常高,因此是"主要客户"。

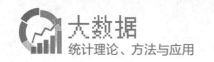

第2类客户数量为2 215户,占总量的9.15%,订单数量为整个订单数量的14.76%。第2类客户的"商业活动"的帕累托比率略高,因此是"展示客户"(订单数量百分比略高于客户数量百分比)。

第3类客户有21 847户,占全部客户的90.36%,但订单数量仅占全部客户的81.36%。第3类客户的"商业活动"的帕累托比率较小,因此是"小客户"。

至此我们将客户分为3类,但第3类客户数量太大。第3类共有21 847个客户,占客户总数的90.36%。为了确定第3个品牌中的高品质客户,我们优化了第3个客户类别的分类。

应该指出的是,"商业环境"这个属性影响了"小客户"的业务状况,并被认为是一个稳定的属性。因此,我们用"商业环境"细分"小客户"。如表4.7.7所示,当我们将帕累托比率大于第3类帕累托平均值的客户放在第3类中,并将其他类别放入第4类时,得到如表4.7.7所示的结果。

表 4.7.7　分类优化结果

商业环境	客户数量	客户占比	订单数量	订单量	帕累托值	类别
a	2 917	13.35%	63 779	13.33%	0.998 356	4
b	3 302	15.11%	65 420	13.67%	0.904 644	4
c	6 158	28.19%	126 882	26.52%	0.940 816	4
d	347	1.59%	8 765	1.83%	1.153 365	3
d	5 948	27.22%	137 508	28.74%	1.055 605	3
f	2 558	11.71%	60 427	12.63%	1.078 636	3
g	335	1.53%	8 142	1.70%	1.109 764	3
h	261	1.19%	7 201	1.51%	1.259 786	3
i	4	0.02%	87	0.02%	0.993 124	4
j	2	0.01%	38	0.01%	0.867 557	4
k	15	0.07%	213	0.04%	0.648 385	4
总数	21 847	1	478 462	1	11.010 04	—

然后,我们计算帕累托平均值为1.009 13,根据上述方式细分第3类和第4类客户,得到如表4.7.8所示的结果。

表 4.7.8　分类结果

类别	客户数量	客户占比	订单数量	订单量	帕累托值
1	111	0.46%	22 851	3.90%	44.900 9
2	2 215	9.15%	86 730	14.76%	12.974 83
3	9 449	39%	222 043	38%	0.974 3
4	12 398	51.3%	256 419	43.6%	0.85
总数	24 173	100.0%	588 043	100.0%	59.7

274

利用"商业环境",我们把"小客户"分为第 3 类和第 4 类。第 3 类 9 449 个客户占全部客户的 39%,帕累托比率为 0.9743。第 4 类 12 398 个客户占全部客户的 51.3%,帕累托比率为 0.85。

总而言之,我们获得了 4 个客户类别的结构,如图 4.7.4(a)~(f)所示。

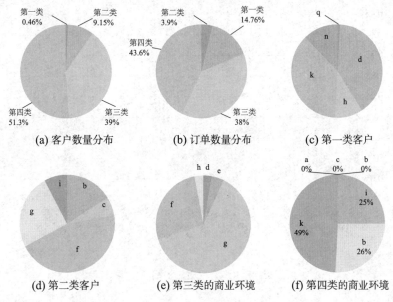

(a) 客户数量分布   (b) 订单数量分布   (c) 第一类客户

(d) 第二类客户   (e) 第三类的商业环境   (f) 第四类的商业环境

图 4.7.4　4 类客户结构

4. 周供应量决策

通过使用上述趋势预测模型,我们算出第 7 个月的"Smith"产品供应量为 152 299。每个月工作日 21 天如果客户每个工作日订购产品,那么每个工作日应该提供 7 252(152 299/21＝7 252)箱这种产品,或者每五个工作日提供 36 260 箱。如表 4.7.9 所示,我们根据 4 类"订单百分比"计算每个类别的供应量。

表 4.7.9　每周供应量

客户类型	客户数量	订单数量	客户占比	订单量	周供应量
1	111	22 851	0.46%	3.90%	1 414
2	2 215	86 730	9.15%	14.76%	5 366
3	9 449	222 043	39%	38%	13 779
4	12 398	256 419	51.3%	43.6%	15 701
总数	24 173	588 043	100.0%	100.0%	36 260

(1) 第 1 类客户的供应决策。

根据我们的模型,可以获得第 1 类客户的订单数量-频率关系,如图 4.7.5 所示。我们可以看到订单数量跨度大而分散,难以制定统一的投放规则。若不能很好地满足这类客户的需求,企业会失去一些客户。因此,更好的策略是尽可能地满足客户的需求。前提是总供应量不能超过整个月的需求量。因此,"Smith"产品应尽可能以满足第1类客户需求,但总数不能超过 1 414。

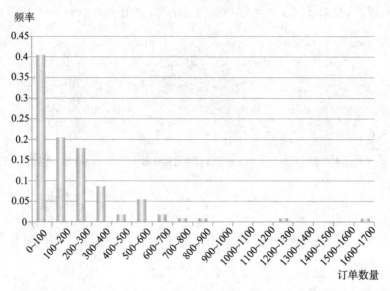

图 4.7.5 第 1 类客户订单数量-频率关系图

(2)第 2 类客户的供应决策。

由于第 2 类客户是"展示客户",满足客户需求的策略可能会造成不必要的浪费。因此,为了实现准确供应,第 2 类客户的供应策略必须考虑到"商业活动""经营规模""营销类型""客户级别"和"客户数量"与"客户活动"相交。

根据上述模型,先计算初始供应量,然后获得初始供应策略,如表 4.7.10 所示。

表 4.7.10 第 2 类客户的供应策略

商业活动	经营规模	营销类型	客户级别				
			5	4	3	2	1
B	大规模	城镇	3	2	0	2	0
		农村	1	5	1	0	0
	中等规模	城镇	3	2	3	2	1
		农村	0	1	2	1	1
	小规模	城镇	2	2	1	1	1
		农村	0	1	1	0	0

续表

商业活动	经营规模	营销类型	客户级别				
			5	4	3	2	1
C	大规模	城镇	5	4	3	5	3
		农村	0	2	10	0	0
	中等规模	城镇	0	3	5	0	0
		农村	0	1	0	0	0
	小规模	城镇	0	3	0	0	0
		农村	0	0	1	0	0
F	大规模	城镇	8	4	1	3	1
		农村	4	0	0	0	0
	中等规模	城镇	3	2	2	2	2
		农村	4	4	0	0	2
	小规模	城镇	2	2	1	2	2
		农村	3	2	2	0	1
G	大规模	城镇	7	4	5	0	3
		农村	0	3	0	0	0
	中等规模	城镇	3	2	2	1	1
		农村	4	4	0	4	0
	小规模	城镇	3	1	1	1	1
		农村	1	1	1	0	0
I	大规模	城镇	5	6	0	0	0
		农村	0	0	0	0	0
	中等规模	城镇	4	3	1	0	0
		农村	5	0	0	0	0
	小规模	城镇	3	1	1	3	3
		农村	0	0	0	0	0
J	大规模	城镇	5	2	3	1	0
		农村	0	0	0	0	0
	中等规模	城镇	3	2	4	3	2
		农村	0	1	1	3	1
	小规模	城镇	9	0	0	1	4
		农村	0	1	0	0	0
L	大规模	城镇	6	3	7	2	0
		农村	17	11	9	0	0
	中等规模	城镇	3	4	1	1	11
		农村	0	1	0	0	0
	小规模	城镇	0	0	1	0	0
		农村	0	0	0	0	0

（3）第 3 类客户的供应决策。

第 3 类客户的供应策略与第 2 类客户的供应策略原理一致。只是将商业活动用商业环境代替,供应策略见表 4.7.11。

表 4.7.11　第 3 类客户的供应策略

商业环境	经营规模	营销类型	客户级别				
			5	4	3	2	1
d	大规模	城镇	4	21	1	0	5
		农村	1	1	0	0	0
	中等规模	城镇	1	1	1	0	1
		农村	1	1	1	0	0
	小规模	城镇	0	1	1	1	1
		农村	1	1	1	1	0
e	大规模	城镇	2	1	1	1	1
		农村	2	2	2	0	0
	中等规模	城镇	1	1	1	1	1
		农村	1	1	1	1	1
	小规模	城镇	1	1	1	1	1
		农村	1	1	1	1	1
f	大规模	城镇	2	1	1	1	0
		农村	2	2	2	1	0
	中等规模	城镇	1	1	1	1	1
		农村	1	1	1	1	1
	小规模	城镇	1	1	1	1	1
		农村	1	1	1	1	1
g	大规模	城镇	1	2	0	0	0
		农村	2	2	0	1	0
	中等规模	城镇	0	1	0	0	1
		农村	2	1	1	1	1
	小规模	城镇	0	1	1	0	1
		农村	0	1	1	1	0
k	大规模	城镇	2	1	0	0	0
		农村	3	2	1	3	0
	中等规模	城镇	1	1	1	1	1
		农村	1	1	2	1	1
	小规模	城镇	0	1	1	1	1
		农村	1	1	1	1	1

（4）第 4 类客户的供应决策。

第 4 类客户的供应策略与第 3 类客户的供应策略相同,如表 4.7.12 所示。

表 4.7.12　第 4 类客户的供应策略

商业环境	经营规模	营销类型	客户级别				
			5	4	3	2	1
a	大规模	城镇	3	1	3	2	0
		农村	1	1	2	0	1
	中等规模	城镇	1	1	1	1	1
		农村	1	1	1	1	1
	小规模	城镇	1	1	1	1	1
		农村	1	1	1	1	1
b	大规模	城镇	2	1	1	1	1
		农村	2	1	2	0	1
	中等规模	城镇	1	1	1	1	1
		农村	1	1	1	1	1
	小规模	城镇	1	1	1	1	1
		农村	1	1	1	1	1
c	大规模	城镇	2	1	1	2	1
		农村	1	1	3	1	0
	中等规模	城镇	1	1	1	1	1
		农村	1	1	1	1	1
	小规模	城镇	1	1	1	1	1
		农村	1	1	1	1	1
i	大规模	城镇	1	0	0	0	0
		农村	0	0	0	0	0
	中等规模	城镇	0	0	1	0	0
		农村	0	0	0	0	0
	小规模	城镇	0	0	0	0	0
		农村	0	0	0	0	0
j	大规模	城镇	0	1	0	0	0
		农村	0	0	0	0	0
	中等规模	城镇	0	0	0	0	0
		农村	0	1	0	0	0
	小规模	城镇	0	0	0	0	0
		农村	0	0	0	0	0
k	大规模	城镇	3	1	0	0	0
		农村	0	0	0	0	0
	中等规模	城镇	1	1	1	0	0
		农村	0	0	0	0	0
	小规模	城镇	0	1	0	0	0
		农村	0	0	0	0	1

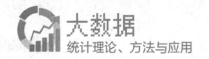

4.7.5 小结

本节结合了趋势预测模型 RFM、K-means 和 CHAID 算法,提出了一个综合决策框架。计算结果表明,本节提出的趋势预测模型优于商业软件中现有的预测模型,如 SARIMA 和 SVM,综合决策框架能够有效地提供决策分析。

1. 研究贡献

该框架提出了预测供应量趋势的预测模型。这种趋势预测模型比其他预测模型更有效。此外,该框架能够基于 K-means 和 CHAID 决策树的组合来准确地提取客户类别特征。据我们所知,本文是对实际营销问题提出的一种决策框架。在此基础上,企业可以针对不同客户类别制定精确的供应策略,以多种方式针对高潜力客户,包括新产品,提供决策分析,以获得更高的收益。这是双赢的,因为企业可以利用供应策略来最大化利润,同时保持足够的客户满意度。此外,案例研究表明,这种决策框架是有效的,可以帮助企业规划其营销策略。我们的模型被应用于现实营销系统,将库存减少了约 20%,使得企业的利润得到改善。

2. 研究局限

尽管做出了这些工作,但提出的框架仍然存在一些限制:

第一,预测模型很简单。每个预测模型都有其优点,将它们结合在一起可以取得更好的效果。

第二,K-means 中的簇数量限于 CHAID 树的结果。因此,很难确定簇的数量。

第三,历史数据还不够多,导致结果可能有所偏差。我们发现数据量会严重影响预测模型的准确性,需要更多的历史数据来提高预测模型的有效性。

3. 研究前景

基于本文的局限性和计算结果,我们提出了未来研究的一些潜在方向。

第一个重点研究方向是预测模型。我们的计算结果表明,每个模型都有其优点,不同的模型通常得到不同的结果。因此,结合本文使用的不同预测模型来设计综合预测模型将是一个有趣的研究方向。

未来研究的第二个方向是如何根据现实世界的应用选择最合适的模型。

最后,我们的实验表明,模型的准确性受参数选择的影响很大。因此,开发可以动态调整参数的算法是一个很好的研究方向。

4.8 总结与展望

在当今大数据的背景之下,越来越多的研究和应用领域将需要使用大数据并行计算技术,大数据技术将渗透到每个涉及大规模数据和复杂计算的应用领域中,本章我们研究了大数据的 5 种处理方式。

1. 基于 Map-Reduce 的马尔可夫毯贝叶斯网络学习

贝叶斯网络已被广泛应用于机器学习领域。然而,它的计算复杂性限制了它的应用,处理大数据更加复杂。Map-Reduce 通常用于大量数据的并行计算。我们研究了基于 Map-Reduce 框架的 MBBN 的实现。就我们所知,本章是首个使用 Map-Reduce 实现 MBBN 的工作。4 大数据集用于测试 MBBN 的性能,计算结果表明,Map-Reduce 上实现的 MBBN 可以获得加速以及更好的准确率。

2. 基于 Hadoop 的并行关联规则挖掘方法

我们提出了基于云计算平台(基于 Hadoop 的阵列)挖掘关联规则的并行算法。ABH 算法仅访问数据库一次,使用 0/1 数组表示一个事务并记录同一个事务的频率。此外,通过利用阵列的随机访问特征和频繁项集的特殊性,ABH 有效减少了频繁候选项集的数量,可以快速找到频繁项集。我们通过实验比较了 ABH 算法与两种经典算法 CD 和 DD,发现 ABH 算法优于 CD 和 DD 算法,达到了优化目标。

3. 基于分类问题的特征排序算法

我们提出了一种新的特征提取方法 MRMD,分类效率明显提高,并且保证分类精度不会显著下降。我们的方法避免了复杂的计算,使用新的度量索引来对特征进行排序,并确保特征选择的稳定性。本方法对图像分类和 PPI 数据集进行了实验。我们通过比较两种特征提取方法来分析稀疏影响。实验结果表明,我们的方法在高维和大规模实例的数据集上具有更大的优势。

4. 模糊时间序列预测模型

我们提出了一种基于模糊时间序列预测模型——AR 高阶模糊时间序列模型,以解决传统高阶模糊时间序列模型的缺点。在采用经典 AR 模型概念的同时,我们的高阶模型更有效地利用了历史数据,实验结果表明,提出模型更适合于实际

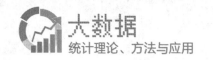

应用。本章还提出了一种基于 ACO 算法的启发式方法来分割论域,这是模糊时间序列模型的主要问题。与多因素模型相比,我们提出的模型是单变量模型,将 ACO 算法和 AR 模型结合,取得了较好的效果。实验结果表明,我们的模型的平均预测准确率高于其他现有模型。

5. 精准营销决策框架

我们提出了一个综合决策框架,结合了趋势预测模型,K-means 和 CHAID 算法,其中提出的趋势预测模型优于商业软件中现有的预测模型,如 SARIMA 和 SVM。RFM 用于选择 K-means 算法的属性。聚类结果用于 CHAID 算法的决策属性。帕累托比率进一步用于划分主要客户。

本章我们对贝叶斯网络、关联规则、决策树等算法,实现了基于 Map-Reduce 的并行算法,并且研究了大数据背景下模糊时间序列预测以及精准营销策略的问题,并提出了有效的算法。最后,感谢国家自然科学基金、华为、易联众、融通信息等公司,你们的资助,让我们的研究得以持续进行,并获得好的研究成果,汇总在本章,供大家学习和参考。

参 考 文 献

Agrawal R,Imieliski T,Swami A,1993.Mining association rules between sets of items in large database[C].Proceedings of ACM SIGMOD international conference on management of data (SIGMOD):207-216.

Agrawal R,Shafer J C,1996.Parallel mining of association rules:design,implementation and experience[J].Special issue in data mining,IEEE Trans.on knowledge and data engineering, IEEE computer society,8(6):962-969.

Akın M,2015.A novel approach to model selection in tourism demand modeling[J].Tourism management,48:64-72.

Aliferis C V,Tsamardinos I, Statnikov A,2003.HITON, a novel Markov blanket algorithm for optimal variable selection [C].In proceedings of the American medical informatics association (AMIA) fall symposium.

Apache Hadoop[引用时间 2019-3-31].Hadoop [EB/OL].http://hadoop.apache.org/.

Apache HDFS[引用时间 2019-3-31]. HDFS [EB/OL]. http://hadoop. apache. org/docs/stable/hadoop-project-dist/hadoop-hdfs/HdfsUserGuide.html.

Apache MapReduce[引用时间 2019-3-31].MapReduce[EB/OL].http://hadoop.apache.org/docs/stable/hadoop-mapreduce-client/hadoop-mapreduce-client-core/MapReduceTutorial.html.

Baralis E,Cagliero L,2014.RIB:a robust itemset-based Bayesian approach to classification[J].Knowledge based systems,71:366-375.

Basak A,Brinster I,Ma X,2012.Accelerating Bayesian network parameter learning using Hadoop and MapReduce[C].In proceedings of the 1st international workshop on big data, streams and heterogeneous source mining:algorithms, systems, programming models and applications, BigMine '12, New York, NY, USA. ACM:101-108.

Bromberg F,Margaritis D,2007.Efficient and robust independence-based Markov network structure discovery[C]. IJCAI07.

Bromberg F, Margaritis D, Honavar V, 2009. Efficient Markov network structure discovery using independence tests[J]. Journal of artificial intelligence research, 35:449-484.

Cai Q S, Zhang D F, Wu B, et al., 2013. A novel stock forecasting model based on fuzzy time series and genetic algorithm [C]. The 13th international conference on computational science (ICCS): procedia computer science, 18:1155-1162.

Chai J, Liu J N, Ngai E W, 2013. Application of decision-making techniques in supplier selection: a systematic review of literature[J]. Expert systems with applications, 40(10):3872-3885.

Chang B, Hung H F, 2010. A study of using RST to create the supplier selection model and decision-making rules[J]. Expert systems with applications, 37(12):8284-8295.

Chen D, Sain S L, Guo K, 2012. Data mining for the online retail industry: a case study of RFM model-based customer segmentation using data mining[J]. Journal of database marketing & customer strategy management, 19(3):197-208.

Chen L Y, Wang T C, 2009. Optimizing partners' choice in IS/IT outsourcing projects: the strategic decision of fuzzy VIKOR[J]. International journal of production economics, 120(1):233-242.

Chen S M, 1996. Forecasting enrollments based on fuzzy time series[J]. Fuzzy sets and systems, 81(3):311-319.

Chen S M, 2002. Forecasting enrollments based on high-order fuzzy time series[J]. Cybernetics and systems, 33(1):1-16.

Chen S M, Chang Y C, 2010. Multi-variable fuzzy forecasting based on fuzzy clustering and fuzzy rule interpolation techniques[J]. Information sciences, 180(24):4772-4783.

Chen S M, Chen C D, 2011. TAIEX forecasting based on fuzzy time series and fuzzy variation groups[J]. IEEE transactions on fuzzy systems, 19(1):1-12.

Chen S M, Chu H P, Sheu T W, et al., 2012. TAIEX forecasting using fuzzy time series and automatically generated weights of multiple factors[J]. IEEE transactions on systems, man and cybernetics, Part A: systems and humans, 42(6): 1485-1495.

Chen S M, Kao P Y, 2013. TAIEX forecasting based on fuzzy time series, particle swarm optimization techniques and support vector machines[J]. Information sciences, 247:62-71.

Chen S M, Tanuwijaya K, 2011. Multivariate fuzzy forecasting based on fuzzy time series and automatic clustering techniques[J]. Expert systems with applications, 38(8):10594-10605.

Cheng C H, Chen Y S, 2009. Classifying the segmentation of customer value via RFM model and RS theory[J]. Expert systems with applications, 36(3):4176-4184.

Cheng L, Hou Z G, Lin Y, et al., 2011. Recurrent neural network for non-smooth convex optimization problems with application to the identification of genetic regulatory networks[J]. IEEE transactions on neural networks, 21(5):714-726.

Cheng L, Hou Z G, Tan M, 2008. A neutral-type delayed projection neural network for solving nonlinear variational inequalities[J]. IEEE transactions on circuits and systems II: express briefs, 55(8):806-810.

Cheng L, Hou Z G, Tan M, 2010. Neural-network-based adaptive leader-following control for multi-agent systems with uncertainties[J]. IEEE transactions on neural networks, 21(8):1351-1358.

Cheng Y C, Li S T, 2012. Fuzzy time series forecasting with a probabilistic smoothing hidden Markov model[J]. IEEE transactions on fuzzy systems, 20(2):291-304.

Cheung D W, Han J W, Ng V T, et al., 1996. A fast distributed algorithm for mining association rules[C]. Proceedings of IEEE the 4th international conference parallel and distributed information systems. Miami Beach, Florida:31-44.

Cheung D, Xiao Y, et al., 1998. Effect of data skewness in parallel mining of association rules[J]. Lecture notes in computer science, 1394(Aug):48-60.

Chow C K, Liu C N, 1968. Approximating discrete probability distributions with dependence trees[J]. IEEE transactions on information theory, 14:462-467.

Chu C T, Kim S K, Lin Y A, et al., 2006. Map-Reduce for machine learning on multicore[C]. In proceedings of the confe-

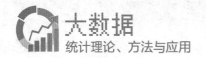
rence on advances in neural information processing systems (NIPS):281-288.

Coussement K,Van den Bossche F A,De Bock K W,2014.Data accuracy's impact on segmentation performance:benchmarking RFM analysis,logistic regression,and decision trees[J]. Journal of business research,67(1):2751-2758.

Dean J,Ghemawat S,2004. MapReduce:simplified data processing on large clusters[C].In proceedings of the 6th conference on symposium on opearting systems design & implementation,6 (OSDI'04), USENIX Association, Berkeley, CA, USA:10.

Dean J,Ghemawat S,2004.MapReduce:simplied data processing on large clusters[M].The proceedings of the 6th symposium on operating system design and implementation.New Work: ACM Press:137-150.

Ding C,Yuan L F,Guo S H,et al.,2012. Identification of mycobacterial membrane proteins and their types using over-represented tripeptide compositions[J].Journal of proteomics,77:321-328.

Ding H,Deng E Z,Yuan L F,et al.,2014.ICTX-Type: a sequence-based predictor for identifying the types of conotoxins in targeting ion channels[J].Biomedicine and Biotechnology(4):286419.

Ding H,Feng P M,Chen W,2014.Identification of bacteriophage virion proteins with the ANOVA feature selection and analysis[J]. Molecular biosystems,10:2229-2235.

Ding H,Guo S H,Deng E Z,et al.,2013.Prediction of Golgi-resident protein types by using feature selection technique[J]. Chemometrics and intelligent laboratory systems,124:9-13.

Ding H, Lin H, Chen W, 2014. Prediction of protein structural classes based on feature selection technique [J]. Interdisciplinary sciences:computational life sciences,6(3):235-240.

Dorigo M,Birattari M,Stützle T,2006.Ant colony optimization-artificial ants as a computational intelligence technique[J]. IEEE computational intelligence magazine,1(4):28-39.

Dorigo M,Stützle T,2004.Ant colony optimization[M]. CambridgeMA:MIT Press.

Fan Y,Shelton C R,2009.Learning continuous-time social network dynamics[C].In the 25th conference on uncertainty in articial intelligence (UAI):161-168.

Friedman N,Geiger D,Goldszmidt M,1997..Bayesian network classifiers[J].Machine learning,29:131-163.

Gangwar S S,Kumar S,2012.Partitions based computational method for high-order fuzzy time series forecasting[J].Expert systems with applications,39(15):12158-12164.

Ghasab M A J,Khamis S,Mohammad F,et al.,2015.Feature decision-making ant colony optimization system for an automated recognition of plant species[J].Expert systems with applications,42(5):2361-2370.

Ghemawat S,Gobioff H,Leung S T,2003.The Google file system[C].Proceedings of the nineteenth ACM symposium on Operating systems principles,37(5):29-43.

Gonzalez J E,Low Y C,Guestrin C,2009.Residual splash for optimally parallelizing belief propagation[J]. Journal of machine learning research,5:177-184.

Guo X,Yuan Z,Tian B,2009.Supplier selection based on hierarchical potential support vector machine[J].Expert systems with applications,36(3):6978-6985.

Guo Z X,Wong W K,Li M,2013.A multivariate intelligent decision-making model for retail sales forecasting[J].Decision support systems,55(1):247-255.

Guyon I,Elisseeff A,2003.An introduction to variable and feature selection[J].The journal of machine learning research, 3:1157-1182.

Han E H,Kaprypis G,Kumar V,1997.Scalable parallel data mining for association rules[C]. Proceedings of ACM SIGMOD international conference on management of data(SIGMOD).Tucson: ACM Press:277-288.

Han E H,Karypis G,Kumar V,1997.Scalable parallel data mining for association rules[M]. ACM Press.

Han J W,2007.Data mining:concepts and techniques[M]. Fan M, Meng X F,translation. Beijing: China Machine Press,

3:146-183.

He Q,Du C,Wang Q,2010.A parallel incremental extreme SVM classifier[J].Neurocomputing,74:2532-2540.

He Q,Shang T,Zhuang F,et al.,2013.Parallel extreme learning machine for regression based on MapReduce[J].Neurocomputing,102:52-58.

Hou Z G,Cheng L,Tan M,2010.Multi-criteria optimization for coordination of redundant robots using a dual neural network[J].IEEE transactions on systems,man,and cybernetics,Part B: cybernetics,40(4):1075-1087.

Hsu B M,Chiang C Y,Shu M H,2010.Supplier selection using fuzzy quality data and their applications to touch screen[J].Expert systems with applications,37(9):6192-6200.

Huarng K H,Yu T H K,Hsu Y W,2007.A multivariate heuristic model for fuzzy time-series forecasting[J].IEEE transactions on systems,Man,and Cybernetics,Part B:cybernetics,37(4):836-846.

Huarng K,2001.Effective lengths of intervals to improve forecasting in fuzzy time series[J].Fuzzy sets and systems,123(3):387-394.

Huarng K,2001.Heuristic models of fuzzy time series for forecasting[J].Fuzzy sets and systems,123(3):369-386.

Huarng K,Yu T H K,2006.The application of neural networks to forecast fuzzy time series[J].Physica A,363(2):481-491.

Hughes A M,2000.Strategic database marketing: the masterplan for starting and managing a profitable,customer-based marketing program[M].

Jeon H,Xia Y,Prasanna V,2010.Parallel exact inference on a CPU-GPGPU heterogenous system[C].In IEEE 39th international conference on parallel processing (ICPP):61-70.

Ji R R,Duan L Y,Chen J,et al.,2012.Location discriminative vocabulary coding for mobile landmark search[J].International journal of computer vision,96(3):290-314.

Ji R R,Duan L Y,Chen J,et al.,2013.Learning to distribute vocabulary indexing for scalable visual search[J].IEEE transactions on multimedia,15(1):153-166.

Ji R R,Gao Y,Hong R C,et al.,2014.Spectral-spatial constraint hyperspectral image classification[J].IEEE transactions on geoscience and remote sensing,52(3):1811-1824.

Ji R R,Yao H X,Liu W,2012.Task-dependent Visual-codebook compression[J].IEEE transactions on image processing,21(4):2282-2293.

Ji R R,Yao H X,Sun X S,2011.Actor-independent action search using spatiotemporal vocabulary with appearance hashing[J].Pattern recognition,44(3):624-638.

Ji R R,Yao H X,Tian Q,et al.,2012.Context-aware semi-local feature detector[J].ACM transactions on intelligent systems and technology,3(3):44.

Kao H,Chen B,2014.Efficiency classification by hybrid Bayesian networks:the dynamic multidimensional models[J].Applied soft computing,24: 842-850.

Kass G V,1980.An exploratory technique for investigating large quantities of categorical data[J].Applied statistics,29(2):119-127.

Kearns M,1999.Efficient noise-tolerant learning from statistical queries[J].Journal of the ACM,45(6):392-401.

Keles A,Kolcak M,Keles A,2008.The adaptive neuro-fuzzy model for forecasting the domestic debt[J].Knowledge-based systems,21:951-957.

Kenneth L,1994.A method for the solution of certain non-linear problems in least squares[J].Quarterly of applied mathematics:164-168.

L F F,Fergus R,Perona P,et al.,2006.One-shot learning of object categories[J].IEEE transactions on pattern analysis and machine intelligence,28(4):594-611.

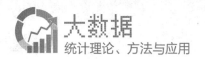
Lin C T,Chen C B,Ting Y C,2011.An ERP model for supplier selection in electronics industry[J].Expert systems with applications,38(3):1760-1765.

Lin C,Zou Y,Qin J,et al.,2013.Hierarchical classification of protein folds using a novel ensemble classifier[J]. PLoS One,8(2):e56499.

Lin H,Chen W,Ding H,2013.AcalPred:a sequence-based tool for discriminating between acidic and alkaline enzymes[J]. PloS One,8(10): e75726.

Lin H,Chen W,Yuan L F,2013.Using over-represented tetrapeptides to predict protein submitochondrial locations[J]. Acta Biotheoretica,61(2):259-268.

Lin H,Ding C,Yuan L F, et al.,2013.Predicting subchloroplast locations of proteins based on the general form of Chou's pseudo amino acid composition:approached from optimal tripeptide composition[J].International journal of biomathematics,6 (2):1350003.

Liu B,Wang X,Chen Q,2012.Using amino acid physicochemical distance transformation for fast protein remote homology detection[J]. PLoS ONE,7(9):e46633.

Liu B,Wang X,Lin L,2008.A discriminative method for protein remote homology detection and fold recognition combining top-n-grams and latent semantic analysis[J].BMC Bioinformatics,9(1):510.

Liu B,Wang X,Lin L,et al.,2009.Exploiting three kinds of interface propensities to identify protein binding sites[J]. Computational biology and chemistry,33:303-311.

Liu B,Wang X,Lin L,et al.,2009.Prediction of protein binding sites in protein structures using hidden Markov support vector machine[J].BMC bioinformatics,10:381.

Liu B, Wang X, Zou Q, et al., 2013. Protein remote homology detection by combining Chou's pseudo amino acid composition and profile-based protein representation[J].Molecular informatics,32:775-782.

Liu B,Xu J,Zou Q,et al.,2014.Using distances between Top-n-gram and residue pairs for protein remote homology detection[J].BMC Bioinformatics,15(Suppl 2):S3.

Liu B,Zhang D,Xu R,et al.,2014.Combining evolutionary information extracted from frequency profiles with sequence-based kernels for protein remote homology detection[J]. Bioinformatics,30(4):472-479.

Liu W X,Deng E Z,Chen W,2014.Identifying the subfamilies of voltage-gated potassium channels using feature selection technique[J].International journal of molecular sciences,15: 12940-12951.

Luo L K,Y L J,Luo M X,2011. Methods of forward feature selection based on the aggregation of classifiers generated by single attribute[J].Computers in biology and medicine, 41(7):435-441.

MacQueen J,1967.Some methods for classification and analysis of multivariate observations[J].In proceedings of the fifth Berkeley symposium on mathematical statistics and probability,1(14):281-297.

Manning A,Keane J,2001.Data allocation algorithm for parallel association rule discovery[J]. Lecture notes in computer science,2035:413-420.

McCarty J A,Hastak M,2007.Segmentation approaches in data-mining:a comparison of RFM,CHAID and logistic regression[J].Journal of business research,60(6):656-662.

Mesforoush A,Tarokh M J,2013.Customer profitability segmentation for SMEs case study: network equipment company [J].International journal of research in industrial engineering,2(1):30-44.

Mistikoglu G,Gerek I H,Erdis E,et al.,2015.Decision tree analysis of construction fall accidents involving roofers[J].Expert systems with applications,42(4):2256-2263.

Nodelman U,Shelton C R,Koller D,2003.Learning continuous time Bayesian networks[C].In the 19th conference on uncertainty in articial intelligence (UAI):451-458.

Nodelman U,Shelton C R,Koller D,2005.Expectation maximization and complex duration distributions for continuous time Bayesian networks[C].In the 21st conference on uncertainty in articial intelligence (UAI):421-430.

Own C M,Yu P T,2005.Forecasting fuzzy time series on a heuristic high-order model[J].Cybernetics and systems:an international journal,36(7):705-717.

Pan J B,Hu S C,Shi D,et al.,2013.PaGenBase:a pattern gene database for the global and dynamic understanding of gene function[J].PLoS ONE,8(12):e80747.

Pan J B,Hu S C,Wang H,et al.,2012.PaGeFinder:quantitative identification of spatiotemporal pattern genes[J].Bioinformatics,28(11):1544-1545.

Park J S,Chen M S,Yu P S,1997.Using a hash-based method with transaction trimming for mining association rules[J].IEEE transactions on knowledge and data engineering,9(5):813-825.

Peng H C,Long F H,Ding C,et al.,2005.Feature selection based on mutual information: criteria of max-dependency,max-relevance,and min-redundancy[J].IEEE transactions on pattern analysis and machine intelligence,27 (2005):1226-1238.

Pietra S D, Pietra V D, Lafferty J,1997. Inducing features of random fields[J].IEEE transactions on pattern analysis and machine intelligence,19(4):390-393.

Pritpal S,Bhogeswar B,2013.High-order fuzzy-neuro expert system for time series forecasting[J].Knowledge-based systems,46:12-21.

Qin B,Xia Y,Wang S,et al.,2011.A novel Bayesian classification for uncertain data[J].Knowledge Based systems,24(8):1151-1158.

Saen R F,2010.Developing a new data envelopment analysis methodology for supplier selection in the presence of both undesirable outputs and imprecise data[J].The international journal of advanced manufacturing technology,51(9,10,11,12):1243-1250.

Saeys Y,2007.A review of feature selection techniques in bioinformatics[J]. Bioinformatics,23(19):2507-2517.

Shelton C R,Fan Y,ELam W W,2010.Continuous time Bayesian network reasoning and learning engine[J].Journal of machine learning research,11(March):1137-1140.

Shi Z Z,2011.Knowledge discovery [M].2nd ed.Beijing:TsingHua University Press:140-183.

Song Q,2003.A note on fuzzy time series model selection with sample autocorrelation functions[J].Cybernetics and systems,34(2):93-107.

Song Q,Chissom B S,1993. Forecasting enrollments with fuzzy time series:part I[J].Fuzzy sets and systems,54(1):1-9.

Song Q,Chissom B S,1993.Fuzzy time series and its models[J].Fuzzy sets and systems,54(3):269-277.

SPSS clementine 12.0 algorithms guide,2007.Chicago, USA: Integral Solutions Limited.

Stella F, Amer Y, 2012. Continuous time Bayesian network classifiers[J]. Journal of biomedical informatics, 45(6):1108-1119.

Stevenson M,Porter J E,2009.Fuzzy time series forecasting using percentage change as the universe of discourse[J].Engineering and technology,55:154.

Sutter H, Larus J,2005. Software and the concurrency revolution[J].Queue,3(7):54-62.

Tadić S,Zečević S, Krstić M,2014.A novel hybrid MCDM model based on fuzzy DEMATEL, fuzzy ANP and fuzzy VIKOR for city logistics concept selection[J]. Expert systems with applications,41(18):8112-8128.

Talbi E G, Roux O, Fonlupt C, et al.,2001. Parallel ant colonies for the quadratic assignment problem[J]. Future generation computer systems,17(4):441-449.

The Apache software foundation,2014[2019-3-30].Apache Hadoop[J/OL].http://hadoop.apache.org/.

Villa S, Rossetti M, 2014. Learning continuous time Bayesian network classifiers using MapReduce[J]. Journal of statistical software,62(3):1-25.

Wang C Y,Wei L Y,Guo M Z,et al.,2013.Computational approaches in detecting non-coding RNA[J]. Current

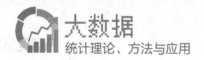

genomics,14(6):371-377.

Wang J J,Yang J C,Yu K,et al.,2010.Locality-constrained linear coding for image classification[C].IEEE conference on computer vision and pattern recognition (CVPR):3360-3367.

Wang J Q,Wu J T,Wang J,2014.Interval-valued hesitant fuzzy linguistic sets and their applications in multi-criteria decision-making problems[J].Information sciences,288:55-72.

Wang Q C,Wei L Y,Guan X J,et al.,2014.Briefing in family characteristics of microRNAs and their applications in cancer research[J]. BBA-proteins and proteomics,1844:191-197.

Wang Z,Zou Q,Jiang Y,et al.,2014.Review of protein subcellular localization prediction[J]. Current Bioinformatics,9(3):331-342.

Wei J T,Lee M C,Chen H K,et al.,2013.Customer relationship management in the hairdressing industry:an application of data mining techniques[J].Expert systems with applications,40(18):7513-7518.

Wei L Y, Huang Y, Qu Y Y, et al., 2012. Computational analysis of miRNA target identification [J]. Current bioinformatics,7(4):512-525.

Wu X,Kumar V,Quinlan J R,et al.,2008.Top 10 algorithms in data mining[J].Knowledge and information systems,14:1-37.

Xiao S J,Zhang C,Zou Q,et al.,2010.TiSGeD:a database for tissue-specific genes[J]. Bioinformatics,26(9):1273-1275.

Yan H B, Ma T, 2015. A group decision-making approach to uncertain quality function deployment based on fuzzy preference relation and fuzzy majority[J].European journal of operational research,241(3):815-829.

Yang F,Lu W H,Luo L K,et al.,2012.Margin based pruning method for random forest[J]. Neurocomputing,94:54-63.

You Z, et al., 2015. A decision-making framework for precision marketing. Expert systems with applications, 42:3357-3367.

Yu H K,2005.Weighted fuzzy time series models for TAIEX forecasting[J].Physica A,349:609-624.

Yu T H K,Huarng K H,2008.A bivariate fuzzy time series model to forecast the TAIEX[J].Expert systems with applications,34(4):2945-2952.

Zaiane O R, EI-Hajj M, Lu P, 2001. Fast parallel association rule mining without candidate generation[M]. Technical report TROI-12, Department of Computing Science, University of Alberta, Canada.

Zhang C,Li F,Jestes J,2012.Efficient parallel kNN joins for large data in MapReduce[C].Proceedings of the 15th international conference on extending database technology:38-49.

Zhang D,Jiang Q,Li X,2005. A hybrid mining model based on neural network and kernel smoothing technique[J]. In computational science ICCS. Berlin Heidelberg: Springer:801-805.

Zhang D,Zhou X,Leung S C,2010.Vertical bagging decision trees model for credit scoring[J]. Expert Systems with Applications,37(12):7838-7843.

Zheng L,Mengshoel O, Chong J,2011.Belief propagation by message passing in junction trees:computing each message faster using GPU parallelization[C]. In the 27th conference on uncertainty in articial intelligence (UAI-11).

Zhu S H,Wang D D,Yu K,et al.,2010.Feature selection for gene expression using model-based entropy[J].IEEE/ACM transactions on computational biology and bioinformatics,7(1):25-36.

Zou Q,Chen W C,Huang Y,et al.,2013.Identifying multi-functional enzyme with hierarchical multi-label classifier[J]. Journal of computational and theoretical nanoscience,10(4):1038-1043.

Zou Q,Li X B,Jiang Y,2013.BinMemPredict:a Web server and software for predicting membrane protein types[J].Current Proteomics,10(1):2-9.

Zou Q,Mao Y Z,Hu L L,2014.MiRClassify:an advanced web server for miRNA family classification and annotation[J]. Computers in biology and medicine,45:157-160.

第五章

大数据下的统计
方法应用
——网络舆情分析

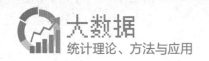

本章要点

　　随着互联网的普及，网络已成为人们表达自己观念、想法和态度不可缺少的平台。网民的呼声已经成为引导和影响社会舆论的重要力量，影响着社会关注点的变化与一些事件的发展动向。网络舆情成为社会舆情的一种重要表现形式，对于电子商务、网络信息安全都具有十分重要的意义。本章主要针对特定研究目的，对网络舆情进行特征提取和解读，从网络舆情语料的主题发现、主题的关联分析、语料的情感倾向分析和热点话题发现四个方面对网络舆情进行研究。

　　5.1节简要介绍本章研究的意义和背景。

　　5.2节主要介绍网络舆情分析的一般步骤：舆情信息收集与预处理、分析模型构建、评价与解释。在舆情信息收集与预处理阶段，主要通过词干提取、中文分词、剔除停用词对数据进行初步清洗，然后通过文档频率、单词贡献度、单词权、互信息等方法提取语料特征。在分析模型构建阶段，首先通过词云图初步分析语料内容与关键信息，然后从主题发现、关联分析、情感倾向性分析、热点话题发现四个方面出发，建立对应模型。在评价与解释阶段，主要参考 F 值、纯度、困惑度等常用的文本评价指标，判断所用方法对于解读语料的有效性。

　　5.3节从主题发现的角度出发，讨论了主题模型及其改进方法在网络舆情分析中的应用。首先介绍了主题模型领域的经典模型：LDA 主题模型。同时，基于 LDA 主题模型，考虑文档标签标注和时间标签的改进模型：自适应标签主题模型和自适应时间窗动态主题模型。自适应标签主题模型结合主题聚合度指标与 K-means 自适应聚类方法，寻找最优分类标签，以此增强主题聚合度的提取效率。自适应时间窗动态主题模型通过自适应时间窗划分舆情观测时段并计算主题-词分布，进而分析演化主题。

　　5.4节从主题关联分析的角度出发，讨论了关联分析及其扩展方法在网络舆情分析中的应用。首先介绍了舆情分析中的传统静态关联分析，并从其定义和基本算法入手，研究了舆情话题的静态关联规则挖掘算法。然后针对舆情信息的时态特征，将传统关联分析扩展至动态舆情分析领域中，针对热点话题时态关联分析进行讨论。最后对加权关联规则进行了研究,并将其应用在舆情文本主题提取中,对其理论基础和挖掘算法进行了详细讨论。

5.5 节从语料的情感倾向性分析角度出发,讨论了基于词典、统计学以及深度学习的情感倾向分析方法在网络舆情中的应用。首先介绍了情感倾向分析的经典方法:基于词典的情感倾向性分析方法。而后介绍了基于统计学的情感倾向性分析方法。相较于基于词典的方法,该方法大大降低了人工成本。基于统计学的方法中,算法通过自主地学习文本语料中的信息进行判断,不需要人工进行正负向情感词判断的先验知识。最后介绍了基于深度学习的情感倾向性分析方法。通过其神经元的逐层传导结构应对足够复杂的数据集,例如卷积神经网络的深度学习方法能够利用卷积的操作对文本语料中的高层次抽象信息进行理解,而且其端到端的结构将所有模型进行了整合,减少了模型之间的沟通成本,在面对情感倾向性分析时往往能够达到优于传统统计学模型的效果。

5.6 节从应用的角度出发,讨论了大数据舆情技术在三个领域内的应用。本节通过闽商传承主题、热点与脉络大数据舆情分析,中国房地产网络舆情分析以及电子商务顾客评论的舆情热点发现三个案例来展示如何将大数据下的统计方法应用于实际研究当中,最后合理解释了模型结果以及从结果出发对于政策、决策等方面的支撑建议。

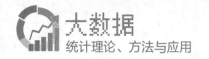

5.1 背景和意义

舆情,是指广大人民群众在一定的社会条件下,针对中介性社会事件的产生与演进,对社会管理者及其观点或其他客体所产生和持有的系列态度。它是较多民众对于当前环境下各种社会现象所传达出的观点、意见、情绪的综合。自古至今,舆情都是影响经济社会发展的重要一环。

社会信息化进程的加速,互联网、手机等新媒体的普及,为民众参与各种话题讨论提供了更为便捷、广泛的渠道,网民表达意愿和参与意识持续高涨,网络已成为人们表达自己观念、想法和态度不可缺少的平台。网民的呼声已经成为引导和影响社会舆论的重要力量,影响着社会关注点的变化与一些事件的发展动向。网络舆情成为社会舆情的一种重要表现形式。由于大量的用户参与信息的产生,网络信息的内容形式也变得越来越多样化,大量个人观念化的内容充斥着网络。因此网络舆情研究对于商业智能应用、维护网络信息安全都具有十分重要的意义。

但应该注意到,当前政府的网络舆情应对工作中还存在着一些不足。政府的网络舆情应对能力参差不齐,层级化、地域性、行业化等差别明显的问题比较突出。

首先,不论是从网络舆情自身的特点来考虑,还是从政府网络舆情应对现状所反映出的问题来看,采用单一的应对机制或仅仅依靠单个政府部门的管理是无法满足网络舆情治理需要的。

其次,网络舆情是"舆情"这一社会层面定性描述的概念与"网络"这一技术层面定量表征概念的有机结合体。网络舆情的应对既涉及引发舆情的现实热点事件的解决和相关事件社会舆论的引导既属于政府社会管理的范畴,又涉及在网络媒介载体上,舆情信息产生及传播的技术特性,且必须依靠网络技术手段予以事前监测和事后调控。因此,必须将微观的技术方法手段和宏观的政府管理机制结合起来,进行网络舆情的应对工作。

再次,当前对舆情事件的分析往往是从少数案例中推出结论,缺乏系统性和普适性,没有将众多的网络舆情事件纳入一个分析框架中,对网络舆情的复杂性及其网络传播机制等问题研究不够深入,缺乏对事件舆情准确分析的研判体系;对网络舆情演化规律的影响因素只考虑了舆情自身的变化特征,还没有将政府干预行为作为外部影响因素进行综合分析。

最后,从应对实践来看,一方面当前各级政府部门对网络舆情的应对还处于一种自发的"原始"状态：有的局限于传统的舆论宣传方法，缺乏适应信息环境下的舆情引导机制；有的虽然购买了软件公司的舆情监测软件，但不适用于政府部门的特殊需求，同时单纯监测手段的提高无法解决舆情处置和舆论应对的根本性问题。另一方面，在当前公共热点事件网络舆情的应对工作中存在着政府部门间各自为政的现象，既造成软硬件设施的重复建设，又导致在公共热点舆情爆发时，部门间互相推诿或信息发布口径不一致的现象，以及由于各自对于舆情形势研判标准的参差不齐，导致舆论引导策略不协调甚至相互干扰的情况。鉴于大数据社会舆情、网络舆情愈加突出的上述问题，加强对大数据时代的社会舆情、网络舆情的统计分析，为政府机关提供舆情监测服务迫在眉睫。

5.2　网络舆情分析的研究方法

5.2.1　引言

网民的呼声已经成为引导和影响社会舆论的重要力量，影响着社会关注点的变化与一些事件的发展动向。由于大量的用户参与信息的产生，网络信息的内容形式也变得越来越多样化，大量个人观念化的内容充斥着网络。因此，社会舆情对于电子商务、网络信息安全具有重要的意义，大数据时代的舆情监测本身就是大数据应用。鉴于大数据社会舆情、网络舆情愈加突出的问题，亟须加强对网络舆情的统计分析。网络舆情分析作为数据挖掘的一个重要应用领域，其研究方法基本承袭了文本信息挖掘与提取的方法。

舆情语料分析的过程由以下几个部分构成：舆情信息收集与预处理、分析模型构建、评价与解释，如图 5.2.1 所示。

5.2.2　舆情信息收集与预处理

有效的舆情语料挖掘离不开先进的舆情语料预处理技术，要从原始非结构化的舆情语料数据源中抽取结构化表示，并过滤对解释语料无意义的词。在舆情语料挖掘之初，要对舆情语料进行预处理工作。舆情语料预处理主要包含词干提取和剔除停用词。相比于英文中各个词已由空格分好，中文舆情语料挖掘还包含分词步骤。

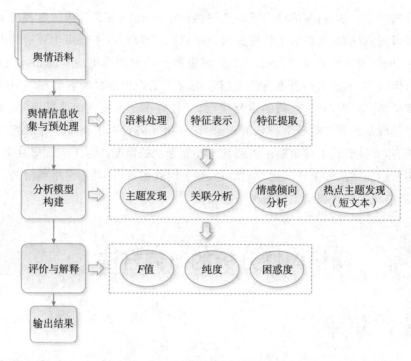

图 5.2.1 舆情语料分析的过程

1. 语料处理

（1）词干提取。

词干提取主要是面向英文等类似语言的处理过程，在中文舆情语料挖掘中并不需要。词干提取顾名思义是提取词根，英文中的单词有多种变形，例如名词的单复数需要在词尾加"s,es"，动词的进行时在词尾加"ing"，过去式在词尾加"ed"等。这些由词根加上词缀构成的英文单词，对于具有同一词根却带有不同词缀的单词，其含义基本相同或者相近，因此可以将这些单词的词干提取出来，合并为这类单词的一般形式。词干提取的三大主流算法是 Porter stemming algorithm，Lovins stemming algorithm，Lancaster(Paice/Husk)stemming algorithm。

（2）中文分词。

词是作为包含有具体含义的长度最小的语言单元。英文语句中空格将各个单词独立开来，无须人工进行词的分离，然而中文是以单个的汉字为书写单位，词和词之间并没有类似空格的明显标记方式。因此，中文分词是中文舆情语料挖掘的基础和关键。目前的中文分词方法可以分为三类：基于字典、词库匹配的方法，基于词频统计的方法和基于知识理解的方法。

第一类分词方法将待处理的中文字串与一个足够大的已知词典中的词条按照

一定规则进行匹配,如果匹配成功,则识别出一个词。常用的匹配方法包括最大正向匹配法、最大逆向匹配法、双向匹配法、最少切分法等。此类分词方法的优点是简单且效率高,但由于汉语语言现象复杂,词典的完整性、规则的一致性等问题使得单纯使用这类方法无法处理大规模文本的分词。因此实际应用中经常结合词性标注和机器学习的方法对新词进行处理。

第二类基于词频统计方法的基本思想是统计文本中任意两个字相邻出现的频率,频率越高越可能组成一个词。它首先把全部可能的词切分出来,再通过统计语言模型以及决策算法选择最优的切分方案。这种方法的优点是能够扫描出所有的歧义切分,容易把新词识别出来。实际应用中,基于统计的分词系统一般会基于一部基本的常用词词典进行字符串匹配分词,另外同时运用统计方法识别某些新词。

第三类基于知识理解的方法主要基于句法分析和语义分析,利用句法信息和语义信息对给定文本进行分词,其优点在于能够自动推理,有效地完成对新词的补充。这类方法试图让机器模拟人对句子进行理解,这需要大量的语言知识和信息作支撑。但是中文语言知识相当复杂,要把大量复杂的语言信息组织成机器可直接读取的形式还存在较大困难,所以此类方法目前还很不成熟。

(3)剔除停用词。

在自然语言的舆情语料中,包含了许多无具体含义的虚词(例如连接词、代词、介词、冠词、副词等)和一些较为常见的实词,在绝大多数舆情语料中这些词出现的频率都非常高,然而对舆情语料之间的区分、聚类却没有任何意义,反而会因为很高的词频干扰关键词的作用,影响舆情语料聚类的效率,我们将上述这些词统称为停用词。为了节省存储空间并提高舆情语料聚类的效率,在处理舆情语料过程中需要滤除掉这些对区分舆情语料无意义的词,称为剔除停用词。

剔除停用词由以下两个步骤构成:

第一,在对舆情语料进行分词操作之后,根据分词系统对每个词语的词性标注,剔除掉诸如连接词、代词、介词、冠词、副词等所有的虚词。

第二,提取出在绝大部分文档中出现频率都较高的实词,构成停用词表,再从各个文档中滤除掉停用词表中所列出的词。

2. 特征表示

面对自然语言构成的舆情语料,人类可以通过阅读文章,根据自身的认识和理解对文章的内容产生一定的认识,然而计算机却无法像人类一样直接"读懂"非结构化的舆情语料。因此需要特征表示舆情语料,将其转化为计算机可以直接读取并处理的形式。舆情语料特征是有关舆情语料的元数据,包括语义性特征和描述性特征。舆情语料的特征表示指的是,文档是通过一定的特征项(例如词条)来进行表示的,计算机只需要对这些结构化的特征项进行处理。可见,舆情语料的特征表示是一个将舆情语料从非结构化转化为结构化的过程。

舆情语料特征表示的方法主要有向量空间模型(vector space model,VSM)和概率统计模型等。其中最常用的是 Gerard Salton 等人于 1973 年提出的向量空间模型。该模型将文档表示成为一个标准化的向量,将向量的运算引入舆情语料处理中,运用向量空间上的相似度来度量舆情语料之间的相似度。

向量空间模型中,每篇文档都被表示为一个特征向量的形式:

$$d_j = (w_{1j}, w_{2j}, \cdots, w_{Nj})^{\mathrm{T}}, \tag{5-2-1}$$

其中 d_j 代表第 j 篇文档的特征向量,w_{ij} 代表第 j 篇文档中第 i 个特征项的取值,N 代表特征空间的维度。

语料库中所有的文档都依照上述方法进行特征表示,构成一个舆情语料-词项矩阵:

$$W = (d_1, d_2, \cdots, d_M) = \begin{pmatrix} w_{11} & w_{12} & \cdots & w_{1M} \\ w_{21} & w_{22} & \cdots & w_{2M} \\ \vdots & \vdots & & \vdots \\ w_{N1} & w_{N2} & \cdots & w_{NM} \end{pmatrix}, \tag{5-2-2}$$

其中第 i 行代表第 i 个特征项,第 j 列代表第 j 篇文档经过特征表示的向量,M 表示语料库中总共有 M 篇文档。

在向量空间模型中,w_{ij} 的值表示第 i 个特征项对第 j 个文档的重要程度,这个值越大说明第 i 个特征项对于文档 j 的重要性越高。w_{ij} 的计算方法有以下几种:

(i) 布尔计算方法:

$$w_{ij} = \begin{cases} 0, & \mathrm{tf}_{ij} = 0, \\ 1, & \mathrm{tf}_{ij} > 0. \end{cases} \tag{5-2-3}$$

其中,tf_{ij} 表示词频,即第 i 个特征项在文档 j 中出现的频率。

(ii) 平方根计算方法:

$$w_{ij} = \sqrt{\mathrm{tf}_{ij}} \, . \tag{5-2-4}$$

(iii) 对数计算方法:

$$w_{ij} = \ln(\mathrm{tf}_{ij} + 1) \, . \tag{5-2-5}$$

(iv) 词频-逆文档频率(term frequency-inverse document frequency,TF-IDF)计算方法:

$$w_{ij} = \mathrm{tf}_{ij} \times \ln\left(\frac{N}{N_i} + 0.01\right), \tag{5-2-6}$$

其中,N 代表特征空间的维度,N_i 代表语料库中包含第 i 个特征项的文档的个数。

为了方便文档之间相似度的计算,需要对每个文档的特征向量 $\boldsymbol{d}_j$ 进行归一化处理,归一化后的特征值为

$$w_{ij} = \frac{\mathrm{tf}_{ij} \times \ln\left(\dfrac{N}{N_i} + 0.01\right)}{\sqrt{\displaystyle\sum_{i=1}^{N} (\mathrm{tf}_{ij})^2 \times \left[\ln\left(\dfrac{N}{N_i} + 0.01\right)\right]^2}} \text{。} \tag{5-2-7}$$

目前,特征值 w_{ij} 最常用的计算方法是 TF-IDF 方法。

3. 特征提取

通过向量空间模型对舆情语料进行表示,得到的舆情语料-词项矩阵的维数通常很高,在之后的舆情语料特征提取过程中往往会产生"维数灾难",以至于相似性度量失去其应有的意义。特征提取是对舆情语料的特征空间压缩维度,将舆情语料中具有代表性的词语选择出来构成舆情语料的特征项。作为舆情语料特征提取的一个重要部分,其提取效果的好坏直接影响到舆情语料特征提取的效果。

特征提取有两个重要的作用:

第一,原始舆情语料在进行预处理、特征表示之后,得到的词项还是很多,通过特征提取可以减小特征空间,保留更加有用的词项,进而提高特征提取效果和运行效率。

第二,通过剔除掉那些对特征提取没有意义甚至加入后会降低舆情语料特征提取精度的噪声特征,进一步提高了特征提取的精度。

舆情语料特征提取的思路是,针对预处理之后得到的特征集合中的每个词项,根据一定的指标计算方法计算各个词项的指标数值,将词项按照指标数值的大小依次排列,选取数值最高的前 n 个词项作为提取出的特征,与此同时其他词项被过滤掉。特征提取常见的指标度量的方法主要有文档频率(document frequency,DF),单词贡献度(term contribution,TC),单词权(term strength,TS),互信息(mutual information,MI),信息增益(information gain,IG),χ^2 统计量(CHI)和期望交叉熵(expected cross entropy,ECE)等。

(1)文档频率。

对于一个特征词项 w,其文档频率的计算公式如下:

$$\mathrm{DF}(w) = |\{d_i \mid w \in d_i, d_i \in D\}|, \tag{5-2-8}$$

其中,D 代表语料库中的全部文档,d_i 代表第 i 篇文档。文档频率 $\mathrm{DF}(w)$ 表示在整个语料库的文档中有多少篇文档包含这个特征词项。

文档频率法通过对原始特征空间中每个特征词项的文档频率进行计算,依据预先指定的阈值滤除掉文档频率特别高或者特别低的特征词项,达到特征提取的

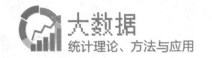

目的。该方法的优点是简单直观、计算量小、运行速度快、广泛适用于任何语料库；缺点在于某些稀缺词主要分布在某一类别，具有识别该类别的作用，但是在整体语料库中分布很低、文档频率很小，因此可能被过滤掉，从而影响舆情语料特征提取的精度和效果。

（2）单词贡献度。

单词贡献度方法是 2003 年由 Liu Tao 等人提出的一种无监督的特征选择方法，它的基本思想是单词对整个语料库中文档集合相似性的贡献程度越大，这个单词的重要性也越大。单词贡献度的计算公式如下：

$$\mathrm{TC}(w) = \sum_{i \neq j} f(w, d_i) \times f(w, d_j),\qquad(5\text{-}2\text{-}9)$$

其中，$f(w, d_i)$ 代表特征词项 w 在文档 d_i 中的权重，也就是特征词项 w 在 TF-IDF 方法中归一化后的数值。在单词贡献度中引入逆文档频率 IDF，一方面文档频率较低的词项其贡献程度有所提高，另一方面文档频率较高的词项其贡献程度得以减小。同时，TC 的计算公式中文档频率越高，累加求和的次数也越大，从而对文档频率与词项权重间的矛盾有所平衡。当特征词项仅仅在一个文档中出现，或者在所有文档中都出现，则它的单词贡献度都为 0。对于在语料库的文档中出现次数相对较多，同时 TF-IDF 权重也较大的特征词项，其单词贡献度则相对比较大。

（3）单词权。

单词权方法假设一个特征词项在相关文档中出现的频率越高，在不相关文档中出现的频率越低，则这个特征词项的重要性越强。单词权的计算公式如下：

$$\mathrm{TS}(w) = P(w \in d_j \mid w \in d_i),\quad d_i, d_j \in D, \mathrm{sim}(d_i, d_j) > X,\qquad(5\text{-}2\text{-}10)$$

其中，X 表示文档对 d_i, d_j 是否相关的参数，D 代表语料库中的全部文档，w 是特征词项。

当参数 X 选取恰当时，单词权的方法效果会比较好，然而这个值很难确定。单词权方法的另一个缺点在于要计算语料库中所有文档两两之间的相似度 $\mathrm{sim}(d_i, d_j)$，计算量非常大，计算复杂度达到 $O(n^2)$。与单词权方法相比，单词贡献度方法在特征提取性能以及计算时间复杂程度方面都更有优势。

（4）互信息。

互信息是普遍应用在信息论中的一种度量方式，它衡量了两个离散事件的集合之间的相关性。在自然语言处理中，互信息表示一个特征词项是否存在对于类别正确判断与否所能带来的信息量。对于特征词项 w 和类别 c_i，特征词项 w 属于类别 c_i 的可能性即定义为二者之间的互信息 $\mathrm{MI}(w, c_i)$，计算公式如下：

$$\mathrm{MI}(w, c_i) = \ln \frac{P(w \cap c_i)}{P(w) P(c_i)} = \ln P(w \mid c_i) - \ln P(w),\qquad(5\text{-}2\text{-}11)$$

其中，$P(w)$ 代表语料库中包含特征词项 w 的文档的比例，$P(c_i)$ 代表语料库中属于类别 c_i 的文档的比例，$P(w \bigcap c_i)$ 代表特征词项 w 在类别 c_i 中出现的概率。

特征词项 w 的全局互信息定义为

$$\mathrm{MI}(w) = \sum_{i=1}^{n} P(c_i) \times \mathrm{MI}(w, c_i) \text{。} \tag{5-2-12}$$

从概率的角度来看，如果某个特征词项 w 和某个类别 c_i 在分布上相互独立，则有 $P(w \bigcap c_i) = P(w)P(c_i)$，进一步得到二者之间的互信息 $\mathrm{MI}(w, c_i) = 0$，即说明特征词项 w 的出现对于类别 c_i 的预测没有任何信息量。当特征词项 w 仅仅依赖于某一个类别 c_i 时，其互信息 $\mathrm{MI}(w, c_i)$ 将达到最大。

（5）信息增益。

在机器学习中，信息增益被广泛应用于对特征词项的评判，是一种基于熵理论的评估方法，其含义是某个特征词项 w 在文档中出现的前后，信息熵的差值。特征词项 w 的信息增益的评估函数定义为

$$\mathrm{IG}(w) = \sum_{i=1}^{n} P(c_i) \ln\left(\frac{1}{P(c_i)}\right) - P(w) \sum_{i=1}^{n} P(c_i \bigcap w) \ln\left(\frac{1}{P(c_i \bigcap w)}\right)$$
$$- P(\overline{w}) \sum_{i=1}^{n} P(c_i \bigcap \overline{w}) \ln\left(\frac{1}{P(c_i \bigcap \overline{w})}\right),$$

其中，w 代表特征词项，c_i 代表特征空间上第 i 个类别，$\overline{w}$ 代表除去 w 的所有特征词；$P(w)$ 代表特征词项 w 出现的概率，$P(c_i)$ 代表类别 c_i 出现的概率，$P(c_i \bigcap w)$ 表示特征词项 w 属于类别 c_i 的概率。

在特征提取的过程中，对每个特征词项计算其各自的信息增益，根据一定的阈值滤除掉信息增益比较小的特征词项，再对剩余的特征词项依照其信息增益的大小由大至小依次排列，以信息增益最大的特征词项作为根节点，逐步建立决策树，可以依据决策树进行舆情语料特征提取。

（6）χ^2 统计量。

χ^2（CHI）统计量的方法通常用于判断两个事件之间的独立性，在特征提取中，χ^2 统计量可以度量特征词项 w 与类别 c_i 之间的相关程度。关于 w 与 c_i 的 χ^2 统计量的计算公式为

$$\chi^2(w, c_i) = \frac{N \cdot [P(w \bigcap c_i) \cdot P(\overline{w} \bigcap \overline{c_i}) - P(\overline{w} \bigcap c_i) \cdot P(w \bigcap \overline{c_i})]^2}{P(w) \cdot P(\overline{w}) \cdot P(c_i) \cdot P(\overline{c_i})},$$

$$\tag{5-2-13}$$

其中，N 为语料库中文档的数目，$\overline{w}$ 代表除去 w 的所有特征词，$\overline{c_i}$ 代表除去第 i 类的其他类别，$P(w \bigcap c_i)$ 代表特征词项 w 出现在类别属于 c_i 的概率，$P(\overline{w} \bigcap c_i)$ 代表类别 c_i 中不包含特征词项 w 的概率，$P(w)$ 代表特征词项 w 出现的概率，$P(c_i)$

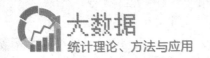

代表类别 c_i 出现的概率。

当 $\chi^2(w, c_i)$ 的数值越大,说明特征词项 w 与类别 c_i 之间的相关程度越大,进而 w 包含 c_i 区别其他类别的信息就越多。相反,当 $\chi^2(w, c_i) = 0$ 的时候,特征词项 w 与类别 c_i 相互独立。因此在特征提取的过程中,通过计算各个 χ^2 统计量的数值,由大至小依次选择特征词项。

对于特征词项 w,通常计算其平均 χ^2 统计量和最大 χ^2 统计量,公式分别如下:

$$\chi^2_{\mathrm{arg}}(w) = \sum_{i=1}^{n} P(c_i) \cdot \chi^2(w, c_i), \tag{5-2-14}$$

$$\chi^2_{\max}(w) = \max\{\chi^2(w, c_i), i = 1, \cdots, n\} 。 \tag{5-2-15}$$

(7) 期望交叉熵。

期望交叉熵的定义类似于信息量,特征词项 w 的期望交叉熵的计算公式为

$$\mathrm{ECE}(w) = P(w) \left(\sum_{i=1}^{n} P(c_i \mid w) \cdot \ln \frac{P(c_i \mid w)}{P(c_i)} \right), \tag{5-2-16}$$

其中,$P(c_i \mid w)$ 是条件概率,代表特征词项 w 出现时类别 c_i 出现的概率。

期望交叉熵的含义是语料库中文档类别的概率分布和在某特征词项 w 出现时文档类别的概率分布二者之间的距离的大小。当特征词项 w 和类别 c_i 相关程度很大时,$P(c_i \mid w)$ 则相应很大,如果 $P(c_i)$ 又恰好比较小,则计算出的期望交叉熵 $\mathrm{ECE}(w)$ 数值很大,即说明 w 对类别分布概率的影响很大。

与信息增益相比,期望交叉熵只考虑了特征词项 w 出现的情况,其特征提取的效果也要优于期望交叉熵。

特征选取算法构造评估函数并排序,选取前若干个特征,优点在于构造简单、适用范围广。就具体方法而言,信息增益函数考虑整个词项集合,并未过滤具体文本或类中缺乏的词项,不适用于处理带有非平衡数据结构的文本集合。相比信息增益,期望交叉熵不考虑具体文本或类内的缺乏词项,选择结果相比为佳。由于函数结构中不涉及单词频数,互信息更倾向于选择稀有单词。文本证据权衡量一般类的概率和给定特征类的条件概率之间的差别,无须计算 w_i 的全部值。

以构建特征函数的方式选择特征项存在的缺陷主要有以下几点:首先,函数多种多样,选取何种函数,设立怎样的函数值、数量阈值主观性均较强。其次,以上评估函数很多涉及已有的分类信息,这部分先验信息需要数据充足、标注准确的训练集,有一大部分标注工作需要人工完成。训练集需满足结构较平衡。另外,以上方法大多假设特征相互独立,在实际文本中很难满足。

5.2.3 分析模型构建

从宏观方面,探析大数据下政府网络舆情应对机制体系化的治理思路,提出应

对体系的基本框架,并从系统论的角度,引入政府干预性措施作为应对体系的环境变量,构建涉政网络舆情动态调适体系。从微观方面,积极探索与有关搜索类公司的合作,拓展舆情收集的范围和内容,从主流网站向全方位网站拓展,并加强可视化信息的收集,包括各门户网站、论坛、视频网站、博客、微博、微信等,加强对舆情的分析,为专业统计和地方统计系统提供舆情监测服务。

1. 网络舆情分析的关键词云图

词云(word cloud)图是一种信息文本可视化技术,其概念最早由美国西北大学新闻学教授 Rich Gordon 提出。"词云"基于布局算法以对应的文字大小表征词汇的词频,并在表达形式上加以丰富,从而直观反映文档中词汇的重要性差异,对目标文本的关键词汇信息进行展示。词云图按照一定的关键词提取原则提取语料中的信息,然后从视觉上直观地展示网络舆情语料中的高频关键词,形成关键词渲染图。词云图可以过滤大量无关或不重要的语料信息,从而使文本的阅读者仅需快速浏览便可把握文本中的主要信息。在舆情信息文本挖掘中,词云图中的高频词汇既对目标舆情信息的总体文本内容进行了压缩描绘,也对舆情事务数据库中的 1 阶项集进行了总体概览。一般地,在对语料进行预处理并提取完语料特征后,留下的语料信息已经剔除无关信息。因此,绘制词云图时会输出词频最高的前 N 个词汇。通过词云图,我们可以直观地从词频出现次数看出网络舆情语料关注的关键词。

2. 网络舆情分析的主题发现

舆情主题,是指通过引用少量信息,实现对种子事件集合的抽象化解读。舆情主题对于舆情事件而言,类似于一篇文章的关键词,舆情主题就是一组高度相关的事件集的特征。因此,舆情主题挖掘就是从海量舆情文本中化繁为简,凝练事件的特征。因为舆情主题信息的挖掘本质上是对文本信息的挖掘,所以大量针对文本语义分析、文本特征提取的方法被直接运用到网络舆情信息的挖掘。一言以蔽之,文本特征提取的目的就是找出客体(文本)"真正要表达"的语义。

主题模型正是基于概率模型而进一步发展而来的。主题模型开始引起关注,可以追溯到 Hofmann 于 1999 年提出的概率潜在语义分析(probability latent semantic analysis,PLSI)模型。PLSI 与 LDA 这类主题模型是概率图模型的层次贝叶斯模型,其基础模型主要是基于词袋(bag of word)假设,不考虑文档顺序与词在文档内部的顺序,对主题和词施加不同的分布假设,利用词频的共现进行浅层语义分析,最终将主题相近的词聚类,以实现主题聚类、关键主题识别。经过多年的发展,主题模型在主题发现和主题追踪方面的应用越来越广泛。LDA 主题模型

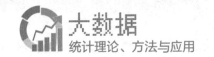

(latent Dirichlet allocation)是由 Blei 和 Lafferty 等人于 2003 年提出的针对文档主题提取与分类的主题模型。LDA 主题模型假设所有文档作为一个大集合,不仅其出现的先后顺序可以打乱,而且在文档内词频的出现顺序亦可以打乱。同时,LDA 主题模型认为不仅在主题-词的阶段同一个词由不同主题产生,在文档-主题的阶段生成主题的分布也不是唯一的,需有一组主题分布集合来产生主题。

3. 网络舆情分析中的关联分析

关联分析(association analysis)是指在给定的数据集中发现频繁出现的项集模式知识的分析方法,两个或两个以上变量的取值之间存在的某种规律性被称为关联,这样的项集模式也被称为关联规则(association rules)。作为数据挖掘中最活跃的研究方向之一,关联规则挖掘的概念由 Agrawal et al.(1994)首先提出。同时,他们还在此基础上加以研究,提出了被广泛应用于频繁项集生成研究中的经典方法——Apriori 算法。近几年来,作为数据挖掘的重要课题,关联规则挖掘已普遍为业界所研究,其使用目的为挖掘发现大量数据中项集之间有趣的关联或相关联系,许多在关联规则挖掘算法方面的改进与创新也应运而生,如 FP-TREE 算法、基于项目集操作的关联规则算法等,这些算法能提高挖掘规则算法的效率、适用性和可用性。

4. 网络舆情分析中的情感倾向性分析

文本倾向性分析是网络舆情分析中的重要一环,对各个话题的网络舆情信息进行倾向性的识别,有助于更好地了解社会群体对有关话题的偏好程度,从而为推测舆情信息对群体行为的影响提供依据。在本章第六节"中国房地产网络舆情分析"案例研究中,通过基于情感词加权的倾向性识别方法,根据不同的舆情话题制定与之对应的情感词词库,并通过自适应调整法对情感词的权重进行调整,从而获取网络舆情信息的倾向性量化指标。其中,若指标结果小于 0,则表示该舆情信息倾向性偏向悲观;若指标结果大于 0,则表示该舆情信息倾向性偏向乐观。此外,指标的绝对值越大,则代表对应倾向中的悲观或乐观程度越高。

5. 网络舆情分析中的热点话题发现

在大数据的时代背景下,电子商务领域也面临着数据急剧扩张的问题,评论文本也是如此,尤其是热门销售产品,其评论文本可以在短时间内达到极高的累计值,此时进行评论文本的人工阅读与分析不仅耗费时间和精力,也无法确保分析的准确性和全局性,所以有必要借助于数据分析手段以及自然语言处理等方法来实现文本的快速、准确分析。聚类分析就是自动、快速实现评论文本信息挖掘的一种有效方式。通过顾客评论文本聚类,可以实现热点话题的自动识别,提取产品的优势与不足,指导生产与营销,并实现顾客的有效划分,为后续更加精准的分析提供良好的分析基础。但是,文本数据经过结构化处理后,往往存在高维特性,需要在聚类前或者聚类过程中进行变量或者特征筛选以改善聚类效果。综合考虑互联网的文本数据和文本容量庞大、表述歧义性、类属中介性等特性,以及模型聚类在处理互联网的文本数据时理论和实效方面的优势,本章第六节"电子商务顾客评论的舆情热点发现"案例研究中,选取惩罚高斯混合模型对文本数据进行聚类分析,在进行聚类特征筛选的同时改善聚类效果,实现电子商务评论文本热点话题的自动、高效聚类。

5.2.4 评价与解释

在对语料库中的文档集合进行聚类之后,聚类效果的好坏是通过聚类质量的评价标准进行衡量,其中常用的外部评价标准有:F 值和纯度。外部评价法通常是针对事先已经进行人工标注类别的文档集合,将聚类的结果与预先标注的文档类别进行比较,评价聚类算法的有效性。

1. F 值

F 值是基于信息检索中的评价指标,将召回率(recall)和准确率(precision)相结合构成 F 值的一种聚类质量的评价标准,F 值越大聚类的质量越好。召回率和准确率定义分别为

$$\text{recall}(r,j) = \frac{n(r,j)}{n_j}, \tag{5-2-17}$$

$$\text{precision}(r,j) = \frac{n(r,j)}{n_r}, \tag{5-2-18}$$

其中,r 表示聚类结果中第 r 个簇,j 表示预先标注好的第 j 个类别,$n(r,j)$ 表示簇 r 中包含预先设定的类别 j 中的文档个数,n_j 表示预先设定的类别 j 中包含的文档个数,n_r 表示簇 r 中包含的文档个数。簇 r 和类别 j 的 F 值计算公式如下:

$$F(r,j) = \frac{2\text{recall}(r,j) \cdot \text{precision}(r,j)}{\text{recall}(r,j) + \text{precision}(r,j)}。 \tag{5-2-19}$$

整体聚类结果的 F 值为

$$F = \sum_{r=1}^{k} \frac{n_r}{n} \max_j \{F(r,j)\}, \tag{5-2-20}$$

其中,n 为预先标注好的所有文档的数目。

2. 纯度

纯度是衡量聚类簇中,包含预先设定的类别中最多数目的文档在该簇中的比

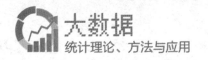

例,簇 C_i 的纯度为

$$P(C_i) = \frac{1}{n_{C_i}} \max_j (n_{i,j}) , \qquad (5\text{-}2\text{-}21)$$

其中,n_{C_i} 表示簇 C_i 当中包含文档的个数,$n_{i,j}$ 表示预先标注好的类别 j 中有多少文档划分在簇 C_i 当中。对各个簇的纯度 $P(C_i)$ 加权平均计算得到整体的聚类结果 $\{C_1, \cdots, C_k\}$ 的纯度为

$$\text{Purity}_C = \sum_{i=1}^{k} \frac{n_{C_i}}{n} P(C_i) , \qquad (5\text{-}2\text{-}22)$$

其中,n 为全体文档的数目。

3. 困惑度

通常,评价聚类算法的优劣主要根据测试数据集是否标注类别标签分为两大类方向:

第一类,使用标注类别标签的测试数据集,然后使用一些算法,来判断模型结果与标准结果的距离,比如标准化互信息法(normalized mutual information)、信息距离变化法(variation of information distance)。

第二类,使用未标注类别标签的测试数据集,用训练的模型参数来测试数据集,判断训练结果的有效性,比如困惑度。

困惑度(perplexity)指标一般在自然语言处理中用来衡量训练出的语言模型的好坏,可以直观理解为用于生成测试数据集的词表大小的期望值,而这个词表中所有词汇服从平均分布,其公式如下:

$$P(\widetilde{W} \mid \lambda) = \prod_{m=1}^{M} p(\widetilde{\boldsymbol{w}}_{\tilde{m}} \mid \lambda)^{-\frac{1}{N}} = \exp\left\{ -\frac{\sum\limits_{m=1}^{M} \ln p(\widetilde{\boldsymbol{w}}_{\tilde{m}} \mid \lambda)}{\sum\limits_{m=1}^{M} N_m} \right\}, \qquad (5\text{-}2\text{-}23)$$

其中,λ 是训练好的模型参数。

5.2.5 小结

本节介绍了网络舆情分析的一般流程,并详细介绍了在舆情信息收集和预处理阶段需要注意的问题以及常用方法。同时,本节简要介绍了四类解决舆情语料分析的常用模型:主题模型、关联分析、情感倾向性分析、短文本热点分析。最后,本节给出评价分析模型优劣的常用指标。

5.3　网络舆情分析中的主题发现

5.3.1　引言

在对大量舆情语料进行挖掘时,舆情语料模型的构建通常并不是基于舆情语料的语言结构进行建模,而是基于舆情语料的统计特征进行建模,即舆情语料模型中一个词是形容词还是名词并不重要,重要的是一个词在舆情语料中出现的频次或者频率。常见的舆情语料模型包括向量空间模型(VSM)、TF-IDF 模型、一元混合模型、潜在语义分析模型、概率潜在语义分析模型和 LDA 主题模型。

TF-IDF 模型是以向量空间模型为基础,对特征词加权处理,进而用舆情语料中各个词的权重向量来表示舆情语料的模型。TF-IDF 加权方法的思想是,如果一个特征词项 w 在一篇文档中出现的频率越高(TF 进行度量),并且在语料库的所有文档中出现的频率并不低(IDF 进行度量),则这个特征词项对这篇文档的重要程度越强。通过对 TF-IDF 进行归一化处理,我们可以得到全部特征词项在语料库中的概率分布。

对基于向量空间模型的 TF-IDF 模型,它的优点在于思路简单明了,可以对大规模文档集合进行处理,运用归一化的方法解决各篇文档长度不同的问题,将语料库表示为一个文档-词项矩阵。而它的缺点在于,该模型不能对文档内涵的语义信息进行识别和处理,所有特征词项都仅仅是一个符号,具有相同含义的词语由于词项不同,被认为是不同的词项,也未能将这些同义词关联起来,例如"平板电脑"和"iPad"是同样的含义,却在模型中被认为是不同特征词项。具有不同含义的多义词语也无法识别其各种含义,例如"苹果"的含义可能是水果,也可能是一部手机。此外,TF-IDF 模型需要巨大的存储空间和相当大的计算量,随着语料库中文档数量的增加,所需的存储空间依照文档规模呈线性增长。在构建向量空间模型中,由于特征词项的高维度和稀疏性,需要运用一些统计量进行特征提取,而这种过滤的方式是基于从原始的特征词项集合中抽取一部分重要的特征词构成一个子集作为新的特征词项集合,这一过程并没有改变特征词项的内容,只是缩小了集合的大小,存在同义词和多义词无法识别的问题,缺乏词语和词语之间在语义上的关联。

相比而言,概率主题模型将原始高维特征空间上的数据通过一定的转换,映射到一个新的维数较低的空间中。对于语料库构成的文档的集合,文档和构成文档

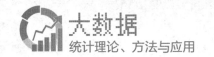

的词语是显式可见的,而二者之间由一个隐含的主题所联系,形成了"文档-主题-词项"的模式。每个主题是一个多项式分布,主题模型则是通过一定的参数估计方法寻找一个维数较低的多项式分布集合,进而通过提取出的主题获得词语之间的关联信息。

主题模型最早起源于潜在语义分析模型,基于矩阵理论当中"奇异值分解"的技术,对文档-词项矩阵进行奇异值分解,将文档-词项矩阵转化为奇异值矩阵,通过奇异值的计算选取一定数量(前 K 个最大的奇异值)的特征词项,除去奇异值较小的向量,将语料库的舆情语料词项空间映射到一个较低的 K 维潜在语义空间(即主题语义空间),映射之后的奇异值向量可以在最大程度上反应文档和特征词项之间相互依存的联系。潜在语义分析模型是依据特征词项共现的信息寻找特征词项之间隐含的内在语义关联的一种降维方法。该模型的原理是将共同出现的特征词项映射到同一个维度的特征空间,而将没有共同出现的特征词项映射到不同维度的特征空间。映射之后得到的 K 维潜在语义空间不仅比原始的特征空间维度大大降低,起到降维的作用,更重要的是依据特征词项共现性得到的映射一定程度上解决了同义词和多义词的问题,并且文档-词项之间的语义关系得以保留。

对于潜在语义分析模型,如果语料库中文档集合的规模或者特征词项发生变化,原来的奇异值分解将无效,需要对新产生的原始文档-词项矩阵进行奇异值分解,映射到新的由矩阵 A_k 表示的特征空间中。奇异值特征分解的运算复杂度很高,需要占用的空间也很大,不能进行并行计算,因此潜在语义分析模型不适用于大规模文档集合的分析运算。此外,对于稀有类别的特征词项,潜在语义分析模型在选取 K 个最大奇异值时,可能会将稀有类别的特征词项过滤掉,使得该模型不能很好地识别稀有类别的特征词项,导致某些区分类别的重要信息丢失,舆情语料分类或者聚类的精度受到影响。

PLSA 模型是一种基于概率的主题模型,然而其缺点在于没有为文档提供统一的概率模型,只有在对语料库中的文档进行编号时,PLSA 模型才能进行随机抽样。此外,随着样本规模的不断增大,PLSA 模型也呈线性增大。

5.3.2　LDA 主题模型

为了解决上述这些问题,Blei et al.于 2003 年提出了 LDA 主题模型。LDA 主题模型是在 PLSA 模型的基础上加入贝叶斯框架,引入两个超参数,构成了"文档层-主题层-词项层"的三层贝叶斯模型。文档-主题分布的引入降低了特征空间的维数,同时在 LDA 主题模型中样本是固定的,参数空间也固定的,然而参数是未知但不固定,是一个服从一定分布的随机变量。因此 LDA 主题模型的参数空间不受文档集合规模大小的影响。相比 PLSA 模型，LDA 主题模型更加适合处理大规模文档集合。同样 LDA 主题模型是一种词袋模型，文档中词语和词语之间的前后顺序对文档不产生影响。

1. LDA 主题模型的统计基础

（1）多项式分布。

多项式分布是一个离散型的随机分布，n 次独立重复的实验中，随机变量有 k 种离散的取值 $(1,2,\cdots,k)$，出现每种离散值的概率对应概率向量 $\boldsymbol{p}=(p_1,p_2,\cdots,p_k)^{\mathrm{T}}$，其中

$$\sum_{i=1}^{k} p_i = 1, \quad p_i > 0, i=1,\cdots,k。 \tag{5-3-1}$$

多项式分布的概率密度函数为

$$p(x_1,\cdots,x_k;n;p_1,\cdots,p_k) = \frac{n!}{x_1! \cdots x_k!} p_1^{x_1} \cdots p_k^{x_k}, \tag{5-3-2}$$

其中，x_i 表示 n 次独立重复实验中，第 i 个离散值出现的次数。

多项式分布的概率密度函数也可以表示为

$$\mathrm{Mult}(\boldsymbol{n} \mid \boldsymbol{p},N) = \binom{N}{\boldsymbol{n}} \prod_{i=1}^{k} p_i^{n_i}。 \tag{5-3-3}$$

（2）狄利克雷分布。

狄利克雷分布是多项式分布的共轭先验分布，给定参数 $\alpha_1>0,\cdots,\alpha_k>0$，随机向量 $\boldsymbol{x}=(x_1,\cdots,x_k)^{\mathrm{T}}$，$x_i \in [0,1]$，$i=1,\cdots,k$ 服从狄利克雷分布的概率密度函数为

$$f(x_1,\cdots,x_k;\alpha_1,\cdots,\alpha_k) = \frac{1}{B(\boldsymbol{\alpha})} \prod_{i=1}^{k} x_i^{\alpha_i-1}, \tag{5-3-4}$$

其中，

$$B(\boldsymbol{\alpha}) = \frac{\prod_{i=1}^{k} \Gamma(\alpha_i)}{\Gamma\left(\sum_{i=1}^{k} \alpha_i\right)}, \quad \sum_{i=1}^{k} x_i = 1, \tag{5-3-5}$$

$$伽马函数 \ \Gamma(x) = \int_{0}^{+\infty} t^{x-1} \mathrm{e}^{-t} \mathrm{d}t。 \tag{5-3-6}$$

也可以定义狄利克雷分布的概率密度函数为

$$p(\boldsymbol{p} \mid \boldsymbol{\alpha}) = \mathrm{Dir}(\boldsymbol{p} \mid \boldsymbol{\alpha}) = \frac{\Gamma\left(\sum_{i=1}^{k} \alpha_i\right)}{\prod_{i=1}^{k} \Gamma(\alpha_i)} \prod_{i=1}^{k} p_i^{\alpha_i-1} = \frac{1}{\Delta(\boldsymbol{\alpha})} \prod_{i=1}^{k} p_i^{\alpha_i-1}, \tag{5-3-7}$$

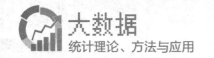

其中,称 $\Delta(\boldsymbol{\alpha})$ 为狄利克雷分布的归一化系数:

$$\Delta(\boldsymbol{\alpha}) = \frac{\prod\limits_{i=1}^{\dim\boldsymbol{\alpha}} \Gamma(\alpha_i)}{\Gamma\left(\sum\limits_{i=1}^{\dim\boldsymbol{\alpha}} \alpha_i\right)} = \mathrm{int} \prod_{i=1}^{k} p_i^{\alpha_i-1} \mathrm{d}\boldsymbol{p} \, 。 \tag{5-3-8}$$

依据狄利克雷分布的概率密度函数积分为 1 的性质,可得

$$\int_p \prod_{i=1}^{k} p_i^{\alpha_i-1} \mathrm{d}\boldsymbol{p} = \Delta(\boldsymbol{\alpha}) \, 。 \tag{5-3-9}$$

(3) 共轭先验分布。

贝叶斯理论的基本思想是:先验分布 $\pi(\theta)$ 加入样本信息 x 得到后验分布 $\pi(\theta|x)$,即通过新观察得到的样本信息可以修正更新对 θ 的认知。在获取样本信息 x 之前,对 θ 的认知是先验分布 $\pi(\theta)$,新观察得到样本信息 x 后,对 θ 的认知是后验分布 $\pi(\theta|x)$。依据贝叶斯理论,如果先验概率 $p(\theta)$ 与后验概率 $p(\theta|x)$ 满足相同的分布律,则称先验分布 $\pi(\theta)$ 和后验分布 $\pi(\theta|x)$ 为共轭分布,先验分布称为似然函数的共轭先验分布。

随机变量 X 服从某一概率分布 $p(\theta)$,依据新观测到的数据 x 重新估计 θ 的概率分布即为 $p(\theta|x)$,由贝叶斯公式可知

$$p(\theta \mid x) = \frac{p(x \mid \theta) \cdot p(\theta)}{p(x)} \propto p(x \mid \theta) \cdot p(\theta) \, , \tag{5-3-10}$$

其中,$p(x|\theta)$ 是以预估 θ 为参数的 x 的概率分布。如果选取 $p(x|\theta)$ 的共轭先验分布为 $p(\theta)$ 的分布,则 $p(x|\theta)$ 与 $p(\theta)$ 相乘并归一化整理得到的结果 $p(\theta|x)$ 与 $p(\theta)$ 的形式一致,即先验分布为 $p(\theta)$,与之对应的后验分布为 $p(\theta|x)$,二者同属于一个分布族。

狄利克雷分布与多项式分布是共轭分布,即如果多项式分布的参数 p 选取的是服从先验分布为狄利克雷分布,则以 p 为参数的多项式分布用贝叶斯估计量理论进行估计得到的后验分布依然服从狄利克雷分布。

2. LDA 主题模型剖析

LDA 主题模型与前文所述的 PLSA 模型生成一篇文档的过程相类似,不同的是它在 PLSA 模型的基础上为主题分布和词项分布引入两个狄利克雷超参数 α,β。

LDA 主题模型生成一篇文档的过程如下:

第一步　依据先验概率 $P(d_i)$ 选取语料库中的一篇文档 d_i;

第二步　在选定文档 d_i 的情况下,从超参数为 α 的狄利克雷分布中抽样生成该文档 d_i 的主题分布 θ_i;

第三步 在选定主题分布 θ_i 的情况下,从主题服从的多项式分布 θ_i 中抽样生成该文档 d_i 的第 j 个词语的主题 $z_{i,j}$;

第四步 在选定主题 $z_{i,j}$ 的情况下,从超参数为 β 的狄利克雷分布中抽样生成主题 $z_{i,j}$ 相对应的词项分布 $\varphi_{z_{i,j}}$;

第五步 从词项服从的多项式分布 $\varphi_{z_{i,j}}$ 中抽样生成最终的词语 $w_{i,j}$。

PLSA 模型和 LDA 主题模型的区别之处在于,PLSA 模型中主题分布和词项分布是参数未知但固定的确定的分布。例如在 PLSA 模型中给出的简单例子中,主题分布可能就是{经济:0.5,教育:0.3,交通:0.2},而经济主题下的词项分布可能就是{市场:0.5,企业:0.3,金融:0.2}。然而 LDA 主题模型中主题分布和词项分布是由先验信息随机给定的分布,是参数未知但不固定的服从一定分布的随机变量,主题分布和词项分布不再是唯一确定的。例如在简单例子中主题分布可能是{经济:0.5,教育:0.3,交通:0.2},也可能是{经济:0.6,教育:0.3,交通:0.1},词项分布也可能是多种情况,主题分布和词项分布都是随机的可以变化的,然而却是由狄利克雷先验分布所确定的服从一定的多项式分布。也就是说,LDA 主题模型中引入两个超参数为 α,β 的狄利克雷先验分布,对于一篇文档 d_i 的产生,文档 d_i 的主题分布不再是唯一确定的,而是通过超参数为 α 的狄利克雷分布随机抽取得到主题分布 θ_i,之后依据主题服从的多项式分布 θ_i 中抽取第 j 个词项的主题 $z_{i,j}$。而在主题 $z_{i,j}$ 下的词项分布也不是唯一确定的,是通过超参数为 β 的狄利克雷分布随机抽取得到词项分布 $\varphi_{z_{i,j}}$。此外,每个主题分布(或者词项分布)随机生成的概率不同,依据超参数 α(或者 β)的不同,狄利克雷分布会偏向生成不同概率的主题分布(或者词项分布)。

LDA 主题模型的生成过程如图 5.3.1 所示,其中深色的圆圈表示可以观测的词语,其余浅色圆圈都表示未知的隐变量或者参数,α 表示主题分布 θ 的先验狄利克雷分布的超参数,β 表示词项分布 φ 的先验狄利克雷分布的超参数,z 为依据主题分布生成的主题,N 表示一篇文档中词的个数,M 是语料库中全部文档的个数。

语料库中总共有 M 篇文档会对应 M 个独立的"狄利克雷分布-多项式分布"共轭结构,K 个主题会对应 K 个独立的"狄利克雷分布-多项式分布"共轭结构。其中,$\alpha \to \theta \to z$ 表示主题的生成过程,$\alpha \to \theta$ 对应狄利克雷分布,$\theta \to z$ 对应多项式分布,它们构成一个"狄利克雷分布-多项式分布"共轭结构,如图 5.3.2 所示。

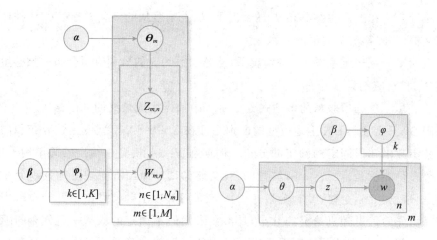

图 5.3.1　LDA 主题模型

图 5.3.2　$\alpha \to \theta \to z$ "狄利克雷分布-多项式分布" 共轭结构

相类似, $\beta \to \varphi \to w$ 表示词项的生成过程, $\beta \to \varphi$ 对应狄利克雷分布, $\varphi \to w$ 对应多项式分布,它们也构成了一个"狄利克雷分布-多项式分布"共轭结构,如图 5.3.3所示。

图 5.3.3　$\beta \to \varphi \to w$ "狄利克雷分布-多项式分布" 共轭结构

3. LDA 主题模型的估计——Gibbs 抽样法

上文介绍了 LDA 主题模型生成"文档-主题-词项"的过程。当一篇文档的词项给定时,如何估计未知 LDA 主题模型中在狄利克雷先验分布参数 α, β 预先给定的情况下主题分布和词项分布的后验分布,即 LDA 主题模型的参数估计过程。LDA 主题模型的参数估计方法有变分推理法(variation inference)、期望传播法(expectation propagation)和 Gibbs 抽样法。其中由 Griffiths,Steyvers(2004)提出的 Gibbs 抽样法由于简单易行,成为常用的 LDA 主题模型的参数估计方法。Gibbs 抽样法基于马尔可夫链蒙特卡洛理论(Markov chain Monte Carlo,MCMC),在每次迭代中选择多维概率向量的其中一个维度,在其他维度变量值给定的情况下对当前维度值抽样,不断迭代上述过程最终达到收敛,即得到参数的估计值。

在 LDA 主题模型中给定一个文档,词语 w 是可以观测到的已知变量,α,β 是依据经验给定的先验参数,z,φ,θ 是未知的隐变量。依据 LDA 主题模型“文档-主题-词项”的生成过程,所有变量的联合概率分布为

$$p\left(\boldsymbol{w}_i,\boldsymbol{z}_i,\boldsymbol{\theta}_i,\boldsymbol{\varphi}\mid\boldsymbol{\alpha},\boldsymbol{\beta}\right)=\prod_{j=1}^{N}p\left(w_{i,j}\mid\boldsymbol{\varphi}_{z_{i,j}}\right)p\left(z_{i,j}\mid\boldsymbol{\theta}_i\right)p\left(\boldsymbol{\theta}_i\mid\boldsymbol{\alpha}\right)p\left(\boldsymbol{\varphi}\mid\boldsymbol{\beta}\right)。$$

(5-3-11)

由于主题分布 θ 由超参数 α 的狄利克雷分布确定,词项分布 φ 由超参数 β 的狄利克雷分布确定,则联合概率分布可以简化为

$$p\left(\boldsymbol{w},\boldsymbol{z}\mid\boldsymbol{\alpha},\boldsymbol{\beta}\right)=p\left(\boldsymbol{w}\mid\boldsymbol{z},\boldsymbol{\beta}\right)\cdot p\left(\boldsymbol{z}\mid\boldsymbol{\alpha}\right),\qquad(5\text{-}3\text{-}12)$$

其中,$p\left(\boldsymbol{w}\mid\boldsymbol{z},\boldsymbol{\beta}\right)$ 是依据主题 z 和先验狄利克雷分布的超参数 $\boldsymbol{\beta}$ 生成词项的过程,$p\left(\boldsymbol{z}\mid\boldsymbol{\alpha}\right)$ 是依据先验狄利克雷分布的超参数 $\boldsymbol{\alpha}$ 生成主题 z 的过程。Gibbs 抽样即是对这两项未知参数进行估计求解。

先求解前一个因子 $p\left(\boldsymbol{w}\mid\boldsymbol{z},\boldsymbol{\beta}\right)$。令

$$p\left(\boldsymbol{w}\mid\boldsymbol{z},\boldsymbol{\Phi}\right)=\prod_{i=1}^{W}p\left(w_i\mid z_i\right)=\prod_{i=1}^{W}\varphi_{z_i,w_i}。\qquad(5\text{-}3\text{-}13)$$

由于词项服从参数为主题的多项式分布,将上式中词项拆分成两层乘积:

$$p\left(\boldsymbol{w}\mid\boldsymbol{z},\boldsymbol{\Phi}\right)=\prod_{k=1}^{K}\prod_{\{i:z_i=k\}}p\left(w_i=t\mid z_i=k\right)=\prod_{k=1}^{K}\prod_{t=1}^{V}\varphi_{k,t}^{n_k^{(t)}},\quad(5\text{-}3\text{-}14)$$

其中,$n_k^{(t)}$ 是主题中词项 t 出现的次数。由狄利克雷分布的归一化系数 $\Delta\left(\boldsymbol{\alpha}\right)$ 的公式可以得到

$$p\left(\boldsymbol{w}\mid\boldsymbol{z},\boldsymbol{\beta}\right)=\int p\left(\boldsymbol{w}\mid\boldsymbol{z},\boldsymbol{\Phi}\right)p\left(\boldsymbol{\Phi}\mid\boldsymbol{\beta}\right)\mathrm{d}\boldsymbol{\Phi}$$

$$=\int\prod_{z=1}^{K}\frac{1}{\Delta\left(\boldsymbol{\beta}\right)}\prod_{t=1}^{V}\varphi_{z,t}^{n_z^{(t)}+\beta_t-1}\mathrm{d}\boldsymbol{\varphi}_z$$

$$=\prod_{z=1}^{K}\frac{\Delta\left(\boldsymbol{n}_z+\boldsymbol{\beta}\right)}{\Delta\left(\boldsymbol{\beta}\right)},\quad\boldsymbol{n}_z=\{n_z^{(t)}\}_{t=1}^{V}。\quad(5\text{-}3\text{-}15)$$

对于第二个因子 $p\left(\boldsymbol{z}\mid\boldsymbol{\alpha}\right)$,参照第一个因子的方法把条件分布分解成两个部分的乘积的形式:

$$p\left(\boldsymbol{z}\mid\boldsymbol{\Theta}\right)=\prod_{i=1}^{W}p\left(z_i\mid d_i\right)=\prod_{m=1}^{M}\prod_{k=1}^{K}p\left(z_i=k\mid d_i=m\right)$$

$$=\prod_{m=1}^{M}\prod_{k=1}^{K}\theta_{m,k}^{n_m^{(k)}},\qquad(5\text{-}3\text{-}16)$$

其中,d_i 代表词项 i 归属的文档,$n_m^{(k)}$ 是在文档 m 中主题 k 出现的次数。对主题分布进行积分,可以得到

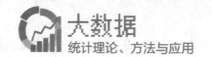
$$p(\boldsymbol{z} \mid \boldsymbol{\alpha}) = \int p(\boldsymbol{z} \mid \Theta) p(\Theta \mid \boldsymbol{\alpha}) \, \mathrm{d}\Theta$$

$$= \int \prod_{m=1}^{M} \frac{1}{\Delta(\boldsymbol{\alpha})} \prod_{k=1}^{K} \theta_{m,k}^{n_m^{(k)} + \alpha_k - 1} \, \mathrm{d}\boldsymbol{\theta}_m$$

$$= \prod_{m=1}^{M} \frac{\Delta(\boldsymbol{n}_m + \boldsymbol{\alpha})}{\Delta(\boldsymbol{\alpha})}, \quad \boldsymbol{n}_m = \{n_m^{(k)}\}_{k=1}^{K} \circ \qquad (5\text{-}3\text{-}17)$$

依据上文对两个因子的处理,则联合分布可以写成

$$p(\boldsymbol{w}, \boldsymbol{z} \mid \boldsymbol{\alpha}, \boldsymbol{\beta}) = \prod_{z=1}^{K} \frac{\Delta(\boldsymbol{n}_z + \boldsymbol{\beta})}{\Delta(\boldsymbol{\beta})} \cdot \prod_{m=1}^{M} \frac{\Delta(\boldsymbol{n}_m + \boldsymbol{\alpha})}{\Delta(\boldsymbol{\alpha})} \circ \qquad (5\text{-}3\text{-}18)$$

经过马尔可夫迭代之后,可以求解得到狄利克雷分布的期望:

$$\varphi_{k,t} = \frac{n_k^{(t)} + \beta_t}{\sum\limits_{t=1}^{V} n_k^{(t)} + \beta_t}, \qquad (5\text{-}3\text{-}19)$$

$$\theta_{m,k} = \frac{n_m^{(k)} + \alpha_k}{\sum\limits_{k=1}^{K} n_m^{(k)} + \alpha_k} \circ \qquad (5\text{-}3\text{-}20)$$

把上述求得的 $\varphi_{k,t}$ 和 $\theta_{m,k}$ 公式带入 $p(z_i = k \mid \boldsymbol{z}_{\to i}, \boldsymbol{w}) \propto p(z_i = k, w_i = t \mid \boldsymbol{z}_{\to i}, \boldsymbol{w}_{\to i})$ 中,可以得到:

$$p(z_i = k \mid \boldsymbol{z}_{\to i}, \boldsymbol{w}) \propto \frac{n_{m,\to i}^{(k)} + \alpha_k}{\sum\limits_{k=1}^{K} (n_{m,\to i}^{(k)} + \alpha_k)} \cdot \frac{n_{k,\to i}^{(t)} + \beta_t}{\sum\limits_{t=1}^{V} (n_{k,\to i}^{(t)} + \beta_t)} \circ \qquad (5\text{-}3\text{-}21)$$

上式右边的两项分别对应 P(主题|文档)和 P(词项|主题),这一概率值与路径"文档→主题→词项"概率相对应。如图 5.3.4 所示,文档到主题有 K 条路径相对应,Gibbs 抽样是在这 K 条路径中进行抽样,最终通过对主题分布和词项分布的后验分布求解,从而求出主题分布和词项分布的未知参数。

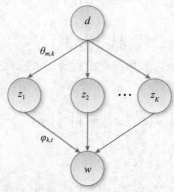

图 5.3.4　Gibbs 抽样流程

5.3.3　静态主题模型

1. 改进讨论

在解决舆情问题,特别是进行行业舆情分析时,遇到语料展示的主题内容之间相关,甚至是高度相关都是常见现象,例如,关于描述"基因"的文档和"疾病"的相近程度要大于"X 射线"。然而,LDA 主题模型假设主题和词服从狄利克雷分布,该假设认为词与词之间相互独立,这是相当强的约束并不符合现实,从而导致 LDA 主题模型无法有效克服这一问题。因此,Blei,Lafferty(2005)提出相关主题模型(correlated topic model,CTM)。CTM 模型与 LDA 主题模型唯一的不同在于分布假设:CTM 模型将参数服从的狄利克雷分布改为 Logistic 分布,旨在解决相关主题建模问题。

除了可以修改参数分布,施加新的参数作为约束也是一种可行的途径。影响主题质量的基本因素主要有两方面:词组信息和文档信息。词组信息,即作为配对出现的词,如"房价、上涨",是人们日常表达沉淀后的一种相对固化形式。此类词组信息在一定时期内不会变化。文档信息,即文档内包含的主题。若 2 个文档之间包含相近的主题,如都包含"政策调控、房价过快上涨"主题,则这 2 个文档被归为一类的可能性大大增加。

进一步地,本节提出两个假设:

假设 1　词组信息与特定主题往往有固定搭配并且同时出现;

假设 2　文档信息标签包含重要主题并且是唯一的。

首先,词组信息从微观层面反映主题。词组信息是历经长年累月而形成的词性信息组合,例如"房价、库存、政策"一起出现的概率就大于"房价、自行车"。通常,这类组合词与"房价上涨、政策调控"主题是同时存在,并互为表现的。因此,捕捉这类语义词组信息有助于提高主题聚合度。

其次,文档信息从宏观层面反映主题,同时也更具有针对性。因为文档信息是由文档-主题决定的,并且作为整篇文档的信息点,在跨文档时有着明显的区别。例如,几篇陈述广西房价的新闻报告中,每篇文档可能反映着"房价上涨、政策调控、去库存、新城建设"其中的一个或几个主题,这些主题通常关系紧密。

因此,本文考虑从词组和文档两个维度抽取信息作为约束,通过主题聚合度指标和 K-means 自适应聚类法,提出自适应标签主题模型(automatic label selected-topic model,ALS-TM)。

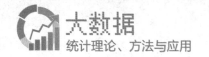

2. 自适应标签主题模型

（1）词组信息和文档标签。

主题一致性（coherence）是 Mimno（2011）基于微观层面词组信息而提出刻画主题内部语义连贯性的指标。例如"装修、验收"出现在"房屋装修"主题，"链家、房租"出现在"租房"主题。因此，这类语义连贯词组同时出现在两个随机主题中的可能性是比较低的。

令 $D(w)$ 表示词语 w 在文档集合 D 中出现的频率，同时 $D(w,w')$ 表示词语 w 和 w' 同时在文档集合 D 中出现的频率，进一步定义主题一致性指标如下：

$$C(t;\boldsymbol{W}^{(t)}) = \sum_{h=2}^{H} \sum_{l=1}^{h-1} \ln \frac{D(w_h^{(t)},w_l^{(t)})+1}{D(w_l^{(t)})}, \tag{5-3-22}$$

其中，$\boldsymbol{W}^{(t)} = (w_1^{(t)},\cdots,w_H^{(t)})^{\mathrm{T}}$ 表示主题 t 中最有可能出现的词组向量，公式中加入 1 用于防止算法趋于负无穷，出现偏误。例如，对于 A 主题的主题词组 (a,b,c,d)，存在文档 $D_1=(a,b,c,d)$，$D_2=(a,b,c)$，则 A 主题的聚合度指标值为

$$C(A;\boldsymbol{W}^{(A)}) = 3\ln\frac{2+1}{2} + 3\ln\frac{1+1}{1} \approx 3.30。$$

同时有 B 主题的主题词组 (e,f,g,h)，存在文档 $D_1=(e,f,j)$，$D_2=(g,h,k)$，则 B 主题的聚合度指标值为

$$C(B;\boldsymbol{W}^{(B)}) = 2\ln\frac{1+1}{1} + 4\ln\frac{0+1}{1} \approx 1.40。$$

A 主题使用主题词组 (a,b,c,d) 较好地概括了文档信息，相比之下，B 主题使用主题词组 (e,f,g,h) 概括度稍有欠缺，即 A 主题的聚合度高于 B 主题。主题聚合度指标 $C(t;\boldsymbol{W}^{(t)})$ 在比较同一模型下的主题间聚合度有着明显的优势，但由于本节需要比较模型之间主题聚合度的效果，因此需要对主题聚合度指标 $C(t;\boldsymbol{W}^{(t)})$ 进行修改。这里将采用平均主题聚合度指标

$$\mathrm{CV} = \frac{1}{K}\sum_{t=1}^{K} C(t;\boldsymbol{W}^{(t)}),$$

以衡量标签对于主题聚合度改进的效果。

（2）文档标签。

文档标签表示该文档属于某一类别文章，标签的生成按照文档自身内容和属性特点，可以有多种方式：专家归类、主题词归类、目录归类等。以上文档标签方式多属于外在标签，常作为文档分类的响应变量（因变量），属于监督学习。但是，监督学习需要大规模带标注的舆情语料作为训练数据，并且对数据质量要求较高。同时，由于监督学习控制了变量的分布偏移，所以在监督学习模式下，新信息容易被忽略，模型预测无标签语料的效果也受到影响。

自适应标签主题模型从无监督学习角度出发,依据文档所含重要主题,以主题聚合度为目标函数,计算文档距离并聚类发现无监督模式下的自适应标签主题模型有着更好的新话题发现效用和预测效果。这里假设文档标签:(i)包含重要主题;(ii)是唯一的;(iii)服从正态分布。

(3)算法简述。

自适应标签主题模型的目标是训练得到的主题聚合度最高,即主题词组中的共现词出现概率最大化,具体表达式如下:

$$\max\left\{\ln\prod_{t=1}^{K}\prod_{h=2}^{H}\prod_{l=1}^{h}p(w_{h}^{(t)}\mid w_{l}^{(t)})\right\}。\tag{5-3-23}$$

目标函数的含义是,在 $w_{l}^{(t)}$ 出现的情况下 $w_{h}^{(t)}$ 出现的概率最大化,进一步推导,可以得到下式:

$$\ln\prod_{t=1}^{K}\prod_{h=2}^{H}\prod_{l=1}^{h}p(w_{h}^{(t)}\mid w_{l}^{(t)})=\ln\prod_{t=1}^{K}\prod_{h=2}^{H}\prod_{l=1}^{h}\frac{p(w_{h}^{(t)},w_{l}^{(t)})}{p(w_{l}^{(t)})}$$

$$\approx CV$$

$$=\frac{1}{K}\sum_{t=1}^{K}C(t;\boldsymbol{W}^{(t)})。\tag{5-3-24}$$

细化表达式可以得到下式:

$$CV=\frac{1}{K}\sum_{t=1}^{K}\sum_{h=2}^{H}\sum_{l=1}^{h-1}\ln\frac{D(w_{h}^{(t)},w_{l}^{(t)})+1}{D(w_{l}^{(t)})}$$

$$=\frac{1}{K}\sum_{t=1}^{K}\sum_{h=2}^{H}\sum_{l=1}^{h-1}\ln\frac{\sum_{m=1}^{M}N_{m}^{(h,l)}p(w_{m,h},w_{m,l})+1}{\sum_{m=1}^{M}N_{m}^{(l)}p(w_{m,l})}。$$

$$\tag{5-3-25}$$

在上式中,需要文档-词项概率矩阵才能做进一步求解。

ALS-TM 模型作为结合自适应聚类和 SLDA(supervised latent Dirichlet allocation)的拓展模型,其求解过程将 SLDA 包含在其子模型之内。因此,在 SLDA 主题模型部分,依旧需要求解整篇文档出现的概率对数最大化:

$$\max\{\ln p(w_{1:N},y\mid\alpha,\beta_{1:K},\eta,\sigma^{2})\}。\tag{5-3-26}$$

具体表达式为

$$\ln p(w_{1:N},y\mid\alpha,\beta_{1:K},\eta,\sigma^{2})>L(\gamma,\varphi_{1:N};\alpha,\beta_{1:K},\eta,\sigma^{2})=\sum_{n=1}^{N}E[\ln p(z_{n}\mid\theta)]$$

$$+\sum_{n=1}^{N}E[\ln p(w_{n}\mid z_{n},\beta_{1:K})]+\sum_{n=1}^{N}E[\ln p(y\mid z_{1:N},\eta,\sigma^{2})]+H(q)。$$

$$\tag{5-3-27}$$

与 SLDA 不同,ALS-TM 模型中文档标签是自主生成的。模型通过 K-means 方法将文档聚类,并依据轮廓系数确定文档标签,然后多次重复此过程,直到主题聚合度提升小于阈值(例如 0.01%)。其算法过程如下:

第一步 设置初始参数,对无标签的文档集合 $D(L)$ 运用 SLDA 主题模型,求得文档-词项分布,计算初始 CV 值。

第二步 将文档集合 $D(L)$ 的文档-词项分布代入 K-means 模型,通过轮廓系数寻找最优类别数 L,L 对应的文档归类即为新的文档类别标签。

第三步 将标签文档集合 $D(L)$ 代入 SLDA 主题模型,求得特定主题下的文档-词项分布矩阵 $\boldsymbol{P}(d_D, v_{\text{Word}} | t_{\text{Topic}})$,并计算平均主题聚合度指标:

$$\text{CV}_L = \frac{1}{K} \sum_{t=1}^{K} C(t; \boldsymbol{V}^{(t)}) = \frac{1}{K} \sum_{t=1}^{K} \sum_{h=2}^{H} \sum_{l=1}^{h-1} \ln \frac{D(v_h^{(t)}, v_l^{(t)}) + 1}{D(v_l^{(t)})} 。 \quad (5\text{-}3\text{-}28)$$

第四步 若达到循环上限则结束;否则,返回第二步。

该算法的核心在于使用主题聚合度指标 CV 和 K-means 自适应聚类分别作为提取微观词组信息和宏观文档信息的工具。其算法流程如图 5.3.5 所示,算法步骤见表 5.3.1。

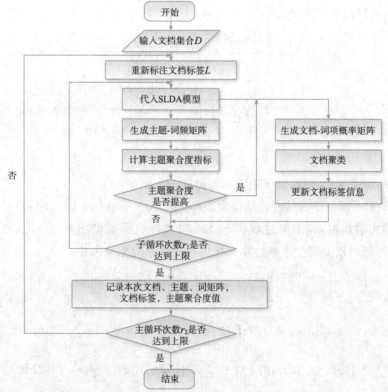

图 5.3.5 ALS-TM 模型算法流程图

表 5.3.1 自适应标签主题模型算法步骤

输入：Topic$=K$ 和 Label$=(l_1,l_2,l_3,\cdots,l_p)$

当 $r_2 \leqslant R2_{\max}$ 时，则执行；

  令 $l_1,l_2,\cdots,l_i,\cdots,l_p$ 为随机数，$D(L)$ 代入 SLDA 主题模型，求得文档-词项概率分布；

计算初始 CV 值，令 $CV_L = CV + 100$；

  当 $r_1 \leqslant R1_{\max}$ 时，则执行；

  当 $CV_L \leqslant CV$ 时，令 $CV = CV_L$；

    $D(L)$ 代入 K-means 模型寻找最优分类数 L，并对 $D(L)$ 更新文档标签；

    对 $D(L)$ 运用 SLDA 主题模型，计算 CV_L；

记录文档-词项分布、文档标签、主题聚合度指标；

输出：最优文档-词项分布、文档标签、主题聚合度指标

3. 模型参数的选择

（1）超参数的选择。

主题模型的关键假设在于主题和词服从的分布：狄利克雷分布。而超参数 α 和 β 的设定则通过影响关键假设分布（狄利克雷分布），进而对文档、主题、词有重要影响，可以得到如下推论。

对于超参数 α：

（i）当 $\alpha = 1$ 时，狄利克雷分布退化为均匀分布，即模型训练随机为文档分配主题；

（ii）当 $\alpha < 1$ 时，$p_1 = 1,\cdots,p_k = 0$ 的概率增加，即训练模型为文档尽可能分配更少的主题；

（iii）当 $\alpha > 1$ 时，$p_1 = p_2 = \cdots = p_k$ 的概率增加，即模型训练为文档尽可能分配更多的主题。

对于超参数 β：

（i）当 $\beta = 1$ 时，狄利克雷分布退化为均匀分布，即模型训练随机为主题分配词语；

（ii）当 $\beta < 1$ 时，$p_1 = 1,\cdots,p_k = 0$ 的概率增加，即训练模型为主题尽可能分配更少的词语；

（iii）当 $\beta > 1$ 时，$p_1 = p_2 = \cdots = p_k$ 的概率增加，即模型训练为主题尽可能分配更多的词语。

当超参数 α 和 β 的设置尽可能小的时候，模型训练将更倾向于用更小的主题或主题词概率事件，意味着被选入的主题、主题词往往是最重要的。其他学者，例

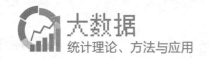
如 Wei et al.(2007)选择的超参数 α 和 β 的值一般是：

$$\alpha = \frac{50}{主题数\ K}, \quad \beta = 0.01。$$

可以计算出不同主题数 K 下的 α 值,见表 5.3.2。

表 5.3.2　不同主题数 K 与 α 值

K	10	20	50	100	200	300	400	500
α	5	2.5	1	0.5	0.25	0.17	0.13	0.1

由表 5.3.2 可以看出,当设置主题数小于 50 时,模型训练的主题将十分分散,无法起到聚合主题的目的。而其他学者由于在训练模型时,主题数目的设定通常大于 100,因而将 α 设置为 $\alpha = \dfrac{50}{K}$。因此,本章统一将参数设置为:$\alpha = 0.1$ 和 $\beta = 0.01$。

(2) 文档标签的选择。

在 ALS-TM 模型中,初始舆情语料标签的标注意味着对于文档关系的初步判定,有可能对模型后期迭代产生重要影响。因此,模型的主循环步骤考虑从三个起点标注文档。

方法一　LDA 主题模型采集信息。通过 LDA 主题模型进行文档间信息的采集,即将待分析语料代入 LDA 主题模型,获得文档-词项概率矩阵,随后使用 K-means 聚类,通过轮廓系数确定最优标签数,进而分配组别标签。

方法二　TF-IDF 采集信息。通过 TF-IDF 方法获得文档贡献度最高的词,生成文档-词频矩阵,进而通过 K-means 聚类,分配组别标签。

方法三　随机标注。设置文档标签上限,然后随机产生文档的标签。

5.3.4　动态主题建模

1. 改进讨论

在静态舆情信息挖掘中,由于忽略了时间的概念,使得模型提取的舆情特征可能出现不相关,甚至完全矛盾的情况。例如,提取 2015 年至 2016 年与黄金相关的新闻特征,由于 2015 年金价一直下行,而 2016 年则一路上涨,若将两个年度的新闻混合在一个文档集合中,则极有可能出现"下跌""上涨""动荡""熊市""春天"这类词义对立的情况。另外,对于缺乏时间标签的舆情语料,简单地提取舆情特征的结果通常是徒劳无功的,无法分析出舆情主题的出现、走热、融合、消亡等过程。在文档集合中引入时间概念,便可以对舆情主题的特征在时间线上进行有效刻画。

如何根据语料选择合适的时间标签,避免舆情主题模型在进行特征提取时不至于南辕北辙,就显得尤为重要。

对于主题模型是否加入时间标签,主要是根据研究目的而作出相应假设。通常,关于主题模型的时间标签,主要围绕参数的设置而出现以下几种假设:参数服从离散分布、参数服从连续分布、参数根据马尔可夫链(或其他算法)收敛。在连续分布假设下,参数服从条件分布,进而建模的重点就在于如何选择分布以及逼近目标函数的算法上。在离散假设下,由于每一个时间片内的模型参数之间没有相关性,进而建模的重点就在于时间片的划分以及时间窗内部建模的选择。

服从连续分布的参数假定虽然可以有效刻画重要主题的时序变化,但也存在不少问题。例如,TOT(topic over time)模型假定参数服从连续分布并且每个时间窗内的主题数不变,进而导致时间窗内主题被动地合并和分割,从而出现错误的演化结果。同时,由于主题固定而且参数假定贯穿整个时间轴,那么贯穿于整个时间轴的词汇自然容易被优先纳入主题,导致 TOT 模型的主题抽取效率相对低,主题间相似度会较高。一般而言,若将前序文档的参数作为先验信息引入,则可能使得参数的条件分布具有连续性,进而导致新的舆情主题的分布信息被前序舆情主题的分布信息所掩盖,无法被模型识别。

相比之下,虽然离散时间窗假定丢失了前序的主题信息,但是保证了时间窗内部文档建模的独立性,其主题抽取效率因为没有受到连续分布假设的影响而有保障。在此基础上建模,可以有效捕捉新主题的特征。因此,我们选择在离散独立的时间窗内施加主题模型训练。

2. 自适应时间窗动态主题模型

基于时间窗划分启发,本书在自适应标签主题模型的基础上,提出自适应时间窗动态主题模型(automatic time selected-dynamic topic model ATS-DTM),通过设计自动分割时间窗算法,用以获取重要主题的演变以及时间边界,同时发现新主题。该算法通过构造两个相邻时间窗的主题重合列联表,计算其概率分布,最终计算判断时间窗的相似度。

(1) 时间窗相似度指标。

构造时间窗相似度指标是寻找新闻主题演化的重要步骤。首先,输入舆情语料数据后,根据经验,例如对房地产舆情划分基础时间单位为 1 天,用 $T = \{t_1, t_2, t_3, \cdots, t_t\}$ 表示观测区间的基础坐标 t 时间。

假设时间窗口为 $S_T = \{S_{t_1}^{t_a}, S_{t_{a+1}}^{t_b}, S_{t_{b+1}}^{t_c}, \cdots, S_{t_k}^{t_t}\}$,其中 $S_{t_{a+1}}^{t_b}$ 表示从 t_{a+1} 到 t_b 时间内发生的房产舆情新闻,后续为方便表示,在部分叙述将按照 $S_T = \{W_1, W_2, \cdots, W_n\}$ 方式表示。对每一个时间窗的新闻合集 $S_{t_k}^{t_j} = \{d_1, d_2, d_3, \cdots, d_m\}$,使

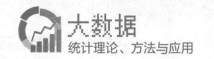

用 ALS-TM 模型，求解主题-词项分布 $z_i = \{w_1, w_2, w_3, \cdots, w_v\}$。

运用 ALS-TM 模型分别求解时间窗内的新闻集合后，将 $S_{t_{k1}}^{tj1}$ 与 $S_{t_{k2}}^{tj2}$ 产生的主题-词频汇总表，即 $r \times c$ 列联表。n_{ij} 表示 $S_{t_{k1}}^{tj1}$ 的第 i 个主题与 $S_{t_{k2}}^{tj2}$ 的第 j 个主题的词汇重复个数。例如，$z_i = \{房价、区位、交通\}$，$z_j = \{服务、学区、交通\}$，则 n_{ij} 为 1。

进一步地，求解 $r \times c$ 列联表内行列和以及相对重合概率。这里，先计算行和 $n_{i\cdot} = \sum_j n_{ij}$，然后计算出 Topic z_j 相对 Topic z_i 的重合度概率

$$p(R_i = i) = \frac{n_{ij}}{n_{i\cdot}}, \quad 1 \leqslant j \leqslant c。$$

同样地，列和 $n_{\cdot j} = \sum_i n_{ij}$，Topic z_i 相对 Topic z_j 的重合度概率

$$p(C_j = j) = \frac{n_{ij}}{n_{\cdot j}}, \quad 1 \leqslant i \leqslant r。$$

$$F = \frac{1}{r} \sum_{i=1}^{r} D_{KL}\left(R_i \parallel U\left(\frac{1}{c}\right)\right) + \frac{1}{c} \sum_{j=1}^{c} D_{KL}\left(C_i \parallel U\left(\frac{1}{r}\right)\right), \quad (5\text{-}2\text{-}29)$$

其中，$D_{KL}(P \parallel Q) = \sum_i P(i) \ln \frac{Q(i)}{P(i)}$。

这里采用 D_{KL} 距离，用于计算行（列）相似度与均匀分布的一致性。相似度指标 F 值越小，则表明 $S_{t_{k1}}^{tj1}$ 与 $S_{t_{k2}}^{tj2}$ 的主题集合的重合度越低。

（2）算法简述。

结合 4.2.1 节所述，可以写出 ATS-DTM 的目标函数如下：

$$\max F = \frac{1}{r} \sum_{i=1}^{r} D_{KL}\left(R_i \parallel U\left(\frac{1}{c}\right)\right) + \frac{1}{c} \sum_{j=1}^{c} D_{KL}\left(C_i \parallel U\left(\frac{1}{r}\right)\right)。 \quad (5\text{-}3\text{-}30)$$

其算法过程如下：

第一步　设定模型初始相邻时间窗 (t_1, t_a) 和 (t_a, t_b) 以及全局参数，初始设定 F 为某极大值，在观测时间起点设置初始时间窗 $S_{t_1}^{t_a}$ 与 $S_{t_{a+1}}^{t_b}$。进一步，分别对时间窗内文档 $S_{t_1}^{t_a}$ 与 $S_{t_{a+1}}^{t_b}$ 运用 ALS-TM 模型，求得主题-词项概率分布。

第二步　通过文档 $S_{t_1}^{t_a}$ 与 $S_{t_{a+1}}^{t_b}$ 的主题-词项分布构造两个相邻时间窗的主题重合列联表，计算其概率分布，最终计算判断时间窗相似度 F' 的大小。

第三步　若 F' 大于 F，则该时间窗相似度指标 F 值收敛，确认该步骤的时间窗 (t_1, t_a) 和 (t_a, t_b) 独立，选取下一段相邻时间窗文档 $S_{t_b}^{t_c}$ 与 $S_{t_{c+1}}^{t_d}$，重新返回第一步，执行新一轮相似度判别；否则，F' 不收敛，令 $F = F'$，对 $S_{t_1}^{t_a}$ 与 $S_{t_{a+1}}^{t_b}$ 增加一单位最小时间窗 x 得 $S_{t_1}^{t_a+x}$ 与 $S_{t_{a+1}+x}^{t_b}$，返回第一步再次计算相似度并判别。

该算法的核心在于迭代相邻时间窗文档集合的相似度指标 F 值，以求得最小

F 值。此处设置两个循环终止条件：（i）当 F 值收敛时，终止子循环；（ii）当时间窗达到规定最大区间时，终止主循环。

综合以上部分，可得算法流程如图 5.3.6 所示，算法步骤如表 5.3.3 所示。

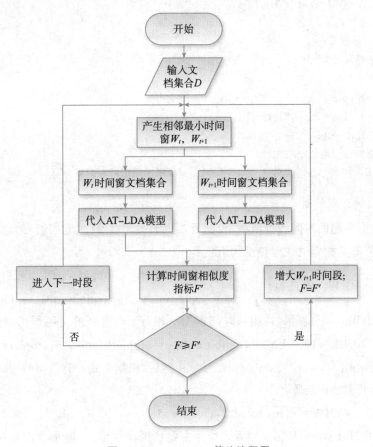

图 5.3.6　ATS-DTM 算法流程图

表 5.3.3　自适应时间窗动态主题模型算法步骤

输入：$T=\{t_1,t_2,t_3,\cdots,t_t\}$　　//观测区间
$x=$ 最小单位时间窗增量；
$y=$ 最大单位时间窗增量；
设置参数 $W_1\,begin=t_1$；$W_1\Delta=x$；F；　　//设定 F 初始值为 1 000
当 $W_1\,begin+W_1\Delta+x\leqslant t_t$ 且 $W_1\Delta\leqslant y$ 执行；　　//主循环
Conversion=False；
$W_2\,begin=W_1\,begin+W_1\Delta+1day$；$W_2=x$；
当 $W_2\,begin+W_2\Delta\leqslant t_t$ 且 $W_2\Delta\leqslant y$，则执行；　　//子循环
对 W_1 和 W_2 分别使用 ALS-TM；

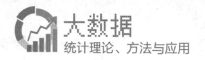
计算 F' 值；

若 $F'>F$ 或 $W_1\Delta==y$ 或 $W_2\Delta==y$，则执行；

$W_1\text{begin}=W_2\text{begin}+W_2\Delta+1\text{day}$；

$W_1\Delta=x$；

Conversion=True；

终止子循环；

否则 $F=F'$；

$W_2\Delta=W_2\Delta+x$；

若 Conversion=False，则执行；

$W_1\Delta=W_1\Delta+x$；

对剩余集合运用 ALS-TM；

输出：$S_T=\{S_{t_1}^{t_a},S_{t_{a+1}}^{t_b},S_{t_{b+1}}^{t_c},\cdots,S_{t_k}^{t_t}\}$ //分割时间窗的新闻集合

3. 舆情主题分析

在舆情主题的时间线推演中，我们通常更加关注主题（主题词组）的热度趋势。因此，本节定义相邻时间窗热度词组：

$$\text{Hot-word}(W_u,W_y)=\begin{cases}1, & \text{如果 topic-words}_{W_u}\bigcap\text{topic-words}_{W_y}=\text{True},\\0, & \text{如果 topic-words}_{W_u}\bigcap\text{topic-words}_{W_y}=\text{False}.\end{cases}$$

$\text{Hot-word}(W_u,W_y)$ 表示，在相邻时间窗 W_u 和 W_y 内重合的主题词组，即热度持续超过 1 期的主题词。上式中，$\text{topic-words}_{W_u}=(\text{topic}1,\text{topic}2,\cdots,\text{topic}H)^{\text{T}}$，主题 $\text{topic}1=(\text{word}_{\text{top}1},\text{word}_{\text{top}2},\cdots,\text{word}_{\text{top}F})^{\text{T}}$。然后，根据上式计算获得整个时段观测集合的热度主题词矩阵：

$$\text{WHW}=(\text{Hot-word}_{W_1},\text{Hot-word}_{W_2},\cdots,\text{Hot-word}_{W_n}). \tag{5-3-31}$$

这里，采用 $\text{Hot-word}(W_u,W_y)$ 频数作为主题热度序数值，主要是考虑到在短周期的观测区间内，舆情主题热度细化在基数值意义有限，并且难以获得有效强度指标。因此，采用 $\text{Hot-word}(W_u,W_y)$ 频数对于仅仅比较舆情主题的趋势与交替更为合理。进一步，可以将相同的热度词 $\text{Hot-word}(W_u,W_y)$ 两两相连，绘制主题词的动态演化过程。

5.3.5 小结 ▶

本节在 LDA 主题模型的基础上，结合 K-means 聚类方法引入类别标签，作为舆情主题的文档信息约束，同时引入主题聚合度指标，作为词组信息约束，以此提高主题模型的特征提取效率。另外，考虑到若将前序文档的参数作为先验信息引入，则可能使得参数的条件分布具有连续性，进而导致新的舆情主题的分布信息被

前序舆情主题的分布信息所掩盖,无法被模型识别。因此,选择在离散独立的时间窗内施加主题模型训练。在 ALS-TM 模型的基础上,引入时间窗相似度指标,比较相邻时间窗内舆情主题的平均差异,进而确定出差异最大的时间窗口,进而刻画各时间窗内的舆情主题特征。

5.4　网络舆情分析中的关联分析

5.4.1　引言

　　关联分析又叫关联挖掘,其目的是发现事务之间潜在的、有趣的联系,这种联系称为关联规则。Agrawal 等人在 1993 年提出了挖掘商品交易记录中项集间关联规则的问题,此后关联规则便成为数据挖掘的重要研究方向之一。数据挖掘方法研究通常包含两部分核心内容:计算方法和实现算法。以计算机科学的视角来看,其研究的着眼点是实现算法;而以统计学视角来看,其研究更着眼于计算方法。从关联分析研究的发展过程来看,研究成果主要集中在算法优化上,如引入随机采样,并行等思想来提高算法效率。而其计算方法相对简单,所以发展改进较少。随着现代数据库技术的发展和应用领域的扩展,关联分析研究面对着前所未有的机遇和挑战。

　　本节主要讨论关联分析及其扩展方法在网络舆情分析中的应用。首先介绍舆情分析中的传统静态关联分析,从其定义和基本算法入手,并研究舆情话题的静态关联规则挖掘算法。然后针对舆情信息的时态特征,将传统关联分析扩展至动态舆情分析领域中,对舆情热点话题的时态关联分析进行讨论。最后研究加权关联规则挖掘方法在舆情主题提取中的应用。

5.4.2　传统关联分析

1. 传统关联规则定义

　　设 $I=\{i_1,i_2,\cdots,i_m\}$ 是一个由 m 个不同项目组成的项目集合,每一个 $i_k,k=1,2,\cdots,m$ 称为数据项,数据项的集合称为数据项集,简称项集。D 是由一系列具有唯一标识 TID 的事务 T 组成的事务数据库,每个事务 T 都对应 I 上的一个子集。

　　关联规则是形如 $X\Rightarrow Y$ 的蕴含式,这里 $X\subseteq I,Y\subseteq I$,并且 $X\cap Y=\varnothing$。我们将

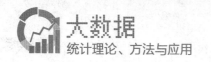

X 称为规则"前件"(antecedent 或 left-hand-side, LHS),将 Y 称为规则"后件"(consequent 或 right-hand-side, RHS)。关联规则中的几个重要统计量如下:

(1) 支持度(support)。

设 $X \subseteq T$,则项集 X 在事务集 D 中的支持度记为 $\text{supp}(X)$,是指事务集 D 中包含 X 的事务数与所有事务数之比,即

$$\text{supp}(X) = \frac{|\{t \in D \mid X \subseteq t\}|}{|D|}。 \tag{5-4-1}$$

实际上,项集的支持度可以看作一个概率,用概率方式表示,即

$$\text{supp}(X) = P(X)。 \tag{5-4-2}$$

关联规则的支持度用规则包含的项集的支持度表示,即

$$\text{supp}(X \Rightarrow Y) = \text{supp}(X \cup Y)。 \tag{5-4-3}$$

(2) 置信度(confidence)。

规则 $X \Rightarrow Y$ 的置信度记为 $\text{conf}(X \Rightarrow Y)$,是指同时包含 X 和 Y 的事务数与仅包含 X 的事务数之比,即

$$\text{conf}(X \Rightarrow Y) = \frac{|\{t \in D \mid X \cup Y \subseteq t\}|}{|\{t \in D \mid X \subseteq t\}|} = \frac{\text{supp}(XY)}{\text{supp}(X)}。 \tag{5-4-4}$$

用概率方式表示,即条件概率 $P(Y|X)$,指包含 X 的条件下,包含 Y 的概率。

(3) 提升度(lift)。

规则 $X \Rightarrow Y$ 的提升度记为 $\text{lift}(X \Rightarrow Y)$,是规则置信度与规则后件支持度之比,即

$$\text{lift}(X \Rightarrow Y) = \frac{\text{conf}(X \Rightarrow Y)}{\text{supp}(Y)}。 \tag{5-4-5}$$

用概率方式表示,即 $P(Y|X)/P(Y)$。

给定一个事务集 D,可以挖掘出大量的关联规则,我们可以设定最小支持度和最小置信度阈值,满足最小支持度阈值的项集称为频繁项集,支持度和置信度均满足阈值要求的关联规则称为强关联规则。关联分析的主要目的就是挖掘这些强关联规则。

2. 关联规则挖掘算法

作为数据挖掘的手段之一,关联规则挖掘在大多情况下都以规模庞大的数据集为研究目标,因此算法的效率(efficiency)与可扩展性(scalability)问题是关联规则挖掘研究中必不可少的一环。关联规则算法的研究设计主要基于两个考虑:

第一,算法流程的优化,减少算法的内存空间占用和算法对数据库扫描的次数;

第二,数据结构的优化,寻找压缩性更高的数据结构,从而辅助建立更有效率的挖掘算法。

而从算法实现方法来看,关联规则算法通常分为两个阶段:

第一阶段 对数据库进行扫描,找到其中的频繁项集;

第二阶段 筛选频繁项集的子集组合,输出关联规则。

目前来看,关联规则挖掘中主要有以下几种可行算法。

(1) 搜索算法。

搜索算法是最早针对关联规则挖掘问题所研制出的算法,其代表性算法为 Agrawal et al. (1994)在提出关联规则问题时一并提出的 AIS(agrawal imielin-ski and swami)算法和随后研发的 SETM(set-oriented mining)算法。该类算法的核心思路为对每个事务计算所有候选集的支持度,因此只需要对数据库扫描一次即可得到所有的频繁集。对于包含 n 项的事务,该类算法要产生 $\sum_{i=1}^{n} C_n^i = 2^n - 1$ 个项集以计算支持度,对内存空间的占用量较大,因此通常只适合于挖掘特征项数量较少的数据集中的关联规则。

(2) Apriori 类算法。

Apriori 及其改进算法 AprioriTid,AprioriHybird,等都基于逐层扫描的宽度优先策略,因此被称为 Apriori 类(Apriori-Like)算法。该类算法的核心思路源自下列单调性命题:

命题一 k-项集 X 为频繁项集的必要条件是 X 的所有$(k-1)$-项子集皆为频繁项集;

命题二 若 k-项集 X 的任意$(k-1)$-项子集为非频繁项集,则 X 也为非频繁项集。

该类算法的提出减少了关联规则挖掘算法中输入算法的数据量,优化了算法流程。相比传统搜索算法,该类算法的优化在原则上基于宽度优先,即在宽度上减少了每次扫描的项集数量,从而降低了扫描数据库所需的时间。

(3) 频繁模式增长算法。

频繁模式增长算法以 Han et al.(2000)提出的频繁模式增长(frequent pattern-growth,FP-Growth)算法和 Agarwal et al.(2001)提出的投影树(tree projection)算法为代表。该类算法基于深度优先的优化原则,都以树形数据结构作为项集的存储形式。在不变更项集间关联信息的条件下,算法首先将数据库压缩存储至特定的频繁模式树(FP-tree)中,这种数据具有紧凑和密实的结构,大幅度减少了算法搜索的空间。之后,算法按一定条件对树进行分类与递归搜索,从而发现

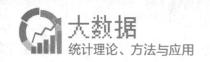
所有的频繁模式。该类算法的最大优势在于只需对数据库进行两次扫描,在扫描深度上进行了极大的优化,从而使算法的时间效率与空间效率得到了提高。但在处理数据量大且稀疏的数据库时,这类算法挖掘处理中的递归运算环节需要消耗较大的资源空间,存在一定的局限性。

(4) 数据集划分算法。

数据集划分算法的核心思想为将整个数据库按一定逻辑划分存储为若干个相互独立的数据块,并于内存中进行分别处理,之后在得到挖掘数据库分区中的频繁集的基础上确定全集的频繁项集,其代表性算法包括 Savasere et al.(1995)提出的 Partition 算法以及 Brin et al.(1997)提出的 DIC 算法等。该类算法的一大特点为其优化效果取决于对数据库本身的划分方法,在数据库得到理想化分的条件下能够大大减少对数据库扫描的次数。

(5) 采样类算法。

采样类算法中最具代表性的算法包括由 Toivonen 提出的 Sampling 算法以及 Chen 等提出的 FAST(features from accelerated segment test)算法等。该类算法的核心思路最早由 Mannila et al.(1994)提出,即通过随机抽样从数据库全集中获得一个足以调入内存的数据库子集,然后对数据库子集进行关联规则挖掘,再利用数据库中剩余部分来对挖掘结果的准确性进行验证。采样算法极大地降低了每次扫描数据库所需遍历的事务数,进而减少了算法在时间上的消耗,但其最大缺点为抽样的过程可能引发数据扭曲(data skew),从而导致挖掘结果的精确程度下降,故该算法适合用于对挖掘准确性要求较低而对挖掘效率要求较高的情况。

3. 舆情分析中的传统关联规则挖掘

假设在网络舆情分析中,将每一个热点话题看作一个数据项,热点话题的集合构成数据项集,每条舆情信息可以包括多个热点话题,所以每条舆情信息可以构成一个事务 T,众多舆情信息一起构成事务集 D。在舆情分析中,如果不同话题经常在同一条舆情信息中出现,可以认为这两个话题存在某种关联关系,因此可以对舆情话题间的强静态关联规则进行挖掘。基于 Apriori 算法的静态关联规则挖掘包括以下步骤:

第一步 根据话题筛选规则匹配舆情语料库,构建话题事务集 $D=\{T_1,T_2,\cdots,T_n\}$,其中,事务 $T_k,k=1,2,\cdots,n$ 为每一条舆情信息中包含的话题集合,并拟定最小支持度 min_supp 和最小置信度 min_conf;

第二步 遍历预先设定的所有舆情话题,即构造候选 1-项集集合 $C_1,k=1$;

第三步 计算候选 k-项集集合 C_k 中各个元素在事务集中的支持度,并根据条件 supp$(I)\geqslant$min_supp 进行筛选,得到频繁 k-项集集合 L_k;

第四步 根据 Apriori 原理由频繁 k-项集集合 L_k 构造高阶的候选 $(k+1)$-项集集合 C_{k+1}，其中 C_{k+1} 中元素的所有 k-阶子项集都是频繁 k-项集；

第五步 令 $k=k+1$；

第六步 重复第三至第五步，直至第三步中的频繁 k-项集集合 L_k 的元素个数小于等于 1，结束循环，获得所有频繁项集的集合 L；

第七步 对频繁项集集合 L 中的所有频繁项集进行规则 r 的生成与置信度 $\text{conf}(r)=P(r)/P(lhs)$ 的计算（其中 lhs 代表规则 r 对应的先导项集），根据条件 $\text{conf}(r) \geqslant \text{min\_conf}$ 进行剪枝并输出满足条件的所有规则结果。

通过对舆情话题的静态关联规则挖掘，可以构建话题间的关联网络。通常情况下，处于规则中心的话题就是当期网络舆情的核心关注点，而不同话题间的规则方向可以说明话题在整个主题网络中的地位和作用。

5.4.3　时态关联分析

1. 时态关联规则

传统的关联分析假定所有事务是在同一时间发生的，事务内的项只有内容上的差别，没有时间上的先后之分，形成关联规则时也并不考虑前件和后件的时间顺序。而对于时态数据，人们不仅需要考虑同一时间点上的规则，还要考虑不同时间点上的规则，这就需要引入时态关联规则进行分析。

时态关联规则按照事务间隔的设定不同，可以分为时点规则与时段规则。时点规则指的是任意两个时点上的事务之间的关联规则，而时段规则指的是不同时间段内发生的事务间的关联规则。例如，假设 A 事务发生 T 时间后出现 B 事务，那么 A 事务与 B 事务之间的关联规则就属于时点规则；如果 A 事务发生 T 时间内 B 事务发生，那么这两个事务之间的关联规则就是时段规则。网络舆情话题往往是在一个时点上发生，但是它的滞后影响却可以延续一段时间，因此本节只研究热点话题之间的时段规则，后文中所说时态关联规则也均指时段关联规则。

类似于传统关联规则，时态关联规则的相关概念如下：

设将全时间段 T 划分为 n 个等长的时间段 $(T_1, T_2, \cdots, T_n)$，T 不要求是连续的，$|T|$ 是时间段的个数，$I=\{i_1, i_2, \cdots, i_m\}$ 是一个由 m 个不同项目组成的项目集合，D 是由一系列时态事务 (E, T) 组成的事务集，每一个事件集 E 是 I 的一个子集，T 是一个时间标签，代表一个时间段，并假设一个时间标签上只能发生一个事务，$X=(E_X, T_X)$ 和 $Y=(E_Y, T_Y)$ 是两个时态事务，且 $T_X \leqslant T_Y$，A 和 B 分别是 E_X 和 E_Y 的子集，时态关联规则就是形如：$A \overset{t}{\Rightarrow} B, t \geqslant T_Y - T_X$ 的规则，表示 A 出

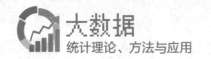

现后 t 时间内 B 会出现。

在传统关联规则中,要求规则的前件和后件没有交集,但在时态关联规则中,放松了这个要求,A 和 B 包含的项不再要求没有交集,甚至可以是相等的,这样就可以得到 $A \overset{t}{\Rightarrow} A$ 的周期性规则。注意到当 $t=0$,$A \bigcap B = \varnothing$ 时,$A \overset{t}{\Rightarrow} B$ 即变成传统的关联规则。

同样基于传统关联规则的支持度、置信度、提升度定义,时态关联规则的相关统计量定义如下:

(i) 项集支持度:

假设 A 是 I 的一个子集,且 A 中的各项是同时发生的,那么 A 称为时态关联规则的项集。时态关联规则的项集支持度表示为出现 A 的时间长度与有效时间总长度之比,即

$$\text{supp}(A) = \frac{|\{(E', T') \subseteq D \mid A \subseteq E'\}|}{|T|}。 \tag{5-4-6}$$

(ii) 时态关联规则的支持度:

$$\text{supp}(A \overset{t}{\Rightarrow} B) = \frac{|A \bigcup_t B|}{|T|}, \quad t \geqslant 0, \tag{5-4-7}$$

其中 $|A \bigcup_t B|$ 表示 A 出现之后 t 时间内 B 出现的次数。

(iii) 时态关联规则的置信度:

$$\text{conf}(A \overset{t}{\Rightarrow} B) = \frac{\text{supp}(A \overset{t}{\Rightarrow} B)}{\text{supp}(A)}。 \tag{5-4-8}$$

(iv) 时态关联规则的提升度:

$$\text{lift}(A \overset{t}{\Rightarrow} B) = \frac{\text{conf}(A \overset{t}{\Rightarrow} B)}{\text{supp}(B)}。 \tag{5-4-9}$$

时态关联规则的提升度用来表征该条规则的价值。

2. 热点话题时态数据表示

舆情热点话题区别于一般舆情话题的特征主要体现在其热度上。对于新闻媒体来说,一个热点话题必定会引起多个网站多个媒体的争相报道,因此如果某段时间某个话题的相关文章数量较多,那么就说明这个话题是当期的热点话题。

假设将统计期划分为时间段 $\{t_0, t_1\}, \{t_1, t_2\}, \cdots, \{t_n, t_{n+1}\}$,同一个话题的文本数量可以表示为时间点 t 的函数 $n(t)$,那么在一个时间段 t_k 至 t_{k+1} 之间,此话题出现的相关文本数量为 $\Delta n = n(t_{k+1}) - n(t_k)$,这个时间段的话题热度可以用 $H_t = \Delta n$ 来表示。

在以往的研究中,多数研究者对热点话题只作了是与否的判断,忽略了热点话

题实际上是一个具有时效性的描述,同一个话题可能在前一段时间是热点,但是在另一段时间却处于冷淡期,因此对热点话题的判断离不开时间上的约束。我们将热点话题定义如下:在一个时间段内,某话题的热度超过 m,我们称这个话题为这个时间段内的热点话题。全时段的不同划分会影响热点识别的结果,时间段过长可能导致热点识别没有意义,时间段过短可能造成资源浪费,因此需要结合研究需求对时间段进行合理划分。

根据话题成为热点的频率,可以把热点话题分为常发性热点话题和偶发性热点话题。常发性热点话题是指那些反复成为舆论热点的话题,一般舆情热点会经历产生、高涨、波动和淡化四个阶段,但是一些影响广泛的舆情话题可能会被反复提及,在沉寂一段时间后再次成为热点。一些涉及民生的日常话题,如"北京雾霾",会因为雾霾的高频出现而反复成为热点话题。还有一些话题涉及的事务本身具有不稳定性,比如涉及股票市场的话题,会随着股市波动而时常成为舆情热点。这种话题我们就称之为常发性热点话题。对应地,有一些热点只是伴随着某些突发性的偶然事件的发生而生成,随着时间推移,热点就逐渐消亡。这类话题我们就称之为偶发性热点话题,或者一次性热点话题。偶发性热点话题的产生具有突发性和偶然性,无法控制,我们只能在它的演变过程中加以引导。而常发性热点则具有一定的规律性,通过对其产生和演变过程的分析可以有效地把握舆论方向,甚至可以预测其产生过程,在它成为舆情热点之前就加以控制。

对热点话题进行带时间约束的识别后,热点话题可以表示成时态数据形式。时态数据通常可以分为三种:

(i) 时间序列。

它的基本元素是数值型时序变量的观测值。对时序变量的观测从时间出发,因此要求时间标签为等间隔。每个观测值可以用 $(t, e(t))$ 来表示,其中 t 为时间标签,$e(t)$ 为数值型观测值。

(ii) 事件序列。

它的基本元素是事件,对事件序列的观测从事件的发生出发,仅当事件发生时才记录事件属性观测值,不要求时间标签为等间隔,对不同时刻发生的事件集进行累计就构成了事件序列。事件序列可表示为类似 (T, E) 的二元组形式,其中 T 代表时间标签集,E 代表事件集,即

$$(T, E) = \{(t_j, e(t_j)) \mid t_j \in T, j = 1, 2, \cdots, \mid T \mid\}。$$

(iii) 事务序列。

它的基本元素是事务,观测同样是从事务的发生出发,但是它既考虑了事件的发生,也考虑了个体的行为差异。事务序列可表示为 $(\mathrm{Cid}, \mathrm{Tid}, T, E)$ 的形式,Cid

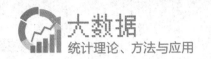
代表行为主体代码集，Tid 代表其对应主体的事务标签集，T 代表时间标签集，E 代表事件集。为了精简事务序列的表示形式，假设对于同一个主体，同一个时间标签上仅有一个事务发生，那么事务标签顺序跟时间标签顺序是一致的，我们可以将事务标签顺序省略，事务序列的形式精简为

$$(\mathrm{Cid}, T, E) = \{(i, t_j^{(i)}, e(t_j^{(i)})) \mid i \in \mathrm{Cid}, j = 1, 2, \cdots, \mid T^{(i)} \mid\}.$$

以商品购买数据为例，i 代表某客户标识，$t_j^{(i)}$ 代表客户 i 的第 j 个购买记录发生的时间，$e(t_j^{(i)})$ 代表客户 i 的第 j 个购买记录中包含的商品，将所有的购买记录进行累计，就可以构成商品购买的事务序列。

在网络舆情热点的跟踪研究中，我们可以将舆情热点的发生描述成事件序列。舆情话题变成舆情热点可以看成一个事件，事件的发生时间作为事件序列的时间标签。为了方便，我们将时间段末尾的时间点作为时间标签记录。假设将话题成为热点这一事件标记为"1"，那么某话题在 t 时间段上成为热点这一条事件数据记录可以表示为 $\{t, 1\}$，不同话题的事件数据累计可以构成事务序列。为了方便研究，我们假设所有话题是平等的，那么可以将所有话题作为一个主体，此时可以省略事务主体代码，事务序列又可以简化成事件序列，也可看成是唯一主体的特殊事务序列。当 t 时间段出现热点时，成为热点的话题集合就是其事件。假设在 t 时间段上，有编号为 1,3,5 的话题热度均超过热点热度阈值，那么这一条事务数据记录可以表示为 $\{t, \{1, 3, 5\}\}$。

3. 热点时态关联规则挖掘算法

时态关联规则挖掘算法同样分成两个步骤：

第一步　频繁项集挖掘；

第二步　时态关联规则生成。

在第一个步骤频繁项集挖掘中，传统的时态关联规则使用 Apriori 算法，每一次频集生成都需要先生成所有候选集，再对事务数据库进行扫描，以计算所有候选集的支持度和置信度，筛选出支持度和置信度大于最小阈值的候选集。这个算法在数据量比较大时会显得效率很低。如果直接使用 Apriori 算法，并加上时间维度，算法就变得更加复杂。将事务序列数据库表示成垂直分布的数据库可以减少扫描数据库的次数，大幅提升算法效率。如表 5.4.1 中的事务数据库示例，对事务数据库扫描一遍，可以建立垂直分布数据库，如表 5.4.2 所示。

表 5.4.1 传统事务数据库示例

时间标签	事务集
6—1	$A;C$
6—2	B
6—3	C
6—4	A
6—5	A

表 5.4.2 垂直分布数据库示例

事务	时间标签集合
A	6—1;6—4;6—5
B	6—2
C	6—1;6—3

在第一次扫描数据库后,记录下每一个项集存在的所有时间标签,因此时间集合的长度就是项集出现的次数,支持度就是时间集合的长度除以总时间长度$|T|$。和 Apriori 算法一样,频繁项集的挖掘充分利用项集的向下封闭属性,即如果一个项集是非频繁的,那么它的任何超集都是非频繁的。由表 5.4.2 可知总时间集合T 的长度为 5(6—1,6—2,6—3,6—4,6—5),假设最小支持度为 0.4,那么频繁1-项集只剩$\{A\}$,$\{C\}$。

由频繁 1-项集的排列组合可以生成候选 2-项集,候选 2-项集出现的时间不用再扫描整个事务数据库,只要将两个 1-项集的出现时间集合作交集即可。同样,2-项集出现的时间集合的长度与时间总长度的比就是对应 2-项集的支持度,支持度大于最小支持度阈值的 2-项集就是频繁2-项集。

重复这个过程,直到没有项集的支持度大于最小支持度,因而没有频繁项集再产生,就可以得到一个频繁项集-时间的数据集。时态关联规则由扫描频繁项集数据集生成,规则的支持度只要对前件和后件出现的时间集合进行简单的计算就可以得到。传统关联规则中,规则是通过拆分频繁项集的方式生成,规则的支持度就是用拆分前的频繁项集的支持度表示,因此只需要在频繁项集产生阶段设定一个最小支持度阈值,在规则生成阶段不需要考虑支持度阈值,仅需要考虑置信度阈值。而在时态关联规则中,项集支持度和规则支持度的计算方式不同,因此在频繁项集发现过程需要设定最小项集支持度,在规则生成阶段还需要设定最小规则支持度以及最小规则置信度阈值。

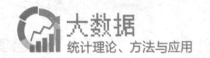

5.4.4 加权关联分析

1. 加权关联规则

在经典的购物篮分析中,不同的商品具有不同的价格,我们更希望能得到关于这些价值高的商品的规则,这需要对不同的项赋予不同的权重。另外,不同顾客的消费频率和消费金额相差很大,消费频率高且消费金额大的顾客对商店影响较大,因此他们的交易记录对于规则发现来说更加重要,我们希望发现的关联规则能更加体现他们的购物习惯,这就涉及事务的加权。类似地,在文本挖掘中,不同的词项对主题的表达作用不同,不同的句子和主题的相关程度不同,甚至相同的词语在不同的句子中可能作用也不同。这就需要对不同的句子、不同的词语赋予不同的权重。在实际应用中,加权关联规则相对于传统的关联规则更符合现实需求,针对不同的加权方法可以帮助用户获得更有价值的关联规则。

加权关联规则是在关联规则的基础上给项和事务赋权。针对不同的挖掘需求,在不同的应用场景下赋权方法各有不同。对于关联规则中的重要指标支持度、置信度等,目前没有一个统一的定义。Ramkumar et al.(1998)对项和事务加权,提出了关联规则的加权支持度(weighted support),并设计了一种叫 WIS(weighted itemset support)的算法,用来挖掘加权支持度大于最小阈值的关联规则。Cai et al.(1998)定义了一个相似的加权支持度,但是只考虑项集的权重,这种定义违反了向下封闭属性,结果使得规则挖掘变得十分复杂。Tao et al.提出另一种加权支持度的定义,同时证明了它依然服从加权向下封闭属性。结果证明这种方法的挖掘结果更偏向那些包含或者与高权重项相关的项集。Sun,Bai(2008)提出了一种方法,在未给定项的权重时,利用 HITS (hyperlink-induced topic search)算法,给事务和项赋权并排序,挖掘出处在"枢纽"位置的项集。在总结其他研究的基础上,结合本书需求,本书基于传统关联规则给出加权关联规则的有关定义如下:

设 $I=\{i_1,i_2,\cdots,i_m\}$ 是一个由 m 个不同项目组成的项目集合,项的集合称为项集。D 是由一系列具有唯一标识 TID 的事务 T 组成的事务数据库,每个事务 T 都对应 I 上的一个子集。一个项目对 $\{i,w(i)\}$ 被称为加权项,其中 $i\in I$ 是一个项,$w(i)\in W$ 是一个和 i 有关的权值,表示它的重要性。

(i) 项集权重(itemset weight)。

项集中所有项的权重的均值,记作 $w(iset)$,即

$$w(\text{iset}) = \frac{\sum_{k=1}^{|\text{iset}|} w(i_k)}{|\text{iset}|}, \tag{5-4-10}$$

其中$|\text{iset}|$表示项集中项的个数，i_k，$k=1,2,\cdots,|\text{iset}|$是项集中包含的项。

(ii) 事务权重(transaction weight)。

事务 T 也是一个项集，所以类似地，

$$w(t) = \frac{\sum_{k=1}^{|t|} w(i_k)}{|t|}, \tag{5-4-11}$$

其中$|t|$表示事务中项的个数，i_k，$k=1,2,\cdots,|t|$是事务中包含的项。某个事务的权重越大，意味着对于挖掘结果的贡献越大。

(iii) 项集加权支持度(weighted support)。

将项集加权支持度记作 wsupp(iset)，它是同时包含项集(itemset)中所有项的事务的权重之和与所有事务的权重之和的比率，即

$$\text{wsupp(iset)} = \frac{\sum_{k=1}^{|D|\,\&\,(\text{iset}) \subseteq T_k} w(T_k)}{\sum_{k=1}^{|D|} w(T_k)}, \tag{5-4-12}$$

其中$|D|$是事务数据库 D 中的事务数。

(iv) 项集加权置信度(weighted confidence)。

项集的置信度记作 wconf(iset)，即

$$\text{wconf(iset)} = \frac{1}{|\text{iset}|} \sum \frac{\text{wsupp(iset)}}{\text{wsupp}(i_k)}, \tag{5-4-13}$$

其中i_k是项集 itemset 中的项。

该加权关联规则的定义保持了 Apriori 原理，即向下封闭属性：如果一个项集是非频繁项集，那么它的所有超集也是非频繁的。向下封闭属性能够大大提高算法效率，为快速挖掘加权关联规则提供了保障。

2. 舆情主题提取与加权关联分析

舆情主题信息的提取包括主题句提取、主题词提取、主题概念提取，其中主题句提取最容易让人理解，但是主题词提取更易让计算机理解，因此在研究中较多使用主题词来表达文本主题。目前许多研究都是对文本集中的词汇按照一定的计算方式进行赋权，然后将权重最高的若干个词选为主题词。这种方法简单易懂，但缺点是：只考虑了单个词汇在文本中的重要性，忽略了词汇之间的相关性对文本主题

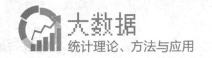
信息的表达。

词汇是文档篇章的基础结构,但是由于中文语言现象的复杂性,相同的词汇在不同的语言环境中可能有着不同的含义,因此用单个词汇的集合来描述文档信息不甚准确,甚至可能会带来误解。词共现理论的提出为这个问题带来了很好的解决办法。词共现就是指两个或两个以上词汇在一句话、一个段落或一篇文本中共同出现的情况。两个词语之间的共现现象可称为两词共现,共现的两个词语可称为共现词对。以此类推,三个或三个以上词语之间的共现现象可称为三词共现、四词共现等。而两词共现、三词共现等都可以统称为多词共现,共现的几个词可以称为共现词集。相对于单个词汇,共现词汇可以更准确地描述文档主题信息。通常,文档作者在写作时,会围绕既定的主题展开论述,因此也会频繁使用一些与主题相关的词汇。如果存在两个或多个词语都和某主题相关,那么它们共同出现的概率要大于无关的词语共同出现的概率。因此一般认为一个词集共同出现的次数越多,则这个词集与文档主题的关系越紧密。而且这个词集的长度越长,则它对文档主题的概括性越大。

共现词分析经常被应用于文本知识挖掘中。许多学者通过对研究领域的大量文献进行关键词的共现分析,研究领域的热点识别和热点分析,识别学科的发展过程和特点,找出领域或学科之间的关系等。同样地,对网页信息、新闻报道进行共现词分析,可以提取出舆情文本中的主题,从而进行舆情信息的热点识别和分析,了解舆情热点的演变过程。

许多研究都利用关联规则挖掘算法来挖掘共现词,将文本或文本片段作为事务,而共现词就是其中的频繁项集。传统的关联规则挖掘算法将所有句子看作同样重要,仅将布尔值作为词汇特征,挖掘共现词加权关联规则的挖掘算法,对词汇和句子赋予不同的权重,提取舆情文本中的共现词,旨在突出重要的共现词集。

在项与事务的加权方法上,关联规则的加权是为了增加重要事务中重要项的权重,使之更容易被挖掘到。同样地,在共现词对的挖掘中,给词汇加权是希望词汇的权重能够表达词汇与主题的相关性,目的是使重要词汇更容易出现在挖掘结果中,所以可以选用常用的 TF-IDF 值为词汇加权,因为词汇的 TF-IDF 值能够表征词汇对于文本主题表达的作用。

在事务的划分力度上,共现词挖掘可以将每一个文本作为一个事务,也可以把一个段落或者一个句子作为一个事务。如果词汇在同一个段落或一个句子中共现,说明两个词汇之间的相关关系更强。因此这种方法利用了词汇的距离关系,理论上可以挖掘出语义更接近、与主题更加相关的共现词。

3. 加权关联词集提取算法

加权关联规则的挖掘算法以 Apriori 算法为基础,但是在扫描事务集的时候除了要记录项的出现次数,同时也要记录项的权重。基于 Apriori 算法的加权频繁项集挖掘算法流程如图 5.4.1 所示。

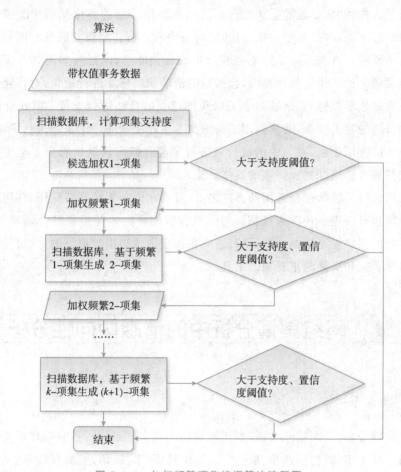

图 5.4.1 加权频繁项集挖掘算法流程图

在传统的 Apriori 算法中,频繁项集的产生阶段只需要计算项集的支持度,而在加权关联规则中,我们同时定义了项集的支持度和置信度。如果某个词汇出现频率很高,那么可能出现大量高支持度的包含该词汇的词集,这些词集内的词汇不一定具有明显的共现关系。置信度阈值的设定就是为了避免这种情况,它减弱了单个高频词汇对整个词集的决定性作用,只有在词集整体确实具有强关联关系时,

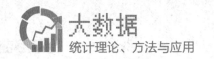

词集的置信度才会较高。因而在加权关联挖掘算法中,我们规定项集需要同时达到加权支持度和加权置信度都大于阈值的条件,才会被筛选出来。

5.4.5　小结

本节在对传统关联规则方法进行介绍的基础上,对其在舆情分析中的静态应用进行了具体说明,话题静态关联分析可以对舆情信息的整体架构情况进行进一步解析。接下来,本节基于传统方法,对时态关联分析和加权关联分析两种扩展方法进行了研究。首先介绍了时态关联分析的有关概念,同时对如何将其应用于舆情热点话题分析中作了具体说明,包括对舆情话题的热度进行量化,对话题进行时态事务数据表示,对热点话题时态关联规则挖掘的算法进行设计。其次介绍了加权关联分析的有关概念,对其应用于舆情文本主题提取的理论基础进行了阐述,同时结合实际应用需求,对其中的统计量进行了整合修正。最后研究了运用加权关联规则挖掘方法挖掘共现词集的具体算法。

关联分析是数据挖掘常用的方法之一,目前在许多领域都有应用,在舆情分析中的应用也有待进一步深入挖掘。对关联分析的研究关键是要结合领域知识,来改进传统的关联规则挖掘模型,使其适应在相应领域知识约束下的关联挖掘需要,成为科学研究和决策的重要辅助工具。

5.5　网络舆情分析中的情感倾向性分析

5.5.1　引言

倾向性分析,又叫情感分析、观点挖掘(opinion mining),目的是理解文本中研究者对于某个实体(包括产品、服务、人、组织机构、事件、话题)的判断态度(支持或反对、喜欢或厌恶等)或情感状态(高兴、愤怒、悲伤、恐惧等)。情感分析作为自然语言中的一种分类方法,虽然与文本分类方法非常类似,但还是在本质上有着巨大的区别:文本分类方法大多数是基于主题的分类,例如将文本划分为不同的主题类型(例如经济、政治、文艺、娱乐等),所需要理解的只是文本信息中的语义信息;而情感分析不仅要理解文本中的语义信息,还要理解人类语言中更加抽象的情感信息。在这个方面上情感分类可以看作传统文本方法研究的延伸与拓展。

情感分析分类方法发展至今,包括三个主流的方法:基于词典的方法、基于统计学的方法、基于深度学习的方法。本节将依次介绍这三种主流方法中的关键技术。

5.5.2　基于词典的倾向性分析

本小节以自适应调整倾向性分析方法为例，介绍基于词典的倾向性分析，自适应调整倾向性分析方法根据不同的主题制定与之对应的情感词词库，并通过自适应调整法对情感词的权重进行调整，从而获取各个舆情信息的倾向性量化指标。其中，若指标结果小于 0，则表示该舆情信息倾向性偏向悲观；若指标结果大于 0，则表示该舆情信息倾向性偏向乐观。此外，指标的绝对值越大，则代表对应倾向中的悲观或乐观程度越高。

情感词表匹配是文本分析中倾向性量化的朴素思路之一，在情感词表足够丰富与准确的基础上，该思路被广泛应用于一些简单网络文本的倾向性识别，如电商评论或微博留言等。不同性质、主题的舆情语料具备不同的特点，可根据语料特点采用自适应调整方法对词库进行重新构建与调整。以新闻舆情资料为例，作为具有较强主题性与专业性的文本，新闻具有与日常用语不同的倾向性特征，主要有以下几个特点：

(i) 新闻舆情语料的专业性较为明显，许多在日常用语中常见的情感词汇在新闻语料中并不会出现，这导致了新闻语料中的传统情感词密度稀疏。

(ii) 不同主题下的新闻舆情语料内容差异明显，在关于主题的不同舆情文本中，表达正负倾向情感的词汇各不相同，因此对于在舆情倾向性量化中，同一情感词在不同主题环境下可能具有不同的倾向意义。

(iii) 在单个舆情主题中，不同情感词之间可能具有不同的倾向权重，该权重代表词汇对该主题舆情的影响力以及自身的倾向程度，词汇间的权重对比在一篇未标识倾向特征的文档中无法实现充分对比，需要对主题中的全语料进行考察。

基于上述特点，本小节根据不同主题的舆情专业内容对情感词库进行重新构建与调整，结合文本语料的主题性质，分类对不同主题中关键词汇的倾向性进行二次赋值计算，从而反映不同词汇在不同主题舆情语料中倾向性作用的差异。该方法所使用的主题情感词库由主题抽样舆情语料在倾向标注后进行关键词提取与词性筛选获得，并结合该方法做了适当的调整。表 5.5.1 给出了相关的符号说明。

表 5.5.1　符号说明

符号	含义
Ω_H	主题乐观词库
Ω_D	主题悲观词库
$Hnum_k$	第 k 篇新闻中乐观词汇出现的次数
$Dnum_k$	第 k 篇新闻中悲观词汇出现的次数
WH_i	第 i 个乐观词汇的乐观权重
WD_j	第 j 个悲观词汇的悲观权重
H_i	第 i 个词汇在乐观新闻中出现的次数
D_i	第 i 个词汇在悲观新闻中出现的次数
H_{ki}	第 i 个乐观词汇在第 k 篇新闻中出现的次数
D_{ki}	第 i 个悲观词汇在第 k 篇新闻中出现的次数
HD_k	第 k 篇新闻的倾向性
M	新闻总条数

自适应调整倾向性指数计算过程如下：

第一步　将收集到的新闻资料进行分词处理,得到相应的词频矩阵;

第二步　根据每条舆情语料中乐观词汇与悲观词汇出现次数的差异确定该条语料所属类别。在本小节中,我们定义 $Hnum_k - Dnum_k > 0$ 时,相应语料为乐观新闻;$Dnum_k - Hnum_k > 0$ 时,相应语料为悲观新闻。

第三步　根据乐观词汇在乐观语料和悲观语料中出现的次数,调整词汇的乐观权重;根据悲观词汇在乐观语料和悲观语料中出现的次数,调整词汇的悲观权重。语料中没有出现在词汇中的词,其权重为 1。记

$$WH_i = \frac{H_i}{H_i + D_i}, \quad i \in \Omega_H; \quad WD_j = \frac{D_j}{D_j + H_j}, \quad j \in \Omega_D. \tag{5-5-1}$$

第四步　根据乐观和悲观词汇权重重新计算语料的乐观、悲观属性,计算方法为

$$HD_k = \sum_{i \in \Omega_H} H_{ki} WH_i - \sum_{j \in \Omega_D} D_{kj} WD_j. \tag{5-5-2}$$

第五步　计算 $\dfrac{\sum\limits_k HD_k}{M}$,确定目前语料的情感导向,作为该语料的舆情情感指数。

通过以上步骤我们就可以得到每一篇语料所对应的舆情情感指数,利用该指数的整合便可以对不同时段、不同主题、不同地区等维度下的舆情信息进行倾向性解释及分析。

5.5.3 基于统计学方法的倾向性分析

基于统计学的倾向性分析有非常多的种类。理论上来说，所有的分类方法，例如 K 邻近（KNN）、贝叶斯、决策树、支持向量机（SVM）等都可以应用到倾向性分析中。以下我们将依次介绍常用的基于统计学的倾向性分析方法。

1. K 邻近算法

该算法的基本思路是：当出现了一个未知情感倾向的语料时，考虑在训练文本语料集中与该新文本语料距离最近（情感最相似）的 K 篇文本语料，根据这 K 篇文本所属的情感类别判定新文本所属的情感类别，具体的算法步骤如下：

第一步 利用 TF-IDF 或者词向量技术等方法将结构化的文本数据进行非结构化的转换。

第二步 对未知情感倾向的文本语料进行分词，并确定该语料的向量表示。

第三步 在训练文本语料集中选出与新文本最相似的 K 个文本，计算公式如下：

$$\text{Sim}(d_i, d_j) = \frac{\sum_{k=1}^{m} w_{ik} \times w_{jk}}{\sqrt{\left(\sum_{k=1}^{m} w_{ik}^2\right)\left(\sum_{k=1}^{m} w_{jk}^2\right)}}, \tag{5-5-3}$$

其中，K 值一般使用人工设置的方法，先设定一个初始值，然后根据实验测试的结果调整。

第四步 在未知情感倾向文本语料的 K 个邻居中，依次计算每类的权重，计算公式如下：

$$W(C_j) = \sum \text{Sim}(x, d_j) \cdot y(d_j, C_j), \tag{5-5-4}$$

其中，x 为新文本的特征向量，$\text{Sim}(x, d_j)$ 为相似度计算公式，与第三步的计算公式相同，而 $y(d_j, C_j)$ 为类别属性函数，即如果 d_j 属于类 C_j，那么函数值为 1，否则为 0。

第五步 比较各情感类别的权重，将该文本语料划分到权重最大的那个类别中。

K 邻近算法由于结构比较简单，因此训练速度也比较快。但是由于其 K 值需要人工确认，因此在训练时需要多次重复，比较耗费成本，并且在计算过程中需要保存每个训练样本语料的空间位置，在样本较大的情况下，开销巨大，因此 K 邻近算法在大规模样本集上的表现并不是十分优异。

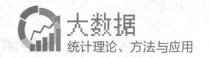
2. 贝叶斯方法

贝叶斯分类基于贝叶斯定理,可以用来预测情感类成员关系的可能性,给出文本语料属于特定情感类别的概率。

朴素贝叶斯假定在一个多情感分类问题之中,文本语料的一个属性对于情感分类的影响独立于其他属性。这一假设大大降低了贝叶斯方法的计算成本。假设文本 d 用其包含的特征词表示,即 $d=(t_1,t_2,\cdots,t_j,\cdots,t_n)$,$n$ 是 d 的特征词个数,t_j 是第 j 个特征词,由特征独立性假设,得到

$$P(d\mid C_i)=P((t_1,t_2,\cdots,t_n)\mid C_i)=\prod_{j=1}^{n}P(t_j\mid C_i), \qquad (5\text{-}5\text{-}5)$$

式中,$P(d\mid C_i)$ 表示分类器预测单词 t_j 在情感类 C_i 的文本语料中发生的概率。因此,式(5-5-5)可以转换为

$$P(d\mid C_i)=P(C_j)\cdot\prod_{j=1}^{n}P(t_j\mid C_i)。 \qquad (5\text{-}5\text{-}6)$$

朴素贝叶斯分类模型训练的过程其实就是统计每一个特征在各情感类中出现规律的过程,由于朴素的假设,计算成本较小并且在实证中具有较好的准确度。

3. 决策树方法

决策树是一种树状结构,它从根节点开始,对数据样本进行测试,根据不同的结果将数据样本划分为不同的数据样本子集,每个数据样本子集构成一个子节点。生成决策树的每个叶节点对应一个情感分类,构造决策树的目的是找出属性和情感类别间的关系,用它来预测新样本的类别。

一般来说,决策树算法主要围绕两大核心问题展开:

问题一,决策树的生长问题,即利用训练样本集,完成决策树的建立过程;

问题二,决策树的剪枝问题,即利用检验样本集对形成的决策树进行优化处理。

决策树的构建是一种自上而下、分而治之的归纳过程,本质是贪心算法。各种算法建树的基本过程相似,是一个递归的过程。

设数据样本集为 S,算法框架如下:

第一步　如果数据样本集 S 中所有样本都属于同一类或者满足其他终止准则,则 S 不再划分,形成叶节点;

第二步　否则,根据某种策略选择一个属性,按照属性的各个取值,对 S 进行划分,得到 n 个子样本集,记为 S_i,$i=1,2,\cdots,n$,再对每个 S_i 迭代执行步骤一。

经过 n 次递归,最后生成决策树。从根到叶节点的一条路径对应着一条规则,整棵决策树就对应着一组析取表达式规则。

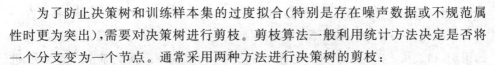

　　为了防止决策树和训练样本集的过度拟合(特别是存在噪声数据或不规范属性时更为突出),需要对决策树进行剪枝。剪枝算法一般利用统计方法决定是否将一个分支变为一个节点。通常采用两种方法进行决策树的剪枝:

方法一　在决策树生长过程完成前就进行剪枝的事前修剪法;

方法二　在决策树生长过程完成后才进行剪枝的事后修剪法。

　　决策树情感分类法具有较好的分类精度,并且可以很好地抵抗噪声,但是在处理大规模数据集的情况下效率不高。

4. 支持向量机方法

　　支持向量机用于解决二分类模式识别问题,它将降维和分类结合在一起,根据有限的样本信息在模型的复杂性和学习能力之间寻求最佳平衡,这里模型的复杂性代表对特定训练样本的学习精度,而学习能力代表无错误地识别任意样本的能力。支持向量机算法的目的在于寻找一个超平面 H,该超平面可以将训练集中的数据分开,且与类别边界的沿垂直于该超平面方向的距离最大。样本集中的大部分样本不是支持向量,移去或者减少这些样本对分类结果没有影响。这样只用各类别边界样本的类别来决定分类结果的做法,具有较强的适应能力和较高的准确率。

　　支持向量机方法适合大样本集的情感分类,而且由于支持向量机算法不受样本趋于无穷大理论的限制,它对小样本的自动分类同样有着较高的精度。支持向量机分类器的情感分类效果很好,具有其他机器学习技术难以比拟的优越性。其缺点在于难以针对具体问题选择合适的函数。另外支持向量机训练速度受到训练集规模的较大影响,计算成本较大。

5.5.4　基于深度学习方法的倾向性分析

　　随着近年来深度学习的快速发展,越来越多的深度学习方法应用于舆情分析领域。在本小节,我们主要介绍卷积神经网络在倾向性分析中的应用。卷积神经网络不仅能够应对复杂的数据集,并且相比于传统的统计学方法,能够更好地提取出文本语料中更加抽象的信息,而情感信息往往就是比较高层次的抽象信息。

　　卷积神经网络有两种特殊的神经元:

第一部分是卷积层,通过卷积的操作将每个神经元只与上一层的局部相连接,并且归总抽取该部分的特征作为输出;

第二部分是池化层,它通过将抽取到的局部信息进行二次提取,以达到利用局部信息中最重要特征的目的。

1. 卷积

　　人类的语言、图像、语音等物理信号在统计特性上会保持一致性,即信号中部分的统计特征与其他部分的特征是非常相似的。例如在图像识别领域,我们在一个分辨率为 1024×1024 的图像中,随机抽取出一个 5×5 大小的像素块进行边界的识别,那么从该样本块学习到的特征方法同样可以应用到其他部分的像素块,进行整体的边界识别,这也是我们利用卷积操作的基础。如图 5.5.1 所示,这就是一个卷积的实现过程。

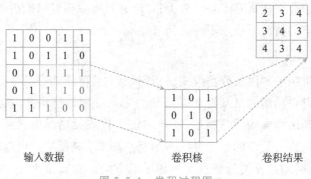

图 5.5.1   卷积过程图

图 5.5.1 中所示的卷积操作是将 3×3 的卷积核应用到输入数据右下角的 3×3 区域,通过输入数据与卷积核的类似矩阵各对应元素相乘求和的操作,可以得到输入数据右下角 3×3 区域的特征为 4。以此类推,我们将卷积核应用到输入数据中的各个 3×3 区域,可以得到图 5.5.1 中最右边所示的一个 3×3 的特征图。

2. 池化

池化操作在 CNN(convolutional neural networks)模型结构中通常放在卷积操作之后,用来对卷积得到的信息进行二次提取。对于文本信息,我们采用池化操作的目的之一是它可以将不同大小、长度的输入数据转变为统一大小、长度的输出,再将这个统一的数据输出层在输入时十分方便地输出层的构建,由此我们在卷积层就可以选用不同大小的卷积核对文本信息进行充分的提取。其次,池化操作在保证输入信息尽量不衰减的情况下,使得计算的维度大幅度降低,并且提高了模型的泛化能力,防止了过度拟合问题的出现。池化操作中的平均值方法将文本信息中的信息平滑化,并且利用了所有的数据,最大化方法提取出了文本信息中最敏感的信息,因此在面对不同的问题时我们会根据实验的目的采用不同的池化操作。除了以上特点外,池化操作具有局部平移不变性的特性,当输入数据进行一个小幅度的平移时,池化操作会保证产生相同的特征,这样的特性在面对复杂的数据集时,能够监测出因为位置区别而产生的误差。

具体来说,池化操作可以利用图 5.5.2 进行解释:

如图 5.5.2 所示,我们利用一个 2×2 大小的过滤器对输入数据右下角 2×2 大小

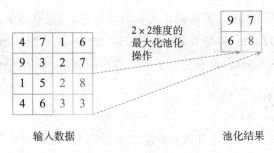

输入数据　　　　　　　　　　　　池化结果

图 5.5.2　池化过程图

的区域进行最大化池化操作,得到了该 2×2 区域内的最大值 8。以此类推,我们可以通过遍历输入数据中的 2×2 区域,得到如图 5.5.2 中右图所示的池化结果。

3. 卷积神经网络结构

常见卷积神经网络结构如图 5.5.3 所示,有四层结构:输入层、卷积层、池化层、输出层。输入层通过字典找到相应的词向量,将每一句话生成一个矩阵。假设 $x_i\in\mathbb{R}^k$ 是字典中第 i 个词的 k 维词向量,那么一个长度为 n 的句子则可以表示为

$$x_{1:n}=\boldsymbol{x}_1\oplus\boldsymbol{x}_2\oplus\cdots\oplus\boldsymbol{x}_n,\tag{5-5-7}$$

其中,$\oplus$ 是链接操作符,$x_{1:i+j}$ 的意思就是链接词 $\boldsymbol{x}_i,\boldsymbol{x}_{i+1},\cdots,\boldsymbol{x}_{i+j}$。

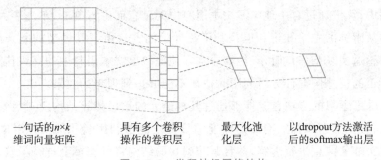

一句话的 $n\times k$　　具有多个卷积　　最大化池　　以 dropout 方法激活
维词向量矩阵　　　操作的卷积层　　化层　　　后的 softmax 输出层

图 5.5.3　卷积神经网络结构

由于文本语料的特点,我们的卷积核在宽度上要保持和词向量的维度是一致的,因此卷积核的区别只在于其包含的词的个数。在本节的结构中卷积层通过不同大小的过滤器生成不同的高维特征向量。例如一个高维特征 c_i 可以通过一个窗口大小为 h 的过滤器得到,若该过滤器截取的词语是 $x_{i:i+h-1}$,那么 c_i 可以表示为

$$c_i=w\cdot x_{i:i+h-1}+b,\tag{5-5-8}$$

其中 $b\in\mathbb{R}$ 是一个偏置项,将该过滤器过滤整个句子便可以得到一个特征向量:

$$\boldsymbol{c}=(c_1,c_2,\cdots,c_{n-h+1}),\quad \boldsymbol{c}\in\mathbb{R}^{n-h+1}。\tag{5-5-9}$$

接下来对得到的高维特征向量进行池化操作提取最重要的特征作为最后分类

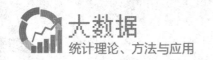
器的输入。这里采用的池化方法是最大化池化方法,可以直观解释为,选取所有高维特征中最重要的特征。在输出层,我们采用 softmax 非线性函数对提取的最重要的高维特征进行训练,以此得到一个分类器来判定句子的情感极性。

5.5.5 小结

倾向性分析方法发展至今有诸多更迭,各种方法随着时代的发展都有着其各自的适应条件。在面对不同问题时,我们应该选取不同的方法来进行解决。

基于词典的方法非常简单直观,并且操作起来十分高效,但是该方法非常依赖于词典的建立,词典的优秀与否直接决定了倾向性分析结果的优劣。词典建立是一个十分浩大的工程,不仅仅需要基础的情感正负向词汇的总结,而且面对不同领域内的语料信息,需要针对不同的领域作出其特有情感词汇的总结。并且词典的方法在情感次极性转换上的问题也是非常难以解决的,简单地将情感正负向词汇的打分作为其倾向性的总结在某种程度上是十分笼统的判断。但是基于词典的方法在实用性上十分高效,一旦良好的词典建立完成,该算法在实际应用中的效果也会十分优秀。

基于统计学的方法在人工成本上相较于基于词典的方法大大降低。基于统计学的方法中,算法通过自主地学习文本语料中的信息而进行判断,不需要人工地进行正负向情感词的先验知识。但是基于统计学的方法由于其模型的复杂度有限,当面对情感这类复杂信息时,不能够非常好地提取出文本语料中的高级信息,因此在面对真正的情感倾向性分析问题时往往不能够达到理想的效果。

基于深度学习的方法首先能够通过其神经元的逐层传导结构应对足够复杂的数据集,而且例如卷积神经网络的深度学习方法能够利用卷积的操作对文本语料中的高层次抽象信息进行理解,并且其端到端的结构将所有模型进行了整合,减少了模型之间的沟通成本,在面对情感倾向性分析时往往能够优于传统统计学模型。但是,基于深度学习的方法由于模型十分复杂,在计算成本上的损失较大,并且深度学习模型有诸多超参数需要多次重复实验的对比才能够达到优秀的效果,如果没有充足的计算资源,很难寻找到一个合适的深度学习模型来进行情感倾向性分析。

5.6 应用研究

5.6.1 引言

　　本节将通过闽商传承主题、热点与脉络大数据舆情分析,中国房地产网络舆情分析以及电子商务顾客评论的舆情热点发现三个案例来展示如何将大数据下的统计方法应用于实际研究中。

　　在闽商传承主题、热点与脉络大数据舆情分析案例研究中,我们从闽商话题具体语义理解开始,确定关键词,用分布式网络数据抓取技术获取舆情信息,并从具有权威性的学术期刊上获取文献信息。数据分析包括预处理、热点发现、主题趋势与倾向、文献对比。基于分析结论,用词云技术作为结论呈现的主要可视化方案,可以直观展示所获取的舆情数据包含的关键词,以及这些关键词所聚合成的类别,并用关键词的组合代表主题。除此之外,我们还将用折线图、柱状图等常用的统计图形展示舆情的变动趋势、情感的倾向等。

　　中国房地产网络舆情分析这一案例以"中国房产"为主题,从当时受民众关注度较高的"房价上涨""成交量回暖""公积金与首付新政""营业税改革""房地产与股市""开发商资金链""降息""土地市场""房地产信托""棚户区改造""保障性住房"11 个房地产热点话题出发,利用网络爬虫技术对 13 家大型门户网站的房产频道和权威房地产门户网站进行信息获取,得到舆情信息共 58 387 条,通过词云、关联分析以及倾向性分析技术着重描绘 2015 年第二季度相关房地产舆情话题间的热度差异、内容特征、关联关系以及倾向趋势,从而对该季度民众的房产话题关注特征进行刻画。

　　电子商务数据分析案例中根据不同的数据类型从以下几个方面展开分析:

　　(i) 用户行为数据的分析,也可以称为事件分析,包括用户点击、浏览、收藏、购买等行为流程的分析;

　　(ii) 顾客信息分析,包括顾客年龄、性别、地区、交易模式、偏好等数据的分析;

　　(iii) 产品信息分析,包括产品参数、门类等,以实现优化产品结构、库存管理等;

　　(iv) 文本数据分析,包括用户评论文本数据以及外部可搜集的舆论文本等;

　　(v) 业绩数据分析,例如通过对比营销前后的业绩数据检验营销手段效果等。

分析流程包括数据的收集、整理、存储、管理、调用、分析、应用、检验、调整等。

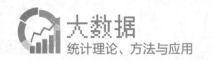

具体的研究方向涉及：电子商务网络平台的优化，包括商品浏览系统、交易系统等；用户行为分析；海量数据处理；营销因素研究；文本挖掘；等等。以上分析的角度与方法贯穿于整个电子商务运行的生命周期，在信息科技飞速发展、数据急速扩张的时代，及时意识到数据分析的重要性并将其充分运用到商业经营当中，对于电子商务领域有着极其重要的意义。通过一系列的数据分析，电子商务运营方可以达到优化运营、完善产品、精准营销、吸引用户、创造良好口碑、知己知彼的健康运作状态。在大数据的时代背景下，电子商务领域也面临着数据急剧扩张的问题。评论文本也是如此，尤其是热门销售产品，其评论文本可以在短时间内达到极高的累计值，此时进行评论文本的人工阅读与分析不仅耗费时间和精力，也无法确保分析的准确性和全局性，所以有必要借助于数据分析手段以及自然语言处理等方法来实现文本的快速、准确分析。聚类分析就是自动、快速实现评论文本信息挖掘的一种有效方式。通过顾客评论文本聚类，可以实现热点话题的自动识别，提取产品的优势与不足，指导生产与营销，并实现顾客的有效划分，为后续更加精准的分析提供良好的分析基础。这一案例选取惩罚高斯混合模型对文本数据进行聚类分析，在进行聚类特征筛选的同时改善聚类效果，实现电子商务评论文本热点话题的自动、高效聚类。

5.6.2　闽商传承主题、热点与脉络大数据舆情分析

闽商群体在经济领域具有独特的思想与语言行为方式，在漫长的历史发展中逐步形成了"开放、拓展"的闽商精神，成了传统三大商帮中唯一一个延续至今的商帮，被誉为"华商第一族"。多年来，闽商作为闽地区域经济发展的重要组成与核心助力之一，其生存与传承情况无疑直接影响着当地企业与经济发展环境，是研究闽地经济不可或缺的重要一环。改革开放以来，随着国内民营企业体制与运营模式的不断变革与创新，闽商及其传承问题也越来越受到闽地及全国乃至世界范围内的广大华人网民的关注。针对"闽商"主题网络舆情信息进行统计研究，能够通过对网络舆情话题焦点与倾向水平的考察，反映广大网民对闽商信息的关注程度，从侧面更清楚地了解现阶段闽商的生存模式与发展前景。

1. 大数据舆情分析方法

本案例——闽商传承主题、热点与脉络大数据舆情分析的整体思路为数据收集、数据分析、结论。

（1）数据收集。

从闽商话题具体语义理解开始，确定关键词，用分布式网络数据抓取技术获取

舆情信息。

（i）关键词列表。

基于所分析主题的具体语境，选取若干关键词作为数据获取的"种子"，选取的关键词要兼顾全面性和具体性。选取关键词既要尽可能涵盖闽商话题的方方面面，又要着重关注"闽商传承"这一核心话题。图 5.6.1 呈现了本次研究中数据获取所使用的部分关键词。

```
闽 家族 企业 经营权|产权|制度|代理|人力资源|权威|信任|分配|激励|约束|
闽 家族 企业 决策|独断|专权|专制|流于形式|在任|在任者|继任|继任者|
闽 家族 企业 变革|法制|法律|文化|家族主义|改造|子承父业|继承|候选人|候选|机制|培育
闽 家族 产业 传承|二代|创二代|接班|接班人|控制权|创新|治理|管理|所有权|
闽 家族 产业 经营权|产权|制度|代理|人力资源|权威|信任|分配|激励|约束|
闽 家族 产业 决策|独断|专权|专制|流于形式|在任|在任者|继任|继任者|
闽 家族 产业 变革|法制|法律|文化|家族主义|改造|子承父业|继承|候选人|候选|机制|培育
闽 家族 经营 传承|二代|创二代|接班|接班人|控制权|创新|治理|管理|所有权|
闽 家族 经营 经营权|产权|制度|代理|人力资源|权威|信任|分配|激励|约束|
闽 家族 经营 决策|独断|专权|专制|流于形式|在任|在任者|继任|继任者|
闽 家族 经营 变革|法制|法律|文化|家族主义|改造|子承父业|继承|候选人|候选|机制|培育
闽 家族 经商 传承|二代|创二代|接班|接班人|控制权|创新|治理|管理|所有权|
闽 家族 经商 经营权|产权|制度|代理|人力资源|权威|信任|分配|激励|约束|
闽 家族 经商 决策|独断|专权|专制|流于形式|在任|在任者|继任|继任者|
闽 家族 经商 变革|法制|法律|文化|家族主义|改造|子承父业|继承|候选人|候选|机制|培育
福建 家族 企业 传承|二代|创二代|接班|接班人|控制权|创新|治理|管理|所有权|
福建 家族 企业 经营权|产权|制度|代理|人力资源|权威|信任|分配|激励|约束|
福建 家族 企业 决策|独断|专权|专制|流于形式|在任|在任者|继任|继任者|
福建 家族 企业 变革|法制|法律|文化|家族主义|改造|子承父业|继承|候选人|候选|机制|培育
福建 家族 产业 传承|二代|创二代|接班|接班人|控制权|创新|治理|管理|所有权|
福建 家族 产业 经营权|产权|制度|代理|人力资源|权威|信任|分配|激励|约束|
福建 家族 产业 决策|独断|专权|专制|流于形式|在任|在任者|继任|继任者|
福建 家族 产业 变革|法制|法律|文化|家族主义|改造|子承父业|继承|候选人|候选|机制|培育
福建 家族 经营 传承|二代|创二代|接班|接班人|控制权|创新|治理|管理|所有权|
福建 家族 经营 经营权|产权|制度|代理|人力资源|权威|信任|分配|激励|约束|
福建 家族 经营 决策|独断|专权|专制|流于形式|在任|在任者|继任|继任者|
福建 家族 经营 变革|法制|法律|文化|家族主义|改造|子承父业|继承|候选人|候选|机制|培育
福建 家族 经商 传承|二代|创二代|接班|接班人|控制权|创新|治理|管理|所有权|
福建 家族 经商 经营权|产权|制度|代理|人力资源|权威|信任|分配|激励|约束|
福建 家族 经商 决策|独断|专权|专制|流于形式|在任|在任者|继任|继任者|
```

图 5.6.1 获取数据的部分关键词列表

（ii）网络爬虫技术。

网络爬虫是按照一定的规则，自动地抓取互联网信息的程序或者脚本，将互联网上的网页下载到本地形成一个互联网内容的镜像备份。

互联网用户访问网页，通过发送访问请求，获得响应，而后显示网页内容。网络爬虫技术通过程序模拟访问 URL 地址，并获得其所返回的内容（HTML 源码，Json 格式的字符串等），实现自动化抓取信息过程。

（2）数据分析。

数据分析包括预处理、热点发现、主题趋势与倾向、文献对比。

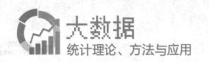

(i)预处理:结合停用词词表与中文分词技术对语料进行预处理。

(ii)热点发现:结合文本聚类手段,判别与发现舆情语料中的热点话题,并对各话题的分词特征进行描绘。

(iii)主题趋势与倾向:结合话题发现结果,考察具体舆情话题的时间分布,描述热点话题的历史热度变化。运用有关统计计算,得到各个舆情话题乐观悲观情况的数值描述,从而对其变化趋势加以分析。

(iv)文献对比:结合权威文献中有关家族传承的观点梳理,提取典型的舆情作语料解析。

(3)结论。

基于分析结论,用词云技术作为结论呈现的主要可视化方案,可以直观展示所获取的舆情数据包含的关键词,以及这些关键词所聚合成的类别,并用关键词的组合代表主题。除此之外,还将用折线图、柱状图等常用统计图形展示舆情的变动趋势、情感的倾向等。

2. 话题分析

(1)舆情来源时空分布。

通过网络信息抓取手段,共获取"闽商"主题网络舆情语料843条,用于分词、词频矩阵构建、热点话题聚类及系列统计分析。

从舆情分布的站点来看,获取的"闽商"主题舆情信息分布于全国179家大中型门户信息网站,其中:

有107条来自闽商网(www.mszz.cn),占比12.69%;

有52条来自凤凰网(www.ifeng.com),占比6.16%;

有45条来自网易(www.163.com),占比5.34%;

有34条来自和讯网(www.hexun.cn),占比4.03%;

有34条来自新浪网(www.sina.com.cn),占比4.03%;

有33条来自搜狐网(www.sohu.com),占比3.91%;

有28条来自中国网(www.china.com.cn),占比3.32%;

有25条来自新华网(www.xinhuanet.com),占比2.97%;

有23条来自闽南网(www.mnw.com),占比2.73%;

有23条来自福州新闻网(www.fznews.com.cn),占比2.73%;

其余舆情则来自人民网、百度、腾讯网以及中金在线等291家门户网站,占比52.07%。

本次研究主要抓取了一年内(2015年3月至2016年3月)发生的舆情信息。图5.6.2、图5.6.3显示了本次抓取的信息来源的时空分布。

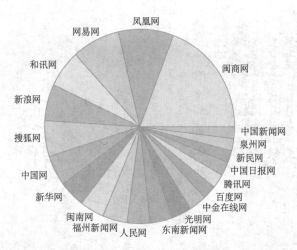

图 5.6.2 舆情信息来源网络分布

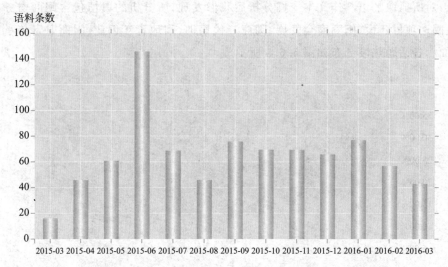

图 5.6.3 舆情信息来源时间分布

（2）主题舆情整体特征。

通过对获取的舆情信息总体进行分词与词频统计，得到如图 5.6.4 所示的词云及高频词汇分布图。

可以发现，在当期的"闽商"主题舆情中，"发展""企业"与"公司"三个词汇出现的词频数最多，分别为 7 584 次、6 477 次与 5 346 次，成为"闽商"舆情中的焦点词汇。另外，"中国""文化""福建"等词汇也出现在了词频数前十的词汇列表中，可见闽商发展中的传统文化传承也成舆情关注的重点。

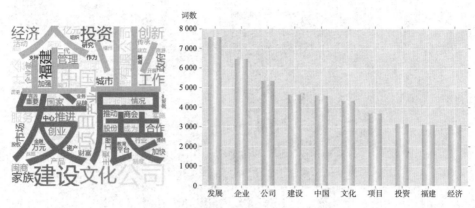

图 5.6.4　舆情信息词云图及高频词汇分布

（3）舆情热点话题发现。

对所抓取的语料作文本挖掘分析后我们发现，所分析的舆情包含闽商财务状况、闽地项目建设、闽商商会发展、闽商二代培训、闽地青年创业、闽商财富传承等方面。各话题热度分布如图 5.6.5 所示。

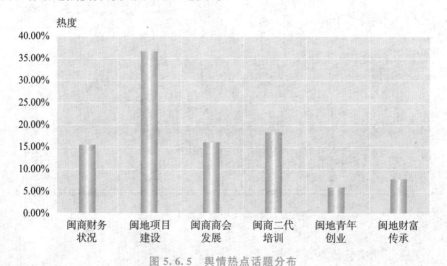

图 5.6.5　舆情热点话题分布

下面就分别对以上六个热点话题进行分析。

（ⅰ）闽商财务状况。

"公司""有限公司""股份""万元"等词在该话题中的受关注程度较高，而"企业""投资""资产"等词也出现在该话题词云中较为明显的位置。该类话题中的舆情语料主要是有关闽商企业财务状况的新闻或其他网络公开文本，包含公司上市、股份发行及股权结构变动等一系列相关信息。网络舆情在这方面的关注既反映了企业信息公开的程度,也是闽商企业社会经济影响力的表现。

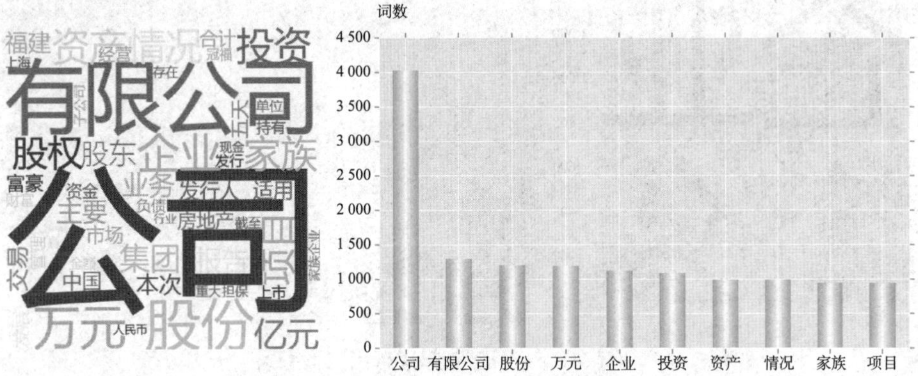

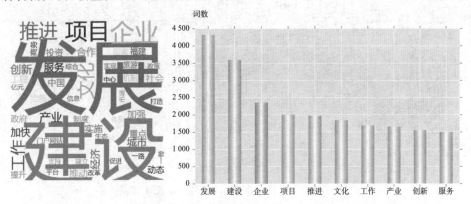

图 5.6.6 "闽商财务状况"话题词云图及高频词汇分布

(ii) 闽地项目建设。

"发展""建设""企业""项目"等词在该话题中受关注程度较高,而"推进""文化"等词也出现在该话题词云中较为明显的位置。该类话题中的舆情语料主要涉及与闽商相关的企业项目或工程的建设与进展,反映了近年来在政府政策支持下,闽商群体对社会重大项目建设的贡献与成果。

图 5.6.7 "闽地项目建设"话题词云图及高频词汇分布

(iii) 闽商商会发展。

"商会""企业""发展"等词在该话题中受关注程度较高,而"福建""会员"等词也出现在该话题词云中较为明显的位置。该类话题中的舆情语料关注于全国乃至世界范围各地区闽商商会的发展建设以及商会间的相互交流,侧面显示了商会在闽商发展中的重要组织作用。

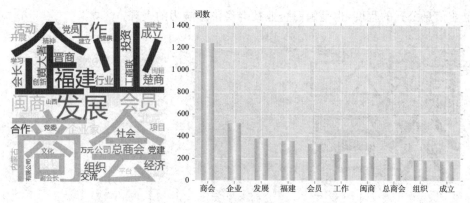

图 5.6.8 "闽商商会发展"话题词云图及高频词汇分布

（ⅳ）闽商二代培训。

"二代""培训""政府""培训班"等词在该话题中受关注程度较高，而"学员""企业家"等词也出现在该话题词云中较为明显的位置。该类话题中的舆情语料聚焦于近期由政府组织的企业"二代"培训班，如何使闽商"创二代"或"富二代"顺利传承家族企业的优秀文化，正成为社会各界关注的热点。

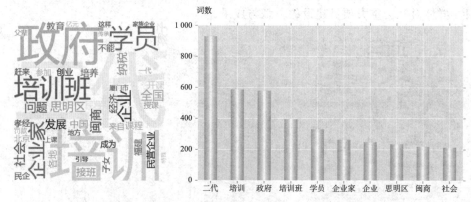

图 5.6.9 "闽商二代培训"话题词云图及高频词汇分布

（ⅴ）闽地青年创业。

"青年""企业家""创业"等词在该话题中受关注程度较高，而"发展""台湾"等词也出现在该话题词云中较为明显的位置。该类话题中的舆情语料关注于闽地及周边青年企业家的创业活动或协会活动。近年来，随着相关支持政策的出台，闽地青年创业热情显著提升，而新一批民营企业家的涌入是否能带动闽地经济的转型发展，也成了大众的关注焦点之一。

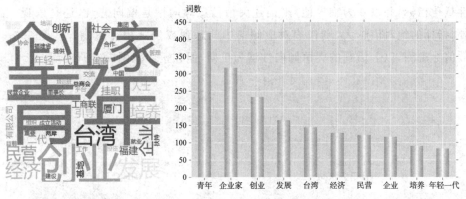

图 5.6.10　"闽地青年创业"话题词云图及高频词汇分布

（ⅵ）闽商财富传承。

"家族""财富""传承"等词在该话题中受关注程度较高,而"信托""中国""管理"等词也出现在该话题词云中较为明显的位置。该类话题中的舆情语料聚焦于闽商家族企业中的财富传承、资产继承与接班人选择过程。随着企业壮大与财富积累,如何管理家族财富,如何进行交接班,正成为广大闽商家族企业面临的越来越重要的问题。在一定程度上,闽商面临的企业传承问题,正是当下国内家族企业的缩影,网络舆情在这方面的关注,充分体现了经济社会对闽商发展的重视。

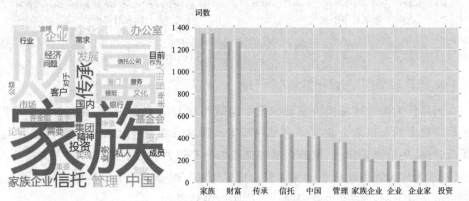

图 5.6.11　"闽商财富传承"话题词云图及高频词汇分布

（4）各话题倾向性分析。

文本倾向性分析是对各个话题的网络舆情信息进行倾向性的识别,有助于更好地了解社会群体对有关话题的偏好程度,从而为推测舆情信息对群体行为的影响提供依据。该分析基于情感词加权的倾向性识别方法,根据不同闽商话题的情感词词库,应用自适应调整法对情感词的权重进行调整,从而获取各个话题的倾向性量化指标,并以 0 为临界值,来描述舆情信息倾向性是偏向悲观,还是乐观。此外,指标的绝对值越大,则代表对应倾向中的悲观或乐观程度越高。从图 5.6.12 数值上观测,以上话题的舆情倾向性均为正向,但在正向范围内有所波动。

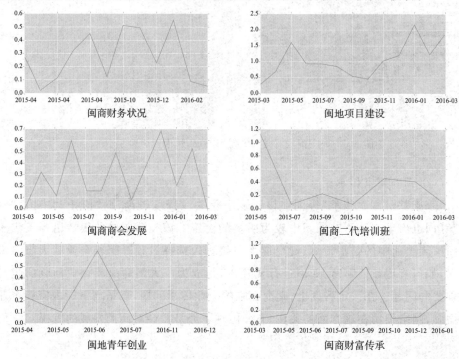

图 5.6.12　各话题倾向趋势

3. 闽商传承问题分析及建议

闽商作为闽地区域经济发展的重要组成与核心助力之一,其生存与传承情况无疑直接影响着当地企业与经济发展环境。随着闽商企业壮大与财富积累,企业风险管理、决策流程建设、家族内部和谐及如何获得并有效利用政府智力支持等方面,正成为广大闽商家族企业面临着的重要问题。综合以上闽商话题舆情分析,我们总结了以下闽商传承主要问题及对应的政策建议。

（1）家族企业财务管理。

对话题"闽商财务状况"进行 LDA 主题分类,52.38％的舆情关注闽商企业的项目投资情况与经营计划;14.29％的舆情则关注闽商企业有关上市的一系列资产评估状况;32.26％的舆情关注家族企业的风险管理,参见图 5.6.13。

家族企业风险可分为投资风险、财务风险、法律风险、文化风险、合作风险等。目前家族企业面临的财务管理问题主要有:

（i）股权状况不明晰,企业家族化;

图 5.6.13 "闽商财务状况"话题下的 LDA 主题分类

(ii) 资信度较低,融资难,抗风险能力较差;

(iii) 投资能力较弱,缺乏科学性;

(iv) 财务管理观念淡薄,财务控制薄弱,财务管理混乱;

(v) 企业内部控制制度不完善,缺乏社会审计监督。

针对以上问题,企业可采取以下对策来应对:

(i) 明晰股权,明确责任;建立现代企业制度,加强企业的财务控制;

(ii) 积极开拓融资渠道,提高家族企业的资信度;

(iii) 规范投资程序,建立项目评估体系,提高资产回报率;

(iv) 建立科学的内部控制制度,健全企业风险管理组织制度体系,健全风险管理机构;

(v) 加强动态监控,建立风险预警制度,定期组织风险测评;制定风险解决方案,及时化解风险;建立责任制,强化对风险损失的责任追究;

(vi) 充分吸收专业人员组成风险分析团队,培养风险管理的高水平人才;提高民营企业自身的素质,加强民营企业之间的技术合作交流。

(2) 闽商财富传承。

对话题"闽商财务传承"进行 LDA 主题分类,30%的舆情信息关注家族信托这一家族财产管理方式。近几年来,家族信托被认为能够更好地帮助高净值人群规划"财富传承",也逐渐为中国高收入人群所认可。10%的舆情信息集中在家族企业传承以及接班人培养问题上,其中"孔子儒商奖"获得者印尼华人企业家许金聪备受关注,其提出的"三品"理念为解决闽商家族人才培养与接班问题给出了代表性意见,参见图 5.6.14。

对于闽商企业财务传承,企业领导人可从以下几个方面促进企业传承平稳过渡和持续发展:

(i) 完善家族信托相关法规制度,促进家族信托发展;

图 5.6.14 "闽商财富传承"话题下的 LDA 主题分类

(ii) 加强家族信托人才的培养,增强家族财富管理能力;

(iii) 通过专业化设计提高家族信托风险防控能力;

(iv) 对比子承父业、内部职业经理人和外部职业经理人三种接班人选择模式,结合实际选择接班人的选择顺序和培养途径。

(3) 政府智力支持——二代培训班。

对话题"闽商二代培训"进行 LDA 主题分类,有 8.22% 的新闻报道对政府二代培训班给予了高度的褒赏,认为其为培养新一代优秀企业家的重要渠道;12.33% 的舆情信息对政府的二代培训行为提出了质疑,认为该行为属于越俎代庖,堪比新一代的"炫富游戏",见图 5.6.15。

图 5.6.15 "闽商二代培训"话题下的 LDA 主题分类

面对目前闽商二代培训热潮,政府可采取以下政策引导、支持:

(i) 积极引导"创一代",转变观念,扭转"富二代"负面形象;

(ii) 引导"创二代"秉承父辈良好家风,以艰苦创业的拼搏精神推进"二次创业",增进企业发展的创造力和可持续性;

（iii）举办培训、论坛等，以提供多种形态交流平台；

（iv）引导民企建立规范的公司治理模式，以及加快经理人职业化、市场化。

（4）政府智力支持——青年企业家创业指导。

对话题"闽地青年创业"进行 LDA 主题分类，25％的舆情关注闽地对于青年企业家创业的激励机制；20.83％的舆情关注目前政府有关单位对青年民营企业家的培养与引导；8.33％的舆情关注闽台两地青年企业家创业过程中的交流与合作，见图 5.6.16。

图 5.6.16　"闽地青年创业"话题下的 LDA 主题分类

针对目前闽地青年创业，建议政府可采取以下政策引导、支持：

（i）组织开设培训班，培养"创二代"的家国情怀和责任意识；

（ii）搭建挂职锻炼平台，让青年民营企业家实现"自我提升"；

（iii）搭建社会"导师"帮扶平台，帮助青年民营企业家实现"隔代提升"。

5.6.3　中国房地产网络舆情分析

1. 舆情来源的时空分布

本案例面向全国的 13 家大型门户网站的房产频道和权威房地产门户网站进行舆情信息获取，共获得住房相关网络舆情信息 58 387 条，用于分词、相关话题删选与统计词频描述。

在获取的网络舆情信息中：

有 3 330 条来自人民网房产（http://house.people.com.cn），占比 6％；

有 8 698 条来自腾讯房产（http://house.qq.com），占比 15％；

有 3 862 条来自中新房产频道（http://house.chinanews.com），占比 7％；

有 1 347 条来自搜房房地产（http://www.fang.com），占比 2％；

有 21 443 条来自新浪乐居（http://house.sina.com.cn），占比 37％；

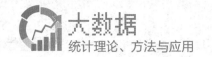

有 9 038 条来自凤凰房产,占比 15%;

有 6 858 条来自网易房产,占比 12%;

有 376 条来自搜狐焦点,占比 1%;

有 2 552 条来自中国地产信息网,占比 4%;

还有 883 条舆情信息来源于澎湃新闻地产界网、房讯网、买房网、好房网等其他房产门户网站,占比 1%。

在所获取舆情信息的时间方面,本案例通过定向信息抓取技术获得的中国房地产相关网络舆情信息分布于 2015 年 4 月至 2015 年 6 月,其中 28.83% 的信息分布于 2015 年 4 月,31.45% 的信息分布于 2015 年 5 月,39.72% 的信息分布于 2015 年 6 月,在一定程度上能够有效反映 2015 年第二季度全国民众对中国房产话题的关注特征。

2. 舆情热点话题确定

(1) 舆情话题综述。

基于中国房地产市场近期的发展实际与网络舆情分析的相关需要,本案例围绕楼市舆情追踪的主题拟定了以下 11 个近期民众普遍关注的房产话题作为目标热点话题。

话题一:房价上涨。

在 2015 年"3·30 房产新政"的刺激下,中国二手住宅市场表现火热,5 月房价上涨 0.45%,6 月涨幅则进一步加大至 0.56%。值得注意的是,2015 年上半年各线城市住宅价格表现分化,其中一线城市住宅价格上涨幅度与 2014 年同期相比增加了 2.53%,涨幅达 5.16%;二线城市住宅价格则下跌 0.75%,下跌幅度与 2014 年同期相比减少了 0.35%;而三线城市与 2014 年同期相比,下跌幅度更是增加了 0.37%,合计下跌 1.25%。房价的明显变化直接牵动着广大购房者的敏感神经,成为该季度楼市话题的一大关注热点。

话题二:成交量回暖。

2015 年二季度以来,中国人民银行进行新一轮降息降准政策,与此同时"3·30 房产新政"的成效也开始凸显,楼市成交量迈入回暖期,有关代表性城市的住宅成交面积于 5 月达到 3 191 万平方米,6 月则继续上扬,超过 3 400 万平方米。在具体的城市表现上,上半年中国各线城市成交量都有所上涨,一线城市的成交量较去年同期扩张 45%,月均成交量达 75 万平方米;二线城市的成交量较去年同期上涨 18.5%,月均成交量达 66 万平方米;三线城市的成交量较去年同期增加 37%,月均成交量达 31 万平方米。在政策驱动的环境下,房产成交量的变化是对政策效果的直接反应,也是居民购房的风向标之一。

话题三:公积金与首付新政。

2015 年 3 月 30 日,中国人民银行(简称央行)、中华人民共和国住房和城乡建设部(简称住建部)、中国银行保险监督管理委员会(简称银保监会)三部委联合下发通知调整住房公积金与首付等房贷政策,此后,各地区的有关政策也陆续颁布出台。其中相关调整主要集中于以下三方面:

(i) 首付比例下调,首套房公积金贷款下降为最低两成,改善型二套房最低三成;

(ii) 公积金贷款额度上调;

(iii) 公积金使用条件宽松化,如浙江省调整申请公积金条件,上海市放宽公积金提取支付房租条件,兰州市推动异地贷款业务发展等。

相关政策的调整直接关乎购房者的切身利益。

话题四:营业税改革。

营业税,即指在中国境内提供应税劳务、转让无形资产或销售不动产的单位以及个人根据其取得营业额所应征收的税费。财政部与税务总局于 2015 年 3 月 30 日联合发布了《关于调整个人住房转让营业税政策的通知》,根据通知规定,对于个人普通住房,购买满 2 年及以上的不再征收销售营业税。年限缩短后,将减轻购买二手房消费者的负担,有利于二手房的成交,促进二手房市场的发展。该政策的改革与民众的利益息息相关。

话题五:房地产与股市。

由于 2015 年第二季度中国股市的动荡不定,使得房地产等不动产的投资稳定性优势凸显无疑,蛰伏多年的楼市借机重回投资视野。A 股暴跌风暴后,总市值蒸发 21 万亿,诸多股民转变投资策略,将资金从股市中抽出,这部分资金或多或少转移至楼市。这将进一步推动房地产市场的回暖,可以预期房价将继续上涨。而股市与楼市的"跷跷板效应"也已经成为网络媒体关注的热点话题之一。

话题六:开发商资金链。

2015 年第二季度伊始,中国房地产开发商资金链危机频现,且呈蔓延趋势。由于之前的过度借贷,国内许多房地产开发商都不得不面临着资金回笼与二次融资的困难,停工跑路的现象屡见不鲜。随着互联网金融的涉入,资金链迈入"P2P"(互联网金融点对点借贷平台)时代,房地产开发商获得土地有关权利后,以土地或楼盘为抵押在网络金融平台上展开融资,利用平台优势压缩贷款周期,减少融资成本,从而改善资金状况。

话题七:降息。

2015 年第二季度,央行在大幅降准之后又再次大幅降息,二季度整体楼市交易趋向活跃。具体而言,降息降准不仅有利于降低购房按揭成本,而且有利于潜在

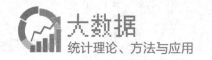

购房需求的释放。由供给侧看,降息直接利于土地投资规模的扩大,而从需求角度看,降息则是吹响资产升值的号角,推进楼市交易量继续回升。二季度一、二线城市成交量明显上涨,特别是二线城市明显复苏。相比之下,三、四线城市则没有受到明显提振,供求关系仍旧紧张。降息政策究竟效果如何,也成为该季度备受各方关注的热点之一。

话题八:土地市场。

经过 2015 年一季度土地市场的冷淡之后,二季度伊始,全国土地市场呈整体下滑趋势,而在 5 月之后,一线城市的土地市场虽有持续升温的态势,但三、四线城市依旧表现冷淡。近年来,土地市场的价格与成交量指标备受关注,逐渐成为研究中国楼市的关键变量之一。中国土地市场将如何摆脱低迷困境,也备受广大民众关注。

话题九:房地产信托。

2015 年,中国房地产信托行业面临着新一轮的兑付洪峰,部分房地产企业也因此出现了资金短缺的窘迫。二季度,房地产呈现逆势增长的态势,虽然房地产市场出现价格疲软、成交数量下降等颓势,但投向房地产的信托资金却不减反增。在一线城市楼市率先企稳回暖的环境下,房地产信托回暖的可能性究竟几何,成了各方面关注的楼市热点。

话题十:棚户区改造。

近年来,在推进棚户区改造的同时,各地区政府积极响应中央相关政策,出台了一系列本土化细则,通过实行对货币补偿实施奖励、税收税费减免等诸多手段,继续推进货币化安置进程,助力库存合理消化。一系列棚户区改造新政是否能为中国楼市增添新的动力,受到了各方媒体的广泛关注。

话题十一:保障性住房。

2015 年年初,国土资源部、住建部基于上一年的工作成果,联合下发了《关于优化 2015 年住房及用地供应结构促进房地产市场平稳健康发展的通知》,提出优化住房供应套型,促进用地结构调整,统筹保障性安居工程建设的政策主张。可以看出国家对于调整供过于求的地方市场、减少库存的态度。保障性住房的建设,关系到居民的居住条件,是房地产市场维持健康发展的关键,受到广泛关注。

(2) 话题筛选及分布统计。

为了有效获取目标热点话题的网络舆情信息,本案例根据 11 个话题出现的多种可能情况以及关键词组使用习惯,设置了表 5.6.1 所示的热点话题筛选及分类规则。

表 5.6.1 热点话题筛选及分类规则

热点话题	筛选及分类规则
房价上涨	所有含关键词"房价房地产价格"的舆情信息
成交量回暖	所有含关键词"成交、成交量"中的任意一个词,且含关键词"回暖、涨、上涨"中的任意一个词的舆情信息
公积金与首付新政	所有含关键词"公积金、首付"中的任意一个词,且含关键词"首套房、二套房贷款"中的任意一个词的舆情信息
营业税改革	所有含关键词"营业税",且含关键词"免征 5 年、2 年改调"中的任意一个词的舆情信息
房地产与股市	所有含关键词"资金成交、成交量"中的任意一个词,且含有关键词"股市、股票市场、证券、金融市场"中的任意一个词的舆情信息
开发商资金链	所有含关键词"开发商",且含有关键词"资金链"的舆情信息
降息	所有含关键词"降息、利率"中的任意一词的舆情信息
土地市场	所有含关键词"土地市场、地价、土地价格"中的任意一个词的舆情信息和所有含关键词"土地、地块",且含有关键词"流拍、溢价"中的任意一个词的舆情信息
房地产信托	所有含关键词"信托"的舆情信息
棚户区改造	所有含关键词"棚户区"的舆情信息
保障性住房	所有含关键词"保障性住房、保障房"的舆情信息

经过筛选分类,原先抓取单个关键词获得的 58 387 条舆情信息精简为 28 157 条,其中:

包含"房价上涨"话题的舆情信息 15 925 条,

包含"成交量回暖"话题的舆情信息 11 773 条,

包含"公积金与首付新政"话题的舆情信息 9 503 条,

包含"营业税改革"话题的舆情信息 2 674 条,

包含"房地产与股市"话题的舆情信息 5 133 条,

包含"开发商资金链"话题的舆情信息 481 条,

包含"降息"话题的舆情信息 10 263 条,

包含"土地市场"话题的舆情信息 924 条,

包含"房地产信托"话题的舆情信息 1 010 条,

包含"棚户区改造"话题的舆情信息 903 条,

包含"保障性住房"话题的舆情信息 2 917 条。

其中,"房价上涨""成交量回暖""降息""公积金与首付新政"与"房地产与股市"所受关注程度名列前五,成为该季度居民较为关注的热点房产话题。

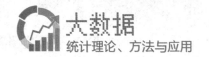

3. 舆情话题分词特征分析

（1）房地产舆情词云分析。

（i）房价上涨/成交量回暖。

"房价上涨"与"成交量回暖"两个楼市热点话题词云构成和高频词汇分布基本类似，如图 5.6.17 和图 5.6.18 所示，"城市""市场""房价"与"政策"成为这两个话题中受关注程度较高的词汇，这反映了在政策驱动下，不同城市中房地产市场价格与成交量变化的差异性成为现阶段民众集中关注的焦点。

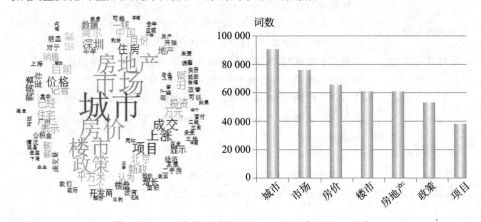

图 5.6.17 "房价上涨"话题词云图及高频词汇分布

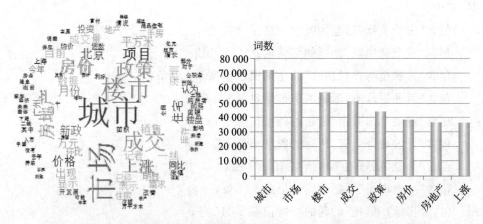

图 5.6.18 "成交量回暖"话题词云图及高频词汇分布

（ii）营业税改革。

如图 5.6.19 所示，"市场""政策"与"住房"等词在该话题中受关注程度较高，而"二手房"与"改善"等词也出现在该话题词云中较为显眼的位置。2015 年 4 月以来，二手房营业税新政的出台直接推动了二手房交易市场的回暖升温，而二手房的主要特征即为现房,因而市场回暖与政策推动对居民居住需求的改善成为该话题中被普遍关注的焦点。

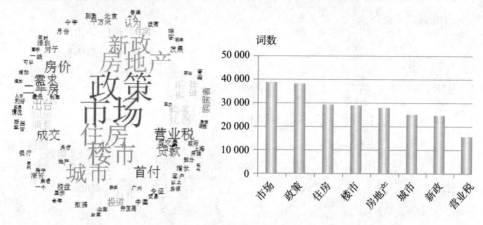

图 5.6.19 "营业税改革"话题词云图及高频词汇分布

(iii) 房地产与股市。

如图 5.6.20 所示,相对于其他话题,"投资"一词在该话题中受关注程度较高。民众的投资行为是连接房地产市场与金融市场的重要纽带,2015 年第二季度股市的风起云涌间接地影响了楼市的资金流量与成交水平,如何进行投资成为现阶段民众关注的重要问题。

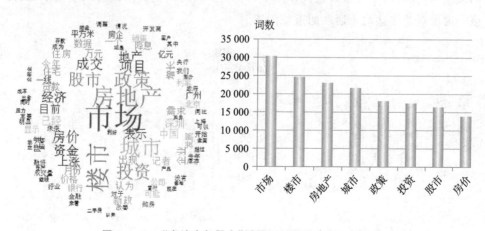

图 5.6.20 "房地产与股市"话题词云图及高频词汇分布

(iv) 开发商资金链。

如图 5.6.21 所示,相对于其他话题,"项目""房企"与"销售"等词在该话题中受关注程度较高。众所周知,资金链是房地产开发商最重要的生命线,在 2015 年楼市整体普遍开始回暖的同时,众房地产企业后市供应也将逐渐增多,房地产开发商是否能够克服潜在的销售压力,完成销售目标,改善资金回流,成为该季度该话题关注的重点之一。

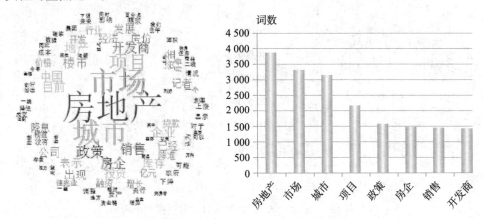

图 5.6.21 "开发商资金链"话题词云图及高频词汇分布

（v）公积金与首付新政/降息。

"公积金与首付新政"和"降息"这两个楼市热点话题词云构成与高频词汇分布较为相似,如图 5.6.22 和图 5.6.23 所示,"贷款"与"公积金"等词在这两个话题中的关注程度较大,有关政策直接作用于购房行为中的商业贷款或公积金贷款,成为该季度民众关注这两个话题的重要因素。

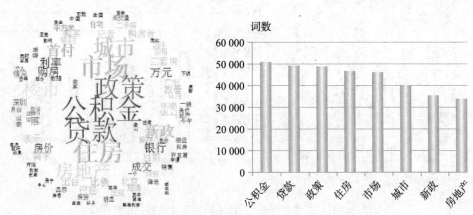

图 5.6.22 "公积金与首付新政"话题词云图及高频词汇分布

（vi）土地市场。

如图 5.6.24 所示,"城市""地块""成交"与"一线"等词受到的关注水平较高,这反映了大城市土地市场的成交量变化以及土地市场在不同城市之间发展的分化成了该季度民众关注土地市场的焦点内容。

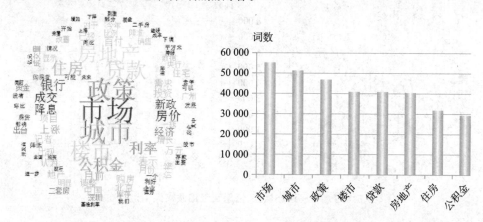

图 5.6.23　"降息"话题词云图及高频词汇分布

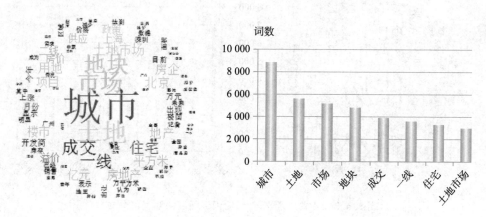

图 5.6.24　"土地市场"话题词云图及高频词汇分布

（vii）房地产信托。

如图 5.6.25 所示，"项目""投资""公司"与"房企"等词汇相对于其他话题受到了更多的关注。作为用于房地产开发项目资金筹集的信托计划，房地产信托更多地直接涉及企业及委托人的直接收益，因此该话题的关注焦点更多地集中在具体项目、公司等微观层面。

（viii）棚户区改造。

如图 5.6.26 所示，相对于其他话题，"发展""政府"与"建设"等词汇在该话题中受到的关注水平较高，而"安置"一词出现在该话题词云中较为显眼的位置。可见棚户区改造作为政府推进城市化进程、解决民生问题的重要手段之一，其发展程

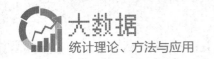

度、建设效果以及具体的安置措施受到了该季度民众的普遍关注。

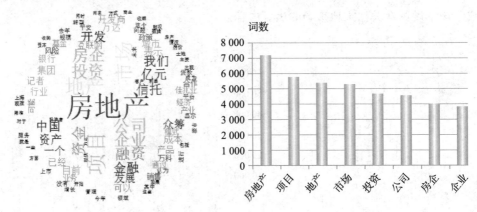

图 5.6.25 "房地产信托"话题词云图及高频词汇分布

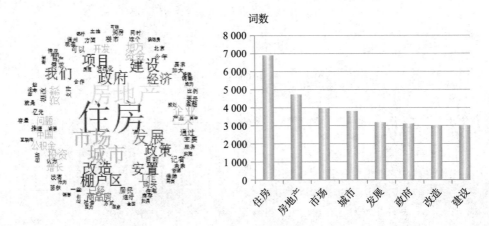

图 5.6.26 "棚户区改造"话题词云图及高频词汇分布

（ⅸ）保障性住房。

如图 5.6.27 所示，"住房""市场""项目"与"政策"等词汇在该话题中受到的关注水平较高。在 2015 年的政府工作报告中未具体提及"调控"二字，明确表示将加大保障性住房建设力度，该季度相关政策对房地产市场的改善以及居民住房问题的实际解决效果备受关注。

4. 舆情话题关联分析。

关联，反映的是一个事件和其他事件之间依赖或联系的关系。舆情信息中各话题之间的关联关系，是舆情信息整体构架的重要因素之一。本案例在对关联规则方法进行介绍的基础上，将运用该算法进一步分析各房地产热点话题之间的联系，针对相关情况对舆情信息的整体架构情况进行进一步解析。

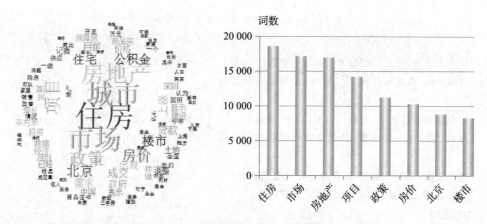

图 5.6.27 "保障性住房"话题词云图及高频词汇分布

通过对舆情信息语料进行运算处理,本案例在支持度大于 0.03,置信度大于 0.6 的水平下共获得 31 条关联规则。为了更直观地表示输出结果,采取图示方式对其进行表示。在图 5.6.28 中,箭头方向表示关联规则的指向,圆点越大代表规则的支持度越高,而圆点颜色越深则代表规则的提升度越高。

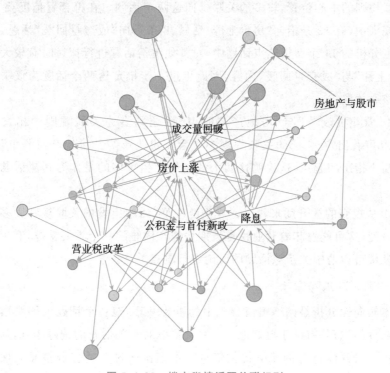

图 5.6.28 楼市舆情话题关联规则

表 5.6.2　热点话题关联规则节选

规则	支持度	置信度	提升度
{营业税改革,降息}⇒{公积金与首付新政}	0.045 0	0.922 9	2.734 5
{房价上涨,营业税改革,降息}⇒{公积金与首付新政}	0.030 1	0.906 1	2.684 9
{公积金与首付新政,房地产与股市}⇒{降息}	0.043 6	0.756 6	2.075 8
{房价上涨,成交量回暖,公积金与首付新政}⇒{降息}	0.068 4	0.663 3	1.819 9
{房价上涨,房地产与股市,降息}⇒{成交量回暖}	0.038 4	0.747 5	1.787 9
{房价上涨,公积金与首付新政,营业税改革}⇒{成交量回暖}	0.035 8	0.690 8	1.652 2
{成交量回暖,公积金与首付新政,营业税改革}⇒{房价上涨}	0.035 8	0.825 8	1.460 1
{成交量回暖,房地产与股市,降息}⇒{房价上涨}	0.038 4	0.756 9	1.338 4

结合图 5.6.28 和表 5.6.2,可以发现:

(i)"房价上涨"与"成交量回暖"两个热点房地产话题处于该季度房地产热点话题关联规则的中心位置,较多的关联指向这两个话题。在符合置信度要求的 31 条关联规则中,有 13 条指向"房价上涨"话题、8 条指向"成交量回暖"话题,这说明在该季度分析的 11 个舆情热点话题中,对其他舆情话题进行探讨时有较大可能涉及"房价上涨"与"成交量回暖"内容,因此可进一步推定这两个话题为该季度网络舆情的核心关注点。

(ii)"营业税改革"与"房地产与股市"话题则多为关联规则的出发点。由图 5.6.28 可看出,在生成的关联规则中,"营业税改革"与"房地产与股市"话题皆只作为箭头指出的起点,这说明这两个话题的产生更多的是作为其他话题产生的先导。

(iii) 从规则的提升度来看,从"营业税改革"话题出发的关联规则大多具有较高的提升度,这可能意味着营业税是近期房地产回暖的一个重要支撑,有关部门需要对近期楼市舆情中关于该话题的讨论进行重点关注。

5. 舆情话题倾向性分析

文本倾向性分析是网络舆情分析中的重要一环,对各个话题的网络舆情信息进行倾向性的识别,有助于更好地了解社会群体对有关话题的偏好程度,从而为推测舆情信息对群体行为的影响提供依据。本案例通过自适应调整倾向性分析方法,根据不同的房地产话题制定与之对应的情感词词库,并通过自适应调整法对情感词的权重进行调整,从而获取各个房地产网络舆情信息的倾向性量化指标。其中,若指标结果小于 0,则表示该舆情信息倾向性偏向悲观;若指标结果大于 0,则表示该舆情信息倾向性偏向乐观。此外,指标的绝对值越大,则代表对应倾向中的悲观或乐观程度越高。

(1) 房价上涨。

由图 5.6.29 可见,在 2015 年“3·30 房产新政”的刺激下,中国二手住宅市场表现火热。二季度初,民众对房价上涨普遍保持乐观积极的态度。5 月中旬开始,受降价楼盘迎来集中的交房期的影响,民众倾向性略有回落。而在 5 月底 6 月初,资金流入进一步推动了房地产市场的回暖,民众倾向性也保持较好的乐观水平。

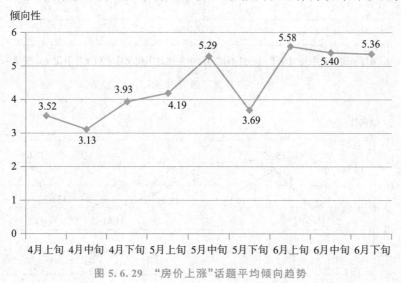

图 5.6.29 “房价上涨”话题平均倾向趋势

(2) 成交量回暖。

2015 年,楼市政策发生改变,由之前抑制需求转变为刺激需求,政府在 3 月底出台了一系列刺激楼市需求的政策。由图 5.6.30 可见,整个二季度民众对成交量回暖维持了较高的乐观倾向。自 4 月以来,市场成交明显回升,上半年楼市成交量基本与去年下半年成交量水平持平。不少业内人士就此认为:市场格局虽然一直演变,但市场回暖已成定局。

(3) 公积金与首付新政。

公积金政策自 2015 年来一直表现为积极的态势。由图 5.6.31 可见,整个二季度民众对公积金政策一直保持较高的乐观态度。3 月 30 日,央行、住建部、银保监会三部委联合下发通知调整房贷政策。二季度以来,各地区均逐步落实住房公积金新政策,购房者的压力显著减轻,将会对购房需求的释放形成有效的刺激,这进一步增长了民众的信心。

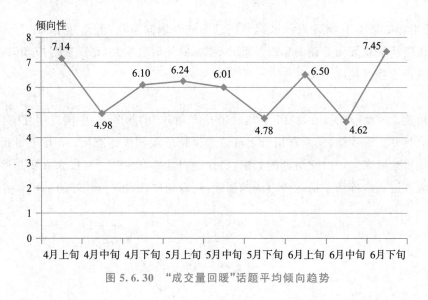

图 5.6.30 "成交量回暖"话题平均倾向趋势

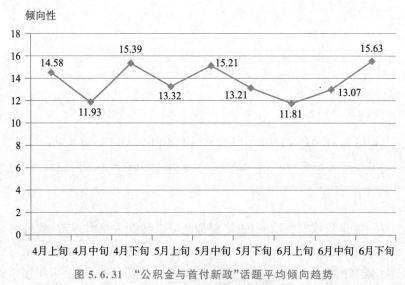

图 5.6.31 "公积金与首付新政"话题平均倾向趋势

（4）营业税改革。

由图 5.6.32 可见，2015 年二季度民众对新税政的倾向水平维持在乐观水平。营业税免征年限"五改二"政策从 2015 年 3 月 31 日开始执行，业内人士普遍认为这项政策将促进二手房交易市场的火热，加之地方政府的积极宣传，民众对新税政的关注与认可程度也较大。

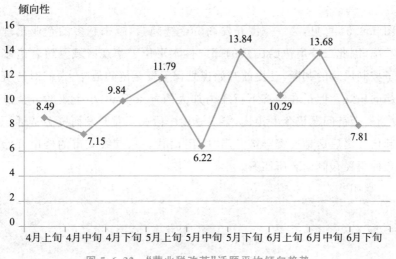

图 5.6.32 "营业税改革"话题平均倾向趋势

(5) 房地产与股市。

2015 年 3 月 30 日,出台二套房首付降至四成、营业税"五改二"等一系列新政,加上央行的降准降息政策相继出台,房地产逐渐回暖。另一方面,A 股自 2014 年以来一路上涨,遭遇十年一遇的"改革牛",中国迎来了股市楼市齐旺的大环境。由图 5.6.33 可见,从 4 月到 5 月中旬,民众对房地产的态度保持高涨。5 月中旬过后,A 股市场持续走强,房地产市场资金可能因此流出,民众对房地产的态度也稍有回落。6 月,A 股暴跌风暴后,诸多股民转变投资策略,将部分资金从股市中抽出转移至楼市,推动房产市场的进一步回暖,民众倾向更加乐观。

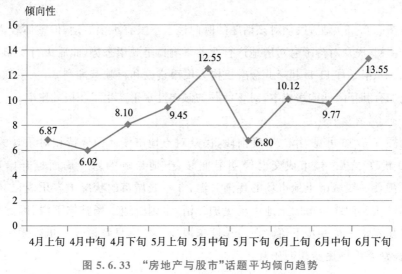

图 5.6.33 "房地产与股市"话题平均倾向趋势

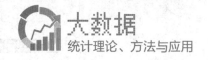

（6）开发商资金链。

由图 5.6.34 可见,第一季度开发商资金链趋紧,越来越多的企业出现资金链断裂的状况,因此二季度伊始民众的倾向性水平位于悲观区域。随着诸多房企已开始有了控制风险的判断,已提前开始谋划保卫资金链的战略,人们对待资金链的态度也趋向乐观。但是在经济下行压力加大的背景下,中小企业的资金链非常紧张,开发商资金链问题仍令人担忧,第二季度中段民众对开发商资金链话题的倾向性有所起伏。之后房地产资金链开启"P2P"时代,一、二线城市的楼市开始持续回暖的迹象使得民众倾向有所回升。

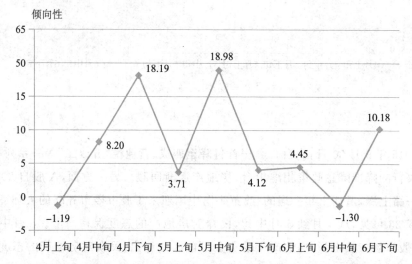

图 5.6.34 "开发商资金链"话题平均倾向趋势

（7）降息。

由图 5.6.35 可见,民众对该话题的倾向性水平虽有小幅波动,但整体较为乐观。第二季度初,民众对待降息对房地产行业的影响也呈观望态势,此后央行发布降息决定,于 2015 年 5 月 11 日起降低金融机构人民币贷款和存款基准利率,一系列信贷政策相叠加有利于降低购房成本,对该话题的倾向性水平产生了积极的影响。

（8）土地市场。

由图 5.6.36 可见,第二季度前段,民众对土地市场话题保持相对乐观的态度。"3·30 新政"之后,楼市成交已经明显回暖,土地市场的寒冷局面也开始逐步改观。而随着一线城市土地市场的逐渐升温,非一线城市的状况不容乐观,二线城市已经遇冷,三、四线城市的土地市场更加冷清,全国土地市场整体下滑,因此该阶段倾向性乐观水平也逐步下落。在二季度末段新一轮降息政策进一步刺激土地市场回暖,民众态度则逐步趋向乐观。

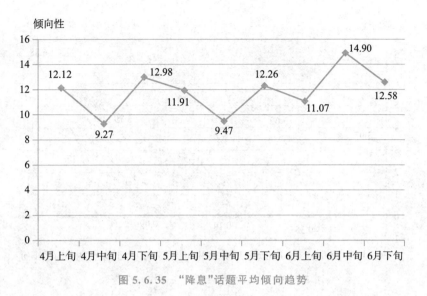

图 5.6.35 "降息"话题平均倾向趋势

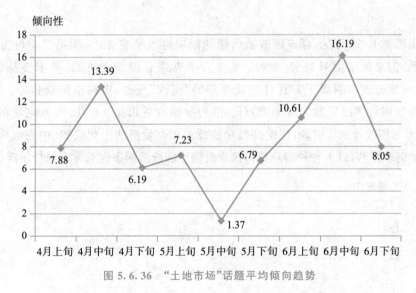

图 5.6.36 "土地市场"话题平均倾向趋势

（9）房地产信托。

由图 5.6.37 可见,虽然房地产信托在 2015 年迎来新的兑付高峰,由于二季度初 A 股市场行情转好,证券投资类信托迎来快速增长,大众态度也较为积极。在 4 月下旬,房地产违约兑付风波的接连爆发让投资者惶恐不安,民众对房地产信托的态度也起伏不定。而在 6 月,国内首个公募房地产信托投资基金(real estate investment trust,REITs)即将面市的消息以及信托收益逐月提高、地产预期收益率居首的现状再一次扭转了民众对该话题的倾向性水平。

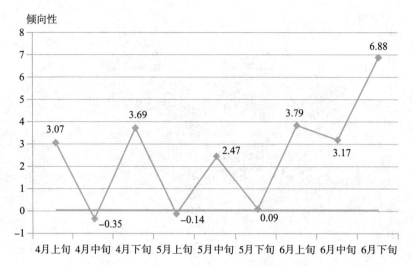

图 5.6.37　"房地产信托"话题平均倾向趋势

（10）棚户区改造。

由图 5.6.38 可见,棚户区改造话题的倾向性水平在 2015 年第二季度虽有小幅波动,但总体呈上升态势。2015 年 4 月李克强总理发表讲话,要求支持棚改。此后,住建部也声明要千方百计完成今年的"棚改"任务,提振了民众信心。5 月,国家开发银行棚改贷款发放突破万亿元,力挺棚改货币化。6 月,国务院发布三年1800 万套棚改计划将启动,住建部鼓励棚改利用存量房货币化安置,中央也再增百亿补助棚改配套,以上种种消息使得民众对棚户区改造的态度总体上保持乐观。

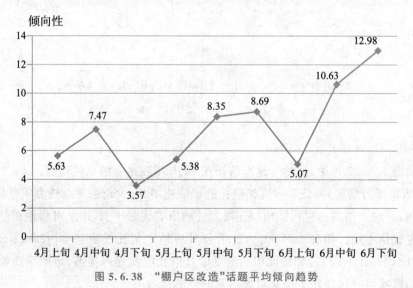

图 5.6.38　"棚户区改造"话题平均倾向趋势

（11）保障性住房。

2015 年第一季度，随着中国房地产贷款规模的迅速扩张，保障性住房开发贷款也进入了强势增长期。虽然这在一定范围内有效缓解了低收入家庭的住房问题，但由于种类复杂繁多，保障房建设过程中也出现了管理失范、分配违规等情况。同时，现有的保障房在设计、规划等领域也仍然存在各类问题。由图 5.6.39 可见，有关情况一定程度上弱化了保障房的保障功能，导致在第二季度大众的态度下滑。6 月下旬，保障性房地产投资信托基金工作正式开展，诸多推进保障房建设投融资模式多元化的政策使得民众对该话题的倾向性水平略有反弹。

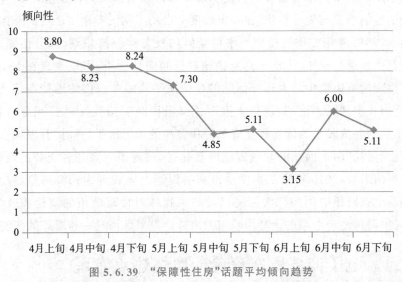

图 5.6.39　"保障性住房"话题平均倾向趋势

6. 总结

本案例通过拟定"楼市网络舆情"主题下的"房价上涨""成交量回暖""降息"与"房地产与股市"等多个热点话题，结合 2015 年 4 月至 2015 年 6 月三个月的房地产主题网络舆情语料，对关于 2015 年第二季度的楼市网络舆情内容特征和话题关联情况进行了剖析，反映了广大民众对各个话题的关注情况以及倾向程度，对中国现阶段房地产市场调控具有一定的现实意义。通过对本案例的分析，我们得到以下结论：

第一，房价上涨与成交量回暖成为本季度楼市网络舆情关注的焦点，万众瞩目楼市企稳。本案例通过热点话题频数统计发现，在 2015 年第二季度的楼市网络舆情中，受关注程度最高的两个楼市话题为"房价上涨"和"成交量回暖"，同时"降息"与"公积金与首付新政"这两个与政府政策改革相关的楼市话题也得到了广大网民相对较多的关注。对楼市回暖上涨与购房优惠政策的关注从侧面反映了居民短期

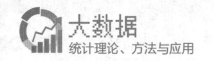

购房需求的潜在上升,这预示着需求方对楼市升温的进一步推动。

第二,六大话题关联显著,营业税改革或成房地产市场回暖的支撑。本案例通过关联规则,发现了在 2015 年第二季度的楼市网络舆情中"房价上涨""成交量回暖""营业税改革""降息""房地产与股市"以及"公积金与首付新政"六个楼市话题之间的相关性,从而进一步考察了该季度舆情关注点之间的相互影响。其中,话题"营业税改革"虽然在所获取的舆情信息中受关注程度并不突出,但所有与之相关的关联规则提升度水平都相对较高,即具有较好的规则有效性,这反映了在 2015 年第二季度的楼市网络舆情中,"营业税改革"对"房价上涨""成交量回暖"等话题有较为明显的引发与先导作用,在一定程度上带动了网民对楼市话题的整体关注。

第三,2015 年第二季度楼市网络舆情倾向性总体保持乐观,部分话题平均倾向略有起伏。通过对 11 个楼市热点话题进行倾向性分析,可以发现在 2015 年第二季度楼市网络舆情中的大部分话题的各阶段平均倾向程度均维持在乐观水平。其中,受到较多网民关注的"房价上涨""成交量回暖""降息"与"公积金与首付新政"四个话题各阶段平均倾向程度皆维持在较高的乐观水平,只有"开发商资金链"与"房地产信托"两个话题的倾向程度略有起伏,出现了乐观悲观交替的情况。因此从分析结果看,2015 年第二季度楼市网络舆情总体表现为乐观态势,这在一定程度说明了该阶段中国的广大网民以及相关媒体对楼市政策的调控成效整体满意,并对中国房地产市场的企稳回暖与健康持续发展保持进一步看好的态度。

5.6.4 电子商务顾客评论的舆情热点发现

1. 数据描述

本案例所使用的评论文本数据都通过网络爬虫获取。传统爬虫按照访问网页地址,即访问统一资源定位器(uniform resource locator,URL),从一个或若干初始网页的 URL 开始,获得初始网页上的 URL,在抓取网页的过程中,不断从当前页面上抽取新的 URL 放入队列,直到满足系统的停止条件。由于本案例主要分析对象是电子商务平台顾客对产品的评论语料,并关注实证层面,所以采用基于产品编码的爬取方式,即选定某种研究产品垂直爬取目标网页的评论文本等数据,采用 R 语言、Python 语言编写网络爬虫,或利用其他开源爬虫程序(如 Gooseeker)完成数据获取、解析、存储与调用。

我们抓取了亚马逊中国网站上热门产品"kindle"电子书阅读器下的三个子类产品"kindle""kindle paperwhite""kindle voyage"的商品评论语料,抓取的区间为 2014 年 10 月 3 日至 2015 年 8 月 24 日,抓取的字段包括:project_id,source_id, conment,meta,pubdate,分别代表产品大类 id、产品子类 id(共三个子产品,取值为 1,3,4,分别对应"kindle paperwhite""kindle voyage"和"kindle")、产品评论、产品评分(5 分、4 分、3 分、2 分、1 分)和评论日期。在产品 5 个等级的评分中,5 分为最高分,1 分为最低分。理论上来讲,1,2 分属于用户对产品"差评";3 分表明用户对产品给予"中评",即用户对产品基本满意,用户的产品评价中等;4,5 分表明用户对产品给予"好评",即用户的产品评价最高。抓取评论文本总计 5 477 条,其中"kindle"2 942 条、"kindle paperwhite"902 条、"kindle voyage"1 633 条,各子类产品语料分布情况详见表 5.6.3.

表 5.6.3 产品各水平得分评论数汇总表

产品	评论总数	1 分	2 分	3 分	4 分	5 分
paperwhite	902	42	32	73	153	602
voyage	1 633	94	44	147	331	1 017
kindle	2 942	107	84	218	607	1 926

2. 数据建模

(1) 描述性分析。

在获取的三种产品评论语料中,kindle 的语料数超过了 50%,而 kindle paperwhite 评论语料最少,不足 20%,详见图 5.6.40。将各月评论数累积加总,即可绘制出各月累积评论数趋势图 5.6.41。

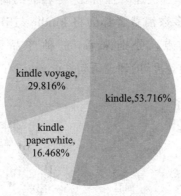

图 5.6.40 三种产品评论语料占比

图 5.6.41 上标注了各月累积评论数的最大值、最小值以及均值。累积评论数在 2015 年 7 月达到了最大值,为 914 条,在 2014 年 11 月达到了最小值,为 262 条,整个研究区间内月平均评论数为 498 条。总体来看,各月评论数围绕该均值上下波动,且呈现上升趋势。

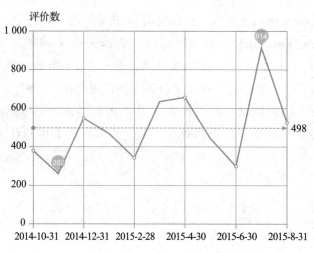

图 5.6.41　累积评论趋势

利用 Python 中 mmseg 算法包对所有产品的评论语料进行分词,绘制词云图,输出词频最高的前 60 个词汇,可以从图 5.6.42 中直观地看出,"kindle""电子书""亚马逊"是出现次数最多的几个词汇,"分辨率""快递""背光灯""性价比""保护套""翻页键"等为消费者关注较多的产品属性,但是针对不同关注焦点的具体评论情况还有待于进一步的分析。

从三种产品各自的词云图(图 5.6.43 至图 5.6.45)可以看出,除了"kindle""电子书""亚马逊""分辨率""快递""性价比"等相同的高频词汇,三个子类产品都出现了词汇"iPad",可见多数消费者都会将 kindle 与 iPad 进行对比。此外,"退货"问题也是关注的重点。分别来看,三种产品词云的差异之处在于:"paperwhite"有关于"反应速度"的评论语句;"voyage"有"赠送""限量版""珍藏版"

图 5.6.42　全部语料词云图

图 5.6.43　paperwhite 语料词云图

等词汇;"kindle"则出现"数据线""充电器""开机"与"待机时间"等高频词汇。可见,虽然消费者对三种产品都存在共性的关注点,但是针对不同的产品也有不同的侧重。

此外,在产品大类层次下,5 分评论占比最多,达到 65%,2 分评论最少,仅为 3%,整体评论趋于乐观,如图 5.6.46 所示。图 5.6.47 显示了 voyage 产品 1 分评价显著高于 2 分评价,且占比高于另外两种子产品,属于评价分布异常产品,应给予预警。

图 5.6.44 voyage 语料词云图

图 5.6.45 kindle 语料词云图

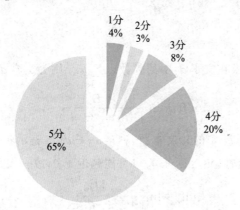

图 5.6.46 总体评分占比

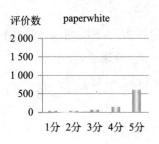

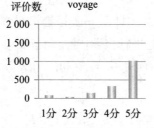

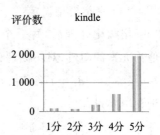

图 5.6.47 各子产品评分分布

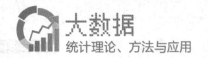

(2) 模型设定。

(i) 文本结构化处理。

文本数据属于非结构化数据,要对其进行聚类分析,需要事先进行结构化处理。本案例采用的结构化处理方式是构建空间向量模型,向量的权重采用 TF-IDF 值。文本分词处理后,由 N 个词汇项 $w_1, \cdots, w_N$ 构成的包含 M 个文本 $d_1, \cdots, d_M$ 的文本集合 D 的 TF-IDF 矩阵如表 5.6.4 所示。

表 5.6.4 文本 TF-IDF 矩阵

文本	词项			
	w_1	w_2	$\cdots$	w_N
d_1	tf-idf$_{1,1}$	tf-idf$_{1,2}$	$\cdots$	tf-idf$_{1,N}$
d_2	tf-idf$_{2,1}$	tf-idf$_{2,2}$	$\cdots$	tf-idf$_{2,N}$
$\vdots$	$\vdots$	$\vdots$	$\cdots$	$\vdots$
d_M	tf-idf$_{M,1}$	tf-idf$_{M,2}$	$\cdots$	tf-idf$_{M,N}$

矩阵元素 tf-idf$_{i,j}$ = tf$_{i,j}$ · idf$_j$,其中

$$\text{tf}_{i,j} = \frac{n_{i,j}}{\sum_{j=1}^{N} n_{i,j}}, \tag{5-6-1}$$

这里 $n_{i,j}$ 表示词项 w_j 在文本 d_i 中的频数,$\sum_{j=1}^{N} n_{i,j}$ 则为文本 d_i 的总词数;

$$\text{idf}_j = \ln \frac{|D|}{|\{i : w_j \in d_i\}|}, \tag{5-6-2}$$

这里 $|D|$ 为文本集合 D 中的总文本数,$|\{i : w_j \in d_i\}|$ 表示包含词项 w_j 的总文本数。由于矩阵的稀疏性,$|\{i : w_j \in d_i\}|$ 可能趋近于 0,故一般采用

$$\text{idf}_j = \ln \frac{|D|}{1 + |\{i : w_j \in d_i\}|}$$

的计算形式。

(ii) 聚类模型设定。

结构化处理后,每一个文本即每一条评论语料都对应着一个以词项 TF-IDF 值为元素的向量,对不同评论进行聚类,就是向量 $\boldsymbol{d}_1, \cdots, \boldsymbol{d}_M$ 的聚类,其中

$$\boldsymbol{d}_i = (\text{tf-idf}_{i,1}, \text{tf-idf}_{i,2}, \cdots, \text{tf-idf}_{i,N}), \quad i = 1, 2, \cdots, M.$$

记词项向量

$$\boldsymbol{w}_j = (\text{tf-idf}_{1,j}, \text{tf-idf}_{2,j}, \cdots, \text{tf-idf}_{M,j}), \quad j = 1, 2, \cdots, N.$$

聚类过程中,并不是所有的词汇都是聚类的相关变量,使用这些变量会增加聚

类过程中的噪音,妨碍挖掘真实的聚类结构。所以,为了提高聚类效果,有必要在聚类之前或者聚类过程中进行变量筛选,减少聚类变量数目,即降低矩阵维度,来增加聚类的准确性。鉴于惩罚高斯混合模型聚类的优势以及对高维文本 IF-IDF 矩阵聚类的适用性,本案例采用惩罚高斯混合模型来实现文本聚类。

假设文档集合服从高斯混合模型:

$$f(\boldsymbol{d}_i) = \sum_{k=1}^{K} \pi_k N_k(\boldsymbol{d}_i; \boldsymbol{\mu}_k, \boldsymbol{\Sigma}_k),$$

其中,π_k 是混合比率,满足 $0 \leqslant \pi_k \leqslant 1$,且 $\sum_{k=1}^{K} \pi_k = 1$,$\boldsymbol{\mu}_k = (\mu_{k1}, \cdots, \mu_{kj}, \cdots, \mu_{kN})$ 为第 k 类的高斯分布的均值向量,$\boldsymbol{\Sigma}_k$ 即为相应的方差协方差矩阵。对于本案例,我们将注意力集中在高维数据上,故简单假设 $\boldsymbol{\Sigma}_k = \boldsymbol{\Sigma} = \mathrm{diag}(\sigma_1^2, \cdots, \sigma_j^2, \cdots, \sigma_N^2)$,即不同类的方差协方差矩阵都是相同的,并且均为对角矩阵。该模型的含义在于,观测文档数据来自由 K 个子类组成的总体,每个文档由第 i 类生成的概率为 π_i,基本的思想就是为每个子类的数据分布假定一个概率模型,并利用有限混合模型将总体模型作为这些子类模型的混合,通过逐渐逼近的方法,使得模型可以最佳拟合给定的数据集。在有限混合模型中,每一个成分对应一个类。这样,关于合适的聚类方法以及聚类数目的问题转化为关于模型如何选择的问题。和通常所用的系统聚类法(或称层次聚类法)及 K-means 聚类法相比,基于混合模型的聚类并不是仅仅给出关于聚类样品的类标签,而是给出了每个聚类样品属于某一个类(作为模型成分的分布)的概率,并由此来决定类别的标签。

对于某一给定的观测文档 $\boldsymbol{d}^* = (\text{tf-idf}_1^*, \text{tf-idf}_2^*, \cdots, \text{tf-idf}_N^*)$,可以计算 $\boldsymbol{d}^*$ 来自类别 k 的概率为

$$p_k = \frac{\pi_k}{\sqrt{2\pi} \prod_{j=1}^{N} \sigma_j} \exp\left(-\sum_{j=1}^{N} \frac{(\text{tf-idf}_j^* - \mu_{kj})^2}{2\sigma_j^2} \right), \quad k = 1, \cdots, K, \quad (5\text{-}6\text{-}3)$$

$\boldsymbol{d}^*$ 将被归类于 p_k 最大的那一类。

记 $\Theta = \{\sigma_j^2, \pi_k, \mu_{kj}, k=1, \cdots, K; j=1, \cdots, N\}$ 作为包含所有参数的集合,给定数据 $\boldsymbol{d}_1, \cdots, \boldsymbol{d}_K$,对数似然函数为

$$l_0(\Theta) = \sum_{i=1}^{M} \ln\left(\sum_{k=1}^{K} \pi_k N_k(\boldsymbol{d}_i; \boldsymbol{\mu}_k, \boldsymbol{\Sigma}_k) \right). \quad (5\text{-}6\text{-}4)$$

设惩罚模型通式为

$$l_p(\Theta) = l_0(\Theta) - J(\Omega), \quad (5\text{-}6\text{-}5)$$

$$\Omega = \{\mu_{kj}, k=1, \cdots, K; j=1, \cdots, N\}. \quad (5\text{-}6\text{-}6)$$

本案例选择 l_1-惩罚,即

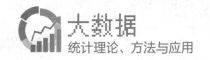

$$J(\Omega) = \lambda \sum_{k=1}^{K} \sum_{j=1}^{N} |\mu_{kj}| \, 。 \tag{5-6-7}$$

基于参数 Θ 求上式的最大值通常是比较困难的,本案例采用期望最大算法(expectation maximization,EM)(Dempster,Laird,Rubin,1977),引进隐含变量 τ_{ik},为 d_i 是否来自类别 k 的示性函数,即当 d_i 来自类别 k 时,$\tau_{ik}=1$,否则 $\tau_{ik}=0$。如果可以获得数据 τ_{ik} 的观测值,以上的对数似然函数(5-6-5)式就可以转换为

$$l_p(\Theta) = \sum_{i=1}^{M} \sum_{k=1}^{K} \tau_{ik} (\ln\pi_k + \ln N_k(d_i;\mu_k,\Sigma)) - J(\Omega) \, 。 \tag{5-6-8}$$

对式(5-6-8)求解,即可得到未知参数估计值以及相应的聚类结果。

(3) 模型估计结果。

从抓取的评论语料中抽取部分语料人工进行评论主题标注,以标准主题为类别标准,对比不同聚类方法的聚类效果进行评价。标注评论语料总计 57 条,共标注为 6 个主题,基本构成如表 5.6.5 所示。

表 5.6.5　标注语料构成

类别序号	语料条数	标注主题	类别序号	语料条数	标注主题
1	11	闪屏	4	11	价格偏高
2	5	免费书少	5	12	不伤眼
3	11	有亮点	6	7	轻

本案例采用纯度和 F 值两个指标评价聚类系统的整体性能,下面对这两个指标进行简单的说明。

假设标注的类别用 L 表示,共有 I 类,其中第 i 个标注类别表示为 L_i,$i=1,\cdots,I$。同样,假设聚类类别用 K 表示,共有 J 类,则第 j 个聚类类别表示为 K_j,$j=1,\cdots,J$。聚类结果和标注结果匹配表如表 5.6.6 所示。

表 5.6.6 中,$n(i,j)$ 表示聚类结果 j 中包含的标注类别为 i 的样本个数,括号中的 n_i 表示标注的类别 L_i 中包含的样本数,即 $n_i = \sum_{j=1}^{J} n(i,j)$。定义聚类类别 j 的纯度 $p(i,j)$ 如下:

$$p(i,j) = \frac{\max\limits_{i}(n(i,j))}{\sum\limits_{i=1}^{I} n(i,j)} \, 。 \tag{5-6-9}$$

表 5.6.6 聚类结果匹配表

标注类别	聚类类别			
	K_1	K_2	$\cdots$	K_J
$L_1(n_1)$	$n(1,1)$	$n(1,2)$	$\cdots$	$n(1,J)$
$L_2(n_2)$	$n(2,1)$	$n(2,2)$	$\cdots$	$n(2,J)$
$\vdots$	$\vdots$	$\vdots$	$\vdots$	$\vdots$
$L_I(n_I)$	$n(I,1)$	$n(I,2)$	$\cdots$	$n(I,J)$

定义整体聚类纯度为

$$P = \sum_{j=1}^{J} \frac{\sum_{i=1}^{I} n(i,j)}{n} p(i,j) = \sum_{j=1}^{J} \frac{\max_i (n(i,j))}{n}, \qquad (5\text{-}6\text{-}10)$$

其中，n 为样本总数，该值越大，说明聚类的结果与被分析的数据越匹配，即算法的有效性越高。

对于 F 值的定义参照信息检索的评测方法，将每个聚类结果看作查询结果。对于聚类类别 j 和标注类别 i，有以下定义：

$$\text{precision}(i,j) = \frac{n(i,j)}{\sum_{i=1}^{I} n(i,j)}, \qquad (5\text{-}6\text{-}11)$$

$$\text{recall}(i,j) = \frac{n(i,j)}{n_i}, \qquad (5\text{-}6\text{-}12)$$

形式类似信息检索评测的准确率和召回率。标注类别 i 和聚类类别 j 之间的 f 值定义为

$$f(i,j) = \frac{2\text{precision}(i,j) \cdot \text{recall}(i,j)}{\text{precision}(i,j) + \text{recall}(i,j)}。 \qquad (5\text{-}6\text{-}13)$$

最终聚类结果的评价函数 F 表示为

$$F = \sum_{i=1}^{I} \frac{n_i}{n} \max(f(i,j))。 \qquad (5\text{-}6\text{-}14)$$

以聚类纯度和 F 值为评价指标，分别运用 K-means 欧氏距离聚类、K-means 余弦距离聚类、惩罚高斯混合模型聚类对标注的文本进行聚类，得到的聚类效果对比汇总如表 5.6.7 所示。

表 5.6.7　不同文本聚类方法聚类指标对比

	K-means 欧氏距离	K-means 余弦距离	惩罚高斯混合模型
聚类纯度	—	35.09%	71.93%
F 值	—	0.35	0.62

综合以上分析结果,对文本 TF-IDF 矩阵进行聚类时,K-means 欧氏距离聚类、K-means 余弦距离聚类和惩罚高斯混合模型聚类三种方法中,惩罚高斯混合模型聚类效果最好,K-means 余弦距离聚类其次,K-means 欧氏距离聚类效果最差。在处理大量文本聚类问题时,应首先考虑惩罚高斯混合模型聚类以提高聚类效果。

3. 实证分析

本部分选取文本聚类效果最好的惩罚高斯混合模型对全部 5 477 条评论语料进行聚类,最终得到 8 个有效聚类结果,实现了评论文本话题自动、快速聚类。通过这种文本聚类方式,即使有上千条评论语料,也可以在很短的时间内准确抓取热点话题,提取消费者关注的产品属性。

各个类别对应的标签以及评论数见表 5.6.8,部分详细有效聚类结果见表 5.6.9,同时我们还绘制了类别的词云图(见图 5.6.48 至图 5.6.51),增强结果的可读性。

表 5.6.8　聚类结果分布

类别标签(主题)	评论数	类别标签(主题)	评论数
喜欢	116	感觉不错	200
感觉好	484	电子书券	77
翻页闪屏	184	还好	14
屏幕	2 056	阅读	243

从聚类结果可以看出,聚类可以实现热点话题识别。热点话题涉及顾客对产品的态度、反馈的问题、提出的意见等,这些话题的内容深刻影响着潜在消费者的购买意愿,所以销售者面对这些话题要及时作出反馈,如产品存在的问题要及时改进,消费者提出的质疑要及时回应等,只有不断发现问题、不断修正,才能在维护好既有用户的同时吸引更多的潜在顾客,创造更多的商业价值。

从表 5.6.9 可以看出,在所有 kindle 评论中,超过三分之一的评论围绕"屏幕"这一话题展开,可见对于 kindle 这款产品人们最关心的莫过于屏幕的质量。针对主题为"屏幕"的评论文本类,可以进一步提取顾客对屏幕属性的评价,发现反馈最多的问题包括阴阳屏、屏幕亮点、屏幕发黄、分辨率低等,这就为产品质量的提升指出了明确的方向。另外,"翻页闪屏"问题也颇受关注。消费者反馈,kindle 系列产品在翻页时存在闪屏现象,导致阅读体验大打折扣。此外,"喜欢""感觉好""感觉不错"三个文本类都表现了消费者对 kindle 这款产品积极的评价态度,在一定程度上有助于商家快速了解顾客评价倾向,以便及时作出经营策略调整。"电子书券"文本类中包含 77 条评论,通过查看评论文本,可知 kindle voyage 这种产品在销售时许诺赠送 100 元电子书券,但是很多顾客反映并未收到电子书券,并要求商家给出解释。针对这种类型的聚类结果,销售者应予以重视并及时与顾客沟通,最小化事件不良影响,营造产品良好口碑。

表 5.6.9　聚类结果汇总

类标签	评论数	评论语料
喜欢	116	挺喜欢的,有一些小缺陷,但也没有其他评论说的那么恐怖
		女朋友是很爱看书的类型,但是书携带起来不太方便,就给她买了 kindle。她说很喜欢,手感也很好
		不错的电子书阅读器,给女儿买的,看来她很喜欢
		很喜欢,可以好好阅读了
		很喜欢,感觉像宝藏一样的,去哪都可以带着它。可以利用很多碎片时间来看书,太阳底下也很清楚哦。喜欢读书的你们,赶快下手吧,你不会后悔的
		……
翻页闪屏	184	似乎反应不是很灵敏,要很长时间才能翻页。另外,没有纸制的说明书
		之前使用 kp2,确实有闪屏,但看书时就会被书的内容吸引,闪屏问题就会潜意识忽略了。kp3 相比,性能提升了很多,很细腻,体验很好。培养看书习惯之良品
		第一次用这电子阅读器,翻页效果一闪一闪的,实在受不了
		总体还不错,四星是因为价格稍贵和无法避免的闪屏,背光很有用,亮度也可以调节
		每次翻页都会闪两下,对于眼睛来说不是很舒服,但时间长了就习惯了
		……
感觉不错	200	第一次买 kindle,刚好新出了一款,感觉还是不错的
		用了一段时间,感觉还不错,也没碰到常见的商品问题
		不错,300ppi 果然好多了啊
		用来看书不错,反应速度有点迟钝
		第一个发光不均匀,售后和快递服务都不错,拍照,技术确认,很快就给发了个新的。新的还不错,使用再看看
		……

图 5.6.48　"喜欢"话题词云图

图 5.6.49　"翻页闪屏"话题词云图

图 5.6.50　"不错"话题词云图

图 5.6.51　"电子书券"话题词云图

4. 总结讨论

　　本案例的研究重点集中于文本数据的结构化处理和文本聚类两个方面,取得了较好的分析效果,也存在拓展研究的空间。在文本聚类方面,降维处理可采用的惩罚函数有多重形式,本案例只考虑了 l_1 范数惩罚,并未考察分组或分层等惩罚形式,所以未来可以进一步探究其他形式惩罚函数下文本聚类的效果。此外,在聚类分析的基础上有必要进行更加深入的文本挖掘探索,如文本情感分析、产品属性评价提取等,实现评论文本更加全面、细致的分析,充分挖掘文本信息的价值,为电子商务经营提供更加精准的建议。

5.6.5　小结

本节讨论了大数据舆情技术在三个领域内的应用,通过对不同领域内的技术验证,给出了对结果的合理解释以及从结果出发对于政策、决策等方面的支撑建议。

闽商传承主题、热点与脉络大数据研究案例中,我们利用爬虫技术爬取与闽商相关的舆情信息,并且针对闽商财务状况、闽地项目建设、闽商商会发展、闽商二代培训、闽地青年创业、闽商财富传承六个方面的主题进行了阐述分析。结论中,通过对六个主题的分析,我们在家族企业财务管理、闽商财富传承、政府智力支持三个大方面给出了建议与意见。

中国房地产网络舆情分析案例中,我们通过词云技术印证了主题,发现话题围绕房地产市场展开,各个主题侧重不同。对 11 个主题所绘制的词云图进行分析,我们可以直观地看出,基本所有主题都是围绕“房地产”和“市场”两个话题展开,一定程度上说明所选取的 11 个话题的准确性以及舆情信息的可靠性。通过关联分析再次印证核心热点,发现营业税改革起先导作用,或成重要支撑。通过倾向性分析发现了楼市网络舆情整体乐观,部分主题略有起伏。

电子商务顾客评论的舆情热点发现案例从电子商务文本数据分析需求出发,针对文本数据结构化处理后高维稀疏的特性,提出将惩罚高斯混合模型应用于文本聚类,以纯度和 F 值两个指标为评价标准,利用人工标准主题的语料验证了惩罚高斯混合模型聚类方法在评论文本聚类方面的优越性,最后将其应用到亚马孙热门产品 kindle 的评论分中,得到 8 个有效聚类,即 8 个热点话题,并结合产品特点以及业务需求,参照聚类结果提出了具体的产品、服务改进建议。

近年来,厦门大学数据挖掘研究中心发起,课题组研发完成了:

《2014 第一期(总第 1 期)网络舆情分析之海西房产》

《2015 第一期(总第 2 期)网络舆情分析之中国房产》

《2015 第二期(总第 3 期)网络舆情分析之中国房产追踪》

《2015 第三期(总第 4 期)网络舆情分析之广西房产》

《2016 第一期(总第 5 期)网络舆情分析之全国房产》

《2017 第一期(总第 6 期)网络舆情分析之中国房产》

《2018 第一期(总第 7 期)网络舆情分析之中国房产》

等研究报告,并正式向社会发布。由于篇幅限制,这里不再详述。

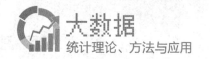

5.7 总结与展望

5.7.1 总结

本章主要讨论了网络舆情分析统计方法的应用研究。本章首先系统性地阐述了网络舆情的分析方法,并对网络舆情分析中的关键技术进行了具体的介绍,最后展示了网络舆情分析技术在三个不同领域内的网络舆情语料的应用案例研究。

网络舆情分析方法可以归总为舆情信息收集与预处理、分析模型构建、评价与解释三个步骤。在舆情信息收集与预处理部分,本章介绍了运用爬虫技术获取大规模舆情语料数据集,通过语料处理、特征表示、特征提取对文本数据进行预处理。在分析模型构建部分,介绍了关键词云图、主题发现、关联分析、情感倾向性分析和热点话题发现网络舆情分析技术,并对三个关键技术进行详细阐述:

(i)主题发现。

主题发现有助于将复杂的文本进行分类归总,并在接下来的分析中针对不同的主题进行不同的分析。

(ii)关联分析。

关联分析可以将不同主题之间的关联性进行展示,从数据层面揭示不同主题之间的支撑度。

(iii)情感倾向性分析。

情感倾向性可以揭示出该周期内舆情信息的乐观悲观程度,为决策者提供决策支持依据。

在评价与解释部分,本章介绍了 F 值、纯度、困惑度三个指标。

在应用研究部分,本章展示了"闽商传承主题、热点与脉络大数据舆情分析""中国房地产网络舆情分析"以及"电子商务顾客评论的舆情热点发现"三个网络舆情分析案例。

5.7.2 展望

在网络舆情分析的应用研究中,我们虽然已经利用已有方法得到了很好的效果,并且针对模型结果给出了相对中肯的政策建议,但是也存在部分问题有待解决,在未来的研究中可以继续拓展。

在各个实证研究中,通常以主题模型与专家建议相结合的方式确定主题,但是在这个过程中专家建议的作用相比较而言过于重要,因此不可避免地会有主观因素来影响主题的选择。接下来的研究中可以通过构建更加合理的主题模型进行主题的判断,尽量弱化人工干预的重要性,提高模型自主的判断能力。

在关联规则的实现过程中,我们通常没有考虑到时序的问题,但主题与主题之间的关系并不一定是静态不变的。考虑到时序的问题时,一种动态的关联规则方法可以更好地揭示在较大时间跨度内不同主题之间关系的演变。虽然我们对时态关联规则进行了初步讨论,但时间窗的划分和动态挖掘的具体实现方法还有待进一步研究。

倾向性分析中,通过不断地更新积累情感词典保证了我们在对网络舆情倾向性分析建模时的效果。但是词典的维护依旧需要成本,并且当面对不同领域内的倾向性分析时,并不能够保证我们所积累的情感词典能够达到优秀的效果。因此未来我们在计算资源条件允许的情况下会继续探索基于统计学、深度学习的方法,从而能够自动化地实现情感的倾向性分析,减少人力的成本。

参 考 文 献

戴媛,程学旗,2008.面向网络舆情分析的实用关键技术概述[J].信息网络安全(6):62-65.

丁兆云,贾焰,周斌,2014.微博数据挖掘研究综述[J].计算机研究与发展 51(4):691-706.

厉小军,戴霖,施寒潇,等,2011.文本倾向性分析综述[J].浙江大学学报(工学版)45(7):1167-1174,1186.

唐涛,2014.基于情报学方法的网络舆情监测研究[J].情报科学,32(1):124-127,137.

王春龙,张敬旭,2014.基于 LDA 的改进 K-means 算法在文本聚类中的应用[J].计算机应用,34(1):249-254.

王兰成,徐震,2013.基于情感本体的主题网络舆情倾向性分析[J].信息与控制,42(1):46-52.

许鑫,俞飞,张莉,2011.一种文本倾向性分析方法及其应用[J].情报分析研究(10):54-62.

姚全珠,宋志理,彭程,2011.基于 LDA 模型的文本分类研究[J].计算机工程与应用,47(13):150-153.

喻伟,陈国青,2002.基于时序数据的延迟关联规则的挖掘[J].计算机应用研究(12):19-22.

翟羽佳,王芳,2015.基于文本挖掘的中文领域本体构建方法研究[J].情报科学,33(6):3-10.

张晨逸,孙建伶,丁轶群,2011.基于 MB-LDA 模型的微博主题挖掘[J].计算机研究与发展,48(10):1795-1802.

赵妍妍,秦兵,刘挺,2010.文本情感分析[J].软件学报,21(8):1834-1848.

朱建平,来升强,2008.时态数据挖掘在手机用户消费行为中的应用[J].数理统计与管理,01:42-53.

朱建平,谢邦昌,骆翔宇,等,2016.中国房地产网络舆情分析[J].数理统计与管理,35(4)722-741.

朱建平,章贵军,刘晓葳,2014.大数据时代下数据分析理念的辨析[J].统计研究,31(2):10-19.

Agarwal R C,Aggarwal C C,Prasad V V V,2001.A tree projection algorithm for generation of frequent itemsets[J].Journal of parallel and distributed computing,61(3):350-371.

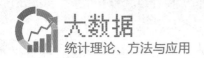

Agrawal R,Srikant R,1994.Gast algorithm for mining association rules in large databases[C].Proc. of the 1994 international conference on VLDB:487-499.

Blei D M,Lafferty J D,2006 Dynamic topic models[C].Proceedings on the 23rd international conference on Machine Learning.ACM:113-120.

Blei D M,Mcauliffe J D,2010.Supervised topic models[J].Preparation,3:327-332.

Blei D M,Ng A Y,Jordan M I,2003.Latent Dirichlet allocation[J]. The journal of machine learning research(3): 993-1022.

Brin S,Motwani R,Ullman J D,1997.Dynamic itemset counting and implication rules for market basket data[C].Proceedings of the 1997 ACM SIGMOD international conference on Management of Data:255-264.

Cai C H,Fu A W C,Cheng C H,et al.,1998.Mining association rules with weighted items[C]//Proceedings. IDEA'98.International database engineering and applications symposium(Cat.No.98EX156).IEEE:68-77.

Collobert R,Weston J, Bottou L,et al.,2011.Natural language processing(almost)from scratch[J]. Journal of machine learning research,12(Aug):2493-2537.

Dahl G E, Sainath T N, Hinton G E,2013. Improving deep neural networks for LVCSR using rectified linear units and dropout[C]. Acoustics, speech and signal processing(ICASSP):2013 IEEE International Conference on. IEEE:8609-8613.

Dai A M,Le Q V,2015. Semi-supervised sequence learning[C]. Advances in neural information processing systems: 3079-3087.

Deerwester S C,Dumais S T,Landauer T K,et al.,1990.Indexing by latent semantic analysis[J]. JASIS,41(6):391-407.

Graves A,Mohamed A R,Hinton G,2013.Speech recognition with deep recurrent neural networks[C].Acoustics, speech and signal processing(ICASSP):2013 IEEE international conference on. IEEE:6645-6649.

Griffiths T L,Steyvers M.Finding scientific topics.[J].Proceedings of the national academy of sciences of the United States of America,2004,101(Suppl 1):5228-5235.

Han J W, Pei J,Yin Y W,2000.Mining frequent patterns without candidate generation[C].ACM sigmod record.ACM,29 (2):1-12.

Hinton G E,Deng L,Yu D,et al.,2012.Deep neural networks for acoustic modeling in speech recognition:the shared views of four research groups[J].IEEE Signal Processing Magazine,29(6):82-97.

Hinton G E,Osindero S,Teh Y W,2006.A fast learning algorithm for deep belief nets[J].Neural computation,18(7): 1527-1554.

Hinton G E,Srivastava N,Krizhevsky A,et al.,2012[引用时间 2019-3-31].Improving neural networks by preventing co-adaptation of feature detectors[J/OL].http://arxiv.org/abs/1207.0580.

Hofmann T,2001.Unsupervised learning by probabilistic latent semantic analysis[J].Machine learning,42(1/2):177-196.

Hoogma N,2005.The modules and methods of topic detection and tracking[C].The 2nd twente student conference on IT.

Hubel D H, Wiesel T N,1968.Receptive fields and functional architecture of monkey striate cortex[J]. The journal of physiology,195(1):215-243.

Hurtado J L,Agarwal A,Zhu X,2016.Topic discovery and future trend forecasting for texts[J]. Journal of big data,3 (1):7.

Kim Y,2014[引用时间 2019-3-31].Convolutional neural networks for sentence classification[J/OL]. https://arxiv.org/ abs/1408.5882.

Krizhevsky A,Sutskever I,Hinton G E,2012.Imagenet classification with deep convolutional neural networks[C].Advances in neural information processing systems:1097-1105.

Labutov I,Lipson H,2013.Re-embedding words[C].Proceedings of the 51st annual meeting of the association for computational (2):489-493.

Lai S,Liu K,He S,et al.,2016.How to generate a good word embedding[J].IEEE intelligent systems,31(6):5-14.

LeCun Y,Bottou L,Bengio Y,et al.,1998.Gradient-based learning applied to document recognition[J].Proceedings of the IEEE,86(11):2278-2324.

Ma Y P,Shu X M,Shen S F,et al.,2014.Study on network public opinion dissemination and coping strategies in large fire disasters[J].Procedia engineering,71:616-621.

Maas A L,Daly R E,Pham P T,et al.,2011.Learning word vectors for sentiment analysis[C]. Proceedings of the 49th annual meeting of the association for computational linguistics:human language technologies,1:142-150.

Mani I,Wilson G,2000.Robust temporal processing of news[C].Proceedings of the 38th annual meeting on Association for Computational Linguistics:69-76.

Mannila H,Toivonen H,Verkamo A I,1994.Efficient algorithms for discovering association rules[C].KDD-94：AAAI workshop on knowledge discovery in databases:181-192.

Mcauliffe J D,Blei D M,2008.Supervised topic models[C].Advances in neural information processing systems:121-128.

Mikolov T,Sutskever I,Chen K,et al.,2013.Distributed representations of words and phrases and their compositionality [C].Advances in neural information processing systems:3111-3119.

Mimno D,Wallach H M,Talley E,et al.,2011.Optimzing semantic coherence in topic models[C]//Proceedings of the conference on empirical methods in natural language processing. Association for computational linguistics:262-272.

Nair V,Hinton G E,2010.Rectified linear units improve restricted boltzmann machines[C].Proceedings of the 27th international conference on machine learning(ICML-10):807-814.

Pang B,Lee L,Vaithyanathan S,2002.Thumbs up:sentiment classification using machine learning techniques[C].Proceedings of the ACL-02 conference on empirical methods in natural language processing,10:79-86.

Ramkumar G D,Ranka S,Tsur S,1998.Weighted association rules：model and algorithm[C].Proc. ACM SIGKDD: 661-666.

Rosen-Zvi M,Griffiths T,Steyvers M,et al.,2004.The author-topic model for authors and documents[C].Proceedings of the 20th conference on uncertainty in artificial intelligence.AUAI press:487-494.

Salton G,Wong A,Yang C S,1975.A vector space model for automatic indexing[J]. Communications of the ACM, 18 (11):613-620.

Savasere A,Omieeinski E R,Navathe S B,1995.An efficient algorithm for mining association rules in large databases[R]. Georgia lustitute of technology.

Shin S J, Moon I C,2017. Guided HTM：hierarchical topic model with Dirichlet forest priors[J]. IEEE transactions on knowledge and data engineering,29(2):330-343.

Socher R,Lin C C,Manning C,et al.,2011.Parsing natural scenes and natural language with recursive neural networks [C].Proceedings of the 28th international conference on machine learning(ICML-11):129-136.

Socher,Perelygin A,Wu J Y,et al.,2013. Recursive deep models for semantic compositionality over a sentiment treebank [C].Proceedings of the conference on empirical methods in natural language processing:1631-1642.

Sun K,Bai F,2008.Mining weighted association rules without preassigned weights[J].IEEE transactions on knowledge & data engineering,20(4):489- 495.

Tao F,Murtagh F,Farid M,2003.Weighted association rule mining using weighted support and significance framework [C].ACM SIGKDD international conference on knowledge discovery and data mining:661-666.

Toivonen H,1996.Sampling large databases for association rules[C].Proc. of 1996 international conference on very large databases(VLDB 96):134-145.

Wang C,Blei D,Heckerman D,2012[引用时间 2019-3-3].Continuous time dynamic topic models[J].http://arxiv.org/ abs/1206.3298.

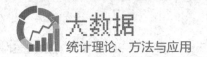

Wang X,Mccallum A,2006.Topics over time: a non-Markov continuous-time model of topical trends[C].The 12th ACM SIGKDD international conference on knowledge discovery and data mining:424-433.

Wei X,Sun J M,Wang X R,2007.Dynamic mixture models for multiple time series[C]. IJCAI,7:2009-2014.

Zeiler M D, Ranzato M, Monga R,et al.,2013.On rectified linear units for speech processing[C]. 2013 IEEE international conference on acoustics,speech and signal processing(ICASSP). IEEE:3517-3521.

Zhai Z,Liu B,Xu H,et al.,2011.Constrained LDA for grouping product features in opinion mining[M]// Advances in knowledge discovery and data mining.Springer Berlin Heidelberg:448-459.